纺织服装高等教育"十三五"部委级规划教材

# 机织工艺
## （2版）

*JIZHI GONGYI*

陈爱香 崔鸿钧 主编

东华大学出版社

·上海·

# 内 容 提 要

本书为纺织服装高等教育"十三五"部委级规划教材。

本教材系统地介绍了机织工艺的设计依据和机织物生产过程中各工序的工艺原理、生产工艺参数确定,以及上机调整、常用设备及其操作技术、各工序制品的疵点形成和质量控制等内容。在编写结构上,本教材依据机织物生产的工艺过程设置教学项目,围绕每个教学项目设计工作任务,明确相应的知识目标和技能目标。全书设置项目导入、络筒工艺设计、整经工艺设计、浆纱工艺设计、穿结经与纬纱准备工艺设计、有梭织造工艺设计、剑杆织造工艺设计、喷气织造工艺设计、喷水织造工艺设计、片梭织造工艺设计和织物(坯布)质量检验共 11 个项目,涉及 25 个工作任务;每个工作项目围绕认识设备、设计工艺和上机操作调整工艺参数等工作任务展开。

本书可作为高职高专纺织类院校现代纺织技术专业和相关专业课程的教学用书,也可供纺织企业的相关技术人员参考。

**图书在版编目(CIP)数据**

机织工艺 / 陈爱香,崔鸿钧主编. —2 版. —上海:
东华大学出版社,2019.4
　ISBN 978-7-5669-1559-7

　Ⅰ. ①机… Ⅱ. ①陈… ②崔… Ⅲ. ①织造工艺
Ⅳ. ①TS105

　中国版本图书馆 CIP 数据核字(2019)第 068393 号

责任编辑:张　静
封面设计:魏依东

出　　　　版:东华大学出版社(上海市延安西路 1882 号,200051)
本 社 网 址:http://dhupress.dhu.edu.cn
天猫旗舰店:http://dhdx.tmall.com
营 销 中 心:021-62193056　62373056　62379558
印　　　　刷:句容市排印厂
开　　　　本:787 mm×1 092 mm　1/16　印张 20.75
字　　　　数:518 千字
版　　　　次:2019 年 4 月第 2 版
印　　　　次:2019 年 4 月第 1 次印刷
书　　　　号:ISBN 978 - 7 - 5669 - 1559 - 7
定　　　　价:59.00 元

# 前　言

本教材为校企合作开发的项目化教材。根据高职院校"现代纺织技术"专业学生所必需的知识结构与技能要求，在吸收现有教材精髓的基础上，坚持继承与创新相结合，以职业活动为需求，以项目和工作任务为载体，以"必需够用"为度，构建教材内容体系。在教材编写结构上，依据机织生产工艺过程设置项目，并围绕每个项目设计工作任务，明确相应的知识目标和技能目标，最后通过"思考与练习"实现学做合一。

本教材内容充分依托纺织实训基地，为实现课堂与实训室（中心）一体的真实情境下的教、学、做，设置了认识设备、设计工艺和上机操作调整工艺参数等以工作任务为形式的教学环节，有利于培养学生的学习主动性和获取知识的能力。教材中采用的工艺实例大多为企业生产实例，便于开展校企合作教学。

本教材由山东轻工职业学院陈爱香和浙江纺织服装职业技术学院崔鸿钧担任主编。其中，项目导入、项目一、二、七、八、十由浙江纺织服装职业技术学院崔鸿钧编写；项目三、四由山东轻工职业学院陈爱香编写；项目五由山东轻工职业学院赵书国编写；项目六由山东轻工职业学院丛文新编写；项目九由浙江纺织服装职业技术学院祝永志编写。全书由陈爱香和崔鸿钧统稿，并修改完成。

在教材编写过程中，全国纺织服装职业教育教学指导委员会委员张玉惕教授提出了许多宝贵建议，鲁泰纺织股份有限公司朱文青、大染坊丝绸集团有限公司蔡仪新、淄博海关（原出入境检验检疫局）张引、淄博巴山织造有限公司梅红、烟台怡欣纺织有限公司方恒波、滨州愉悦家纺有限公司孟令胜等企业专家也提供了大力支持。在此一并表示谢意。

限于编者水平，教材在内容和表述上难免有不妥之处，恳请读者批评指正。

编　者

# contents 目　录

机
织
工
艺

机织工艺

机
织
工
艺

项目导入

## 教学目标

**知识目标：** 1. 了解机织工艺设计的主要依据和内容。

2. 掌握机织工艺设计的主要计算方法。

3. 掌握织物生产工艺流程的组成与各工序的主要任务。

4. 掌握织物生产工艺流程的选择及其依据。

**技能目标：** 1. 会设计、计算原纱条件。

2. 会设计、计算织物技术条件。

3. 会使用照布镜、密度镜等织物分析工具。

4. 会织物来样分析。

5. 会设计不同织物的生产工艺流程。

## 学习情境

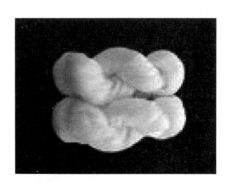

# 任务1　认识机织工艺设计的主要依据及其计算

实际生产中,新产品投产之前,必须先进行工艺设计。工艺设计是否合理正确,直接决定产品能否顺利生产,也决定着产品的质量和生产效率,所以必须重视工艺设计,并根据产品提供的主要依据,设计出合理的生产工艺。而机织工艺设计的主要依据是原纱条件和织物技术条件。

## 一、原纱条件

### 1. 织造对原纱质量的要求

织造过程是决定产品质量的主要环节。要提高产品质量,主要是提高织造质量,要求减少经纬纱断头、开口清晰、组织均匀、布面匀整。织造对原纱的质量要求可归纳为以下几个方面。

(1) 对纱线强度的要求

适当的纱线强度是织造生产顺利进行的必要条件,尤其是在高速度、大张力的无梭织造中,纱线强度不足,就会造成经纬纱断头。经纬纱断头是产生断经、断纬、横档等织疵的根本原因。

大部分的纱线断头是由于纱线中的"弱环"造成的。因此,对纱线强度的要求,不仅仅是纱线断裂强力指标,同时应考核强力分布的离散性,即强力 CV 值指标。

纱线强度不仅指原纱强度,影响织造生产顺利进行的更主要的是浆纱强度,因此要保证浆纱有足够的增强率且强度均匀。

(2) 对纱疵的要求

纱线上的条干不匀、粗节、细节、棉结、杂质、弱捻等疵点,不仅会影响织物质量,影响织物棉结杂质疵点格率、棉结疵点格率的评分,也会造成织机停台。细节、弱捻等薄弱环节会引起经纬纱断头;粗节、棉结、杂质、飞花附着会造成经纱黏连纠缠,开口不清,造成断头和疵点。所以纱线上的疵点应尽量少并满足质量要求。

(3) 对原纱条干均匀度的要求

纱线条干均匀度超过限度以后,会在织物外观上以条影、条干不匀、云斑等形式明显地表现出来,影响织物外观疵点的评分,降低织物质量,所以纱线条干要均匀,对于较高档的产品,如精梳府绸、纱卡、防羽布等,其纱线条干 Cy 值应掌握在乌斯特统计值 25% 水平为好。

纱线中的粗节、细节、棉结数值也必须处于乌斯特统计值 50% 或 25% 的水平。

(4) 对纱线毛羽的要求

纱线毛羽的多少,对织造时经纱的黏连和纠缠具有决定性影响。纱线毛羽多,纱线黏连纠缠严重,断头增多;纱线毛羽多,不易开清梭口,容易形成吊经和三跳等织疵;毛羽还使纱线外观呈毛绒状,降低纱线光泽;过长的毛羽会影响经纱上浆效果,导致分纱困难,影响浆膜完整、落物增多;毛羽多,还会使织物表面发毛,影响布面实物质量。

因此要严格控制纱线毛羽,减少在准备过程中毛羽的增加和再生,尤其要严格控制对织造有害的 3 mm 及以上较长的毛羽数量。

（5）对纱线张力的要求

要保证织物表面平整、均匀、减少疵点、提高生产效率，还要使纱线张力均匀，而且主要是片纱张力均匀。片纱张力不匀会增加准备整经和浆纱工序经纱断头、卷装成形不良、影响整经和浆纱质量，更会引起织造过程中的开口不清、经纱断头，增加"三跳"织疵和断疵，在布面上产生条影等疵点，严重影响织物质量和织造效率。

**2. 原纱条件**

原纱条件包括纤维原料名称、纤维混纺比例、原料等级（纤维细度和长度等）、纱线特数、纺出标准干燥质量、纱线捻向、捻系数、单纱强度等。各类纱线在制订工艺设计要求时，原纱条件应参照国家、地方和企业等有关的纱线标准设计。

（1）常见纺织纤维的特性

常见纺织纤维的特性见表 1。

**表 1　常见纺织纤维的特性**

| 品　种 | | 性　能 | |
| --- | --- | --- | --- |
| | | 优　点 | 缺　点 |
| 天然纤维 | 棉 | 天然捻曲，纤维细而短，吸湿保温 | 弹性差，光泽暗淡，抗酸性能弱 |
| | 毛 | 手感丰满，弹性好，吸湿性好，保暖，光泽柔和 | 不耐碱 |
| | 丝 | 吸湿性好，弹性好，富有光泽 | 不耐碱，耐光性差 |
| | 麻 | 强度大，吸湿性好，凉爽 | 手感粗硬，弹性差 |
| 人造纤维 | 黏胶 | 染色容易，鲜艳，吸湿性强 | 耐磨性差，湿伸长大 |
| 合成纤维 | 锦纶 | 耐磨性高，弹性好，耐腐蚀 | 吸湿性小，保形性差 |
| | 涤纶 | 抗皱抗缩，保形性好，且易洗易干，免烫 | 染色性差，吸湿性差，织物易起毛球 |
| | 维纶 | 吸湿性好，强度高，耐磨，保暖，耐虫蛀，耐霉烂，耐日晒 | 弹性差，织物易起皱，染色性能差，耐热性能差 |

（2）常用原料代号和纱线代号

常用原料代号和纱线代号见表 2 至表 4。

**表 2　常用原料代号**

| 品名 | 天然棉 | 涤纶 | 维纶 | 腈纶 | 锦纶 |
| --- | --- | --- | --- | --- | --- |
| 代号 | C | T | V | A | N |
| 品名 | 丙纶 | 氯纶 | 黏胶 | 无光黏胶 | 有光黏胶 |
| 代号 | O | L | R | FD | FB |

**表 3　纱线代号**

| 品名 | 绞纱 | 筒子 | 烧毛 | 精梳 | 气流纺 | 涤棉纱 | 棉维纱 |
| --- | --- | --- | --- | --- | --- | --- | --- |
| 代号 | R | D | G | J | OE | T/C | C/V |

**表 4　纱线代号**

| 品名 | 经纱(线) | 纬纱(线) | 针织用纱 | 起绒用纱 |
| --- | --- | --- | --- | --- |
| 代号 | T | W | K | Q |

机
织
工
艺

(3) 纱线细度

纱线的细度可以用直径或截面积来表示,但是因为纱线表面有毛羽,截面形状不规则且易变形,测量直径或截面积,不仅误差大,而且较麻烦。因此,广泛采用的表示纱线细度的指标,是与截面积成比例的间接指标——线密度 $Tt$、支数(英制支数 $N_e$、公制支数 $N_m$)、纤度 $N_D$。我国细度法定计量单位为"特克斯"(tex)。

① 线密度:在公定回潮率时,1 km 长的纱线的质量克数。

股线线密度的表示:14 tex×2, 13 tex×3, 16 tex/18 tex。

② 公制支数 $N_m$:在公定回潮率时,1 kg 的纱线的长度千米数。

股线支数的表示:28 $N_m$/2, 39 $N_m$/3。

合股的单纱的公制支数不同时:

$$N_m = \cfrac{1}{\cfrac{1}{N_{m1}} + \cfrac{1}{N_{m2}} + \cdots + \cfrac{1}{N_{mn}}}$$

式中:$N_m$ 为合股纱的公制支数;$N_{m1}$,$N_{m2}$,$\cdots$,$N_{mn}$ 为各单纱的公制支数。

③ 英制支数 $N_e$:在公定回潮率时,质量为 1 lb 的纱线所具有的长度有多少个 840 yd,即为几英支。

股线的英制支数表示和计算方法同公制支数。

④ 纤度:在公定回潮率时,9 km 长的纱线的质量克数。

特克斯、英制支数的换算公式为:

$$Tt = C \div N_e$$

式中:$C$ 为换算常数(现法定规定的 $C$ 为 590.5)。

纱线按粗细程度的不同,可分为粗号纱、中号纱、细号纱、特细号纱。32 tex 及以上($18^S$ 及以下)为粗号纱,21～30 tex($28^S$～$19^S$)为中号纱,11～20 tex($58^S$～$29^S$)为细号纱,10 tex 及以下($60^S$ 及以上)特细号纱。

(4) 纺出标准干燥质量

纱线纺出标准质量的大小表示纱线偏离国家标准特数的大小。其定义式为:

$$G_0 = \frac{Tt}{10} \times \frac{100}{100 + W_g} = \frac{Tt_0}{100 + W_g \times 10}$$

式中:$G_0$ 为纱线纺出标准质量(g/100 m);$Tt$ 为纱线线密度(tex);$Tt_0$ 为纱线实际线密度(tex);$W_g$ 为纱线公定回潮率。

(5) 纱线品等要求

纱线的品等分为优等、一等、二等,低于二等指标者作为三等。纱线品等要求是对纱线强力和外观的要求,主要包括:单纱断裂强力变异系数 $CV\%$,百米质量变异系数 $CV\%$,单纱断裂强度(cN/tex),百米质量偏差%,条干均匀变异系数 $CV\%$,1 克内棉结粒数,1 克内棉结杂质总粒数,十万米纱疵数。在工艺设计时,根据织物的风格和质量要求,选择纱线的品等,然后,再查纱线的相应标准,确定纱线品等要求的强力和外观等指标。

常用纱线应按以下标准设计:

棉本色纱线:按 GB/T 398-2008 的规定设计。

精梳棉/涤混纺本色纱线:按 FZ/T 12006—2011 的规定设计。

涤/棉混纺色纺纱:按 FZ/T 12016—2006 的规定设计。

腈纶本色纱:按 FZ/T 12009—2011 的规定设计。

普梳涤与棉混纺本色纱线:按 FZ/T 12005—2011 的规定设计。

棉/腈混纺本色纱:按 FZ/T 12011—2005 的规定设计。

莱赛尔纤维本色纱线:按 FZ/T 12013—2005/XG1—2006 的规定设计。

精梳天然彩色棉纱线:按 FZ/T 12015—2006 的规定设计。

精梳棉本色紧密纺纱线:按 FZ/T 12018—2009 的规定设计。

竹浆黏胶纤维本色纱线:按 FZ/T 12020—2009 的规定设计。

涤纶与黏纤混纺色纺纱线:按 FZ/T 12022—2009 的规定设计。

经纱因准备工序多,摩擦大,纱线损伤和伸长都大,使纱线的强力和实际线密度略有下降,而纬纱的损伤和伸长都较小。所以,一般织物在经纬纱线密度相同的情况下,经纱的品质要求高于纬纱。但对于高速的喷气织造而言,有研究表明,纬纱故障停车占织机停车的65%以上。也就是说,喷气织机故障停车的 65% 以上是由纬纱造成的。因此,喷气织造的纬纱品质要求不能低于经纱。通常采用经纬纱相同要求的纱线,以保证喷气织造的效率和质量。

(6) 捻系数

捻系数用来比较不同粗细的纱线之间的加捻程度。公制捻系数的定义式为:

$$a_t = T_t \sqrt{Tt}$$

式中:$a_t$ 为公制捻系数;$T_t$ 为公制捻度,即纱线 10 cm 内的捻回数;Tt 为纱线线密度(tex)。

捻系数和捻度一样,都有一个临界值。小于此值时,随捻系数(或捻度)的增加,纱线的强力增加;大于此值时,随捻系数(或捻度)增加,纱线的强力下降。在临界值以下,纱线的断裂伸长随捻系数的增加而增力。同时,随着捻系数的增加,纱线内纤维抱合紧密,使直径减小而硬挺程度增加,织造时影响经纬纱的织缩率。

捻系数增加还将使捻度稳定率下降,反捻力增加,使经纱在络整工序中易产生扭结,纬纱在织造时会产生脱纬、纬缩或起圈现象。因此,一般平布捻系数选择时应使经纱略高于纬纱。

这样选择的理由是经纱在织造过程中受的摩擦较多,其强力应稍高些,且捻系数大,经纱表面光洁,毛羽减少,利于织造。纬纱的准备工序少,受的摩擦小,强力可稍低些,且纬纱捻系数小些可使纱线的反捻力减小,减少织造时脱纬、纬缩织疵现象。同时,有的产品还需考虑产品风格。如为使府绸菱形颗粒饱满,以获得较高阶序的织物结构相,亦可使纬纱捻系数大于经纱,这样经纱比纬纱较易屈曲而成为织物的支持面。麻纱织物经纬纱的捻系数都可以适当加大,使织物手感滑爽。斜纹织物可适当降低经纱捻系数,使织物柔韧且光泽好。当然,提高纱线捻系数应注意不要使捻度稳定率下降太多,以避免产生不应有的织疵;减少纱线捻系数应注意不要使纱线的强力下降太多,否则达不到提高产品质量的目的。

(7) 捻向

捻向分顺手捻和反手捻,即 S 捻和 Z 捻。单纱一般为 Z 捻,股线一般为 S 捻。对于平

机织工艺

纹织物,当经纬纱捻向相同时,纤维缠合性好,织物紧密,布面平整光洁,但光泽和吸色较差;当经纬纱捻向相反时,经纬纱接触处纤维方向相反,纤维缠合性差,容易滑移,布面厚实光泽好,吸色均匀。一般平纹织物除隐条外,工厂都采取经纬纱捻向相同,以便于纱线管理。斜纹织物由于要求布面纹路有匀、深、直的效应,所以对织物的光泽有一定要求。

当经纬纱线纤维的斜向与织物纹路方向垂直时,织物对光线的反射与斜纹方向一致,此时织物的光泽好,纹路明显。所以,右斜的织物,经纱取 S 捻,纬纱以 Z 捻为宜;左斜的织物,纬纱取 S 捻,经纱以 Z 捻为宜。

## 二、织物规格

织物规格主要包括幅宽、织物匹长、经纬纱细度、经纬纱密度、织物紧度、经纬纱缩率等。

### 1. 织物幅宽

织物幅宽常以公称幅宽表示。公称幅宽是指工艺设计的织物标准幅宽,单位为"厘米""米"或"英寸",应根据织物的用途、质量、厚度、产量和生产条件合理选择。幅宽会随组织结构、加工工艺等产生一定的变化。

织物的幅宽一般按照要货部门要求确定。如工厂自行设计,则可根据织物的用途、内外销要求和生产设备的条件等因素决定,即根据织机筘幅、织物用途、加工过程中收缩程度、裁剪方便、节约用料等因素而定。幅宽从英制换算为公制者,其尾数不足 1 cm 的取舍办法为:0.26 cm 以下舍去不取,0.26~0.75 cm 作 0.5 cm;0.75 cm 以上不足 1 cm 作 1 cm。坯布成品幅宽允许偏差范围:91 cm 以下允许−0.9~−1.3 cm;91~110 cm 以内允许−1.1~−1.5 cm;110~150 cm 以内允许−1.3~−1.7 cm;150 cm 以上允许−1.5~−1.9 cm。

### 2. 织物匹长

织物匹长以"米"(m)为单位,可带一位小数。常有两种表示方法:一是公称匹长,公称匹长是指工艺设计的织物标准匹长;二是规定匹长,即折布成包后的实际匹长,其中包括加放布长,保证在储存、销售过程中,实际匹长不小于公称匹长,且根据此计算浆纱墨印长度。公称匹长、规定匹长和浆纱墨印长度的关系如下:

$$L_n = L_p + L_p b = L_p \times (1 + b)$$
$$L_m = L_n / (1 - a_j)$$

式中:$L_n$ 为规定匹长;$L_p$ 为公称匹长;$L_m$ 为浆纱墨印长度;$L_b$ 为加放布长;$b$ 为加放率;$a_j$ 为经纱织缩率。

公称匹长一般为 25~40 m,生产中为了计算方便,常取 30 m 或 40 m,也可根据实际需要和客户要求而定,并常采用联匹制。

匹长和联匹数根据工人操作和加工整理方便而定,采用大卷装对整理和后加工有利,但不利于工人搬运,采用小卷装对工人搬运方便,但不利于整理和后加工。一般织物匹长在25~40 m,通常薄织物取 4~6 联匹,一般织物 3~4 联匹,粗厚织物可取 2~3 联匹。由于我国以前规定布长在某一范围内,布面疵点评分小于某一值时为分等的界线。例如幅宽为110 cm 以下,长度为 25.1~35 m 时,0~8 分为一等品,9~16 分为二等品。这样,将每匹长度取得小些,可以减少一匹内疵点的评分。而国际新标准是以 120 yd 长度内的分数来评定的。如 45$^s$涤/棉细布,120 yd 内横档数小于、等于 3 条,才符合一等品。所以,不存在因每匹的长度不同而引起下机一等品率差异的问题。

加放率又称放码率、自然缩率及放码损失率。为了保证织物成包后的匹长不小于公称匹长,必须预先给出一定长度的加放,以弥补后加工及储存运输过程中的各种损失。损失包括:织物在储存运输过程中的自然收缩;在织物检验和成包过程中,为了保证入库一等品率,常需采取开剪和拼件措施,而形成额外损耗;布端打梢印、脏污、歪斜造成的损失。加放率通常包括以下几个方面:

① 折幅加放率:用于弥补自然缩率,0.5%～1.2%,在折布机上折布时,每个折幅加放适当长度,具体加放量按不同品种确定。

② 布端加放率:用于弥补布端打梢印、脏污、歪斜造成的损失,一般加放50～120 cm,约为0.05%,或根据印染厂和客户要求而定。

③ 开剪拼件加放率:补偿开剪和拼件损失,根据联匹长度和开剪率确定,一般取0.05%～0.1%。

生产中具体加放率数据需根据织物品种和客户要求而定。

**3. 织物密度**

织物密度是指织物单位长度内的纱线根数。织物密度有经密和纬密之分。经密又称经纱密度,是织物中沿纬向单位长度内的经纱根数。纬密又称纬纱密度,是织物中沿经向单位长度内的纬纱根数。由于单位长度不同,织物的经纬密度分为公制密度(根/10 cm)和英制密度(根/in),两者之间的关系为:

$$公制密度(根/10\ cm)=3.937×英制密度(根/in)$$
$$英制密度(根/in)=0.254×公制密度(根/10\ cm)$$

英制密度折算公制密度时精确到0.5根/10 cm。

在大多数织物设计中,为了提高织机的织造产量,通常采用经密大于或等于纬密的配置。当然,最重要的是根据织物的性能要求进行织物经纬密的设计。织物的经纬密度对织物的使用性能和外观风格的影响很大,如织物强力、耐磨、透气、保暖、厚度、刚柔、质量、产量、成本等。显然,经纬密度大,织物就紧密、厚实、硬挺、坚牢、耐磨;密度小,织物就稀薄、松软、透气。同时,经纬密度的比值会造成织物性能与风格的显著差异。如平布与府绸,哔叽、华达呢与卡其,等。

经纬密只能用来比较相同直径纱线所织成的不同密度的织物的紧密程度;当纱线的直径不同时,其无可比性。

**4. 织物紧度计算**

织物紧度指织物中纱线的挤紧的程度,有经向紧度、纬向紧度和总紧度之分,用单位长度内纱线直径之和所占百分率来表示。可按下式计算:

$$E_j = \frac{d_j × n_j}{L} × 100 = d_j × P_j$$

$$E_w = \frac{d_w × n_w}{L} × 100 = d_w × P_w$$

$$E = E_j + E_w - \frac{E_j × E_w}{100}$$

式中：$E_j$，$E_w$ 为经向、纬向紧度；$E$ 为织物总紧度；$d_j$，$d_w$ 为经、纬纱直径(mm)；$n_j$，$n_w$ 为 $L$ 长度上的经纱、纬纱根数(根)；$L$ 为织物长度(mm)；$P_j$，$P_w$ 为经密、纬密(根/10 cm)。

由上述公式可见，紧度中既包括经纬密度，也考虑了纱线直径的因素，因此可以比较不同粗细纱线织造的织物的紧密程度。$E<100\%$，说明纱线间尚有空隙；$E=100\%$，说明纱线刚刚挨靠；$E>100\%$，说明纱线已经挤压，甚至重叠，$E$ 值越大，纱线间挤压越严重。

各种织物，即使原料、组织相同，如果紧度不同，就会引起使用性能与外观风格的不同。试验表明，经纬向紧度过大的织物其刚性增大，抗折皱性下降，耐平磨性增加，而折磨性降低，手感板硬。而紧度过小，则织物过于稀松，缺乏身骨。

另外，在总紧度一定的条件下，以经向紧度与纬向紧度比为 1 时，织物显得最紧密，刚性最大；当两者的比例大于 1 或小于 1 时，织物就比较柔软，悬垂性好。

**5. 经纬纱织缩率计算**

由于纱线在形成织物过程中的屈曲，使织物在长度上总是小于织成该织物的纱线的长度。这种织物长度小于制织该织物的纱线长度的现象称为织缩。织造收缩长度与织造该织物的纱线长度的比称为织缩率。经纬纱织缩率是产品试织前需要选择的重要参数。它们关系到经纱墨印长度、经纱用纱量、纬纱用纱量、筘幅、筘号等一系列参数的值。因此，织缩率在织物设计中必须准确。

经纬纱织缩率的定义式为：

$$a_j = \frac{L_j - L_0}{L_j} \times 100\%$$

$$a_w = \frac{L_w - L_b}{L_w} \times 100\%$$

式中：$a_j$ 为经纱织缩率；$a_w$ 为经纱织缩率；$L_j$ 为经纱长度(m)；$L_0$ 为织物长度(m)；$L_w$ 为纬纱长度(m)；$L_b$ 为织物宽度(m)。

织缩率在织物设计中是一个难于准确把握的量，由于受到上机张力、纱线捻度、织物密度、边撑状态等纱线自身因素、织物结构因素、织机机械状态等因素的影响而极易发生变化。故要准确地掌握机织物上机织缩率，几乎是不可能的。但根据各类织物的切片模型，并通过分析整理，建立了常见织物的经纬纱织缩率计算公式。

平纹组织的经纬纱织缩率计算公式如下：

$$a_j = \frac{L_j - \dfrac{100}{P_w}}{L_j} \times 100\% \qquad a_w = \frac{L_w - \dfrac{100}{P_j}}{L_w} \times 100\%$$

斜纹组织的经纬纱织缩率计算公式如下：

$$a_j = \frac{L_j - \dfrac{100}{P_w} \times R_w}{L_j} \times 100\% \qquad a_w = \frac{L_w - \dfrac{100}{P_j} \times R_j}{L_w} \times 100\%$$

式中：$R_j$ 为一个组织循环中的经纱数；$R_w$ 为一个组织循环中的纬纱数。

常见织物的一个组织循环内的经纱和纬纱长度计算公式如表 5 所示。而常见织物一个组织循环中的经纱屈曲波高度 $h_j$ 和纬纱屈曲波高度 $h_w$ 的计算公式如表 6 所示。

表 5　常见织物的一个组织循环中经纱和纬纱长度的计算公式

| 序号 | 织物种类 | 纱线名称 | 一个组织循环中纱线长度计算公式 |
|---|---|---|---|
| 1 | 平纹 | 经纱 | $L_j = \dfrac{100}{P_w}\left[1 + 0.62\left(\dfrac{P_w h_j}{100}\right)^2 - 0.25\left(\dfrac{P_w h_j}{100}\right)^4\right]$ |
| | | 纬纱 | $L_w = \dfrac{100}{P_j}\left[1 + 0.62\left(\dfrac{P_j h_w}{100}\right)^2 - 0.25\left(\dfrac{P_j h_w}{100}\right)^+\right]$ |
| 2 | 府绸 | 经纱 | $L_j = \dfrac{100}{P_w}\left[1 + 0.62\left(\dfrac{P_w h_j}{100}\right)^2 - 0.25\left(\dfrac{P_w h_j}{100}\right)^4\right]$ |
| | | 纬纱 | $L_w = \sqrt{\left(\dfrac{100}{P_j}\right)^2 + h_w^2}$ |
| 3 | 3 枚斜纹 | 经纱 | $L_j = \dfrac{205}{P_w}\left[1 + 0.42\left(\dfrac{P_w h_j}{100}\right)^2 - 0.2\left(\dfrac{P_w h_j}{100}\right)^4\right] + \dfrac{95}{P_w}$ |
| | | 纬纱 | $L_w = \dfrac{205}{P_j}\left[1 + 0.42\left(\dfrac{P_j h_w}{100}\right)^2 - 0.2\left(\dfrac{P_j h_w}{100}\right)^4\right] + \dfrac{95}{P_j}$ |
| 4 | 4 枚斜纹 | 经纱 | $L_j = \dfrac{210}{P_w}\left[1 + 0.45\left(\dfrac{P_w h_j}{100}\right)^2 - 0.2\left(\dfrac{P_w h_j}{100}\right)^4\right] + \dfrac{190}{P_w}$ |
| | | 纬纱 | $L_w = 2 \times \sqrt{\left(\dfrac{200}{P_j}\right)^2 + h_w}$ |
| 5 | 哔叽织物 | 经纱 | $L_j = \dfrac{208}{P_w}\left[1 + 0.44\left(\dfrac{P_w h_j}{100}\right)^2 - 0.2\left(\dfrac{P_w h_j}{100}\right)^4\right] + \dfrac{195}{P_w}$ |
| | | 纬纱 | $L_w = \dfrac{208}{P_j}\left[1 + 0.41\left(\dfrac{P_j h_w}{100}\right)^2 - 0.2\left(\dfrac{P_j h_w}{100}\right)^4\right] + \dfrac{195}{P_j}$ |
| 6 | 5 枚缎纹 | 经纱 | $L_j = \dfrac{210}{P_w}\left[1 + 0.51\left(\dfrac{P_w h_j}{100}\right)^2 - 0.2\left(\dfrac{P_w h_j}{100}\right)^4\right] + \dfrac{285}{P_w}$ |
| | | 纬纱 | $L_w = 2 \times \sqrt{\left(\dfrac{200}{P_j}\right)^2 + h_w^2}$ |

表 6　常见织物的一个组织循环中经纱和纬纱的屈曲波高度 $h$ 的计算公式

| 序号 | 织物种类 | 纱线名称 | 一个组织循环中纱线屈曲波高度计算公式 | 备注 |
|---|---|---|---|---|
| 1 | 平纹 | 经纱 | $h_j = \dfrac{1.30}{2.30} \times (\gamma_j \times d_j + \gamma_w \times d_w)$ | $\gamma_j = 0.74$ $\gamma_w = 0.82$ |
| | | 纬纱 | $h_w = \gamma_j \times d_j + \gamma_w \times d_w - h_j$ | |
| 2 | 府绸 | 经纱 | $h_j = \sqrt{(\gamma_j \times d_j + \gamma_w \times d_w)^2 - \left[\dfrac{100}{p_j} - (\lambda_j \times d_j - \gamma_j \times d_j)\right]^2}$ | $\gamma_j = 0.71$ $\gamma_w = 0.81$ $\lambda_j = 1.19$ |
| | | 纬纱 | $h_w = \gamma_j \times d_j + \gamma_w \times d_w - h_j$ | |
| 3 | 3 枚斜纹 | 经纱 | $h_k = 0.67(d_j + d_w)$ | — |
| | | 纬纱 | $h_k = 0.36(d_j + d_w)$ | — |
| 4 | 4 枚斜纹 | 经纱 | $h_j = \sqrt{(d_j + d_w)^2 - \dfrac{11\,025}{P_j^2}}$ | 当 $E_j < 100\%$ 时，$K = 1.05$ 当 $E_j > 100\%$ 时，$K = 1.1$ |
| | | 纬纱 | $h_w = K \times (d_j + d_w) - h_j$ | |

（续　表）

| 序号 | 织物种类 | 纱线名称 | 一个组织循环中纱线屈曲波高度计算公式 | 备注 |
|---|---|---|---|---|
| 5 | 哔叽织物 | 经纱 | $h_k = 0.675(d_j + d_w)$ | — |
| | | 纬纱 | $h_k = 0.365(d_j + d_w)$ | — |
| 6 | 5枚缎纹 | 经纱 | $h_j = \sqrt{(d_j + d_w)^2 - \dfrac{11\,025}{P_j^2}}$ | 当 $E_j < 100\%$ 时，$K = 1.05$ |
| | | 纬纱 | $h_w = K \times (d_j + d_w) - h_j$ | 当 $E_j > 100\%$ 时，$K = 1.1$ |

**6. 筘号**

筘号应根据经密、纬纱织缩率、每筘穿入数，以及生产的实际情况而定。

$$N = \frac{P_j \times (1 - a_w)}{b}$$

式中：$N$ 为公制筘号（齿/10 cm）；$P_j$ 为织物经密（根/10 cm）；$a_w$ 为纬纱织缩率；$b$ 为经纱每筘穿入数（根/筘）。

为不受纬纱织缩率的制约，生产中常用经验公式进行计算。

当经密 < 254 根/10 cm 时，则：

$$N = \frac{0.254 P_j - 1}{b} \times 3.748$$

当经密 ≥ 254 根/10 cm 时，则：

$$N = \frac{0.254 P_j - 1}{b} \times 3.748 - 1$$

筘号值应修正为整数。根据经验，当算出筘号与标准筘号相差 ±0.4 根/10 cm 以内，可不必修正总经根数，只需修改筘幅或纬纱织缩率。一般筘幅相差 6 mm 以内可不修正。凡经大整理的品种，筘幅的修改范围还可大些，因为下机坯幅可在整理加工中得到调整。但对于不经大整理的品种，应严格控制筘幅和坯幅。

**7. 总经根数计算**

全幅织物中总经纱根数是根据经纱密度、幅宽和边纱根数决定的。当织物中的地经纱、边经纱都均匀地穿入筘齿时，总经根数可按下式计算：

$$M = W_0 \times \frac{P_j}{10} + m \times \left(1 - \frac{b_0}{b_1}\right)$$

式中：$M$ 为总经根数（根）；$W$ 为布幅（cm）；$P_j$ 为织物经密（根/10 cm）；$m$ 为边纱根数（根）；$b_0$ 为布身每筘穿入数（根/筘）；$b_1$ 为布边每筘穿入数（根/筘）。

当地组织和边组织的每筘穿入数相同时，则：

$$M = W_0 \times \frac{P_j}{10}$$

总经根数应取整数,并尽量修正为穿综循环的整数倍。边纱根数可根据品种特点、织机类型、生产实际等综合确定,以保证织造和整理加工能顺利进行和布边整齐为原则。边纱根数和穿法无统一规定,一般织物的布边宽度每边取 $0.5 \sim 1$ cm。有时可根据需要,适当加宽布边。布边的经密一般等于或大于布身经密。中线密度纱色织物的边纱,每边最外端一般用 2 个 4 穿入(2 根经纱穿 1 综,2 综穿 1 筘),最少有一个 4 穿入。对低线密度纱色织物,最外端一般用 $3 \sim 4$ 个筘齿,4 穿入。如某色织涤/棉府绸,边纱穿筘法为(3 筘×4 入+4 齿×3 入)×2。

### 8. 筘幅

筘幅是指织机上的穿筘幅宽,也称上机筘幅,可按下式计算:

$$W = 10 \times \frac{M - m \times \left(1 - \frac{b_0}{b_1}\right)}{b_0 \times N}$$

式中：$W$ 为筘幅(cm);$M$ 为总经根数(根);$m$ 为边纱根数(根);$b_0$ 为布身每筘穿入数(根/筘);$b_1$ 为布边每筘穿入数(根/筘);$N$ 为公制筘号(齿/10 cm)。

筘幅的单位以厘米或英寸表示,纬纱织缩率、筘号与筘幅三者间需进行反复修正。

### 9. 1 平方米织物无浆干燥质量概算

1 平方米织物无浆干燥质量是设计产品成本的依据,也是衡量织物内在质量的指标之一,应达到国家标准的要求。其常用计算公式如下:

$$G_j = \frac{Tt \times P_j}{(1 - a_j) \div 100}$$

$$G_w = \frac{Tt \times P_w}{(1 - a_w) \div 100}$$

$$G = G_j + G_w$$

式中：$G$ 为 1 平方米织物无浆干燥质量(g);$G_j$ 为 1 平方米织物经纱无浆干燥质量(g);$G_w$ 为 1 平方米织物纬纱无浆干燥质量(g);$P_j$ 为织物经纱密度(根/10 cm);$P_w$ 为织物纬纱密度(根/10 cm);$a_j$ 为经纱缩率;$a_w$ 为纬纱缩率;$Tt$ 为纱线线密度(tex)。

1 平方米织物无浆干燥质量的计算结果,取一位小数。

### 10. 常见棉型本色织物的组织结构和风格特征（表 7）

表 7  棉型本色织物的组织结构和风格特征

| 分类名称 | 布面风格 | 织物组织 | 结 构 特 征 | | | | 用途 |
|---|---|---|---|---|---|---|---|
| | | | 总紧度/% | 经向紧度/% | 纬向紧度/% | 经纬紧度比 | |
| 平布 | 经纬向紧度较接近,布面平整光洁 | 平纹 | 60~80 | 35~60 | 35~60 | 1:1 | 服用和床上用品 |
| 府绸 | 高经密、低纬密,布面经浮点呈颗粒状,织物外观细密 | 平纹 | 75~90 | 61~80 | 35~50 | 5:3 | 夏季服用织物 |
| 斜纹 | 布面呈斜纹,纹路较细 | $\frac{2}{1}$ | 75~90 | 60~80 | 40~55 | 3:2 | 服用和床上用品 |

（续　表）

表7　棉型本色织物的组织结构和风格特征

| 分类名称 | 布面风格 | 织物组织 | 结构特征 | | | | | 用途 |
|---|---|---|---|---|---|---|---|---|
| | | | 总紧度(%) | | 经向紧度(%) | 纬向紧度(%) | 经纬紧度比 | |
| 哔叽 | 经纬向紧度较接近,总紧度小于华达呢,斜纹纹路接近45°,质地柔软 | $\frac{2}{2}$ | 纱 | 85以下 | 55～70 | 45～55 | 6:5 | 外衣用织物 |
| | | | 线 | 90以下 | | | | |
| 华达呢 | 高经密,低纬密,总紧度大于哔叽,小于卡其,质地厚实而不发硬,斜纹纹路接近63° | $\frac{2}{2}$ | 纱 | 85～90 | 75～95 | 45～55 | 2:1 | 外衣用织物 |
| | | | 线 | 90～97 | | | | |
| 卡其 | 高经密,低纬密,总紧度大于华达呢,布身硬挺厚实,单面卡其斜纹纹路粗壮而明显 | $\frac{2}{2}$ | 纱 | 90以上 | | | 2:1 | 外衣用织物 |
| | | | 线 | 97以上(10 tex×2及以下为95以上) | | | | |
| | | $\frac{3}{1}$ | 纱 | 85以上 | | | | |
| | | | 线 | 90以上 | | | | |
| 直贡缎 | 高经密织物,布身厚实或柔软(羽绸),布面平滑匀整 | $\frac{5}{2},\frac{5}{3}$ 经面缎纹 | 80以上 | | 65～100 | 45～55 | 3:2 | 外衣及床上用品 |
| 横贡缎 | 高纬密织物,布身柔软,光滑似绸 | $\frac{5}{2},\frac{5}{3}$ 纬面缎纹 | 80以上 | | 45～55 | 65～80 | 2:3 | 外衣及床上用品 |
| 麻纱 | 布面呈挺直条纹纹路,布身爽挺似麻 | $\frac{2}{1}$ 纬重平 | 60以上 | | 40～55 | 45～55 | 1:1 | 夏季服装用 |
| 绒布坯 | 经纬线密度差异大,纬纱捻度小,质地柔软 | 平纹,斜纹 | 60～85 | | 30～50 | 40～70 | 2:3 | 冬季内衣,春秋季妇女、儿童外衣用 |

## 三、机织工艺设计依据计算实例

**例1**　设计下列坯布织物的机织工艺设计依据:170 cm　14.5×14.5　523.5×283　C府绸织物。依据设计如下:

**1. 原纱条件**

① 原料与配比:已知织物的原料为棉纤维,其配比为100%。

② 纱线细度:已知经纱和纬纱的细度均为14.5 tex(40$^S$)。

③ 标准干燥质量:

$$G_0 = \frac{Tt}{10} \times \frac{100}{100+W_g} = \frac{14.5}{10} \times \frac{100}{100+8.5} = 1.336$$

④ 纱线品质要求:

为了充分体现府绸织物的风格特征，要求原纱达到光、洁、匀、牢，因此，府绸织物的经纬纱均选优等纱。查国家棉本色纱线标准 GB/T 398-2008，得 14.5 tex 棉纱的品质要求为：

单纱断裂强力变异系数 CV≤9.5％，百米质量变异系数 CV≤2.2％，单纱断裂强度≥16.0 cN/tex，百米质量偏差±2％，条干均匀变异系数 CV≤16％，1 克内棉结粒数 30 粒，1 克内棉结杂质总粒数 55 粒，十万米纱疵≤10 个。

⑤ 捻系数：查国家棉本色纱线标准 GB/T 398-2008，得 14.5 tex 优等棉纱的捻系数为330～420。

⑥ 捻向：因为是单纱织物，故选择 Z 捻。

**2. 织物技术条件**

① 织物组织：已知织物组织为平纹。

② 坯布幅宽：已知织物幅宽为 170 cm。

③ 匹长×联匹数：因织物幅宽 170 cm 属于宽幅织物，故考虑到工人操作和加工整理方便，取公称匹长为 35 m，采用 3 联匹。而府绸织物属于紧密织物，其自然缩率相对较小，取0.6％，以弥补后加工及储存运输过程中的各种损失，保证织物成包后的长度不小于公称长度。因此，规定匹长 $L_n$ 为：

$$L_n = L_p \times (1+b) = 35 \times (1+0.6\%) = 35.21 \text{ m}$$

④ 经纬纱密度：已知织物的经密为 523.5 根/10 cm（133 根/in），纬密为 283 根/10 cm（133 根/in）。

⑤ 织物紧度计算：

$$E_j = 0.037\sqrt{Tt_j} \times P_j = 0.037 \times \sqrt{14.5} \times 523.5 = 73.8\%$$
$$E_w = 0.037\sqrt{Tt_w} \times P_w = 0.037 \times \sqrt{14.5} \times 283 = 39.9\%$$
$$E = E_j + E_w - \frac{E_j \times E_w}{100} = 73.8 + 39.9 - \frac{73.8 \times 39.9}{100} = 84.3\%$$

⑥ 经纬纱织缩率计算：

已知：$P_j$＝523.5 根/10 cm，$P_w$＝283 根/10 cm；而：

$$d_j = d_w = 0.037\sqrt{Tt_j} = 0.037 \times \sqrt{14.5} = 0.141 \text{ mm}$$

根据表 6 中的公式计算，得一个组织循环中经纱屈曲波高度 $h_j$ 和纬纱屈曲波高度 $h_w$：

$$h_j = \sqrt{(\gamma_j \times d_j + \gamma_w \times d_w)^2 - \left[\frac{100}{P_j} - (\lambda_j \times d_j - \gamma_j \times d_j)\right]^2} =$$

$$\sqrt{(0.710 \times 0.141 + 0.810 \times 0.141)^2 - \left[\frac{100}{523.5} - (1.19 \times 0.141 - 0.710 \times 0.141)\right]^2} \approx$$

0.176 mm

$$h_w = \gamma_j \times d_j + \gamma_w \times d_w - h_j = 0.710 \times 0.141 + 0.810 \times 0.141 - 0.176 \approx$$

0.038 mm

又根据表 5 中的公式计算，得一个组织循环内经纱和纬纱的长度：

$$L_j = \frac{100}{P_w}\left[1 + 0.62\left(\frac{P_w h_j}{100}\right)^2 - 0.25\left(\frac{P_w h_j}{100}\right)^4\right] =$$

$$\frac{100}{238}\left[1 + 0.62\left(\frac{238 \times 0.176}{100}\right)^2 - 0.25\left(\frac{238 \times 0.176}{100}\right)^4\right] =$$

$$0.402 \text{ mm}$$

$$L_w = \sqrt{\left(\frac{100}{P_j}\right)^2 + h_w^2} = \sqrt{\left(\frac{100}{523.5}\right)^2 + 0.038^2} = 0.195 \text{ mm}$$

因此，

$$a_j = \frac{L_j - \dfrac{100}{P_w}}{L_j} \times 100\% = \frac{0.402 - \dfrac{100}{283}}{0.402} \times 100\% = 12.19\%$$

$$a_w = \frac{L_w - \dfrac{100}{P_j}}{L_w} \times 100\% = \frac{0.195 - \dfrac{100}{523.5}}{0.195} \times 100\% = 2.05\%$$

⑦ 筘号计算：因为府绸织物的纱线较细，强力较低，且经密较大，故采用较大的穿入数，每筘穿 4 根，以减少筘齿密度，减少筘片与经纱的摩擦，从而减少经纱断头。则：

$$N = \frac{P_j \times (1 - a_w)}{b} = \frac{523.5 \times (1 - 2.05\%)}{4} = 128.19 \text{ 根}/10 \text{ cm} \quad (\text{取 } 128 \text{ 根}/10 \text{ cm})$$

（8）总经根数计算：

由于布身和布边组织的每筘穿入数相同，故：

$$M = W_0 \times \frac{P_j}{10} = 170 \times \frac{523.5}{10} = 8\,899.5 \quad (\text{取 } 8\,900 \text{ 根})$$

为保证织造和整理加工能顺利进行及布边整齐，取织物的布边宽度每边为 0.8 cm，则每边根数为：$0.8 \times 523.5/10 = 41.88$，取 42 根。因此，织物边纱的根数为 42 根×2。

⑨ 筘幅计算：

$$W = 10 \times \frac{M - m \times \left(1 - \dfrac{b_0}{b_1}\right)}{b_0 \times N} = 10 \times \frac{8\,900 - 84 \times \left(1 - \dfrac{4}{4}\right)}{4 \times 128} = 173.82 \text{ cm}$$

修正纬纱缩率：

$$a_w = \frac{173.82 - 170}{173.82} \times 100\% = 2.19\%$$

（10）1 平方米织物无浆干燥质量计算

$$G_j = \frac{\text{Tt} \times P_j}{(1 - a_j) \times 100} = \frac{14.5 \times 523.5}{(1 - 0.121\,9) \times 100} = 86.45 \text{ g}$$

$$G_w = \frac{\text{Tt} \times P_w}{(1 - a_w) \times 100} = \frac{14.5 \times 283}{(1 - 0.021\,9) \times 100} = 41.95 \text{ g}$$

$$G = G_j + G_w = 86.45 + 41.95 = 128.4 \text{ g}$$

根据上述的已知条件和计算,得到该织物的机织工艺设计依据表如表8。

**表 8　织物的机织工艺设计依据表**

| 品种 | | | 170 cm　14.5×14.5　523.5×283　C府绸 | |
|---|---|---|---|---|
| | 项　目 | | 经纱 | 纬纱 |
| 原纱条件 | 原料与配比 | | C100 | C100 |
| | 线密度(支数) | | 14.5($40^S$) | 14.5($40^S$) |
| | 百米干燥质量(g) | | 1.336 | 1.336 |
| | 品质指标 | | 1 900 | 1 900 |
| | 捻向 | | Z | Z |
| | 捻度(捻/10 cm) | | | |
| 织物技术条件 | 布幅(cm) | | 170 | |
| | 公称匹长(m) | | 35 | |
| | 联匹数(匹) | | 3 | |
| | 规定匹长(m) | | 35.21 | |
| | 密度(根/10 cm) | 经纱 | 523.5 | |
| | | 纬纱 | 283 | |
| | 织物紧度/% | 经向 | 73.8 | |
| | | 纬向 | 39.9 | |
| | | 总 | 84.3 | |
| | 缩率/% | 经纱 | 12.19 | |
| | | 纬纱 | 2.19 | |
| | 总经根数(根) | | 8 900 | |
| | 筘号(齿/10 cm) | | 128 | |
| | 筘穿数(根/筘) | 布身 | 4 | |
| | | 布边 | 4 | |
| | 筘幅(cm) | | 173.82 | |
| | 1平方米无浆干燥质量(g) | | 128.4 | |

# 思考与练习

1. 织造工艺设计的主要依据是什么?

2. 织造对纱线的质量要求有哪些?

3. 纱线的细度指标有哪些?

4. 什么是公称匹长?什么是规定匹长?两者之间有什么关系?

5. 设计下列坯布织物的机织工艺设计依据:160 cm　(14×2)×28　484×236　T华达呢。

# 任务2 设计织物生产工艺流程

机织物是由相互垂直的两组纱(线),按照一定的要求,在织机上交织而成的织物。沿织物长度方向排列的纱(线)称为经纱,沿织物宽度方向排列的纱(线)称为纬纱。经、纬纱必须经过一系列的织前准备工序,使其在纱线质量和卷装形式等方面均满足织造需要时,才能在织机上进行织造而形成织物。织成的织物还需要经过整理工序,检验合格后方可入库。

## 一、织物生产工艺流程的选择原则

织物生产工艺流程的选择,在整个工艺设计中占有重要的地位。它不仅影响投产后产品的产量与质量,同时会影响生产管理和各项技术经济指标。在机织工艺设计中,须根据产品的用途、结构、风格特征和原料特性,选择合理的生产工艺流程和设备。因此,工艺流程的选择必须遵循"技术先进、成熟可靠、经济合理"的原则,在充分了解设备性能、特征和原纱供应状况的基础上,有针对性地选择符合企业现有设备和产品加工需要的生产工艺流程。在具体选择时,在保证产品质量和产量的前提下,尽可能缩短工艺流程,设计合理的工艺路线,一方面可减少成本,另一方面可提高生产效率。

为了更好地保证产品投产后收到预期的经济技术效果,选择织物生产工艺流程时,应遵循以下原则:

① 尽量采用新工艺、新技术、高效能的设备,以保证产品投产以后能够获得较高的产品质量和效率。

② 在保证产品质量的前提下,尽量缩短工艺流程,以减少人力和机物料消耗,降低生产成本。

③ 有一定的灵活性和适应性,翻改品种和上机工艺调整方便。

④ 有利于改善劳动条件,减轻劳动强度。

工艺流程的选择与产品质量、生产效率等方面密切相关。在制定工艺流程时,应综合考虑原料、织物用途、织物类别、织造设备和车间环境等。同时,要考虑企业的工人技术水平、责任意识等因素。只有本着实事求是的科学态度,才能制定出科学合理的产品生产工艺流程。

## 二、选择织物生产工艺流程应考虑的因素

织物生产工艺流程的选择,应结合织造工艺理论和生产实践经验,着重考虑以下因素:

### 1. 稳定捻度

织造时纬纱从梭子中的纡子上或筒子上退解的张力较小,由于纱线松弛,易回弹而造成纬缩等疵点。对于纯棉纱,由于其抗捻能力弱,一般经自然给湿即可使其捻度稳定。而对于化纤混纺织物,为了保证织物的滑、挺、爽风格,减少起球现象,常配置较高的纱线捻度,再加上化纤本身的弹性大,抗捻能力强,织造时纬纱易产生扭结、纬缩现象。因此,一般化纤混纺(如涤/棉)纱线宜经热湿定捻处理,使其捻度稳定。对于强捻纱,由于捻度大,其抗捻性大,

易扭结,为了稳定其捻度,减少纬缩疵点的形成,应采用热湿定捻工艺。

**2. 经纱上浆**

单纱表面通常有较多的毛羽,织造时经纱在承受反复拉伸和摩擦的情况下,容易发生缠结、起球或断头。通过上浆工艺,不仅可大大改善其外观,而且能提高其拉伸性能和耐磨性能,故单纱作经纱须经过上浆工序,以提高经纱的可织性。而合股经纱由于具有较高的拉伸性能和耐磨强度,一般可不上浆或上薄浆。使合股经纱通过温水,以改善其外观,增强其光滑程度,从而减少织造过程中的摩擦,提高纱线的耐磨性。

**3. 卷装形式**

不同的纱线卷装形式,也使工艺流程有所差异。对于纺织联合厂,纺部提供的是管纱,而整经和无梭织造的供纬均采用筒子纱,需将管纱加工成筒子纱才能使用,故需配置络筒工序。单织厂因没有纺纱,从纺纱厂直接购买筒子纱,故无需配置络筒工序。由于蒸纱筒子和染色筒子的卷装密度不宜过大,筒子成形要求也较高,故需采用松式络筒。

**4. 纬纱体制**

在织造生产中,可采用直接纬纱,也可采用间接纬纱。直接纬具有工艺流程短、设备和管理费用省等优点,其缺点为纬纱疵点较多,故多用于低中档织物或印花坯布。纺织联合工厂中,一般产品或印花坯布采用此方式。间接纬可通过络筒工序清除纱线中存在的粗细节、棉结、杂质和脱结等疵点,质量有所提高。同时,对有梭织造来讲,可改善纡子成形,纡子容量有所增加。其缺点是工艺流程较长,设备和管理费用较大。在纺织联合工厂织制高档产品时有时采用此方式,单织(白织、色织、毛巾、被单、手帕等)厂均采用此方式。

**5. 烘布与刷布**

在潮湿地区或黄梅季节,为了防止产品在储存和运输过程中发霉,须采用烘布工序。刷布工序是为了减少布面的棉结杂质,使布面光洁,用于某些市销本色棉布。混纺或纯化学纤维产品一般不采用刷布工序。

**6. 设备配套**

在加工阔幅织物时,应选用阔幅系列的整经、浆纱、穿结经、织布、验布和折布等设备。如加工狭幅织物,则需选用狭幅系列的上述设备。

## 三、常见织物生产工艺流程

由于织物的原料、品种和用途不同,织造生产工艺流程也不尽相同,但各类织物的主要工序的生产工艺流程都有其共同之处。

**1. 白坯织物生产工艺流程**

白坯织物以本色棉纱线或棉型纱线为原料,一般需经漂、染、印花等后整理加工。白坯织物生产的特点是产品批量大,大部分织物组织比较简单(主要是平纹、斜纹和缎纹组织)。如织布厂(单织厂)采用无梭织机生产白坯织物时,其生产工艺流程通常有以下几种:

(1) 纯棉白坯织物生产工艺流程

经纱:筒纱 → 整经 → 浆纱 → 穿经(结经)┐
　　　　　　　　　　　　　　　　　　　　├→ 织造 → 整理 → 打包入库
纬纱:筒纱 → 给湿 ────────────────┘

（2）化纤混纺白坯织物生产工艺流程

经纱：筒纱 → 整经 → 浆纱 → 穿经（结经）

纬纱：筒纱 → 定捻 ┘ → 织造 → 整理 → 打包入库

（3）股线白坯织物生产工艺流程

经纱：股线筒纱 → 整经 → 并轴（或上轻浆、过水）→ 穿经

纬纱：股线筒纱 → 给湿 ┘ → 织造 → 整理 → 打包入库

**2. 色织物生产工艺流程**

色织物由经纬色纱交织而成。色织物设计中，通常采用色纱和织物组织结构相结合的手法来体现花纹效应，因此，花型变化比较灵活，花纹层次细腻丰富，有立体感，花型比较逼真、饱满。色织物的生产一般有小批量、多品种的特点。

色织物的生产工艺流程选择应考虑到产品的批量、色纱的染色方法和染色质量、织造效率等因素，要根据实际情况尽量采用新工艺、新技术，以提高织物的产品质量。由于纱线的染色方法不同，其生产工艺流程也不同。

（1）筒子染色

筒子染色是将短纤纱或长丝卷绕在布满孔眼的筒管上（要求卷绕密度适当、均匀，一般称为"松筒"），然后将其套在染色机载纱器（又称平板、吊盘、纱架等）的染柱（又称纱竹、锭杆、插杆等）上，放入筒子染色机内，借主泵的作用，使染液在筒子纱线或纤维之间穿透循环，实现上染。当采用无梭织机生产色织物时，其机织生产工艺流程为：

经纱：筒纱 → 松式络筒 → 染色 → 整经 → 浆纱 → 穿筘

纬纱：筒纱 → 松式络筒 → 染色 ┘ → 织造 → 整理 → 打包入库

（2）经轴染色

按色织物的经纱色相和数量的要求，在松式整经机上将原纱卷绕在有孔的盘管上形成松式经轴（可看成是一个大筒子），再将其装在染色机的载纱器上，并放入经轴染色机内，借主泵的作用，使染液在经轴纱线或纤维之间穿透循环，实现浸染，以得到色泽均一的经纱的方法叫作经轴染色。当采用无梭织机生产色织物时，其机织生产工艺流程为：

经纱：筒纱 → 松式整经 → 经轴染纱 → 浆纱 → 穿筘

纬纱：筒纱 → 松式络筒 → 筒子染纱 → 倒筒 ┘ → 织造 → 整理 → 打包入库

（3）绞纱染色

将短纤纱或长丝在摇纱机上变换成一框框连在一起的绞纱，然后在各种形式的染色机中进行浸染的染色方式即为绞纱染色。通常在绞纱染色时，还可对绞纱进行上浆，故绞纱染色不需要再配浆纱工序。当采用无梭织机生产色织物时，其机织生产工艺流程为：

经纱：绞纱 → 染色 → 上浆 → 络筒 → 分条整经 → 穿筘

纬纱：绞纱 → 染色 → 络筒 ┘ → 织造 → 整理 → 打包入库

**3. 长丝织物生产工艺流程**

合纤长丝织物主要是指涤纶和锦纶的长丝织物。锦纶长丝织物比较少，全锦纶丝织物的典型产品是尼丝纺，大多用作伞布和滑雪衫面料。涤纶长丝经常用于加工服装面料和装

饰织物,近年来随着差别化涤纶长丝纤维的开发,涤纶长丝的仿真丝绸、仿毛、仿麻产品得到了相应的快速发展,达到了乱真的水平。

目前,涤纶长丝织物的无梭织机织造生产工艺流程为:

经纱:长丝 → 分批整经 → 浆丝 → 并轴 → 穿经┐
　　　　　　　　　　　　　　　　　　　　　├→ 织造 → 整理 → 打包入库
纬纱:长丝─────────────────────┘

或:

经纱:长丝 → 络丝 → 捻丝 → 定捻 → 倒筒 → 分条整经 → 穿经┐
　　　　　　　　　　　　　　　　　　　　　　　　　├→ 织造 → 整理 → 打包入库
纬纱:长丝 → 络丝 → 捻丝 → 定捻 → 倒筒──────────┘

或:

经纱:涤纶空气变形丝、网络丝 → 分条整经 → 穿经┐
　　　　　　　　　　　　　　　　　　　├→ 织造 → 整理 → 打包入库
纬纱:涤纶复丝、空气变形丝、网络丝──────┘

**5. 大卷装生产工艺流程**

在制织产品的过程中,增加织物的下机卷装容量,一般长度在数连匹(数百米)以上称为大卷装。

织物大卷装改变了由原来的布卷到整理后验布、定等、整修、打包等内容,采取布卷到整理后直接包装入库的方式,所以对原纱的质量、半成品质量和织造过程中的质量控制以及值车工的操作技能水平,提出了更高的要求。实行织物大卷装可以促进和提高下机质量,能够达到减少用工,提高成品价格和更为适合外贸出口要求的良好效果。大卷装的生产工艺流程:

经纱:筒纱 → 整经 → 浆纱 → 穿经┐
　　　　　　　　　　　　　├→ 织造 → 整理 → 打包入库
纬纱:筒纱 → 络筒 → (定形)──┘

当织物采用有梭织机织造生产时,各种织物的经纱工艺流程与上述一样,但纬纱准备的最后一道工序应为卷纬。

## 四、各工序的主要任务

织物生产工艺流程分为三个阶段,即织前准备、织造和坯布整理。

**1. 织前准备**

织前准备简称准备,目的是将纱线加工成符合织物规格和织造要求的经纱和纬纱。准备工序包括络筒、整经、浆纱、穿经和纬纱准备等。

(1) 络筒

将各种卷装的纱线加工成符合后道工序加工要求的筒子,使纱线变长,并清除纱线上的纱疵和杂质等。

(2) 整经

按工艺规定的经纱根数和长度,从筒子上引出经纱,整片地、均匀地卷绕在整经轴上。

(3) 浆纱

把若干经轴上引出的整个纱片,浸入按规定比例调制的浆液中,然后烘干,按规定匹数和长度,再卷绕成若干织轴,以备织造使用。

（4）穿经

按照织物组织结构图,把经纱分别穿入停经片、综丝和钢筘。穿经的方法有两种:一是使用结经机在织机上结经;二是在机下穿经架上穿经。

（5）纬纱准备

包括给湿定捻和卷纬两道工序。

给湿定捻:为了防止织造时产生纬缩等疵布,通常对捻度不稳定的化纤混纺纱进行给湿定捻处理,使纬纱捻度稳定。

卷纬:将纱线卷绕成适合有梭织机生产用的纡子,并提高纬纱质量。

**2. 织造工序**

织造工序的主要任务是将准备工序提供的织轴与纬纱(筒纱),按照织物组织的规格要求和工艺规定,在织机上织造成各类织物。

**3. 整理工序**

整理工序的任务是将布机上落下来的布卷,通过验布、折布、定等,并根据规定的修、织、洗范围进行修整,然后根据不同的用途把坯布打成包入库,供市销或出口。

## 五、织物生产工艺实例

**例1** 现有一无梭织机织布厂,需生产 160 cm　(14×2)×28　318.5×250　C 半线哔叽。试确定该织物的生产工艺流程。

**解** 因为:

（1）织布厂是单织厂,没有纺纱,故直接向纱厂购买筒子纱,不配置络筒工序。

（2）该织物采用无梭织机生产,而无梭织机采用筒子供纬,所以不配置卷纬工序。

（3）该织物是半线哔叽,经纱为 14 tex×2 股线,可不上浆织造,但为贴伏毛羽,提高织造效率,采用上轻浆或过水工艺,故配置浆纱工序。

（4）由于该织物是全棉织物,其纬纱的抗捻能力弱,故采用自然给湿方法,以稳定纱线结构和捻度,减少纬缩疵点。

因此,确定该织物的生产工艺流程为:

经纱:筒纱(股线) → 整经 → 浆纱(轻浆或过水) →穿经

　　　　　　　　　　　　　　　　　　　　　　└→ 织造 → 整理 → 打包入库

纬纱:筒纱(单纱) → 自然给湿─────────┘

**例2** 现有一纺织厂,采用有梭织机生产 160 cm　J14.5×J14.5　389.5×551　T/C 横贡缎。试确定该织物的生产工艺流程。

**解** 因为:

（1）纺织厂是纺纱和织布的联合厂,其织造用纱由纺部提供,细纱后的纱线卷装为管纱,故需配置络筒工序。

（2）该织物采用有梭织机生产,而有梭织机采用梭子引纬,所以需配置卷纬工序。

（3）该织物是单纱织物,经纱必须上浆后才能织造,故需配置浆纱工序。

（4）由于该织物是涤/棉混纺织物,而涤/棉混纺纱的抗捻能力强,织造时纬纱易产生扭结、纬缩现象,因此纬纱准备需配置定捻工序,以稳定其结构和捻度,提高织造效率和织物质量。

因此,确定该织物的生产工艺流程为:

经纱:管纱 → 络筒 → 整经 → 浆纱 → 穿经 ┐

纬纱:管纱 → 络筒 → 定捻 → 卷纬 ┘ → 织造 → 整理 → 打包入库

## 思考与练习

1. 织物生产工艺流程选择的原则是什么?

2. 选择织物生产工艺流程应考虑的因素有哪些?

3. 机织物生产各工序的主要任务是什么?

4. 现有一织布厂,采用有梭织机生产 $60''$ $J45^S \times J45^S$ $133 \times 72$ 色织府绸。试确定该织物的生产工艺流程。

5. 现有一织布厂,采用无梭织机生产 $160\ cm$ $(14 \times 2) \times 28$ $484 \times 236$ T 华达呢。试确定该织物的生产工艺流程。

## 教学目标

**知识目标：** 1. 了解络筒机的种类、型号及其工作原理。

2. 掌握筒子纱卷绕成形原理，熟悉络纱张力装置、清纱装置、防叠装置、纱线捻接器的作用和原理。

3. 掌握络纱工艺参数的设计原则与方法。

4. 掌握络筒疵点产生原因及其防止措施。

**技能目标：** 1. 会设计络筒工艺，会设定、调整上机工艺参数。

2. 会络筒挡车基本操作。

3. 会使用测速仪、张力测试仪等仪器。

4. 会鉴别络筒各种疵点，分析成因，提出防止措施。

## 学习情境

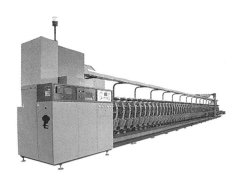

# 任务 1　认识、操作络筒设备与主要机构

## 一、络筒目的与工艺要求

### (一) 络筒目的

#### 1. 增大卷装容量

通过络筒将容量较少的管纱(或绞纱)连接起来,做成容量比管纱大得多的筒子。一般,一个管纱净重约 70 g,长度约 2 400 m(29 tex 棉纱);一个筒子的净重约 1.6 kg,卷纱长度约 56 000 m。所以,一个筒子的容量相当于 20 多个管纱。筒子可用于整经、并捻、卷纬、染色加工,或用作无梭织机的纬纱、针织用纱等。这些工序如果直接使用管纱,会造成停台时间过多,影响生产率的提高,同时影响产品质量(主要是张力均匀程度)的提高。所以,增加卷装容量,是提高后道工序生产率和质量的必要条件。

#### 2. 提高纱线外在质量

棉纺厂生产的纱线上存在着一些疵点和杂质,比如粗节、细节、双纱、弱捻纱、棉结杂质等。络筒时利用清纱装置对纱线进行检查,清除纱线上对织物的产质量有影响的疵点和杂质,可提高纱线的均匀度和光洁度。这不仅可改善织物的外观质量,而且有利于减少整经、浆纱、织造过程中的纱线断头。在织造质量要求较高的织物时,不仅经纱要经过络筒,纬纱也要经过络筒,以提高纬纱质量。

棉纺厂的部分产品采用绞纱卷装形式。这种卷装除方便运输和储存外,还便于绞纱染色,常用于染色纱和天然丝,但绞纱必须先经过络筒改变卷装形式,再用于织造。

### (二) 络筒工艺要求

#### 1. 筒子成形好

筒子在储存和运输过程中要求卷装不变形,纱圈不移位。纱圈排列整齐、均匀、稳固,筒子具有良好的外观。筒子的形状和结构应便于下一道工序的使用,比如在整经、卷纬、无梭织机供纬的时候,纱线能按一定的速度轻快退绕,无脱圈、纠缠和断头现象。对于需进行后处理(如染色)的筒子,结构必须均匀而松软,以便于染色液均匀而顺利地浸入整个卷装。筒子表面应平整,无攀丝、重叠、凸环、蛛网等现象。

#### 2. 卷绕张力适当而均匀

卷绕张力的大小既要满足成形良好的要求,又要尽量保持纱线原有的物理机械性能。一般认为,在满足筒子卷绕密度、成形良好和断头自停装置能正确工作的前提下,尽量采用较小的张力,使纱线的强度和弹性最大限度地保留。

#### 3. 卷装容量尽可能增加

大容量可提高后道工序的生产效率,用于间断式整经的筒子,其长度还应符合规定的要求。

#### 4. 断头连接处纱线直径和强力符合工艺要求

## 二、络筒的基本原理及其工艺行程

### （一）络筒基本原理

筒子良好的卷绕成形是络筒的主要任务。

**1. 卷绕运动**

在络筒过程中，通过卷绕机构将纱线以螺旋线形式，一圈圈、一层层有规律地紧紧卷绕在筒子表面。卷绕机构要完成的第一项任务是带动筒子做旋转运动，使筒子产生圆周速度 $v_1$，把纱线卷绕到筒子表面；第二项任务是带动纱线沿着筒管轴线方向做往复运动，使纱线产生导纱速度 $v_2$，将纱线均匀分布在整个筒子表面。

（1）络筒速度

筒子的旋转运动和纱线的往复运动相合成，就把纱线卷成往复的螺旋线，实现筒子的卷绕，如图 1-1 所示。

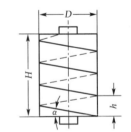

**图 1-1　筒子卷绕原理**

圆周速度 $v_1$ 和导纱速度 $v_2$ 两者的方向相互垂直，这两个速度的合成速度为 $v$，即为纱线的卷绕速度，也常称为络筒（纱）速度，络筒速度 $v$ 就是单位时间内卷绕到筒子上的纱线长度。

（2）纱圈卷绕角

在圆周速度 $v_1$ 和导纱速度 $v_2$ 这两个运动的作用下，纱线以螺旋线状卷绕在筒子表面，绕纱方向与筒子端面的夹角称为纱圈卷绕角或螺旋升角，用 $\alpha$ 表示。如图 1-2 所示，$v$ 和 $v_1$ 之间的夹角即为卷绕角 $\alpha$。它由筒子旋转运动产生的圆周速度 $v_1$ 和纱线往复运动产生的导纱速度 $v_2$ 共同决定。

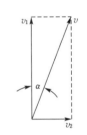

$$v = \sqrt{v_1^2 + v_2^2}$$

$$\tan \alpha = \frac{v_2}{v_1}$$

**图 1-2　纱圈卷绕角**

式中：$\alpha$ 为纱圈卷绕角。

纱圈卷绕角还可根据筒子的几何结构求出，如图 1-3 所示。设 $h$ 为圆柱形无边筒子的纱圈节距，$D$ 为筒子的卷绕直径，则：

$$\tan \alpha = \frac{h}{\pi D}$$

所以，

$$\tan \alpha = \frac{v_2}{v_1} = \frac{h}{\pi D}$$

**图 1-3　筒子卷绕结构**

卷绕角是筒子卷绕的一个重要特征参数。当导纱速度 $v_2$ 和圆周速度 $v_1$ 的比值发生改变时，卷绕角 $\alpha$ 随之改变。如果圆周速度 $v_1$ 基本保持不变，而导纱速度 $v_2$ 很小，卷绕角 $\alpha$ 就很小，纱圈在筒子上沿高度方向的上升很慢，纱圈间距很小，纱线在筒子上近似水平地排列，所卷成的筒子称为平行卷绕筒子；反之，如果圆周速度 $v_1$ 基本保持不变，而导纱速度 $v_2$ 较快,卷绕角 $\alpha$ 就较大,纱圈在筒子上沿高度方向的上升较快,纱圈间距较大,上下相邻的两层纱圈之间形成交叉,所卷成的筒子称为交叉卷绕筒子。

**2. 实现卷绕运动的方法**

(1) 使筒子产生旋转运动的方法

① 通过滚筒(或槽筒)摩擦传动筒子:摩擦传动筒子的特点是圆周速度 $\omega t$ 基本稳定,不随卷绕直径的增大而增大,导纱速度 $v_2$ 也不随卷绕直径的增大而变化,这样络纱速度相对稳定,有利于纱线张力均匀,筒子成形良好。这为提高络纱速度、增大筒子直径创造了有利条件。因此,这种传动方式得到了最广泛的应用。摩擦传动筒子常用于短纤纱和中长纤维纱线的络筒加工。但摩擦传动对纱线有磨损,故不宜用于长丝络筒加工。

② 锭子直接传动筒子:

• 筒子转速固定:采用这种传动方式,卷绕过程中锭子转速不变,筒子的转速也不变,筒子的圆周速度 $v_1$ 随卷绕直径增大而增大,一般导纱速度不变,因此络纱速度随着卷绕直径增大而增大,卷绕角则减小;而络纱速度增大,会使纱线张力增大,使整个筒子卷绕张力差异较大,影响筒子质量的提高,不宜使用直径很大的筒子。这种传动方式限制了络纱速度的提高和筒子直径的增大,因此一般较少采用,主要用于不耐磨的长丝,以及对卷绕结构有特殊要求的缝纫线的络筒加工。

• 筒子圆周速度固定:采用这种传动方式,筒子转速通过变速装置随筒子卷绕直径的增大而逐渐减小,使络纱速度稳定,卷绕角不变,卷绕密度均匀,纱线张力稳定,筒子成形良好,可采用大直径筒子,并且对纱线没有磨损,能得到最理想的筒子,但是传动机构较为复杂,目前主要用于化纤长丝和对退绕有特殊要求的筒子的络筒加工。

(2) 产生导纱运动的方法

络筒机的导纱运动一般用凸轮控制,具体可分为以下两类:

① 导纱器:用转动的凸轮使导纱器作往复运动,从而使纱线产生往复运动。

② 槽筒:槽筒是带有封闭左右螺旋沟槽的圆柱形凸轮。它的外表面能通过摩擦传动筒子而使筒子回转,沟槽能引导纱线做往复运动。它将筒子成形所需的两大运动结合起来,为提高络筒速度、改善络筒质量创造有利条件。槽筒的材料有胶木和金属两类:胶木槽筒比较容易制造,质量轻,但不坚固,容易积聚静电;金属槽筒用铸铁或铝合金制成,坚固耐用,容易消除静电,对于合成纤维也很适用,新型络筒机大都采用金属槽筒。

**(二) 常用筒子种类**

根据纤维种类和使用要求的不同,可采用不同卷绕形式的筒子。筒子的卷绕形式有多种分类方法:根据筒子外形,可分为圆柱形筒子、圆锥形筒子和其他形状筒子;根据筒子上的纱线卷绕方式,可分为平行卷绕筒子和交叉卷绕筒子;根据所用筒管形状,可分为有边筒子和无边筒子。机织常用筒子种类有:

**1. 圆柱形筒子**

圆柱形筒子主要有平行卷绕的有边筒子和交叉卷绕的无边筒子两种,如图 1-4 所示。

机织工艺

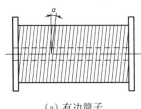

(a) 有边筒子　　　　　(b) 交叉卷绕的无边筒子　　　　　(c) 扁平筒子

图 1-4　圆柱形筒子

(1) 平行卷绕的有边筒子

圆柱形筒子采用平行卷绕时,筒子两端的纱圈极易脱落,一般需卷绕在有边筒管上。有边筒管的两端带有扁平的边盘,筒子的边盘使纱圈能保持稳定状态。但是纱线退绕时得从切线方向引出,筒子需做回转运动。这样的退解方式使纱线退解速度受到限制,不能满足现代高速退绕的要求,这就使得有边筒子的使用范围受到限制。为了提高有边筒子的纱线退解速度,可加装轴向退绕装置,如图 1-5 所示。但采用轴向退绕装置后,在退绕运动刚开始和停止运动时,由于导纱器的惯性,会造成纱线张力较大的波动。

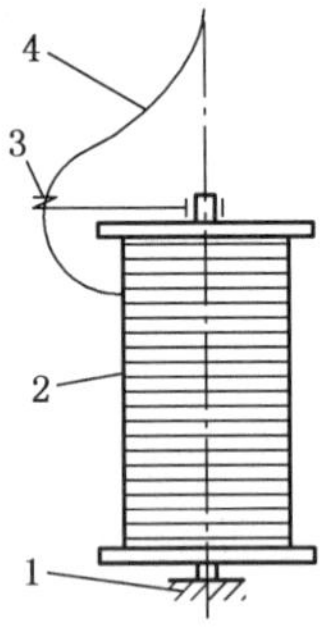

图 1-5　轴向退绕装置
1—筒子　2—筒子
3—回转式导纱器　4—纱线

平行卷绕筒子的优点是稳定性好、卷装密度大,但切向退绕方式使其应用范围较小。这种卷装常用于丝织、麻织、绢织及制线工业。

(2) 交叉卷绕的无边筒子

交叉卷绕方式常用于无边筒子。采用交叉卷绕时,由于纱圈卷绕角较大,位于筒子两端的纱圈不易脱落,筒管两端无需带边盘,纱线可沿筒子轴线方向进行退绕,筒子不需做回转运动,纱线退解速度可大大提高,这就可以满足后道工序高速退绕的要求,所以无边筒子的应用比有边筒子更广泛。交叉卷绕筒子的缺点是卷装密度较小。

当筒子的直径比筒子高度大很多时,可称作扁平筒子,如图 1-4(c) 所示。扁平筒子常用于倍捻机进行并捻加工和无梭引纬,以及合纤长丝的卷装。

**2. 圆锥形筒子**

圆锥形筒子如图 1-6 所示。筒子呈圆锥体,纱线可沿轴线方向从筒子小端退解,有利于实现高速退解,退绕张力小而均匀。所以在生产中的应用最广泛,常用于整经、针织、无梭织机供纱;适用范围也最大,常用于棉、毛、麻、黏胶纤维和化纤混纺纱的筒子卷装。

锥形筒子母线与高的夹角称为筒子倾斜角,又叫锥顶角之半。筒子倾斜角的大小根据用途而定,整经用筒子一般为 $5°57'$,针织用筒子为 $9°15'$。GA014D 型槽筒络筒机生产的筒子倾斜角约为 $6°$。

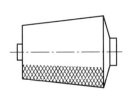

图 1-6　圆锥形筒子

普通圆锥形筒子可以制成紧密卷绕的筒子,也可制成网眼式的松式筒子。松式筒子常用于染色或其他湿加工。

**(三) 普通络筒机纱线工艺行程**

图 1-7 为 GA014D 型络筒机纱线工艺行程示意图。管纱 1 插在纱管插座上,纱线自管纱 1 上退绕下来,通过张力盘 3 和清纱板 4 的缝隙,引纱杆 5 和探纱杆 6,在回转的槽筒 7 上的沟槽的引导下,被卷绕至筒子 8 上。

机
织
工
艺

### （四）自动络筒机工艺流程

图1-8为自动络筒机络筒工艺流程图。纱线从插在管纱支撑装置上的管纱1上退绕下来，经气圈破裂器2和余纱剪切器3后再经预清纱器4，通过张力装置5、捻接器6、电子清纱器7、切断夹持器8和上蜡装置9，在回转的槽筒10及其上的沟槽的引导下，卷绕到筒子11上。

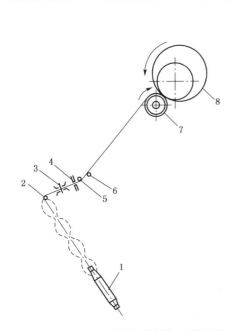

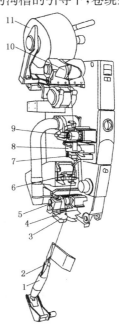

**图1-7　GA014D型普通络纱机工艺流程**

1—管纱　2—导纱板　3—张力盘　4—清纱板
5—引纱杆　6—探纱杆　7—槽筒　8—筒子

**图1-8　自动络筒机络筒工艺流程图**

1—管纱　2—气圈破裂器　3—余纱剪切器　4—预清纱器
5—张力装置　6—捻接器　7—电子清纱器
8—切断夹持器　9—上蜡装置　10—槽筒　11—筒子

## 三、络筒机的主要机构及其作用

### （一）传动系统

**1. GA014D型普通络纱机传动系统**

图1-9是GA014D型普通络纱机传动简图。

GA014D型普通络纱机有两台主动电动机和一台辅助电动机，主动电动机1装在机头的下面，用三角皮带分别传动两边的槽筒2，所以两边的车速可以不等，以适应用同一机台加工两种不同品种的纱线。在运转中，可以开一面，停一面，节约电力消耗。在机器两侧备有五处关车点，而开车点仅在车头处，比较安全。

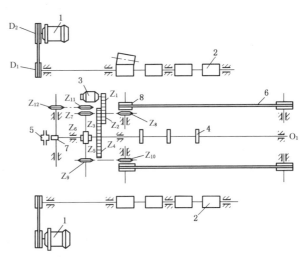

**图1-9　GA014D型普通络筒机传动图**

1—主动电动机　2—槽筒　3—辅助电动机　4—偏心盘　5—间歇
开关　6—空管输送带　7—三页凸轮　8—空管运输带皮带盘

27

辅助电动机 3 装在机头上部的中央,在开动机器时,要首先开动辅助电动机,否则任何一只主动电动机均不能开动。

### 2. 自动络筒机传动系统

自动络筒机的传动系统将电动机的动力传递到各个运动装置。目前,自动络筒机的传动方式可分为槽筒摩擦和锭轴传动系统(图 1-10)。

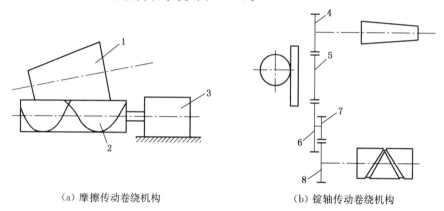

（a）摩擦传动卷绕机构　　　　　　　　　（b）锭轴传动卷绕机构

**图 1-10　卷绕机构**

1—筒子　2—槽筒　3—交流变频电动机　4,5,6,7,8—齿轮

① 槽筒摩擦传动系统:电动机通过传动机构驱动槽筒回转,槽筒通过摩擦传动使紧压其上的筒子旋转而产生绕纱运动。

② 锭轴传动系统:电动机通过传动机构直接驱动锭轴并带动插于其上的筒子回转。

③ 集中式传动系统:由一台电动机传动络筒机单面所有的锭位。

④ 单锭位传动系统:在每个络筒锭位上采用独立电动机进行驱动。

### (二) 张力装置

张力装置用于给予纱线一定的张力,以获得品质优良的筒子,同时可部分地去除纱线弱节,主要有圆盘式张力装置和梳形张力装置两种(图 1-11)。

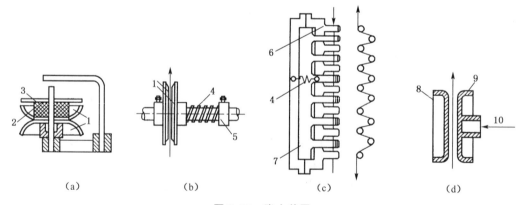

（a）　　　　　　（b）　　　　　　（c）　　　　　　（d）

**图 1-11　张力装置**

1—圆盘　2—毛毡垫圈　3—张力垫圈　4—张力弹簧　5—张力调节紧圈
6—固定梳齿　7—活动梳齿　8—慢转张力盘　9—加压张力盘　10—弹簧加压力

**1. 圆盘式张力装置**

一般由两个贴紧的圆盘和加压装置组成。纱线从两个贴紧的圆盘 1 之间通过,纱线与圆盘产生摩擦而获得张力。在上张力盘内装有毛毡垫圈 2 和张力垫圈 3,毛毡垫圈的作用是吸收张力盘及张力垫圈因高速回转而发生的跳动,使纱线张力均匀。张力的调节是通过更换张力弹簧 4 的质量实现的。GA014D 型普通络纱机常用垫圈式张力装置。

张力盘的形式有圆盘和磨(菊花)盘两种,细线密度纱宜选择圆盘,粗线密度纱可考虑用磨盘(兼有除杂作用)。

对纱线产生正压力的方法有垫圈加压、弹簧加压和气压加压。新型自动络筒机也采用电磁加压。

(1) 垫圈加压

用垫圈加压时,纱线上的粗细节会引起上圆盘和垫圈的振动,从而产生意外的络筒动态张力,引起新的张力波动,而且络筒速度越高,这种现象越严重。因此,采用这种张力装置时,必须采用良好的缓冲措施,减少上圆盘和垫圈的振动,以适应高速络筒。

(2) 弹簧加压

用弹簧加压时,纱线上的粗细节引起的弹簧压缩的变形量很小,弹簧产生的正压力变化也很小,这对络筒动态张力的影响很小。因此,弹簧加压在高速络筒机上得到广泛应用。

(3) 气压加压

有些高速自动络筒机的气动立式张力装置用压缩空气加压,对纱线的加压作用平缓而均匀,遇纱线粗节时所产生的动态附加张力比普通水平式要小得多,且全机各锭张力装置的加压大小可统一调节。采用直立式,两圆盘之间不易聚集飞花杂质,有利于张力稳定。

(4) 电磁加压

德国 Autoconer 338 型和意大利 Orion 型自动络筒机采用电磁加压式张力装置,压力大小由电信号进行控制。张力装置上方装有张力传感器,用于检测纱线退绕过程中动态张力的变化值并及时通过电子计算机进行相应调节。

新型的带有纱线张力控制系统的圆盘式张力装置采用传感器感应纱线张力,自动调整装置所加的压力,使纱线张力达到恒定。

**2. 梳形张力装置**

一般由固定梳齿、活动梳齿和张力弹簧组成。纱线相间通过固定梳齿和活动梳齿,与梳齿产生摩擦而获得张力。张力弹簧亦可用气动装置替代。

采用此种方法增加纱线张力时,张力波动幅度增大,张力平均值同比增大,因此张力不匀率得不到改善。但纱线上的粗细节不会引起新的动态张力波动。从这个方面讲,高速络筒时,用这种方法对均匀张力有利。

(三) 清纱装置

清纱装置的作用是检查纱线直径,清除纱线上的各种疵点、杂质。清纱装置位于张力架后侧,根据清纱的原理可分为机械式和电子式,机械式和电子式中又有多种不同的形式。

**1. 机械式清纱装置**

图 1-12(a)为隙缝式清纱装置。当纱线从固定清纱板 1 和活动清纱板 2 的隙缝间通过时,附着在纱线上的棉结杂质、粗节以及络纱时产生的脱圈、乱纱被隙缝的边缘拦阻,不落入筒子,从而除去纱线上的疵点,提高了纱线的质量。清纱板隔距的大小应根据纱线粗细决

定。调节隔距时,先松开调节螺丝 3,再将规定厚度的测微片插入隙缝内,活动清纱板 2 因紧压弹簧的作用而下降,形成所需的隙缝,然后捻紧调节螺丝 3 即可。

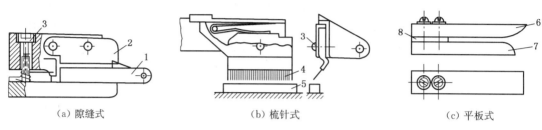

（a）隙缝式　　　　　　　　（b）梳针式　　　　　　　（c）平板式

图 1-12　机械式清纱装置

1—固定清纱板　2—活动清纱板　3—调节螺丝　4—针齿　5—固定刀片
6—上板　7—下板　8—垫片

梳针式清纱器如图 1-12(b)所示,常用于络制棉结杂质、竹节较多的单纱或股线,其隔距一般大于清纱板的隙缝。

平板式清纱装置如图 1-12(c)所示,常用作自动络筒机上的预清纱装置,属机械式,由两块具有一定厚度的钢条上下排列构成。纱线从钢条之间的缝隙中通过,利用缝隙的宽度对纱线进行检查和清洁,缝隙的宽度可调。

机械式清纱装置对清纱虽有一定效果,但容易损伤纱线结构,很不理想。

**2. 电子式清纱装置**

电子式清纱装置按检测方式不同,可分为光电式和电容式两种:

(1) 光电式清纱器

光电式清纱器由光源、光敏接收器、信号处理与控制器以及执行机构组成。其原理是将纱线和杂质的直径和长度,通过光电系统转换成相应的电脉冲信号,然后对纱线进行检查并清除疵杂。光电式电子清纱器主要检测纱疵的侧面投影,故较接近视觉作用。光电式电子清纱器的工作原理如图 1-13 所示。

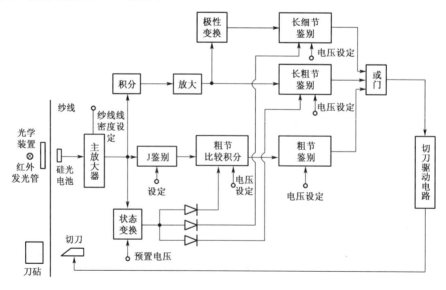

图 1-13　光电式电子清纱器的工作原理

光源现在一般采用砷化镓红外发光管,硅光电池作为光电接收器。当纱线上出现纱疵时,硅光电池的受光面积发生变化。它所接收的光量和输出的光电流量随之变化,光电流量的幅值与纱疵的直径成正比。当纱线运行速度确定时,纱疵越长,光电流量幅值所维持时间也越长。光电式清纱器就这样把纱疵的直径和长度两个几何量的变化转换为光电接收器输出电流脉冲的幅值和宽度的变化,从而达到检测纱疵的目的。

光电接收器输出的电流脉冲经主放大器放大后,变成与纱疵形状相对应的电压脉冲信号,然后分别送到短粗节通道、长粗节通道、长细节通道和状态变换电路。

如果纱线在检测槽内高速通过,主放大器的输出电压使状态变换电路处于动态状况,状态变换电路将预置电压切断,因而预置电压不能加到后一级的电路上,即不能加到短粗节、长粗节、长细节三个鉴别电路上,则短粗节通道、长粗节通道、长细节通道的设定电压为正常运行条件下清纱所需的电压值。如果在检测槽内纱线不运行或无纱线时,状态变换电路处于静态状况,这时预置电压分别加到短粗节、长粗节、长细节三个鉴别电路上,使这三个鉴别电路的电压设定值上升,提高抗干扰能力,即防止误切。

(2) 电容式清纱器

电容式由高频振荡器、电容传感器、信号处理与控制器以及执行机构组成。其原理是将单位长度内纱线和杂质的质量所对应的介电特性,通过电容传感器转换成相应的电脉冲信号后,对纱线进行检查和疵杂清除。

电容式电子清纱器的工作原理如图 1-14 所示。两块平行的金属板组成一个电容传感器,两极板之间无纱线通过时,电容量最小。因为纤维介电常数比空气的大,当纱线从两块金属板之间通过时,电容量增加。当纱线的粗细变化时,就会引起电容量的变化,电容量增加的数量与单位长度内纱线的质量成正比,因此纱线截面积的变化也即单位长度内质量的变化被转换成传感器电容量的变化,从而改变了高频振荡器所产生的等幅波的波幅,波幅的高低反映了纱线截面积的变化,此信号经过检测电路检波、滤波后,把反映纱线粗细变化的低频电信号取出,转换成电脉冲信号。

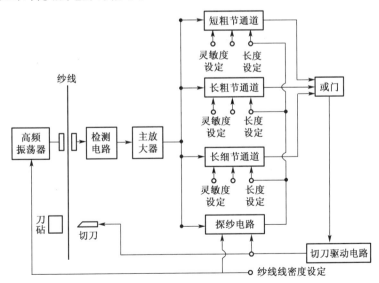

图 1-14 电容式电子清纱器的工作原理

信号处理部分由主放大器、短粗节通道、长粗节通道、长细节通道和探纱电路等组成。检测电路输出的脉冲信号经主放大器放大后分别加到短粗节通道、长粗节通道、长细节通道。每一个通道都由纱疵粗细节灵敏度[截面积变化率＝（纱疵截面积－原纱截面积）/原纱截面积]和纱疵长度鉴别电路组成，以此检测纱疵的粗度和长度。如果纱疵所对应的脉冲信号面积均达到设定值，鉴别电路就会发出切除指令，使切刀驱动电路工作，切刀动作而切断纱线，清除纱疵。

主放大器的输出信号还被加到探纱电路，探纱电路判别检测元件中纱线的状况（投纱、运行、空纱、静态检测等），然后根据纱线的状况，对各通道的鉴别电路进行控制，提高它们的抗干扰能力，即防止误切。探纱电路还对纱线材料系数进行自动修正。

电容式电子清纱器检测信号不受振动的影响，不易漏检扁平纱疵，但易受纤维种类和温湿度的影响。

电子清纱器的切除准确性和清除效率比机械式清纱装置高得多，且可综合考虑纱疵粗度和长度两个因素，根据后工序和产品质量需要灵活设定，把有害纱疵除掉，而将无害纱疵留下。这样，产品的质量和生产效率都有显著提高。

**（四）接头装置**

清除纱疵、纱线断头和换管时都必须接头。络筒接头方法有打结和捻接两种。

**1. 打结**

络筒常用的打结形式有以下两种：

① 织布结：如图1-15（a）所示，这种结头的体积较小，且愈拉愈紧，纱尾分布在纱身两侧，不易与邻纱扭缠，织物表面的结头显现率较低，布面较平整。

织布结可手工打结或用打结器打结，生产中现已广泛采用打结器打结。织布节适用于棉、棉混纺的中线密度纱和粗线密度纱。

② 自紧结：如图1-15（b）所示，自紧结由两个结连接而成，牢固、可靠、脱结最少。但打结手续复杂，结头体积较大，纱尾较长，适用于化纤织物。

自紧结采用打结器打结，其操作方便，成结率高，也容易保养、维修。

（a）织布结　　　　　　　　　　　　　　（b）自紧结

图1-15 结头种类

**2. 捻接**

捻接的方法有很多，分别为空气捻接法、机械捻接法、静电捻接法、包缠法、黏合法、熔接法等。其中技术比较成熟、应用比较广泛的是空气捻接法和机械捻接法。

（1）空气捻接器

空气捻接是利用压缩空气，将两根断头纱的纱头吹松，再相互纠缠加捻而完成接头的。自动络筒机的空气捻接器如图1-16所示。空气捻接器的捻接过程如图1-17所示。

**图 1-16 空气捻接器**

1—加捻腔 2—加捻腔盖板 3—上剪刀 4—下剪刀 5,5′—退捻腔 6,6′—压杆

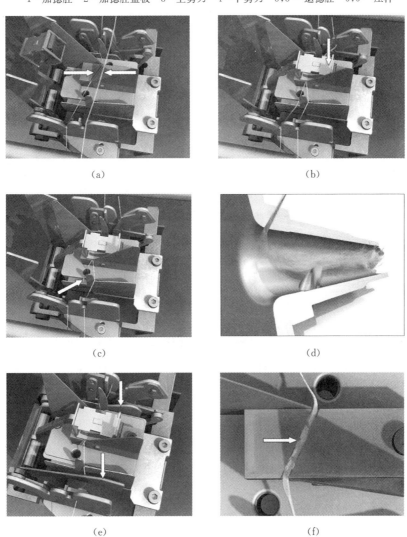

（a）　　　　　　　　　　　　　（b）

（c）　　　　　　　　　　　　　（d）

（e）　　　　　　　　　　　　　（f）

**图 1-17 空气捻接过程**

① 上、下捕纱器(图中未画出)握住纱头,并将筒子纱头和管纱纱头放入捻接腔 1,如图 1-17(a)所示。

② 盖上加捻腔盖板 2,如图 1-17(b)所示。

③ 上剪刀 3 和下剪刀 4 分别将多余的纱头剪去;同时,上下纱头分别被吸入退捻腔 5 和 5′,如图 1-17(c)所示。

④ 两纱头分别在退捻腔 5 和 5′中退去捻度,呈松散状态,如图 1-17(d)所示。

⑤ 压纱杆 6 和 6′向下摆动,将纱头拉出退捻腔 5 和 5′,进入加捻腔调,如图 1-17(e)所示。同时,高速气流从捻接腔的中部喷入加捻腔,受到腔盖阻挡便在加捻腔内形成螺旋形旋转的高速气流,此时加捻腔内两根退捻纱头受到气流产生的切向摩擦力的作用,而相向回转缠绕、抱合加捻,如图 1-17(f)所示。这样就完成了加捻,使两个纱头连为一体,形成一根无结头的纱线。然后,打开加捻腔盖板 2,纱线捻接完成,络筒机正常运转。

目前应用于生产的,除上述普通空气捻接器外,还有喷湿空气捻接器和加热空气捻接器。湿捻接器和热捻接器的原理同普通空气捻接器,只是湿捻接器在捻接空气中加入少量的蒸馏水,由于捻接空气中含一定的水分,使纤维间的抱合力大大增加,从而提高了纱线的捻接强度。据有关资料报道,湿捻接器的捻接强度非常接近于纱线本身的强度,在纯棉纱络筒时,其效果更加明显。湿捻接器可用于纯棉转杯纱、纤维素类纤维纺成的紧密纱、粗支棉单纱和股线,以及亚麻纱的捻接。

(2) 机械捻接原理

机械捻接采用机械搓捻的方法使纱线回转,从而使纱线退捻和加捻,从而完成捻接的目的。

以 Z 捻单纱为例,两纱线进入捻接盘后,两个捻接盘首先按箭头 1 所示方向相对回转退捻(图 1-18),然后按箭头 2 所示方向相对回转加捻。捻接过程如图 1-19 所示。

① 引入:由自动络筒机的导纱钩和吸嘴将两纱头引入一对捻接盘中间,如图 1-19(a)。

② 退捻和牵伸:两纱头由夹纱钳夹紧,并向两端拉伸,使纱线张紧。两只捻接盘闭合,如果是单纱 Z 捻,则后捻接盘按图 1-19(b)所示方向转动,前捻接盘按与图 1-19(b)所示方向相反转动。夹在两盘间相互平行的两根纱线受到前、后两只捻接盘摩擦力作用而发生滚动,由于纱线上下两端所受摩擦力方向相反,所以它们的滚动方向相反,上端纱线按顺时针方向滚动(从上向下看),下端纱线按逆

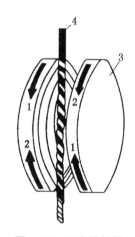

**图 1-18　双盘捻接器**

1, 2—捻接盘回转方向
3—捻接盘　4—纱线

时针方向滚动,使两捻接盘之间的纱线得到退捻(此时捻接盘外纱线的主体部分被相应加捻)。

在退捻过程中,由于夹纱钳的拉伸作用使纱线变细,以保证并捻后的纱线直径不致太粗,如图 1-19(c)所示。

③ 中段并拢和摘除:在退捻过程中,固定在两个捻接盘上的两对销钉 1 和 1′与 2 和 2′也随各自捻接盘转动,当退捻结束时,两对销钉相互并拢,将两纱头中部靠拢,以便捻接。

夹纱钳将两纱头多余部分在捻接盘边缘处拉去,使两纱头呈毛笔尖状的须条,以获得良好的捻接效果,使捻接处纱线直径不致太粗,如图 1-19(d)所示。

④ 纱头并拢:两对共 12 个拨针从一侧捻接盘中伸出,相互靠拢,使纱头须条和另一纱线的纱身并在一起,如图 1-19(d)所示。

⑤ 加捻:拨针从捻接盘中退出,捻接盘以与退捻相反的方向回转,使纱线加捻,形成无结的捻接纱。此时捻接盘外纱线的主体部分被相应解捻,如图 1-19(e)所示。

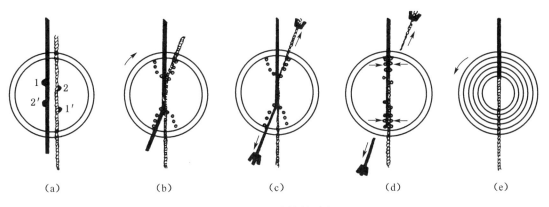

| (a) | (b) | (c) | (d) | (e) |

**图 1-19　双盘捻接过程**

⑥ 引出:捻接工作完成后,由控制装置将两只捻接盘分开,导纱装置将纱线从两个捻接盘中间引出。捻接器盒盖关闭,防止尘埃、纤维进入。

机械捻接所需的接头时间短,约为 0.75 s,接头处纱线直径小、外观好、强力大。但装置加工精度要求高,搓捻部件易磨损,目前机械捻接装置只适用于 45 mm 以下长度的短纤单纱(主要是棉单纱)。空气捻接所需时间较长,约为 9 s,接头质量略逊于机械捻结,但它的装置简单,零件磨损少,所以现在常用这种捻接方法。部分新型纺纱(如喷气纺纱等)的纱线不适合于空气捻接,原因是纱尾在退捻时不能充分开松,捻接效果不良。

### (五) 槽筒

筒子的卷绕成形,是由筒子的回转运动和纱线的往复运动两者合成的。纱线在这两种运动的综合作用下,纱线以螺旋线的形式顺着槽筒的刻槽往复卷绕在筒子的表面。

GA014D 型普通络纱机的卷绕成形机构是槽筒。槽筒既作为传动筒子的摩擦滚筒,同时又能引导纱线进行往复运动。

**图 1-20　槽筒**

如图 1-20 所示,槽筒由硬质胶木制成,质地坚硬、质量轻、传动省力、表面及凹槽非常光滑,对纱线的摩擦减少。沟槽呈螺旋线,作为导纱之用。

### (六) 气圈破裂器

气圈破裂器的作用是改变气圈的结构和形式,降低纱线张力的变化幅度,主要形式有圆环式、三角式、直杆球式和直筒式(图 1-21)。

机织工艺

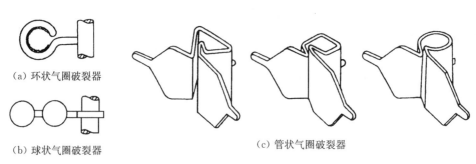

（a）环状气圈破裂器

（b）球状气圈破裂器

（c）管状气圈破裂器

图1-21 气圈破裂器

① 圆环式：由金属丝弯作一定直径的开口圆环制成。退绕纱线从开口圆环中间通过时，受开口圆环直径的限制，改变气圈的结构和形态。

② 三角式：由金属丝弯作三角形状制成。退绕纱线从三角形中间通过时，受金属丝的限制，改变气圈的结构和形态。

③ 直杆球式：由金属或非金属制成的单球或双球，穿在金属杆上制成。退绕纱线从直杆球侧面通过时，与直杆球碰撞，从而改变气圈的结构和形态。

④ 直筒式：由金属薄板卷成正三棱柱、正四棱柱或圆柱形制成。退绕纱线从金属直筒中间通过时，气圈的大小限制在金属直筒内，可将纱线张力的变化幅度限定在较小的范围内。新型的直筒式气圈破裂器随管纱退绕不断降低位置，从而控制气圈的形状和摩擦纱段的长度，使较小的管纱退绕张力保持恒定，又称气圈控制器。

**（七）络筒辅助装置**

在自动络筒机上，还包括自动换管装置、自动换筒装置、上蜡装置、自动寻断头系统和清洁除尘系统等。新型自动络筒机上，还配备有毛羽减少装置。另外，自动络筒机还设有监控系统，监测机器各装置运行状态，控制和调节运行参数。自动络筒机上主要包括自动调速系统、参数设定系统、适时检测与控制系统等。

**（八）先进络筒机的特点及性能比较**

世界上生产络筒机的公司主要有日本村田（Murata）株式会社、德国赐莱福（Schlaf-horsf）公司和意大利萨维奥（Savio）公司。

日本村田的No.21C型、德国赐莱福的Autoconer 338型和意大利萨维奥的Orion-M型自动络筒机应用的最新技术成果，主要表现在以下三个方面：

① 采用电子防叠系统，使防叠效果更好，对纱线损伤更少。采用张力控制系统，使卷绕张力趋于一致。采用直流无刷电动机和伺服电动机驱动槽筒，使卷绕速度更高，启动更平稳。采用毛羽减少装置，提高纱线质量。采用气圈控制器，降低了退绕张力和毛羽增量，减少了纱线断头。

② 采用电子逻辑加时序控制代替原有的机械时序控制，使工作效率大幅提高，功耗降低，废丝减少，降低了循环过程中对纱线的损伤。用电子控制代替机械控制，使零件精度要求降低，加工成本降低，易损件大幅减少，提高了产品竞争力。

③ 新技术的采用提高了卷装质量，如采用传感器使动作智能化，在线检测使故障诊断率提高，特别是张力传感器的使用是络筒技术的一大飞跃。

表1-1是这三家公司生产的络筒机的性能比较。

表 1-1　自动络筒机性能比较

| 生产企业 | 日本村田 | 意大利萨维奥 | 德国赐莱福 |
|---|---|---|---|
| 机器型号 | No. 21C | Orion-M | Autoconer 338 |
| 线密度范围(tex) | 4~194 | 6~286 | 5.9~333 |
| 管纱尺寸(mm) | $L_{max}=280$<br>$D_{max}=57$ | $L_{max}=180\sim350$<br>$D_{max}=2-72$ | $L_{max}=180\sim360$<br>$D_{max}=72$ |
| 筒纱卷装 | 筒纱锥度 0°~5.95°,动程 108~152 mm,最大直径 300 mm | 筒纱锥度 0°~5.95°,动程 110~152 mm,最大直径 300 mm | 筒纱锥度 0°~5.95°,动程 85~150 mm,最大直径 320 mm |
| 卷绕速度(m/min) | 2 000 无级调速 | 400~2 200 无级调速 | 300~2 000 无级调速 |
| 槽筒及驱动形式 | 铸钢,防叠槽筒(双沟槽)伺服电动机驱动,平滑启动 | 铸钢,无刷直流电动机驱动,平滑启动 | 铸钢,伺服电动机驱动,平滑启动 |
| 防叠形式 | 电子控制变换槽筒导纱沟槽防叠 | 电子智能变速防叠 | 电子防叠 |
| 接头装置 | 空气捻接器 | 空气捻接器(电控型、机械型),机械捻接器 | 空气捻接器 |
| 张力控制 | 根据 BALCON 位置,控制栅式张力器压力 | 张力传感器,电磁加压闭环控制,张力值计算机设定,电动机驱动张力盘转动 | 张力传感器,电磁加压闭环控制,张力值计算机设定,电动机驱动张力盘转动 |
| 气圈控制 | BALCON 跟踪式气圈控制器 | 方型气圈破裂器,摆动式退绕加速器 | 气圈破裂器 |
| 纱线定长 | 电子定长 | 电子定长 | 电子定长与定径转换 |
| 监控系统 | 计算机全程监控纱线质量、筒子质量、生产过程、数据统计、工艺参数设定 | 计算机全程监控纱线质量、筒子质量、生产过程、数据统计、工艺参数设定 | 计算机全程监控纱线质量、筒子质量、生产过程、数据统计、工艺参数设定 |

## 四、络筒操作技术

以 AC338RM 型自动络筒机操作为例:

**1. 开车操作**

(1)打开总电源。

(2)等电脑完成启动,进入初始画面菜单。

(3)按下机器启动按钮。

**2. 插纱操作**

(1)插纱时,应将纱尾摘除,纱尾长度不能超过 1 cm,引入吸盘,拣出坏纱,减少抛纱。

（2）每插 5 锭，应左右看有无红黄灯，及时处理后再插纱。

（3）纱库用完时，应在每个纱库内先插 2～3 个管纱，等车开正常后，再向其余空纱库插纱，以减少红灯。

**3. 清零处理**

（1）人工络筒操作。若需人工络筒清零，应先关闭锭位开关，换纸管生头后，按住黄灯，同时开启锭位开关，黄灯亮再松手，清零成功。

（2）电清清零。如电清小红灯常亮，表示电清未清零，应用手按住小红灯，直到不亮为止，清零成功。

**4. 亮灯处理**

（1）红灯亮，表示找不到上下头或纱库内无纱，应找头备纱后，点示红灯；红灯闪亮时，为重复性动作错误、接不上头、大小吸嘴堵塞或坏纱，应及时换掉。换纱时先关闭锭位开关，点示红灯，红灯亮后再开锭位开关。闪亮级别高于常亮，应第一时间处理。

（2）黄灯亮为满筒指示，生头后点示黄灯。

（3）车位红灯亮应立即处理，看有无管纱、回丝堵塞。常亮灯应立即通知机修工修理。

（4）机器单锭信号灯报警时，闪亮级别高于常亮，要及时处理。

**5. 操作注意事项**

（1）突然停电后，应将总电源关闭；突然来电开车时，应等车间内其他机器正常启动后再开车。

（2）正常开关车时，开车后不能立即关车，关车后不能立即开车。

（3）纱线缠绕槽筒时，不能用打结刀乱勾，只能用剪刀在槽筒的凹槽中小心地将纱线剪断，防止损伤槽筒。

（4）大吸嘴口内有纱线，严禁往外拉，只能往里推，或由检修工处理，以免损坏机件。

（5）手工落纱前要洗手，防止沾污筒子。

（6）搬运筒子时要堆放整齐，堆放不能过高，不能碰油污，盛放筒子的箱体必须光洁，以免造成断头。

（7）筒脚纱不能过于集中在一个或几个筒子内。

# 思考与练习

1. 为什么纱线在织造前要经过络筒工序？
2. 观察槽筒式络筒机的工艺流程，画出纱线工艺行程示意图，并标出相应的机件名称。
3. 络筒机上的槽筒、张力装置、清纱装置的作用是什么？
4. 络筒张力装置的形式有哪些？比较其优缺点。
5. 络圆锥形筒子时，槽筒节距大的一端对筒子的哪一端？
6. 自动络筒机有哪些优势？

# 任务 2　设计络筒工艺

络筒工艺参数主要有络筒速度、导纱距离、络纱张力、清纱工艺参数、筒子卷绕密度、筒子卷绕长度、结头形式及规格等项。络筒工艺要根据纤维材料、原纱质量、成品要求、后工序条件、设备状况等众多因素来统筹制定。合理的络筒工艺设计应达到：不损伤纱线的物理机械性能，减少络筒过程中毛羽的增加量，减小络筒过程中的张力波动及筒子之间的张力差异，减小筒子卷绕密度差异，筒子卷装成形良好，尽可能清除纱线上影响织物外观和质量的有害纱疵，尽可能增加筒子卷装容量并满足定长要求，纱线连接处的直径和强度要符合工艺要求。

## 一、络筒速度

### 1. 络筒速度对生产率的影响

络筒速度影响络筒机生产时间效率和生产量。

$$G = \frac{V \times 6 \times Tt}{10^5}$$

$$G' = G \times \eta$$

式中：$G$ 为络筒机理论产量$[kg/(锭 \cdot h)]$；$G'$ 为络筒机实际产量$[kg/(锭 \cdot h)]$；$V$ 为络纱速度$(m/min)$；$Tt$ 为纱线线密度$(tex)$；$\eta$ 为络筒机时间效率。

络筒机理论生产率与络筒速度成正比，而实际生产率除与络筒机理论生产率有关外，还取决于机器时间效率。在其他条件相同时，络筒速度高，时间效率一般要下降，所以一味提高车速，络筒机的实际生产率并不一定提高。

### 2. 络筒速度对纱线条干和纱疵的影响

在络筒机上，张力装置和清纱器参数不变时，络筒速度对纱线条干和纱疵的影响实验数据见表 1-2。

表 1-2　络筒速度对纱线条干和纱疵的影响

| 络纱速度<br>（m/min） | | 条干 $CV$ 值（%） | | 细节（-50%） | | 粗节（+50%） | | 棉节（+200%） | |
|---|---|---|---|---|---|---|---|---|---|
| | | C 14.6 tex | T/C 13 tex | C 14.6 tex | T/C 13 tex | C 14.6 tex | T/C 13 tex | C 14.6 tex | T/C 13 tex |
| 管　纱 | | 19.2 | 15.85 | 212 | 58 | 855 | 166 | 810 | 205 |
| 筒纱 | 800 | 18.93 | 16.54 | 198 | 85 | 734 | 232 | 664 | 239 |
| | 900 | 19.18 | 17.03 | 228 | 106 | 753 | 246 | 698 | 234 |
| | 1 000 | 19.36 | 16.77 | 255 | 103 | 794 | 254 | 752 | 297 |
| | 1 100 | 19.27 | — | 235 | — | 830 | — | 730 | — |
| | 1 200 | 19.88 | — | 323 | — | 911 | — | 874 | — |

从表 1-2 可看出，络筒速度对纱线条干无明显影响。对纯棉纱来说，速度适当时，细节、

粗节和棉结略有降低,但高速时条干 $CV$ 值增加。与纯棉纱相比,络筒速度对 T/C 纱的影响稍大,细节、粗节和棉结随络筒速度的增大都有增加倾向。这是因为络筒速度大,纱线受到导纱部件摩擦大,同时纱线张力增大,张力不匀率增大,必然会引起纱线的伸长变化,给纱线条干 $CV$ 值带来不利影响。

**3. 络筒速度对纱线强力和强力 $CV$ 值的影响**

改变络筒速度,得到络筒速度对纱线强力和强力 $CV$ 值的影响结果见表 1-3。由表 1-3 可看出,随速度的依次增加,单纱强力略呈下降趋势,但变化不明显。

络筒速度的增加会使络筒张力增加。在较低速度时,由速度引起的张力增加会使张力不匀率减小,有利于在络筒过程中去除原纱薄弱环节,对降低强力 $CV$ 值有利。速度增加到一定值时,会使络筒张力超过工艺允许的范围,纱线伸长增大,引起强力值下降,强力不匀率升高。

表 1-3　络筒速度对纱线强力和强力 $CV$ 值的影响

| 络纱速度(m/min) | | 单纱断裂强力(cN) | | 强力 $CV$ 值(%) | |
|---|---|---|---|---|---|
| | | C 14.6 tex | T/C 13 tex | C 14.6 tex | T/C 13 tex |
| 管　纱 | | 197.46 | 247.55 | 12.37 | 13.68 |
| 筒　纱 | 800 | 203.93 | 240.86 | 11.79 | 13.63 |
| | 900 | 191.07 | 245.44 | 12.05 | 12.62 |
| | 1 000 | 190.14 | 241.3 | 10.63 | 11.17 |
| | 1 100 | 184.65 | 239.9 | 11.21 | 12.52 |
| | 1 200 | 186.42 | 240.7 | 11.46 | 14.10 |

**4. 络筒速度对纱线毛羽的影响**

在管纱的高速退绕过程中,纱线与各接触部件剧烈摩擦、撞击,加上气圈回转离心力,使纱线毛羽增加很快,且速度越高,毛羽增加越多。不同络纱速度下,纱线毛羽增加情况见表 1-4。

表 1-4　络筒对纱线毛羽的影响

| 络纱速度(m/min) | | 小纱毛羽根数 | | 中纱毛羽根数 | | 大纱毛羽根数 | |
|---|---|---|---|---|---|---|---|
| | | 2 mm | 3 mm | 2 mm | 3 mm | 2 mm | 3 mm |
| 管　纱 | | 163.72 | 35.30 | 189.33 | 37.98 | 177.47 | 35.61 |
| 筒　纱 | 800 | 471.90 | 133.18 | 390.30 | 113.40 | 336.78 | 105.23 |
| | 900 | 471.05 | 135.93 | 397.56 | 121.52 | 352.30 | 95.47 |
| | 1 000 | 363.80 | 122.89 | 333.54 | 103.20 | 331.86 | 99.75 |
| | 1 100 | — | 110.70 | — | 113.40 | — | 120.30 |

由表 1-4 可知,络筒后,毛羽增加率很高,且小纱时毛羽增加最多,这是因为小纱时筒子两端与槽筒间的摩擦滑移大。因此要正确选择络筒速度,尽量降低毛羽增加率。

**5. 络筒速度的确定**

络筒速度的确定在很大程度上需考虑络筒机的机型,此外与纤维材料、纱线线密度、纱线质量和退绕方式也有关。自动络筒机材质好、设计合理、制造精度高,适宜于高速络筒,络筒速度一般达 1 000 m/min 以上;用于管纱络筒的国产槽筒式络筒机的速度就低一些,一般为 500~800 m/min;各种绞纱络筒机的络筒速度则更低。这些设备用于不同纤维材料、不同纱线时,络筒速度也各不相同。当纤维材料容易产生静电,引起纱线毛羽增加时,络筒速度应适当降低,如化纤纯纺或混纺纱。如果纱线比较细、强力比较低或纱线质量较差、条干不匀,应选择较低的络筒速度,以免断头增加和条干进一步恶化。当纱线比较粗或络股线时,络筒速度可以适当高些。

## 二、导纱距离

导纱距离是指纱管顶端到导纱器之间的距离。实验证明,导纱距离的改变会引起络筒张力的变化,当导纱距离很小时( $A = 50$ mm),整只管纱退绕过程中,张力波动不大,因为这时只出现单节气圈;导纱距离增大到 $A = 200$ mm 时,退绕张力平均值和张力波动幅度都增加,而且张力在某些时刻有突变。这是因为满管时有五节气圈,随着退绕的进行,在某些时刻气圈的颈部与管顶相碰,气圈形状发生改变,气圈节数减少,张力发生突变,到管底时,只有一节气圈,摩擦纱段包围角大大增加。当导纱距离很大时( $A = 500$ mm),张力波动也不大。因为退到管底时,仍有两节以上的气圈,始终不出现单节气圈。

因此,合适的导纱距离应兼顾到插管操作方便、管纱退绕张力均匀、减少脱圈和管脚断头等因素。用短距离或长距离导纱有利于退绕张力均匀和减少断头。普通管纱络筒机为方便换管操作,常采用较短导纱距离,一般为 70~100 mm;自动络筒机因无需人工换管,一般采用 500 mm 左右的长导纱距离并附加气圈破裂器或气圈控制器。

## 三、络筒张力

### 1. 络筒时纱线张力的作用及要求

络筒时,为得到符合质量要求的筒子,纱线必须具有一定的张力。络筒张力大小必须适当,这样可使筒子卷绕紧密,成形良好且稳固。同时,还可将纱线的薄弱环节在络筒工序中予以清除,为后续工序的顺利工作创造有利条件。但是,络筒张力也不能太大,张力太大会使纱线伸长过多,弹性变差,织造时断头增多。特别是化纤纱,张力太大易使纤维移动,造成纱线变细或断头。

络筒张力的大小应根据纤维种类、原纱特点、络筒速度、织物外观及风格要求、筒子用途等来确定。络纯棉纱、毛纱、麻纱时,张力不超过纱线断裂强度的 10%~20%;络涤棉混纺纱时张力应略低。络筒张力不仅要适当,而且要均匀,张力不匀会影响筒子成形,造成卷绕密度不匀。张力波动要小,否则容易造成无故停车。

### 2. 络筒张力的组成

络筒时,纱线卷绕到筒子上时所具有的张力由以下三项构成:

① 退绕张力,即纱线从管纱上退解所形成的张力。

② 附加张力,即张力装置所产生的摩擦阻力。

③ 摩擦张力,即导纱机件所产生的摩擦力。

### 3. 络筒张力对纱线强力、条干和纱疵的影响

在自动络筒机上,络筒速度选择 1 000 m/min,改变张力刻度值,得到原纱和筒子纱强力、强力 $CV$ 值如表 1-5 所示。

表 1-5 络筒张力对纱线强力和强力 *CV* 值的影响

| 张力刻度 | | 单纱断裂强力（cN） | | 强力 *CV* 值/% | |
|---|---|---|---|---|---|
| | | C 14.6 tex | T/C 13 tex | C 14.6 tex | T/C 13 tex |
| 管纱 | | 197.46 | 229.1 | 12.37 | 13.29 |
| 筒纱 | 8 | 181.8 | 227.7 | 10.85 | 13.47 |
| | 9 | 190.6 | 225.5 | 11.06 | 13.48 |
| | 10 | 189.9 | 225.6 | 11.67 | 13.61 |

由表 1-5 可看出，络筒后单纱断裂强力略有下降，纯棉纱强力 *CV* 值略有改善、T/C 纱 *CV* 值有所增加。络筒机上纱线在张力条件下受到磨损，纱线毛羽增加，弹性损失，单纱强力有所下降。但络筒过程中清除了纱线上的薄弱环节，使纱线强力的损失得到一定补偿，强力下降并不明显，而强力 *CV* 值略有改善。根据前面分析，纱线张力值增大，T/C 纱的涤纶与棉纤维之间产生相对滑移，条干 *CV* 值随之增大，会造成强力下降，强力 *CV* 值上升。

同时，在一定范围内，纱线张力值增大，纱线的伸长也增大，纤维之间产生相对滑移，条干 *CV* 值随之增大，细节、粗节也随之增加。因此，在络筒工艺配置时，为得到较好的纱线条干，在不影响筒子卷绕成形的前提下，络筒张力应偏小掌握。

**4. 络纱张力确定**

络筒时，为得到符合质量要求的筒子，纱线必须具有一定的张力；纱线张力必须得到有效的控制，使张力均匀、大小适当。络筒张力大小适当，能使络成的筒子成形良好，具有一定卷绕密度而不损伤纱线的物理机械性能。此外，还可将纱线的薄弱环节予以清除，有利于提高后道工序的效率。络筒张力过大，将使纱线弹性损失，织造时断头增加。同时络成的筒子太硬，当纱线轴向退绕时，可能导致纱圈成批脱落，造成大量的回丝。络筒张力过小，会造成筒子成形不良，且断头时纱线容易嵌入筒子的内部，接头时不易寻找，因而降低工作效率，还会使筒子过于松软，减少筒子容纱量。

所谓适当的张力要根据织物的性能和原纱的性能而定，一般可在下列范围中选定：

① 棉纱：张力不超过其断裂强度的 15%～20%。

② 毛纱：张力不超过其断裂强度的 20%。

③ 麻纱：张力不超过其断裂强度的 10%～15%。

④ 丝的张力可以参考下列经验公式加以选择：

平行卷绕：1.8×丝的线密度（tex）；

交叉卷绕：3.6×丝的线密度（tex）；

无捻涤纶长丝：0.88×长丝的线密度（tex）。

⑤ 混纺纱线：应根据混纺纤维的性质确定络筒张力。混纺纤维表面平直光滑的，或纤维强力、弹性差异比较大时，纱线受到外力作用后，纤维间易产生相对滑移，纱线易产生塑性变形，破坏纱线条干均匀性，弹性、强力也会受到损失，断头增加，张力应适当减小。

在棉织生产中，根据不同的纱线除杂要求，选用不同形式的张力盘。对于单纱强力大而杂质较多的粗线密度纱线，络筒时为加强去杂效果，常常采用菊花式张力盘（俗称磨盘），这种张力盘有利于去除纱线表面的棉结、棉杂。强力低而光洁的细线密度纱线，纺纱原料比较好,纱线杂质较少,因此络筒的重点是减磨保伸,应当采用光面张力盘(俗称光盘)。

络筒张力均匀意味着在络筒过程中应尽量减少纱线张力波动,从而减少纱线断头,使筒子卷绕密度尽可能达到内外均匀一致,筒子成形良好。

调节张力是通过改变垫圈质量(垫圈式张力装置)、弹簧压缩力(弹簧式张力装置)、压缩空气压力(气动式张力装置)来调节。所加压力的大小应当轻重一致,在满足筒子成形良好或后加工特殊要求的前提下,采用较轻的压力,最大限度地保持纱线原有质量。原则上粗线密度纱线的络筒张力大于细线密度纱线,涤/棉混纺纱的络筒张力略小于同线密度纯棉纱。另外,络筒速度也会影响络筒张力。相同条件下,络筒速度越大,张力越大,所以设置张力参数时应考虑速度的大小。垫圈式张力装置的垫圈质量与纱线细度的关系见表 1-6。

表 1-6 纱线细度与垫圈质量

| 纱线细度 | | 垫圈质量(g) |
|---|---|---|
| 线密度(tex) | 英制支数($^S$) | |
| 58～36 | 10～16 | 19～15 |
| 32～24 | 18～24 | 15～12 |
| 21～18 | 28～32 | 11.5～9 |
| 16～14 | 36～42 | 9.5～8.5 |
| 12 及以下 | 50 及以上 | 8～6 |

## 四、清纱工艺参数

为提高织物质量和后工序生产效率,在络筒工序中应有效地清除一些有害纱疵。纱疵由清纱装置鉴别并清除。

### (一) 机械式清纱装置

机械式清纱器的工艺参数为清纱隔距。隙缝式清纱器的清纱隔距一般取纱线直径的 1.5～2.5 倍(丝织取 2.0～2.5 倍);梳针式清纱器的清纱隔距一般取纱线直径的4～6倍;平板式清纱器的清纱隔距为纱线直径的 1.5～1.75 倍。

### (二) 电子式清纱装置

电子式清纱器的工艺参数是指不同检测通道(如短粗节通道、长粗节通道、细节通道)的清纱设定值。每个通道的清纱设定值都有纱疵截面变化率(%)和纱疵参考长度(mm)两项。生产中根据后工序生产的需要、布面外观质量的要求以及布面上显现的不同纱疵对布面质量的影响程度,结合被加工纱线的 Uster 纱疵分布情况,制定最佳的清纱范围(即各通道的清纱设定值)。

为了正确使用电子清纱器,电子清纱器制造厂须提供相配套的纱疵样照和相应的清纱特性曲线及其应用软件。

在制造厂不能提供可靠的纱疵样照的情况下,一般采用瑞士蔡尔韦格-乌斯特纱疵分级样照。该纱疵样照把各类纱疵分成23级,如图 1-22 所示。样照中,对于短粗节纱疵,长度为 0.1～1 cm 的称为 A 类,1～2 cm 的称为 B 类,2～4 cm 的称为 C 类,4～8 cm 的称为 D

类;纱疵横截面积增量为+100%～+150%的称为第 1 类,+150%～+250% 的称为第 2 类,+250%～+450%的称为第 3 类,+450%以上的称为第 4 类。这样,短粗节共分成 16 级:$A_1$,$A_2$,$A_3$,$A_4$,$B_1$,$B_2$,$B_3$,$B_4$,$C_1$,$C_2$,$C_3$,$C_4$,$D_1$,$D_2$,$D_3$,$D_4$。对于长粗节,共分为 3 级,纱疵横截面积增量在+100%以上、纱疵长度大于 8 cm 的称为双纱,归入 E 级;纱疵横截面积增量为+45%～+100%、纱疵长度为 8～32 cm 的称为长粗节,归入 F 级;纱疵横截面积增量为+45%～+100%、纱疵长度大于 32 cm 的也称为长粗节,归入 G 类。对于长细节,共分为 4 级,纱疵横截面积增量为−30%～−45%、纱疵长度为 8～32 cm 的定为 $H_1$ 级;截面积增量与 $H_1$ 级

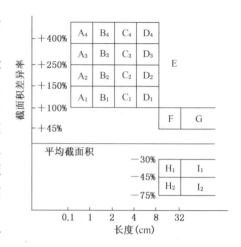

图 1-22　乌斯特纱疵分级样照

相同而纱疵长度大于 32 cm 的定为 $I_1$ 级;纱疵横截面积增量为−45%～−75%、纱疵长度为 8～32 cm 的定为 $H_2$ 级;截面积增量相同于 $H_2$ 级而纱疵长度大于 32 cm 的定为 $I_2$ 级。

清纱设定是指有害纱疵、无害纱疵及临界纱疵的划分。一般而言,机织用棉纱短粗节有害纱疵可定在纱疵样照的 $A_4$,$B_4$,$C_4$,$C_3$,$D_4$,$D_3$ 和 $D_2$ 共 7 级;针织用棉纱短粗节有害纱疵可定在纱疵样照的 $A_4$,$A_3$,$B_4$,$B_3$,$C_4$,$C_3$,$D_4$,$D_3$ 和 $D_2$ 共 9 级,这是因为短粗节对针织物的影响较大;而本色涤/棉纱,短粗节有害纱疵也定在 $A_4$,$A_3$,$B_4$,$B_3$,$C_4$,$C_3$,$D_4$,$D_3$ 和 $D_2$ 共 9 级。无论 7 级还是 9 级,有害纱疵的设定在样照上是一根折线,电子清纱器的清纱特性直线或曲线不可能与折线完全一致,但须尽可能靠拢。

考核电子清纱器工艺性能时,一般以目测法将被切断的纱疵对照纱疵样照来判断纱疵的清除情况,然后采用倒筒实验检查漏切的有害纱疵。在提高清纱器灵敏度之后,检验漏切情况。检查漏切有害纱疵的方法还有从布面上检查残留纱疵和纱疵分析仪检查漏切纱疵两种。前者比较容易进行,但只能反映总的清除效果,不能反映各锭的清纱情况;后者则能准确反映各锭的清除效果。

## 五、筒子卷绕密度

筒子单位体积中纱线的质量,称筒子的卷绕密度,单位是 $g/m^3$。筒子卷绕密度反映了卷绕的松紧程度,它是络筒工艺设计的一个参数,应根据纱线的纤维种类、线密度大小、筒子用途来设计。整经用筒子的卷绕密度要大于染色筒子,因为整经用筒子要求结构稳定,容量大;染色筒子要求结构松软,便于染液浸透纱层。交叉卷绕根据卷绕密度不同,又分为紧密卷绕和非紧密卷绕两种,分别形成紧卷筒子和网眼筒子。

**1. 络筒张力与筒子卷绕密度的关系**

络筒张力增加,卷绕密度也相应增加。而且纱线在绕上筒子以后,会产生向心压力,络筒张力越大,纱线所产生的向心压力就越大。由于里层纱圈卷绕直径缩小,使里层的卷绕密度增大。

在一些高速自动络筒机上,采用了随着卷绕半径增加,络筒张力或络筒加压力渐减装置,使筒子外层纱线卷绕张力减小,密度不至过度增长。这样,在使用大卷装筒子时,可防止

内层纱线松弛、起皱,产生筒子胀边、菊花芯等疵点,可改善筒子外观的成形,并使内外密度均匀。

**2. 筒子加压与筒子卷绕密度的关系**

筒子和槽筒之间的压力对筒子卷绕密度有很大影响。压力增大,卷绕密度随之增大。一般槽筒式络筒机采用重锤加压,利用重锤、筒子架和筒子的质量使筒子紧压在槽筒上,使筒子卷绕紧密。但随着筒子卷绕直径的增加,筒子质量增加,使压力也逐渐加大,筒子的卷绕密度也逐渐加大,形成里松外紧,容易出现菊花芯现象,影响筒子质量的提高。

合理的筒子加压机构应有自动调节压力的装置,使压力保持恒定或随筒子直径增加而略微减少。这样形成的筒子里外层卷绕密度均匀一致或里层略紧外层略松。新型自动络筒机上都有这样的压力调节机构,而且还有吸振装置,可以吸收筒子的跳动波,为高速络筒创造有利条件,提高筒子质量,使筒子卷绕密度均匀,成形良好。

**3. 筒子卷绕密度的确定**

筒子卷绕密度的确定以筒子成形良好、紧密,又不损伤纱线弹性为原则。因此,不同纤维、不同线密度的纱线,其筒子卷绕密度也不同。棉纱筒子的卷绕密度见表1-7。

表1-7　棉纱筒子的卷绕密度

| 棉纱细度 | | 卷绕密度(g/cm³) |
| --- | --- | --- |
| 线密度(tex) | 英制支数(ˢ) | |
| 96～32 | 6～18 | 0.34～0.39 |
| 31～20 | 19～29 | 0.34～0.42 |
| 19～12 | 30～48 | 0.35～0.45 |
| 11.5, 6 | 50～100 | 0.36～0.47 |

股线的卷绕密度可比单纱提高10%～20%;在相同工艺条件下,涤/棉纱的卷绕密度比同线密度纯棉纱大。

## 六、筒子卷绕长度

络筒工序根据整经或其他后道加工工序提出的要求来确定筒子卷绕长度。如果要求筒子绕纱长度准确,络筒机上必须安装定长装置。定长装置有机械定长和电子定长两种。机械定长装置是当筒子卷绕直径达到预定直径时,满筒自停机构使槽筒自动停转,并发出满筒信号。电子定长有两种方法:一种是直接测量法,即测量络筒过程中纱线的运行速度,根据运行速度和络筒时间算出筒子上卷绕的纱线长度;另一种是间接测量法,通过检测槽筒转数,转换成相应的纱线卷绕长度,达到定长的目的,当筒子卷绕长度达到工艺设定值时,电子清纱器自动切断纱线,筒子自动停止卷绕。

目前,普通络筒机常采用电子清纱器的附加定长功能进行测长,应用直接测量法;自动络筒机则以应用间接测量法居多,间接测量的长度误差较高,达到2%左右。

在新型自动络筒机上,有一种叫Ecopack的方式,其采用光学非接触方式在纱路中扫描并记录运动纱线轮廓,分析比较运行时测得的信号,将信号计算转化为当前纱线长度并和设定值比较,作相应动作。采用这种Ecopack的高精度长度测量方式后,筒子卷绕长度误差可控制在0.5%以内。

### 七、结头形式与规格

**1. 打结与捻接质量比较**

络筒时，纱线断头或管纱用完时需接结。结头的质量，对后工序的生产效率及产品质量都有很大影响。

对结头的要求是牢而小。结头不牢，在后工序中会脱结而重新断头。结头过大，织造时不能顺利通过综眼和筘齿，也会造成断头。即使结头能通过综眼和筘齿，织成织物后，织物结头的显现率高，也会影响织物质量。结头纱尾太长，织造时还会与邻纱缠绕，引起开口不清或断头，造成三跳、飞梭等织疵。

打结结头和捻接结头的对比如图 1-23 所示。

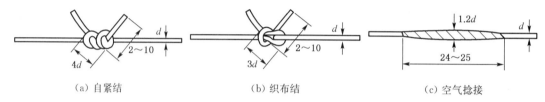

(a) 自紧结　　　　　　　(b) 织布结　　　　　　　(c) 空气捻接

**图 1-23　打结结头和捻结接头外形尺寸对比**

由图可知，如果用一般的机械打结器接头，结头体积较大，结头粗度为原纱的 2～3 倍，结头有纱尾，容易与邻纱纠缠，影响开口运动；而且结头不牢，织造时易松脱、断头，特别是光滑的化纤纱或涤/棉混纺纱。机械打结使织物的外观质量下降，纱疵清除范围受到限制，纱线光洁度得不到明显的改善，不适应高档织物的要求。

自紧结比织布结更牢，而且愈拉愈紧，适用于较光滑的纱线。但结头比织布结大，在布面上的显现率较高，打结速度也较慢，结头粗度为原纱的 3～4 倍，纱尾长度 4～7 mm，如图 1-23(a) 所示。在织造生产中，应根据纤维材料、纱线结构来选择结头形式，一般纯棉单纱选用织布结，涤/棉单纱选用织布结或自紧结，股线选用自紧结。

打结的实质是以一个程度不严重的"纱疵"（结头）来代替一个程度严重的纱疵，因此，纱疵清除范围受到限制，纱线质量得不到明显提高，而且结头可能显露于织物正面，严重影响织物外观质量。此外，由于络筒结头的脱结严重而影响后工序的生产效率。所以，目前广泛使用捻接技术。

高档织物可选用捻接。捻接方法形成"无结"结头，捻接处纱线直径为原纱直径的1.1～1.3 倍，接头后纱线具有的断裂强力为原纱的 80%～100%。如图 1-23(c) 所示。因接头细度和强度与正常纱线很接近，对后工序无不良影响，捻接与电子清纱器配合使用，可充分清除纱线疵点，大大提高纱线质量，使织物质量得到显著提高。

**2. 空气捻接工艺参数**

空气捻接原理是运用空气动力学理论，利用压缩空气的气流使上下两根纱头相互缠合成一体。其工艺参数选择应根据纱线的细度、原料、捻度等，合理确定捻接气量、捻接长度、捻接时间、捻接温度（热捻接器）或喷湿量（喷湿捻接器）。

(1) 捻接气量

捻接气量的大小对接头的质量有很大的影响，关系到结头的强力和外观质量。因为气量大小影响捻接的退捻和加捻效果:捻接气量太小,纱头退捻退不开,不能散开形成纤维须条,加捻过程中两头端纤维难以进行捻接,造成搭接头后加捻不充分,结头直径大于原纱直径而形成一个粗节疵点,且捻接强力低,容易造成脱结;捻接气量太大,纱头将出现过度退捻,退捻后造成纱头端部分纤维被吹散吹走而流失过多,不利于退捻后纤维须条的均匀混合,且加捻过紧,易造成细节和结头两端发毛。因此,捻接气量的确定原则以适中为宜。一般纱线线密度偏大,退加捻气量应偏大掌握;反之,纱线线密度偏小,退加捻气量应偏小掌握;捻度大则气量大,捻度小则气量小;对于经过热定形处理的纱线,为保证纱线能够充分退捻,气量应适当加大;同线密度纱线,化纤纱的捻接气量应适当大于棉纱;由于莫代尔等纤维素纤维的纤维整齐度较好,原纱强力较棉纱大,故其捻接气量以偏大控制为宜。

(2) 捻接温度

对于热捻接器而言,捻接温度的高低对接头的外观与强力的影响也很大。由于纺织纤维加热到一定温度(合成纤维加热到玻璃化温度以上),纤维内的大分子的结合力减弱,分子链段开始自由运动,纤维的变形能力增大,而这种变形能力随着温度的提高而增加,因此,适当提高温度,增加纤维的热塑性,能使捻接结头外观光洁平整,强力提高。但温度太高时,合成纤维纱易在结头处形成硬块,影响结头质量与布面效果。为了使纤维既能达到一定的热塑性,又不会熔融形成硬块,故一般合成纤维的捻接温度应控制在纤维的玻璃化温度与软化点温度之间,即捻接温度应高于纤维的玻璃化温度,低于纤维的软化点温度。而对于天然纤维和再生纤维,由于无玻璃化温度和软化点温度,纤维达到分解点温度后将发生化学分解。所以,天然纤维和再生纤维的捻接温度应控制在低于分解点温度。各种纱线的捻接温度控制范围见表 1-8。

表 1-8　各种纱线的捻接温度控制范围

| 纱线种类 | 捻接温度 $T$(℃) | 纱线种类 | 捻接温度 $T$(℃) |
|---|---|---|---|
| 棉纱 | $T<150$ | 维纶纱 | $85<T<220$ |
| 涤纶纱 | $67<T<240$ | 丙纶纱 | 常温$<T<145$ |
| 羊毛纱 | $T<130$ | 氯纶纱 | $80<T<100$ |
| 黏胶纱 | $T<260$ | 涤/棉混纺纱 | $67<T<150$ |
| 锦纶纱 | $70<T<180$ | 涤/毛混纺纱 | $67<T<130$ |
| 腈纶纱 | $100<T<190$ | — | — |

(3) 捻接时间

捻接时间分为退捻时间与加捻时间。退捻与加捻时间是相互关联的,退捻时间延长,加捻时间也要适当延长,一般加捻时间要略长于退捻时间。捻接时间太短则容易产生脱结或根本捻不上结;反之,捻接时间过长,则会导致纱线头端退捻和加捻过度,纤维损失过多造成细节或捻接强力降低等。通常,捻度大的纱线和经过热定形处理的纱线,退捻时间要稍长一些,让纱线得到充分的退解。同时,捻接时间长短要根据结头效果有针对性地加以调整:对于结头处条干偏细和产生细节的,要适当缩短退捻与加捻时间;对于结头处条干发毛和产生粗节的,要适当延长退捻与加捻时间。但不同的络筒机,其捻接时间的取值范围也不同。如日本村田 No. 21C 型自动络筒子机,其捻接时间的取值范围为:36 tex 以上粗号纱为 0.10～

0.15 s,7.3 tex 以下细号纱为 0.06~0.07 s,7.3~36 tex 的中号纱为 0.08 s。再如 SKN-94 型捻接器,加工股线时,捻接时间宜控制在 0.5~0.6 s。一般,纱线号数小,捻接时间应短些;纱线号数大,捻接时间应长些。

(4) 捻接长度

捻接长度直接影响结头外观质量。如果捻接区长度过小,即结头处两根纱线重叠部分太短,则会造成捻接处中间过细而产生细节,结头强力低;反之,如果捻接区长度过长,即捻接处两根纱线重叠部分太长,则会造成结头处出现纱尾或棉结等现象。因此,应根据结头质量有针对性地调整捻接长度。若结头两端有细节,则应适当加大捻接长度;若结头两端处翘头翘尾巴,则应适当减少捻接长度;同时,若要强力高一些,捻接长度也应适当长一些;氨纶包芯纱的捻接长度也要长一些,以避免氨纶回缩。通过大量试验表明,捻接区的长度一般控制在 20~25 mm,其捻接效果较为理想。

(5) 捻接喷湿量

湿捻接器是在捻接空气中加入少量的蒸馏水,使捻接空气含一定的水分,当纱线加捻时,纤维在水分作用下而吸湿。由于纤维吸湿后变得柔软,摩擦系数增大,且空气流的旋转惯量增大,故大大增加了纤维间的抱合力,从而提高了纱线的捻接强度和外观。同时,纱线的捻接质量随着空气中水分含量的增加而提高。表 1-9 为 CJ14.6 tex 纱采用 SHGT021D 型手动喷雾式空气捻接器时喷湿量与捻接强力的测试结果。

表 1-9　喷湿量与捻接强力的测试结果

| 序号 | 喷湿量(mL/次) | 原纱强力(cN) | 捻接强力(cN) | 捻接强力保持率/% |
|---|---|---|---|---|
| 1 | 0.008 | 212.9 | 185.0 | 86.9 |
| 2 | 0.010 | 212.9 | 188.8 | 88.7 |
| 3 | 0.012 | 212.9 | 192.0 | 90.2 |
| 4 | 0.014 | 212.9 | 194.8 | 91.5 |
| 5 | 0.016 | 212.9 | 196.1 | 92.1 |

注:测试条件——空气压力 0.6~0.7 MPa,喷湿介质为工业蒸馏水,喷湿量可调范围为 0.008~0.16 mL。

由表 1-9 的测试结果可知,随着喷湿量的增加,捻接强力增加,但喷湿量超过 0.012 mL/次后,捻接强力的增加量逐渐减小,故喷湿量应适中掌握。

**3. 机械捻接工艺参数**

机械捻接是利用机械搓捻动作来完成捻接全过程的捻接技术。由于捻接全过程包括退捻→牵伸→加捻的技术过程,因此,机械搓捻器的捻接工艺参数主要针对退捻、牵伸、加捻进行选择。它们对捻接质量至关重要,应根据不同的品种优选工艺参数,以达到最佳捻接效果。

(1) 退捻量

退捻工艺调整捻接前两纱头的退捻量,共分 7 档调节,刻度值越大,则退捻量大;反之,则相反。退捻量的大小将直接影响接头纱端状态,以及受牵伸的程度,影响捻接的退捻效果。退捻量太小(低档时),退捻退不够而不能形成纤维须条,造成加捻过程中纤维须条不能均匀混合,使结头直径偏大,且捻接强力低,容易造成脱结;退捻量太大(高档时),退捻过量而造成纱头反捻,同样造成加捻过程中纤维须条不能均匀混合,而造成捻接质量差。因此,退捻量的确定应适中为宜。一般纱线线密度偏大,退捻量应偏大掌握;纱线线密度小,退捻量应偏小掌握;捻度大退捻量要大,捻度小退捻量可小些。如果发现纱线捻接强度低,应将退捻刻度工艺参数增大,加大退捻和加捻工艺参数的差值。

（2）牵伸量

牵伸工艺调整捻接前纱头纤维须条的拉细程度,共分 5 档调节,牵伸量随刻度值增大而增大。牵伸工艺直接影响接头的外观和加捻质量。有实验表明,纱线的捻接强力随着牵伸量的增大先增加后减少,当刻度为"3"时捻接强力达到最大值。同时,牵伸量不但对捻接强力有影响,而且会影响结头的大小。一般牵伸量小,捻接后的结头直径偏大,而形成粗节;牵伸量大,捻接后的结头直径偏小,而形成细节。所以,应根据捻接后的结头大小来调整牵伸量,即牵伸刻度工艺参数,以保证结头的外观和结头强力。

（3）加捻量

加捻工艺主要调整捻接时的加捻量,共分 7 档调节,加捻量随刻度值增大而增大。加捻量直接影响捻接强力、捻接头粗细、外观等捻接质量。加捻量太小,则结头大,且结头强力低,容易产生脱结;反之,加捻量过大,则会导致加捻过度而造成细节,捻接强力降低,甚至断裂而无法成结。有研究表明,加捻量大小对捻接强力的影响是随着加捻量的增加而强力增加,当刻度值为"3"时强力达到较大值,之后强力开始下降,当刻度值超过"5"后纱线无法成结。因此,当捻接强力低时,应调大退捻量和加捻量。若捻接后纱线在结头中间发生断头,大多是因加捻过量或加捻张力过大而引起的,此时应将加捻刻度工艺参数调整至较小的值。

## 八、络筒工艺实例

表 1-10 络筒工艺设计实例

| 项 目 | | 络 筒 工 艺 | | | | |
|---|---|---|---|---|---|---|
| 纱线线密度(tex) | | 41.6 | 13 | 21 | 27.8×2 | 58 |
| 纱线原料 | | C100 | T65/C35 | T65/R35 | C100 | C100 |
| 机械类型 | | GA014D | GA014D | GA014D | GA014D | GA014D |
| 槽筒直径(mm) | | 82.5 | 82.5 | 82.5 | 82.5 | 82.5 |
| 槽筒转速(r/min) | | 2680 | 2400 | 2400 | 2750 | 2356 |
| 清纱板隔距(mm) | | 电清 | 0.3 | 0.42 | 0.6 | 0.56 |
| 张力圈 | 形式 | 菊花盘 | 光盘 | 菊花盘 | 光盘 | 菊花盘 |
| | 质量(g) | 15±1 | 13 | 13 | 14±1 | ±8.5 |
| 打结类型 | | 自紧结 | 自紧结 | 织布结 | 织布结 | 自紧结 |
| 打结规格(mm) | | 4±1 | 2~6 | 2~4.5 | 4±2 | 2~6 |
| 卷绕密度（g/cm³） | | 0.39 | 0.5 | 0.37 | 0.443 | 0.36 |
| 导纱距离(mm) | | 80~90 | 80~90 | 60~70 | 85~95 | 60 |

## 九、络筒质量控制

### 1. 好筒率

络筒工序质量按络筒好筒率考核标准进行考核,检查时在整经车间与织造车间随机抽查筒子各 50 个,抽查总数不少于 100 个(同线密度),倒筒抽查不少于 50 个。

$$络纱好筒率=\frac{检查筒子总数-坏筒数}{检查筒子总数}\times100\%$$

络纱好筒率考核标准与造成坏筒子的原因见表 1-11。

表 1-11 棉型纱络筒好筒率考核标准与造成坏筒的原因

| 疵点名称 | 考核标准 | 造成原因 |
|---|---|---|
| 筒子磨损 | 扎断底部,头端有 1 根作坏筒,表面拉纱处满 3 m 作坏筒 | 机械或工艺配置不当,筒子太大而被槽筒磨损 |
| 错线密度、错纤维 | 作质量事故处理 | 管理不善 |
| 接头不良 | 捻接纱段有结头、松捻作坏筒,捻接处暴露纤维硬丝或纱尾超过 0.3 cm 作坏筒,捻接处有异物和回丝花衣卷入作坏筒 | 操作不良 |
| 双 纱 | 双纱作坏筒 | 操作不良 |
| 成形不良 | ① 菊花芯:喇叭筒超筒管长度 1.5 cm 作坏筒<br>② 软硬筒子:手感比正常筒子松软或过硬作坏筒<br>③ 葫芦形:腰鼓形作坏筒<br>④ 重叠:表面有重叠腰带状作坏筒(手感目测),重叠造成纱圈移动、倒伏状作坏筒,表面有攀伏性重叠作坏筒<br>⑤ 凸边、涨边、脱边等均作坏筒<br>⑥ 攀头:喇叭筒子,大头攀 1 根作一个坏筒,小头绕筒管一圈作 1 个坏筒,小头攀 1~3 根作 1 个坏筒,4 根及以上作 1 个坏筒,一次检查中疵点超过 3 个作 1 个坏筒 | 操作或机械不良 |
| 油污渍 | 表向浅油污纱满 5 m 作坏筒,内层不论深浅作坏筒,深油作坏筒 | 操作不良,清洁工作未做好 |
| 筒子卷绕大小 | 按各厂工艺规定的卷绕半径落筒,喇叭筒子细线密度纱允许误差+0.3 cm,中粗线密度纱允许误差+0.5 cm,超过误差标准作坏筒 | — |
| 杂物卷入 | 飞花、回丝卷入作坏筒 | 操作不良 |
| 责任标记印 | 印记偏离筒管低端 1.5 cm 以上作坏筒,印记不清和漏打作坏筒 | 操作不良 |
| 绕生头不良 | 绕生头时出现两个头或无头作坏筒 | 操作不良 |
| 空管不良 | 筒管开裂、豁槽、闭槽、空管毛刺、变形均作坏筒 | 磨损造成 |

### 2. 络筒百管断头

络筒百管断头是指一个挡车工的看锭范围内测定 100 只管纱络筒过程中的断头次数。造成断头的主要原因是细纱质量不好,其次是络筒机械、工艺和操作不良。若个别管纱的断头率高时,先检查张力盘的轴心、张力盘底部或张力杆是否起槽、导纱通道是否光滑。若某种纱较长时间内断头率高,根据断头原因分析,在"其他断头"一项所占比例较多时,则检查络筒工艺是否合理,如张力盘加压、清纱工艺参数是否符合工艺规定。

测试纺织厂纱质量,并及时分析络筒时由于原料、工艺、操作、机械等方面引起断头的原因,以便采取措施降低断头,为提高络筒效率创造条件。

$$络筒百管断头数 = \frac{断头次数}{测定管纱个数} \times 100$$

### 3. 疵筒类型及其形成原因

常见疵筒类型见图 1-24。

　（a）葫芦筒子　　　（b）磨损筒子　　　（c）菊花芯筒子　　　（d）钝头筒子　　　（e）攀头

**图 1-24　疵筒示意图**

各种疵点产生的原因和防止方法及其对后道工序的影响见表 1-12。

**表 1-12　疵点的产生原因和防止方法及其对后道工序的影响**

| 疵点名称 | 产生原因 | 防止方法 | 对后工序的影响 |
|---|---|---|---|
| 松　纱 | ① 张力盘中间的杂质、飞花聚集<br>② 张力垫圈太轻<br>③ 探纱杆位置不当<br>④ 锭子回转不灵<br>⑤ 纱线未进入张力盘 | ① 清除张力盘中间的杂质、飞花<br>② 调节张力垫圈质量<br>③ 校正探纱杆的前后位置<br>④ 按周期给锭子加油<br>⑤ 注意引纱方法 | 造成整经时片纱张力不匀,纱线松脱、扭结、断头,甚至带断邻纱 |
| 绞　头 | 断头后,手指在筒子纱层间抓寻,造成纱层紊乱,断头从纱圈中引出接头 | 找头要耐心,拉头要在断头纱层 | 整经时退绕阻力增大,单根经纱张力大,表面毛,易断头 |
| 松　结 | ① 打结器故障<br>② 接头时纱线没拉紧<br>③ 纱尾太短 | ① 检修打结器<br>② 接头时拉紧纱线<br>③ 纱尾符合操作要求 | 造成整经或织造断头 |
| 搭　头 | 断头时把管纱上的纱头搭在筒子上 | 加强管理,加强挡车工责任心 | 造成整经断头 |
| 小辫子 | ① 接头后送纱太快<br>② 强捻纱 | ① 接头后纱要拉直,放松不宜太快<br>② 发现强捻纱应立即去除 | 造成布机无故关车或经缩疵布 |
| 蛛网或脱边 | ① 较大的脱边不规则地出现,一般由于挡车工操作不良所致<br>② 大端未装拦纱板或装得不正<br>③ 筒管横向松动<br>④ 筒锭松动<br>⑤ 槽筒松动<br>⑥ 纱在近槽筒端沟槽内脱出<br>⑦ 上下张力盘间尘杂堆积<br>⑧ 锭管底部有回丝绕住 | ① 挡车工做到接头松紧适度,慢速放纱<br>② 安装拦纱板并校正拦纱板位置<br>③ 调换筒管或用筒管校正规校正<br>④ 旋紧锭管顶端螺丝帽<br>⑤ 停车紧好槽筒螺丝<br>⑥ 把张力架座移向产生脱纱的一边<br>⑦ 经常清除上下张力盘间的尘杂<br>⑧ 清除锭管底部回丝 | 退绕断头多 |
| 包头筒子 | ① 筒管没有插到底<br>② 筒子从另一个锭子上移过来继续络筒<br>③ 锭子定位弹簧断裂或失去作用<br>④ 筒锭座左右松动<br>⑤ 锭管三角弹簧损坏 | ① 筒管要插到底<br>② 筒子在满筒前不要取下<br>③ 调换弹簧<br>④ 调整调节丝,使筒锭座能自由转动而无显著左右松动<br>⑤ 调换新件 | 退绕断头多 |

（续　表）

| 疵点名称 | 产生原因 | 防止方法 | 对后工序的影响 |
|---|---|---|---|
| 重叠筒子 | ① 筒管位置不对<br>② 间歇开关参数调整不当<br>③ 锭子转动不灵活<br>④ 防叠槽筒本身不良 | ① 用筒管校正规校正隔距<br>② 调整间歇开关参数<br>③ 加油，清除回丝<br>④ 调换槽筒 | 造成单纱及片纱张力不匀，增加断头 |
| 葫芦筒子 | ① 导纱器上有飞花阻塞<br>② 张力架位置不对<br>③ 槽筒沟槽在相交处有毛刺<br>④ 导纱杆套筒磨出槽纹 | ① 除去导纱器上飞花<br>② 调整张力架位置<br>③ 用细砂纸将槽筒毛刺磨光<br>④ 导纱杆应保持转动，已磨损的应更换 | 增加整经断头和张力不匀 |
| 菊花芯筒子 | ① 筒子托架固定螺丝未扳紧，顶端抬起<br>② 锭子定位弹簧断裂或松动<br>③ 纱线张力松弛<br>④ 筒锭或筒管松动<br>⑤ 槽筒与筒子表面接触不良 | ① 用筒管校正规校正<br>② 旋紧螺丝或调换弹簧<br>③ 检查张力盘间是否有尘杂堆积，或检查张力垫圈质量<br>④ 正确安装筒锭或筒管<br>⑤ 校正槽筒与筒管间隙 | 退绕不正常，张力变化大，会引起整经断头，织造时会造成疵布 |
| 回丝或飞花附入 | ① 接头回丝带入筒子内<br>② 车顶板有飞花或放有回丝<br>③ 飞花卷入筒子内 | ① 接头回丝应绕上手指，并随时放入口袋内<br>② 车顶板保持整洁且不可放回丝<br>③ 保持高空、机台、地面整洁，清洁揩车工作要细心 | 引起整经或布机断头，或造成疵布 |

# 思考与练习

1. 络筒速度的大小如何确定？

2. 络筒张力的大小如何确定？

3. 什么是最佳的清纱范围？如何设定？

4. 设计筒子卷绕长度的目的是什么？筒子定长方法有哪些？

5. 络筒工艺参数对纱线性能有何影响？

6. 络筒工序主要质量指标有哪些？如何检验？

7. 络筒疵点主要有哪几种？其形成原因是什么？对后道工序有何影响？

8. 在普通络筒机上可采取哪些改造措施以提高络筒质量？

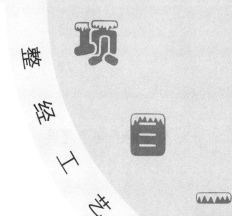

## 教学目标

**知识目标：** 1. 了解整经的目的、要求和整经方法。

2. 熟悉筒子架的形式和特点以及各种张力装置、断头自停装置的作用和原理。

3. 掌握分批整经、分条整经的主要机构及其工作原理。

4. 掌握整经工艺参数的设计原则与方法。

5. 掌握整经产量和质量的控制，以及提高质量的措施。

**技能目标：** 1. 会操作分批、分条整经机的开车、关车、上落轴等。

2. 会设计整经工艺参数。

3. 会上机操作设定整经工艺参数与调整。

4. 会鉴别整经各种疵点，分析成因，提出防止措施。

## 学习情境

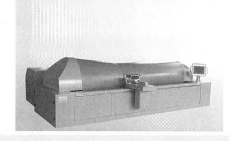

# 任务 1　认识、操作整经设备

## 一、整经目的与工艺要求

整经的目的是改变纱线的卷装形式,将由单根纱线卷装的筒子变成具有织轴初步形式的多根纱线的卷装——经轴。

整经工序的任务是把一定数量的筒子纱,按工艺设计要求的长度和幅宽,以适当均匀的张力平行卷绕在经轴上,为后道工序作好准备。

整经的质量直接影响后道工序的生产效率和织物质量,因此,对整经工序提出如下要求:

① 整经过程中保持单纱和片纱的张力均匀一致,且不过度损伤纱线的物理机械性能。

② 全片经纱排列均匀,经轴成形良好,表面平整。

③ 经轴卷绕密度适当而均匀,经轴表面圆整。

④ 整经根数、整经长度、色纱排列符合工艺要求。

⑤ 结头质量符合规定标准,回丝少。

## 二、整经方法

在织物生产过程中,根据整经纱线的类型和所采用的生产工艺,广泛采用的整经方法可分为分批整经和分条整经两种。

### (一) 分批整经法

分批整经又叫轴经整经。它是将织物所需的总经根数分成若干批,分别卷绕在几个经轴上,再把这几个经轴在浆纱机或并轴机上合并,按规定长度卷绕成一定数量的织轴。织轴上的经纱根数即为织物所需的总经根数。一批整经轴的个数,应根据总经根数和筒子架容量确定。筒子架容量一般为 500～700 个,对于中、低密度的织物,总经根数较少,需卷绕的经轴数一般为 6～12 个;对于高经密织物,经轴数一般为 15～30 个。

分批整经在经轴合并时不易保持色纱的排列顺序,因此,这种方法主要用在原色或单色织物上。分批整经法的优点是生产效率高,整经质量好,适宜于大批量生产,因而是现代化纺织厂采用的主要方法。其缺点是经轴在浆纱机上合并时易产生回丝。

### (二) 分条整经法

分条整经又称带式整经。根据经纱配色循环及筒子架容量,将全幅织物所需的总经根数分成几份,每份以条带状按工艺规定依次卷绕在大滚筒上。全部条带卷满后,再一起从大滚筒上退绕下来,卷绕到经轴上。

采用分条整经的经纱,一般不需上浆,整经后的产品即为织轴。分条整经能够准确得到工艺设计的经纱排列顺序,且改变花色品种方便,回丝较少。但整经条带较多,且整经长度较短(每次仅为一个织轴的容纱长度),生产效率较低。所以,分条整经广泛用于小批量、多品种的色织、毛织、丝织行业。

## 三、分批整经机及其主要机构

### （一）分批整经机的工艺流程

图 2-1 所示为高速分批整经机的工艺流程。自筒子引出的经纱 1 先穿过夹纱器 2 与立柱 3 间的间隙,绕过(90°)断头探测器 4,向前穿过导纱瓷板 5,引向整经机,经导纱棒 6 和 7 穿过伸缩筘 8,绕过测长辊 9 卷绕到经轴 10 上。经轴由变速电动机直接拖动。

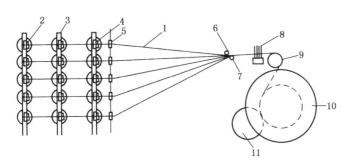

**图 2-1　高速分批整经机的工艺流程**

1—经纱　2—夹纱器　3—立柱　4—断头探测器　5—导纱瓷板　6,7—导纱棒
8—伸缩筘　9—测长辊　10—经轴　11—加压辊

### （二）主要机械结构

#### 1. 筒子架

整经工序所用的纱线卷装形式一般为络筒工序提供的筒子,整经筒子架的基本功能就是放置这些整经所用的筒子。整经筒子架通常简称为筒子架,能由筒子架引出的最多整经根数称为筒子架容量。现代高速分批整经机所采用的筒子架,一般有以下几种:

（1）循环链式筒子架

循环链式筒子架如图 2-2 所示。这种筒子架的特点是成 V 形,安装的筒子架两侧各有一对循环链条,这链条可使一排排的筒子锭座立柱围绕环形轨道移动,将用完的筒子锭座从筒子架外侧的工作位置运送到内侧的换筒位置,并将事先装好的满筒送至工作位置。筒子架内侧有较大的空间,可以存放筒子和运筒工具。采用这种筒子架,可大大缩减换筒时间,有利于提高整经的片纱张力均匀程度,并十分适用于低张力高速整经。

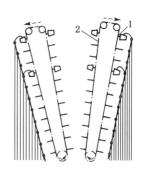

**图 2-2　循环链式筒子架**

1—立柱　2—传递链条

（2）分段旋转式筒子架

分段旋转式筒子架如图 2-3 所示,筒子架以三排筒子锭座立柱为一个回转单元,停车时启动电动机,通过链条驱动各单元的主立柱回转,使内侧的满筒转过 180°至外侧工作位置,外侧的空筒转到内侧换筒位置。由于换筒时间缩短,整经机械效率得到提高。

（3）组合车式筒子架

组合车式筒子架如图 2-4 所示,由若干辆活动小车和框架组成,车底下装有轮子,能自由地移动,整经所需的一批筒子装在若干辆活动小车上。两侧为筒子锭座,所容纳的筒子排

数和层数不尽相同,一般可容纳约 80～100 个筒子,每个筒子架活动小车的数量可根据实际需要选定,但备用活动小车数量至少等于工作小车数。换筒前,先将装载满筒的小车推到筒子架旁,待筒子架上的纱线用完时,启动链条装卸装置,从筒子架框架后部撤出带有筒脚的小车,并将满筒子装入工作位置。这种换筒方式缩短了停台时间,提高了整经机械效率。但是,备用的小车数量多,设备价格高,并且占用空间大。

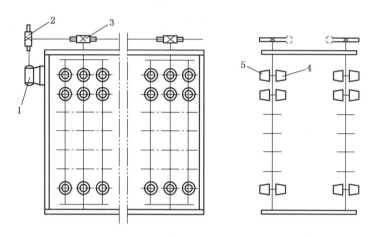

图 2-3　分段旋转式筒子架

1—电动机　2,3—蜗杆、蜗轮传动副　4—预备筒子架　5—工作筒子架

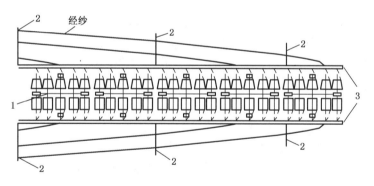

图 2-4　组合车式筒子架

1—活动小推车　2—导纱瓷板　3—张力架

**2. 张力装置**

整经时为了使经轴获得良好成形和较大的卷绕密度,在整经筒子架上一般设有张力装置,给纱线以附加张力,设置经纱张力装置的另一目的是调节片纱张力,即根据筒子在筒子架上的不同位置,分别给予不同的附加张力,抵消因导纱状态不同而产生的张力差异,使全片经纱张力均匀。值得指出的是随着整经速度提高,因导纱部件和空气阻力附加给纱线的张力已能满足整经的要求,故有些整经机上不再专门配置张力器,附加张力通过导纱部件做微调。

整经张力装置多数为张力盘式张力装置、环式张力装置和导纱棒式张力装置。图 2-5 所示为张力盘式张力装置和环式张力装置。张力盘式张力装置常用双圆盘可调式张力装置、三圆盘张力装置和无瓷柱双张力盘式张力装置。

双圆盘可调式张力装置

三圆盘张力装置

环式张力装置

图 2-5　张力盘式和环式张力装置

图 2-6 所示为无瓷柱双张力盘式张力装置。第一组张力盘起减振作用，第二组张力盘控制纱线张力。经纱 1 通过导纱眼 2 之后进入第一组张力盘，由棉结杂质引起的振动由吸振垫圈 4 缓冲吸收，并给纱线一定的附加张力。第二组张力盘之间的压力由加压元件 9 和加压弹簧 10 产生。调节定位件 11 的上下位置，可改变弹簧对上张力盘的压力，调节经纱张力。

由于装置中没有瓷柱，消除了经纱与瓷柱的摩擦，故不会扩大经纱张力的波动幅度。底盘在驱动齿轮 5,6,7 的作用下积极回转，不易产生污垢，有利于均匀经纱张力，适应高速整经的需要。圆盘表面磨损均匀，不会损伤纱线。

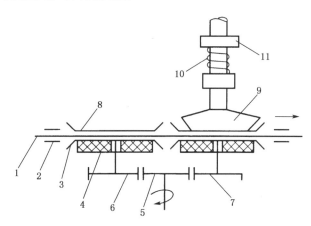

图 2-6　无瓷柱积极回转双张力盘式张力装置

1—经纱　2—导纱眼　3—底盘　4—吸振垫圈
5,6,7—驱动齿轮　8—上张力盘　9—加压元件
10—加压弹簧　11—定位件

图 2-7 所示为导纱棒式张力装置。纱线自筒子引出后，绕过导纱棒 1 和 2，再绕过纱架槽柱 3，穿过自停钩 4，引向前方。在筒子架的后方，设有手轮、蜗杆、蜗轮和连杆。转动手轮时，可调节导纱棒 1 与 2 间距离的大小，从而调节经纱的张力。故这种张力装置不能调节单根经纱的张力。

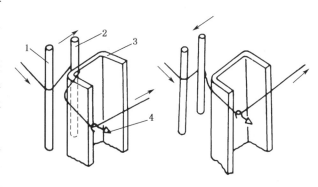

图 2-7　导纱棒式张力装置

1,2—导纱棒　3—纱架槽柱　4—自停钩

**3. 断头自停装置**

一般筒子架上每锭都配有断头自停装置，整经断头自停装置的作用是当经纱断头时，立即向整经机车头控制部分发出信号，由车头控制部分立即发动停车。高速整经机对断头自

停装置的灵敏度提出了很高要求,要求在 $800\sim1\,000\ \mathrm{m/min}$ 整经速度下整经断头不卷入经轴,从而方便挡车工处理断头。因此,为尽早检测,断头自停装置安放在整经筒子架的前部,断头自停装置还带有信号指示灯。当纱线发生断头时,自停装置发信号关车,同时指示灯指示断头所处的层次位置,便于挡车工寻找断头。

整经断头自停装置的作用原理主要有电气接触式和电子式两种:

(1) 电气接触式断头自停装置

电气接触式自停装置有两种常见的形式。

第一种自停装置十分简单,纱线断头后停经片因自重下落,接通导电棒1和2,使控制回路导通发动关车,如图2-8(a)所示。这种自停装置容易堆积纤维尘埃,引起自停动作失灵。

第二种自停装置的断头信号传感元件是自停钩6。纱线断头时自停钩下落,铜片7上升,使铜棒8接通并发动关车,如图2-8(b)所示。这种装置带有胶木防尘盒,有一定的防飞花、尘埃作用,但结构比较复杂。

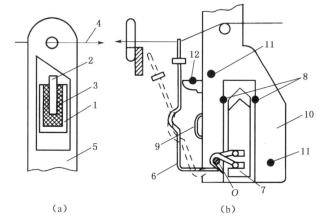

(a)　　　　　　　　　(b)

图 2-8　电气接触式断头自停装置

1,2—导电棒　3—绝缘体　4—经纱　5—停经片
6—自停钩　7—铜片　8—铜棒　9—指示灯
10—架座　11—杆　12—分离棒

接触式电气自停装置的电路导通元件接触表面会氧化,接触电阻增加,长期使用后自停装置灵敏度会下降。断头关车失灵是这类自停装置的常见故障。

(2) 电子式断头自停装置

电子式整经断头自停装置又可分为光电式和电容式两种。光电式电气自停装置具有较高的断头自停灵敏度和准确率,该装置采用红外线发光二极管作为发射源,接收部分采用与发光管波长接近的光敏三极管。由成对的红外线发射器和接收器在每一层纱线下部形成一条光束通道。当纱线未断时,停经片由纱线支承于光路上方,光束直射光敏管上,光敏管将光信号转换成高电位输出信号。当纱线断头时,停经片下落,挡住光路,光敏管输出低电平信号,发动关车,指示灯亮。

电容式整经断头自停装置的感测部分为V形槽电容器,整经机正常运行时,纱线紧贴V形槽底部运动,由于纱线运行及表面不平整抖动,电容器产生的电信号类似"噪声信号",一旦发生经纱断头,这种"噪声信号"消失,控制电路立即发动关车。

**4. 分批整经卷绕**

整经卷绕一般属平行卷绕,要求卷绕张力和密度均匀、适当,卷绕成形良好。为保持整经张力恒定不变,经轴必须以恒定的表面线速度回转,所以随经轴卷绕直径增大,其转速须逐渐减小。因此,整经卷绕过程具有恒张力、恒功率的特点。

目前高速整经机的整经卷绕普遍采用直接传动整经轴卷绕的传动方式。这种整经机的经轴两端为内圆锥齿轮,它工作时与两端的外圆锥齿轮啮合,接受传动。图2-9为高速分批整经机传动简图。

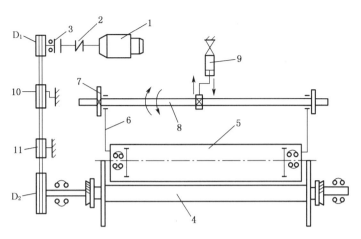

**图 2-9 高速分批整经机的传动**

1—直流电动机 2—弹性连接器 3—摩擦离合器 4—经轴 5—压辊 6—连杆
7—摆动盘 8—摆动轴 9—液压油缸 10—偏心张力轮 11—张力轮

直流电动机经弹性连接器(橡胶连接器)2、钢片式摩擦离合器3、皮带盘 $D_1$ 和 $D_2$ 传动经轴4回转。偏心张力轮10和张力轮11用来调节皮带松紧。为了经轴卷绕平整和有一定的卷绕密度,压辊5在液压油缸9的作用下,经摆动轴8、摆动盘7和连杆6压向经轴。加压力大小可调节油液的压力。为保持整经恒线速度,当经轴直径增大时,装在测长辊(或加压辊)上的测速发电机,发出因卷绕直径增大而线速增大的讯息,经电气控制系统自动降低电动机的转速,保持经轴卷绕线速恒定。

## 四、分条整经机及其主要机构

### (一) 分条整经工艺流程

分条整经是将织物所需的总经根数按照筒子架容量和配色循环要求尽量相等地分成几份,按工艺规定的幅度和长度一条挨一条地卷绕在大滚筒上,最后再把全部条带从大滚筒上退绕下来,卷绕到织轴上。织轴的卷绕称为倒轴或再卷。

分条整经工艺流程如图 2-10 所示。纱线从筒子架1上的筒子2引出,绕过张力器(图

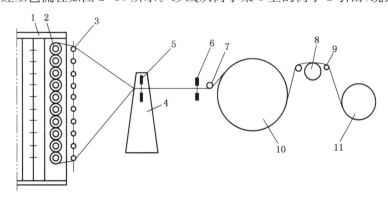

**图 2-10 分条整经工艺流程图**

1—筒子架 2—筒子 3—导纱瓷板 4—分绞筘架 5—分绞筘 6—定幅筘
7—导纱辊 8—上蜡辊 9—引纱辊 10—整经大滚筒 11—织轴

中未示),穿过导纱瓷板3,经分绞筘5、定幅筘6、导纱辊7卷绕至整经大滚筒10上。当条带卷绕至工艺要求的长度(即整经长度)后剪断,重新搭头,逐条依次卷绕于整经滚筒上,直至满足所需的总经根数为止。然后将整经大滚筒10上的全部经纱经上蜡辊8、引纱辊9,卷绕成织轴11。

**(二) 主要机械结构**

分条整经机的筒子架、张力装置和断头自停装置基本上与分批整经机一样。但由于整经方法不同,二者的主要机械结构有所不同。

**1. 分条整经传动**

图2-11所示为分条整经机传动系统简图。

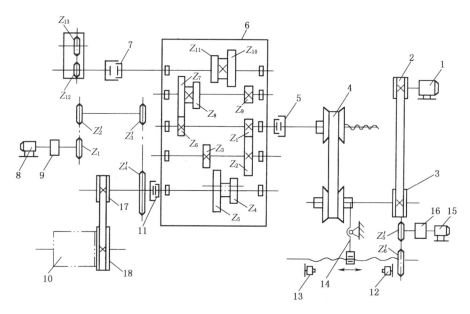

**图2-11　分条整经机传动系统图**

1—主电动机　2,3,17,18—皮带轮　4—无级变速器　5,7,11—电磁离合器
6—齿轮变速箱　8—慢速电动机　9,16—减速器　10—整经滚筒
12,13—限位开关触点　14—调速拨杆　15—伺服电动机

分条整经机的传动系统由电动机、无级变速器以及伺服电动机调速系统、电磁离合器、齿轮变速系统等组成,形成整经、倒轴、慢速运转等运动。目前,分条整经机为了保证整经、倒轴以恒线速卷绕,并且线速度可无级调节,大多采用变频调速技术。

**2. 整经滚筒与斜角板**

分条整经的卷绕由变速电动机或恒速交流电动机经变速器传动大滚筒,从而将纱线条带卷绕到大滚筒上。

整经滚筒如图2-12所示,分为钢质滚筒和木质滚筒。整经滚筒的直径有800 mm、1 000 mm、1 025 mm等几种;工作宽度按机型不同而不同,一般有效幅宽为1 600~3 800 mm。

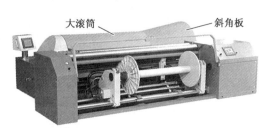

**图2-12　整经滚筒与斜角板**

整经滚筒头端为圆锥形,其锥顶角之半等于8°~9°,第一条经纱卷绕以其为支撑,避免纱圈脱落。

### 3. 定幅筘与导条机构

定幅筘决定了经纱条带的幅宽及滚筒上的经纱卷绕密度。整经过程中,为保证卷绕均匀,卷绕过程中的条带位置由导条机构控制。

旧式分条整经机的滚筒头端的斜角板的斜度可调。第一个条带的纱圈由滚筒头端的斜角板所构成的圆锥支持,以免纱圈倒塌。在卷绕过程中,条带依靠导条机构上的定幅筘的横移引导,向圆锥方向均匀移动,纱线以螺旋线状卷绕在滚筒上,条带的截面呈平行四边形,如图2-13所示。导条机构的横移速度必须和滚筒头端的圆锥角相适应。以后,逐条卷绕的条带均以前一条带的圆锥形头端为依托,当全部条带卷完之后,卷装呈良好的圆柱形状,纱线排列整齐、有序。

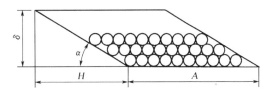

图2-13 分条整经大滚筒上的经纱条带

新型整经机则采取定幅筘不动、滚筒横移的方式,有利于提高整经片纱的张力均匀性。导条机构如图2-14所示。底座5上装有定幅筘1、测长辊2、测厚辊3、导纱辊4等部件。在条带生头后,将测厚辊紧靠在大滚筒6的表面上,传感器检测其初始位置,随着大滚筒上绕纱层数增加,测厚辊随之后退,传感器将后退距离转换成电子信号,输入计算机并显示出来。一般取大滚筒绕100圈为测量基准,测量

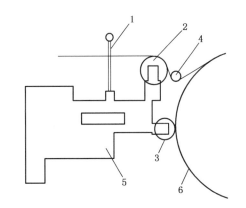

图2-14 新型分条整经机导条机构

1—定幅筘 2—测长辊 3—测厚辊
4—导纱辊 5—底座 6—大滚筒

的厚度值经自动运算,得到精度达0.001 mm的横移量,控制部分按这个横移量使大滚筒和定幅筘底座做导条运动,实现条带的卷绕成形。测长辊2的一端装有测速电动机,将纱速信号和绕纱长度信号送到滚筒传动电动机的控制部分和定长控制装置。导纱辊4的作用是增大纱线在测长辊上的包围角,以减少滑移,提高测长精度。

定幅筘底座装在大滚筒机架上,整经过程中,当大滚筒相对于筒子架横移进行条带卷绕成形时,定幅筘底座需做反向横移,从而保证定幅筘与分绞筘、筒子架的直线对准位置不变。这由一套传动及其控制系统自动完成,并能实现首条定位、自动对条功能。首条定位可使定幅筘底座与大滚筒处于起步位置,即经纱条带靠近圆台体一侧的边纱与圆台体的起点准确对齐。自动对条是控制部分的计算机根据输入的条带宽度,在进行换条操作时,使定幅筘底座相对于大滚筒自动横移到下一个条带的起始位置,其精度可达0.1 mm,对条精确,提高了大滚筒卷装表面的平整度,消除了带沟和叠卷现象,也缩短了换条操作时间。

### 4. 分绞筘

为使织轴上的经纱排列有条不紊,保证穿经工作顺利进行,要进行分绞工作。分绞工作借助于分绞筘完成,分绞原理如图2-15所示。

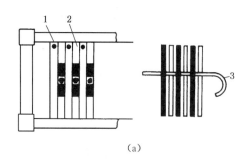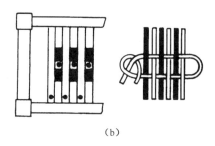

（a）　　　　　　　　　　　　　　（b）

图 2-15　分绞筘及其分绞

1—筘眼　2—封点筘眼　3—分绞线

条带的纱线依次引过筘眼 1 和封点筘眼 2，筘眼 1 与封点筘眼 2 间隔排列。筘眼 1 不焊接，封点筘眼 2 在中部有两个焊封点，纱线在筘眼 1 中可上下较大幅度移动，但在封点筘眼 2 中移动受两个焊封点约束。分绞时，先将分绞筘压下，筘眼 1 中的纱线不动，留在上方，而封点筘眼 2 中纱线随之下降，于是奇、偶数两组纱线被分为上、下两层，在两层之间引入一根分绞线 3，如图 2-15（a）所示。然后，把分绞筘上抬，筘眼 1 中的纱线不动，留在下方，而封点筘眼 2 中纱线随之上升，于是奇、偶数两组纱线再次被分为下、上两层，在两层之间再引入一根分绞线，如图 2-15（b）所示。这样相邻经纱被严格分开，次序固定。

**5. 倒轴卷绕**

倒轴又称再卷，是将卷在整经滚筒上的全部经纱退解下来，以适当的张力整齐地卷绕到织轴上。倒轴机构由织轴的转动和横向移动机构以及加压机构组成。滚筒上各条带卷绕之后，要进行倒轴工作，把各条带的纱线同时以适当的张力再卷到织轴上。

倒轴卷绕由专门的织轴传动装置完成，在新型高速整经机上，它也是一套变频调速系统，控制织轴恒线速卷绕。倒轴过程中，大滚筒做与整经卷绕时反方向的横移，保持退绕的片纱始终与织轴对准。

倒轴卷绕张力的产生借助于大滚筒的制动器，制动器为液压或气压方式。在倒轴时，根据所需经纱张力调节液（气）压压力，制动器便对与大滚筒一体的制动盘施加一定的摩擦阻力，从而产生倒轴卷绕张力，使织轴成形良好，并达到一定的卷绕密度。

**6. 织轴加压装置**

织轴加压是为了保证卷绕密度的均匀、适度，保证卷绕成形良好。

织轴加压装置的工作原理如图 2-16 所示。液压工作油进入加压油缸 1，将活塞上抬，使托臂 2 升起，压辊 3 被紧压在织轴 4 上。工作油压力恒定，于是卷绕加压压力也维持不变，这是一种恒压加压方式。不同的织轴卷绕密度通过工作油压力来调节，部分分条整经机上不装织轴卷绕加压装置。织轴卷绕时，为达到一定的织轴卷绕密度，必须维持一定的纱线卷绕张力。纱线张力大小取决于整经滚筒上制动带的拉紧程度，制动带越紧，拖动滚筒转动的力就越大，从而纱线张力

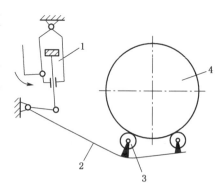

图 2-16　分条整经机织轴卷绕加压

1—加压油缸　2—托臂　3—压辊　4—织轴

和织轴卷绕密度也越大。这种机构对保持纱线的弹性和强力不利。

**7. 上油(蜡)装置**

为提高经纱的织造工艺性能,在分条整经织轴卷绕(倒轴)时,给纱线上乳化液(包括乳化油、乳化蜡或合成浆料)。经纱上乳化油(蜡)后,可在纱线表面形成油膜,降低纱线摩擦系数,使织机上开口清晰,有利于经纱顺利通过停经片、综和筘,从而减少断经和织疵。给经纱施加合成浆料乳化液,在纱线表面形成浆膜,则有利于经纱韧性和耐磨性的提高,在一定程度上也起到了上浆作用。

施加乳化液的方法有多种,比较常用的方法见图2-17。经纱从滚筒1上退绕下来,通过导辊2和3后,由带液辊4给经纱单面上乳化液,然后经导辊5卷绕到织轴6上。带液辊以一定速度在液槽7中转动,液槽的液面高度和温度应当恒定,调节带液辊转速可以控制上液量,一般上液量为经纱质量的2%～6%。

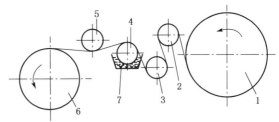

图2-17　常用的经纱上乳化液方法
1—滚筒　2,3,5—导辊　4—带液辊　6—织轴　7—液槽

## 五、整经操作技术

整经操作因机型不同而有所差异,但操作要求基本相同。现以ZC-L-180型整经机为例,简要介绍整经操作技术。

**1. 整经基本操作**

(1) 处理断头

寻头要清(无绞头),开档要小(≤2 cm),接头时应做到准(无长短结)、牢(不脱结)、清(无回丝附入),补头要好。

经纱断头时,先打慢车,找出轴面的断头,不能有压头、绞头现象,更不应弄断邻纱,再根据自停指示灯找出断头所在排数,根据落下的张力钩、落针,找出筒子纱上的断头,将筒纱头绕过两根张力杆嵌入张力钩内,将纱头引至本排断(出现断头的)顶端或下端。KY6021型整经机将纱头捻成一绺,穿过导纱眼,绕过张力盘,通过瓷钩、落针及筘眼,拉至车头处放入梳齿内。然后,将断头对接,剪下纱尾,用手指挑起纱线,使纱线伸直,按点动按钮使纱线绕到经轴上,目的是调节纱片的幅宽与经轴宽度相适宜,符合要求后,开车运行。

经纱断头2根及以上时,打慢车找断头,有绞头时,左绞,将断头左边邻纱剪断1根;右绞,将断头右边邻纱剪断1根。然后将绞在断头上面的经纱一起剪断。按点动按钮,左手把绞断的经纱抽出,右手用中指、食指沿着断头纱路向上轻推,不压、不绞,把断头顺纱路摆好。遇纱头与邻纱粘连,应先拉头、后寻头,集中的断头不可接在一起,要上下交叉对接,结与结之间的距离不低于5 cm。

(2) 补头操作

把断头的运转纱挽成小长团,放入断头的右侧纱面,右手用剪刀柄纸缝,纱面压入1/2,纸缝不超过2 cm,开慢车。若补头2根以上,要从左侧逐根补头。注意邻纱,按顺序排纱,不得重叠。

（3）上落轴操作

落轴前做好空轴准备，认真检查轴芯及盘片是否松动并彻底清洁，准备好绞线、封头胶带、扫车工具及运轴车，按工艺填好传票内容。

经轴拉至设定长度后穿绞线，然后拉至要求长度，贴好封头胶带，再转 2 圈后将纱尾分成 4 缕，再挑起轴上的一小绺纱，把分好的每缕纱分别掖入挑起的纱下面，然后留 5 cm 左右纱尾，用纱剪剪断。将纱尾拉直绕到夹纱片内，并将车头的经轴按钮由卷绕按至上落轴。然后按下落轴红灯，当红灯亮时，经轴已经落下。将显示屏调至压纱辊下降及经轴松弛状态，落下满轴，贴好传票并系好包布，再按清洁图表做好清洁，用推轴小车将做好清洁的空轴拉至车头两托臂处，同时按上轴指示灯，绿灯亮时代表空轴已上好。将滚筒按钮按至卷绕状态，调显示屏至轴夹紧上好空轴后，调压辊上升，空转试车，并将弹簧夹纱盘的纱线取下放入滚筒与经轴间。先开慢车，看经轴是否与滚筒相摩擦、有无跳动，调好伸缩箱（用车头左侧的手轮）并在码表、显示屏上调好工艺，设定长度，调好车速，无异常发现时方可开车。

（4）穿纱操作

换筒工先将按工艺规定的头份纱上到筒子架上后，找出纱头。每排的 8 个纱头分成上下两层，上层 4 个纱头捻在一起，下层的 4 个纱头捻在一起，依此类推。当前一排纱拉完后，值车工推动割纱器，按下手柄上的按键，将各纱头割断，然后做好纱架清洁，打开张力杆按钮，打开转车按钮，将纱架转至合适位置，停止转车。然后由值车工或帮车工一手将捻好的纱头平行拉出，每根纱对准筒子所处张力钩的上端，另一手由上而下按下纱线，使每根纱均嵌入夹纱器与张力钩内，而后将每 10 排的纱线头汇总一处。穿完后，将张力杆打至张紧状态，而后用手轻轻拽动总纱线头，查看张力钩内有无嵌入的纱线，如有，马上更正。然后由前而后将每排纱线用五指分开，平行拉至车头处，嵌入刷子内，依此类推。再将第一排纱线由下而上排至梳齿内，用同样方法逐渐向后排，梳齿排完后，方能将拉过来的回丝剪断，上轴开车。

**2. 换筒基本操作**

换筒工应按工艺设定的头份和细度上纱，注意筒纱应先下先用，上纱时随时查看筒纱质量，如发现筒纱有外观疵点及错特、错管等必须捡出并交有关人员处理。筒子架按要求做好清洁，处理断头、穿纱的方法同前述。将落下的轴用布包好，检查并贴好传票，然后分品种吊至轴架内，按顺序排放。了机时还应将筒脚逐个摘下放到周转箱内，运至纱尾存放间，并填写好品种、了机时间、班次、机台号、个数等。

（1）拔管

自上而下（或自下而上）拔管，两手同时进行，并将空筒管运放在规定地点。

（2）换筒

自下而上（或自上而下）拿筒，右（左）手拿筒子前端，左（右）手拿筒子后端。插筒时灵活运用目光，有个别小筒脚应先换筒接头。

（3）接头

从里到外，从中到上，从下到中。运转筒子在左（右）边，右（左）手旋运转筒子，左（右）手顺势拉清纱尾，右（左）手转向预备筒子找出纱头，将左（右）手的纱尾与右（左）手预备筒子纱头相交接头。右（左）手轻轻将筒子旋转推进规定位置，使接头平行拉直。接头时应将弱捻、油污弱尾掐出并节约回丝。

(4) 接头类型和标准

单纱织布结,纱尾长 2～5 mm;股线和化纤、混纺纱自紧结,纱尾长 3～6 mm。

**3. 质量把关**

质量把关是减少纱疵、消灭质量事故的有效措施,也是提高经轴质量的重要环节。

(1) 值车工把好四关

① 松经关:上轴后开车,先开空车运转,校对两边经纱位置,做到经轴不剧烈跳动,经轴与滚筒全幅密接。

② 纱疵关:运用目光时刻注意纱片质量,发现纱疵及时捎除。

③ 工艺关:遇翻改品种或头份增减时,应认真检查筒管颜色和头份,核对无误方能开车,做到号数、头份、传票三正确。

④ 计长关:将要满轴时应守好计长表,上轴后要核对计长表,计长表正确方能开车。

(2) 换筒守好三关

① 工艺关:换筒前及上纱前应认真检查筒管颜色,经纱线密度不得搞错。

② 筒子质量关:将油污筒子、坏筒子拿出来,另行处理并做好坏筒子疵点记录。

③ 张力关:经常检查张力杆是否正常、张力钩(盘)有无损坏。

# 思考与练习

1. 整经的目的和要求是什么?

2. 常用的整经方法有哪几种?试述其特征和应用场合。

3. 筒子架有哪些种类?各有什么优缺点?

4. 整经张力装置有什么作用?一般安装在什么地方?为什么现代高速整经机不安装张力装置?

5. 分条整经的条带截面为什么呈平行四边形?在生产中怎样才能保证条带截面的形状?

6. 定幅筘有什么用处?它装在何处?生产中是否要移动?向哪个方向移动?根据什么条件确定?

7. 分条整经机的分绞筘有什么作用?其构造与定幅筘有什么区别?

# 任务 2　设计分批整经工艺

分批整经工艺设计以整经张力设计为主,还包括整经速度、整经根数、整经长度、整经卷绕密度等内容。

## 一、整经张力

纱线从筒子上引出,重新卷绕到经轴上,经受了由气圈运动、张力装置、导纱部件、空气阻力等产生的机械作用,使纱线张力逐步增加,达到工艺设计要求的整经张力数值。构成整经张力的主要因素为:纱线退绕时的初始张力(即退绕张力)、张力装置引起的附加张力、导纱机件摩擦引起的摩擦张力、自身重力引起的悬索张力及空气阻力引起的张力等。

整经张力包括单纱张力和片纱张力两个方面,单纱张力是指整经过程中单根经纱张力的大小和变化情况,片纱张力是指纱片中各根经纱之间的张力变化情况。整经张力对织造工序及织物质量有着十分重要的影响,整经各单纱张力应大小适当,并在筒子退绕过程中保持恒定。纱片中各根经纱之间应保持张力均匀。单纱张力过大,纱线会过分伸长,造成强力和弹性损失;张力过小,绕纱量少,会造成经轴卷绕不平整,造成经轴上各根经纱卷绕长度不一致,使退绕时产生片纱张力不匀,影响浆纱和织造的顺利进行。整经片纱张力不匀,不仅影响经轴表面平整和浆纱质量,而且在织机上会造成开口不清,形成"三跳"织疵,更严重的是经轴上的纱线张力差异不会在后工序中消除,它直接影响织物的平整与丰满、布面条影、花纹清晰及布边质量。因此,整经张力在很大程度上决定着后面各工序的生产效率和产品质量。

**(一) 整经张力设计**

整经张力与纤维材料、纱线线密度、整经速度、筒子尺寸、筒子架形式、筒子分布位置及伸缩筘穿法等因素有关。工艺设计应尽量保证纱线张力均匀、适度,减少纱线伸长。

整经张力通过张力装置工艺参数(张力圈质量、弹簧加压压力、摩擦包围角等)以及伸缩筘穿法(分排穿法、分层穿法、分段穿法)进行调节。

工艺设计的合理程度可以通过仪器测定来衡量,常用的测试仪器为机械式或电子式单纱强力仪。在配有张力架的整经机上,还需调节传感器位置、片纱张力设定电位和导辊相对位置等。

**(二) 整经时单纱张力的变化**

**1. 纱线退绕时每一个退绕往复的张力变化**

纱线自筒子表面沿轴向引出时,在一个往复退绕周期内,退绕张力产生一次变化。自筒子小端引出时,纱线张力较小;退至筒子底部时,纱线与筒子表面的摩擦纱段增大,纱线张力增大。图 2-18 所示为纱线出张力垫圈处的张力变化情况,测试条件为纯棉纱 14.6 tex,整经速度 200 m/min,张力垫圈质量 3.5 g。

图 2-18 中:波峰 1,3 和 5 为纱线退绕至筒子底部时的张力;波谷 2,4 和 6 为纱线退绕至筒子顶部时的张力。

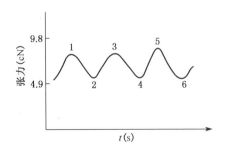

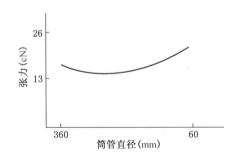

**图 2-18　多次往复退绕时纱线张力的变化波形**　　　**图 2-19　整个筒子退绕时纱线张力的变化**

**2. 纱线从整只筒子退绕过程中的退绕张力**

纱线开始退绕时,筒子直径大,气圈的回转速度较慢,且不能完全抛离卷装表面,造成较大的张力;当退绕至中筒纱时,气圈回转速度加快,纱线完全抛离筒子表面,摩擦纱段较短,因而退绕张力减小;当退绕至小筒纱时,气圈的回转速度进一步增大,纱线对筒子的摩擦包围角增大,导致纱线张力增大。一般筒管直径不宜过小,以防止退绕至小筒子时纱线张力急剧增加(图 2-19)。

**3. 导纱距离不同对整经张力的影响**

整经时的导纱距离是指筒管顶部与导纱瓷眼间的距离。导纱距离的改变,会使纱线的平均退绕张力产生变化,如图 2-20 所示。整经速度一定时,存在一个张力最小的导纱距离。此时,纱线退绕时能够完全抛离筒子表面,摩擦纱段最短。大于此距离时,气圈较小;小于此距离时,气圈又不能完全抛起。所以,这两种情况的摩擦纱段均比较长,致使退绕张力增大。通常采用的导纱距离为 140~250 mm。对于涤/棉纱,为了减少纱线扭

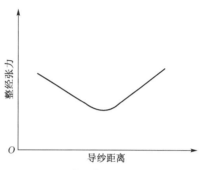

图 2-20　导纱距离对整经张力的影响

结,应适当增加整经张力,一般选择较小的导纱距离。例如,用自然定捻的涤/棉纱整经时,导纱距离由 250 mm 缩小到 130 mm,减少了停车时出现的扭结,降低了整经断头率。

**4. 空气阻力和导纱部件引起的纱线张力变化**

纱线在空气中沿轴线方向运动时,受到空气阻力的作用,产生张力增量。空气阻力所形成的张力增量与纱线线密度(即纱线直径 $D$)和纱线引出距离(即纱线长度 $L$)成正比,与整经速度 $v$ 的平方成正比。尤其是速度的变化,对整经张力的影响是非常突出的,因而在某些高速整经机上不设专门的张力装置。单纱张力由退绕张力、断经自停装置及导纱机件产生的摩擦张力等因素组成,这可以减少纱线的磨损,有利于片纱张力的均匀,有利于整经机的高速运转。但是,由于没有张力装置,张力调节不方便,故这类整经机不适用于低速整经。

**5. 纱线质量引起的张力变化**

由于纱线重力的存在,相邻两个导纱点之间的纱段会产生下悬现象,由此产生的张力叫悬索张力。根据力学分析得知:悬索张力与纱线线密度成正比,与两导纱点之间纱段长度的平方成正比。

**(三) 整经时片纱张力不匀的原因**

由单纱张力的变化分析可知:整只筒子在从大到小的退绕过程中,其退绕张力是变化的,所以,筒子架上各筒子的退绕直径不同,其退绕张力各不相同。纱线质量和空气阻力所形成的张力增量与纱线线密度及纱线引出距离成正比,所以,筒子在筒子架上的位置不同,各筒子所引出的纱线的悬索张力及受到的空气阻力各不相同,各根纱线和导纱部件的摩擦阻力也各不相同,因而造成整经时片纱张力不匀。

**(四) 均匀整经片纱张力的措施**

**1. 合理设计张力装置的工艺参数**

由于筒子在筒子架上的安装位置不同,造成各筒子上引出纱线的张力差异很大。由前面分析可知:前排筒子引出的纱线张力较小,而后排引出的纱线张力较大;同排的上、中、下层筒子之间,由于引纱路线的曲折程度不同,也造成了上、下层张力较大而中层张力较小的

现象。为弥补这些张力差异,可适当调整筒子架上不同区域张力装置的工艺参数,包括张力垫圈质量。1452型整经机采用分段分层配置张力圈质量的措施,配置原则为:前区重于后区,中层重于上下层,分段愈多,张力愈趋一致;但分段太多,管理不便。常用配置方法如下:

(1) 前后分段

表2-1为前后分四段配置张力垫圈质量的参考实例。整经速度为200~250 m/min。当整经速度加快时,由空气阻力产生的纱线张力增加,应适当减轻张力垫圈的质量。

表2-1　分四段配置张力垫圈质量

| 细度（tex/英支） | 张力垫圈质量(g) | | | |
|---|---|---|---|---|
| | 前　区 | 前中区 | 中后区 | 后　区 |
| 13~16/44~36 | 5.0 | 4.6 | 3.8 | 3.3 |
| 18~20/32~29 | 5.5 | 4.6 | 4.2 | 3.8 |
| 24~30/24~30 | 6.4 | 5.5 | 5.0 | 4.4 |
| 32~60/18~10 | 8.4 | 6.4 | 6.0 | 4.6 |
| 14×2/(42/2) | 6.4 | 5.5 | 4.8 | 4.4 |

(2) 前后上下分段

表2-2为分九段配置张力垫圈质量的参考实例,整经速度为200~300 m/min。

表2-2　分九段配置张力垫圈质量

| 区段和边纱 | 14.5 tex | 29 tex | 58 tex | 14 tex×2 |
|---|---|---|---|---|
| | 张力垫圈质量(g) | | | |
| 前区上层和下层 | 5.0 | 5.5 | 9.5 | 11.5 |
| 前区中层 | 5.5 | 6.0 | 10.0 | 12.0 |
| 中区上层和下层 | 4.5 | 5.0 | 8.5 | 11.0 |
| 中区中层 | 5.0 | 5.5 | 9.0 | 11.5 |
| 后区上层和下层 | 4.0 | 4.5 | 8.0 | 10.0 |
| 后区中层 | 4.5 | 5.0 | 8.5 | 11.0 |
| 后排边纱 | 6.5 | 7.0 | 12.0 | 13.0 |

(3) 弧形分段

图2-21所示为涤/棉细特高密织物采用弧形分四段的张力垫圈质量配置图。图中纵向为经纱层次,横向为筒子架上的筒子排次。张力垫圈质量采用全弧形四段配置后,全幅经纱张力不匀率由12.54%降低为7.25%,效果显著。

**2. 纱线合理穿入伸缩箱**

纱线穿入伸缩箱的不同部位会形成不同的摩擦包围角,从而形成不同的纱线张力。纱线合理穿入伸缩箱,既要达到片纱张力均匀,又要适当兼顾操作方便的目的。目前使

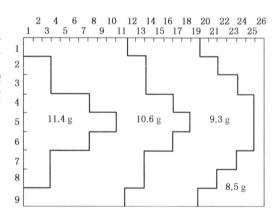

图2-21　弧形分段法张力垫圈质量配置图

用较多的有分排穿法（又称花穿）和分层穿法（又称顺穿）。分排穿法从第一排开始，由上而下（或由下而上），将纱线从伸缩筘中点向外侧逐根逐筘穿入，如图 2-22(a)所示。此法虽然操作不方便，但因引出距离较短的前排纱线穿入纱路包围角较大的伸缩筘中部，而后排纱线穿入包围角较小的边部，能起到均匀纱线张力的作用，并且使纱线断头时不易缠绕邻纱。分层穿法则从上层（或下层）开始，把纱线穿入伸缩筘中部，然后逐层向伸缩筘外侧穿入，如图 2-22(b)所示。采用此法时，整经机上纱线层次清楚，找头、引纱十分方便，但是扩大了纱线张力差异而影响整经质量。因此，目前整经机较多采用分排穿法。

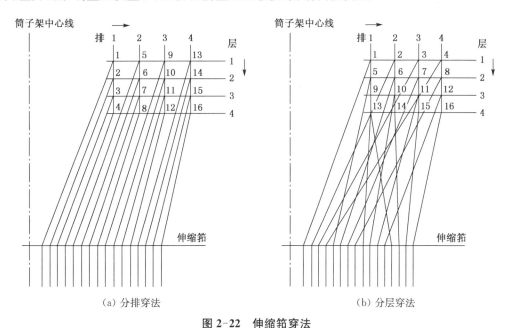

（a）分排穿法　　　　　　　　　　　　（b）分层穿法

**图 2-22　伸缩筘穿法**

### 3. 适当增大筒子架到整经机头的距离

增大筒子架与机头的距离，可减少纱线进入后筘时的曲折程度，减少对纱线的摩擦，均匀片纱张力，也可以减少经纱断头卷入经轴的现象。但距离过大时，将增加占用地面积，并增加引纱操作时的行走距离。一般筒子架与机头之间的距离为 3.5 m 左右。

### 4. 采用筒子定长和间歇整经方式

整经过程中，筒子直径的变化明显影响纱线退绕张力，所以，应尽量采用间歇整经方式，即筒子架上筒子的纱线退绕完毕时，整经机停车，进行集体换筒。同时，对络筒也提出定长要求，以保证同时更换的筒子具有相同的卷装尺寸，且均匀片纱张力，并可大大减少筒脚纱，减少整经过程中的结头，提高产品质量。

在有预备筒子的复式筒子架上，也可采用连续整经过程中的分段换筒。如将筒子架分三段换筒，则在全幅经纱中始终保持大筒子、中筒子、小筒子各占 1/3。这样，整经过程中全部经纱的平均张力相对比较均匀。

### 5. 选择合适的整经张力装置

整经张力装置的类型非常多，有常见的垫圈式张力装置、双张力盘式张力装置、GAl21整经机采用的双柱压力盘式张力装置、本宁格整经机采用的导纱棒式张力装置、SGA211整经机采用的可调双柱盘式张力装置、哈科巴整经机采用的带移动式筒子托架和罗拉加压的张力装置、西班牙 RIUS-UC-1 型整经机采用的多立柱式张力装置,还有采用间接法工作原理的压辊式张力装置等,这些张力装置各有特点,应根据具体情况进行选择。

**6. 加强生产管理**

保持良好的机械状态对均匀片纱张力具有重要的作用。整经机各轴辊安装应平直、平行,各机件的安装调整应符合要求,尽量减少整经过程中的关车次数,减少因启动、制动而引起的张力波动。半成品管理中应做到筒子先到先用,减少因筒子回潮率不同而造成的张力差异。

分批整经的工艺设计应尽可能多头少轴,既可以减少并轴时各轴之间产生的张力差异,又可减少经轴上纱线间的间距,避免纱线间距过大造成的左右移动,使经轴卷绕圆整。伸缩筘齿间排纱要匀,采用往复动程约 10 mm 的游动伸缩筘,以改善经轴表面平整度,使片纱张力均匀。

## 二、整经速度

目前,高速整经机的最大设计速度为 1 000 m/min 左右。鉴于目前纱线质量和筒子卷绕质量还不够理想,整经速度以 400 m/min 左右的中速度为宜,片面追求高速度,会引起断头率剧增,严重影响机器效率。新型高速整经机使用自动络筒机生产的筒子时,整经速度一般在 600 m/min 以上;滚筒摩擦传动的 1452A 型整经机的整经速度为 200～300 m/min。整经幅宽大、纱线质量差、纱线强力低、筒子成形差时,速度应稍低。

## 三、整经根数

整经轴上纱线的排列根数是由织物的总经根数和筒子架的容量决定的。但必须遵循多头少轴的原则,以避免纱线排列过稀而使卷装表面不平整,造成片纱张力不匀。

(1) 一次并轴的整经轴数

$$n = \frac{M}{K_{\max}}$$

式中:$n$ 为一次并轴的经轴数(如 $n$ 为小数,则进位取整数);$M$ 为织物的总经根数;$K_{\max}$ 为筒子架容量。

(2) 每轴整经根数

$$m = \frac{M}{n}$$

式中:$m$ 为每轴整经根数;$M$ 为织物的总经根数;$n$ 为一次并轴的经轴数。

为便于管理,各轴整经根数尽可能相等或接近相等,各经轴间允许有 ±3 根的差异。如 $m$ 有余数,当余数≤3 根时,则采用集中加头,即将余数集中加到一个经轴上;当余数>3 根时,则采用分散加头,即将余数均匀分摊到每一个经轴上。

## 四、整经长度

经轴绕纱长度应为织轴绕纱长度的整数倍,并尽可能充分利用经轴的卷绕容量。

（1）经轴最大卷绕体积 $V_{\max}$（图 2-23）

$$V_{\max} = \frac{\pi \times H \times (D^2 - d^2)}{4} \text{（cm}^3）$$

式中：$H$ 为经轴宽度（cm）；$D$ 为经轴最大卷绕直
　　　径（cm）；$d$ 为轴管直径（cm）。

　经轴最大卷绕直径 $D$ 为经轴边盘直径减 2 cm。

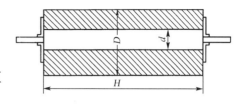

图 2-23　经轴卷绕体积

（2）经轴最大卷绕质量 $G_{\max}$

$$G_{\max} = \frac{V_{\max} \times \gamma}{1\,000} \text{（kg）}$$

式中：$\gamma$ 为卷绕密度（g/cm$^3$）。

（3）经轴最大绕纱长度 $L_{\max}$

$$L_{\max} = \frac{G_{\max} \times 10^6}{m \times \mathrm{Tt}} \text{（m）}$$

式中：$m$ 为每轴整经根数（根）；$\mathrm{Tt}$ 为经纱线密度（tex）。

（4）一缸经轴浆出最多织轴数 $j_{\max}$

$$j_{\max} = \frac{L_{\max} \times (1+\varepsilon)}{l} \text{（个）}$$

式中：$\varepsilon$ 为浆纱伸长率（%）；$l$ 为织轴绕纱长度（m）。

　计算得 $j_{\max}$ 有小数时，为避免浆出小轴，应舍去小数取整数并记为 $j_0$。

（5）经轴实际绕纱长度 $L$

$$L = \frac{l \times j_0 + l_1}{1+\varepsilon} + l_2 \text{（m）}$$

式中：$l_1$ 为浆回丝长度（m）；$l_2$ 为白回丝长度（m）。

## 五、经轴卷绕密度

　经轴卷绕密度的大小影响原纱的弹性、经轴的最大绕纱长度和后道工序的退绕是否顺畅。经轴卷绕密度可由对经轴表面施压的压纱辊的加压大小来调节，同时还受到纱线线密度、纱线张力、卷绕速度的影响。卷绕密度的大小应根据纤维种类、纱线线密度等合理地选择。表 2-3 为经轴卷绕密度的参考数值。

表 2-3　分批整经经轴卷绕密度

| 纱线种类 | 卷绕密度（g/cm$^3$） | 纱线种类 | 卷绕密度（g/cm$^3$） |
| --- | --- | --- | --- |
| 19 tex 棉纱 | 0.44~0.47 | 14 tex×2 棉线 | 0.50~0.55 |
| 14.5 tex 棉纱 | 0.45~0.49 | 19 tex 黏纤纱 | 0.52~0.56 |
| 10 tex 棉纱 | 0.46~0.50 | 13 tex 涤/棉纱 | 0.43~0.55 |

机织工艺

## 六、分批整经产量

(1) 理论产量($G_1$)

整经机理论产量,是指在理想的无停台运转条件下,每台整经机每小时卷绕经纱的质量,单位为"kg/(台·h)"。计算方法如下:

$$G_1 = \frac{6 \times v \times m \times \text{Tt}}{10^5}$$

式中:$G_1$ 为整经机的理论产量[kg/(台·h)];$v$ 为整经速度(m/min);$m$ 为整经根数;Tt 为经纱线密度(tex)。

(2) 实际产量($G_2$)

整经机实际产量是指在考虑停台的情况下的整经机的产量。

$$G_0 = G_1 \times k$$

式中:$k$ 为整经机的时间效率。

## 七、分批整经工艺设计实例

### 1. 分批整经工艺计算实例

**例 2-1**　制织 $28 \times 28(21^S \times 21^S)$　$236 \times 228(60 \times 58)$ 平布,采用 1452-140 型整经机,已知:筒子架最大容量为 504 个,经纱缩率为 8%,总经根数 2 172 根,规定匹长为 40.22 m,经轴边盘间距为 138.4 cm,经轴卷绕直径为 68 cm(两边离盘板各空 1 cm),经轴轴芯直径为 25.6 cm(轴芯包布厚 0.2 cm);织轴卷绕密度为 0.43 g/cm²,织轴边盘间距为 107.4 cm,卷绕直径为 52 cm(两边离盘板各空 1.7 cm),织轴轴芯直径为 11.5 cm,浆纱伸长率为 1%,上浆率 8%。

**求**:(1) 整经轴数 $n$;(2) 整经根数 $m$;(3) 整经长度 $L$。

**解**　根据上述公式,计算如下:

(1) 整经轴数

$$n = \frac{M}{K_{max}} = \frac{2\ 172}{504} = 4.3$$

取整经轴数 $n = 5$。

(2) 整经根数

$$m = \frac{M}{n} = \frac{2\ 172}{5} = 434 \text{ 根} \quad (\text{余 2 根})$$

根据整经根数的分配原则,各经轴间允许有 $\pm 3$ 根的差异,故采用集中加头的方法,将余数 2 根加到一个轴上。因此,整经根数为:$m_1 = 436$ 根,$m_2 = m_3 = m_4 = m_5 = 434$ 根。

(3) 整经长度

① 经轴最大卷绕体积:

$$V_{max} = \frac{\pi \times 138.4 \times (68^2 - 25.6^2)}{4} = 431\ 168.9 \text{ cm}^3$$

参考表 2-3,初选经轴卷绕密度 $\gamma$ 为 $0.45\,\mathrm{g/cm^3}$,则:

② 经轴最大卷绕质量:

$$G_{max} = \frac{V_{max} \times \gamma}{1\,000} = \frac{431\,168.9 \times 0.45}{1\,000} = 194.02\ \mathrm{kg}$$

③ 经轴最大绕纱长度:

$$L_{max} = \frac{G_{max} \times 10^6}{m \times \mathrm{Tt}} = \frac{194.02 \times 10^6}{436 \times 28} = 15\,892.86\ \mathrm{m}$$

同样,可计算出织轴的最大卷绕体积、最大卷绕质量和最大绕纱长度,即:

④ 织轴最大卷绕体积:

$$V'_{max} = \frac{\pi \times H_1 \times (D_1^2 - d_1^2)}{4} = \frac{\pi \times 107.4 \times (52^2 - 11.5^2)}{4} = 216\,820\ \mathrm{cm^3}$$

⑤ 织轴最大卷绕质量:

$$G'_{max} = \frac{V'_{max} \times \gamma_1}{1\,000} = \frac{216\,820 \times 0.43}{1\,000} = 93.23\ \mathrm{kg}$$

⑥ 织轴无浆最大卷绕质量:

$$G''_{max} = \frac{G'_{max}}{1 + 上浆率} = \frac{93.23}{1 + 8\%} = 86.32\ \mathrm{kg}$$

⑦ 织轴最大绕纱长度:

$$L'_{max} = \frac{G''_{max} \times 10^6}{M \times \mathrm{Tt} \times (1 - 浆纱伸长率)} = \frac{86.32 \times 10^6}{2\,172 \times 28 \times (1 - 1\%)}$$
$$= 1\,433.7(\mathrm{m})\quad(取\ 1\,434\mathrm{m})$$

⑧ 浆纱墨印长度:

$$L_p = \frac{规定匹长}{1 - 浆纱伸长率} = \frac{40.22}{1 - 1\%} = 43.72\ \mathrm{m}$$

如落布长度采用 3 联匹,织机上机回丝取 0.40 m,了机回丝取 0.80 m。设每一织轴最多落布次数为 $x$,则:

$$43.72 \times 3 \times x + 0.4 + 0.8 = 1\,434\ \mathrm{m}$$

于是:

$$x = \frac{1\,434}{43.72 \times 3 + 0.4 + 0.8} = 10.83\ 次$$

不计小数,最多落布次数取 10 次(舍去小数),所以,织轴实际卷绕长度为:

$$l = 43.72 \times 3 \times 10 + 0.4 + 0.8 = 1\,312.8\ \mathrm{m}\quad(取\ 1\,313\ \mathrm{m})$$

这样,一缸经轴浆出最多织轴数 $j_{max}$ 为:

机织工艺

73

$$j_{max} = \frac{L_{max} \times (1+\varepsilon)}{l} = 15\,829.86 \times \frac{1+1\%}{1\,313} = 12.17\,\text{个} \quad （取\,12\,个）$$

因此,经轴实际绕纱长度为:

$$L = \frac{l \times j_0 + l_1}{1+\varepsilon} + l_2 = \frac{1\,313 \times 12 + 17}{1+1\%} + 13 = 15\,629.83\,\text{m} \quad （取\,15\,630\,\text{m}）$$

经轴实际绕纱质量 $G$ 和实际卷绕密度 $\gamma$ 为:

$$G = \frac{L \times m \times \text{Tt}}{10^6} = \frac{15\,630 \times 436 \times 28}{10^6} = 190.81\,\text{kg}$$

$$\gamma = \frac{G}{V_{max}} = \frac{190.8 \times 1\,000}{431\,163.9} = 0.443\,\text{kg/cm}^3$$

2. 分批整经工艺设计实例(表2-4)

表 2-4　分批整经工艺设计实例

| 项　　目 | | 整经工艺参数 | | |
|---|---|---|---|---|
| 织物品种 | | 29×32　433×220　97.8　棉纱卡 | 14.5×14.5　523.5×283　119.4　棉府绸 | 13×13　378×283.5　160　涤/棉府绸 |
| 机械类型 | | 1452A-140 | SG081-180 | 1452A-180 |
| 线速度(m/min) | | 290 | 320 | 300 |
| 整经轴数(只) | | 9 | 10 | 10 |
| 整经根数(根) | | 471×8+468×1 | 625×9+627×1 | 607×8+608×2 |
| 整经长度(m) | | 16 300 | 27 300 | 36 000 |
| 卷绕密度(g/cm³) | | 0.58 | 0.56 | 0.52 |
| 经轴 | 间距(mm) | 1 384 | 1 800 | 1 800 |
| | 盘片直径(mm) | 700 | 700 | 700 |
| | 轴芯直径(mm) | 260 | 260 | 260 |
| 张力圈质量(g) | | 前8,中6,后5,边9 | 前5,中4,后3,边4 | 前4,中3,后2 |

## 八、分批整经质量控制

整经质量包括卷装中纱线质量和纱线卷绕质量两个方面。整经质量是保证浆纱正常生产,保证浆纱质量和织物质量的基础。

整经断头卷入轴内或经轴退绕断头,将造成浆槽内缠辊停车、浆轴疵点增加,严重影响织机效率和织物质量。整经片纱张力不匀,会造成浆纱片纱张力差异、浆纱断头和浆纱绞头,且整经片纱张力在后道工序无法得到改善,会严重影响织物布面的匀整。整经问题造成浆纱机打慢车或停车增多,会影响浆纱上浆率、回潮率、伸长率的均匀,增加织造断头和疵点。因此,抓好整经质量是提高织物质量和织造生产率的关键。

**(一)织造对整经工序的质量要求**

① 整经过程中经纱张力要适当,保持单纱及片纱张力的均匀一致,充分保持纱线的弹性、强度、外观等物理机械性能。

② 全片经纱排列均匀,经轴卷绕密度适当而均匀,经轴成形良好,表面圆整。

③ 整经根数、整经长度、色纱排列符合工艺要求。

④ 结头质量符合规定标准,避免整经过程中的脱结。

⑤ 正确设置整经工艺参数,降低整经断头,可提高整经效率,同时有利于提高浆纱质量。断头后,断头自停装置与制动装置应作用灵敏,停车迅速,以减少断头卷入。

**(二) 整经工艺参数对纱线性能的影响**

① 纱线经过整经加工后,在张力的作用下会产生伸长,其细度、强力和断裂伸长率均会减小。为保持纱线原有的物理机械性能,整经时纱线所受张力要适度。

② 纱线在高速条件下经导纱部件摩擦,会对纱线产生磨损,增加毛羽,所以纱线通道要光洁,尽量减少纱线的磨损和毛羽。

③ 纱线从固定的筒子上退绕下来,其捻度会有所改变。筒子退绕一圈,纱线上就会增加(Z 捻纱)或减少(S 捻纱)一个捻回。随着筒子退绕直径减少,纱线的捻度变化速度加快。

**(三) 整经主要质量指标及其检验**

整经工序的质量检验主要包括整经断头测定和整经轴质量检验。整经断头率直接影响浆纱质量和织机经纱断头率。整经断头率高,会造成浆轴倒断头增多,影响织机的生产效率。

**1. 整经断头率**

(1) 计算

整经断头率用整经万米百根断头次数表示,即:

$$整经万米百根断头次数 = \frac{5\,000\ \text{m 断头根数} \times 100 \times 2}{整经根数}$$

(2) 断头原因分析

造成整经断头的原因主要有四个方面:

① 络筒质量不良,如攀头、脱圈、脱结、生头不良、带回丝、筒管不良、筒子轧毛等。

② 细纱质量不好,又未能在络筒时及时清除,如细节纱、弱捻纱、细纱杂物等。

③ 整经机械工艺配置不当,如插纱锭子与张力座的导纱眼位置未对准,造成经纱退绕时气圈过大而引起断头;落针或停经片质量过重;纱线通道部件不光洁等。

④ 操作原因,如空筒子等。

(3) 企业质量标准

工厂实际内控整经万米百根断头率的一般标准如下:

① 整经万米百根断头率<1.0,则经纱质量较好。

② 整经万米百根断头率 1.0~2.0,则经纱质量一般。

③ 整经万米百根断头率 2.5~3,则经纱质量较差。

④ 整经万米百根断头率>3,则经纱质量很差。

**2. 经轴卷绕密度**

卷绕密度用来衡量经轴卷绕的松紧程度,进而判断整经张力大小是否合适。经轴卷绕密度过大,则纱线所受张力过大,纱线弹性损失过大,在布面上的单纱细节会很明显;卷绕密度过小,会造成经轴卷绕松紧不匀,经轴表面不平整,造成织造退绕张力不匀,织物不平整。

经轴卷绕密度可按下式计算：

$$\gamma = \frac{G}{V} = \frac{4 \times G}{\pi \times W \times (D^2 - d^2)}$$

**3. 整经轴好轴率**

对整经卷绕质量的要求：经轴（或织轴）表面圆整，形状正确，纱线排列平行有序，片纱张力均匀适当，接头良好，无油污及飞花夹入。

经轴质量的好坏对后道工序以及织物质量均有重大影响。经轴的总体质量一般用好轴率表示，其计算公式如下：

$$\text{整经轴好轴率} = \frac{\text{月生产总经轴数} - \text{疵经轴数}}{\text{月生产总经轴数}} \times 100\%$$

好轴率是反映经轴卷绕质量的重要指标，而经轴卷绕质量的好坏直接影响浆纱质量、织造效率、布面质量和浆纱回丝的多少。所以，通过测试好轴率，可以全面了解经轴卷绕质量，并可作为考核挡车工作工质量的主要依据，从中找出问题，对症下药，进而提高整经质量以及后道工序的生产效率和产品质量。

**4. 分批整经的整经轴常见疵点分析**

表 2-5 给出了分批整经的整经轴常见疵点、参考评判标准及可能的疵点成因。实际生产中，对整经轴疵轴的评判随企业不同而有差异。

表 2-5　整经轴疵点、参考评判标准及其主要成因

| 疵点名称 | 评　判　标　准 | 疵　点　成　因 |
| --- | --- | --- |
| 浪　纱 | 经纱下垂 3 cm，4 根以上，作疵轴；下垂 5 cm，1 根以上，作疵轴；超过 5 cm，作整经轴质量事故处理 | ① 操作不良，两边未校对整齐，造成整经轴边纱不平，低于或高于其他部分<br>② 伸缩筘与接经轴幅宽的位置未对准<br>③ 整经轴两端加压不一致，轴承磨火太大等机械原因，造成整经轴卷绕直径不一<br>④ 整经轴轴管弯曲及盘片歪斜或运转时左右串动，造成整经轴卷绕直径有差异 |
| 绞　头 | 2 根以上，作疵轴 | ① 断头后刹车过长，造成寻头未寻清<br>② 落轴时，穿绞线不清 |
| 错特（支） | 经纱（轴）上发现错特（支）作前工序质量事故；及时调整处理未造成经济损失和未影响后道坯布质量，不作疵轴；有经济损失，但未影响后道坯布质量，作疵轴；整经轴上未发现或发现后未认真处理，作质量事故处理 | ① 换筒操作不认真，用错筒子<br>② 筒子内有错特（支）或错纤维纱，未能发现 |
| 错头份 | 经纱头份未按工艺规定，未影响后道质量，作疵轴；影响质量作质量事故处理 | 翻改品种时，挡车工未检查头份或筒子数目点错 |
| 长短码 | 一组整经轴的绕纱长度相差大于半匹纱长度，作疵轴；大卷装大于 50 m，作疵轴；满 100 m，作质量事故处理 | ① 操作不良，码表未拨准<br>② 整经测长机构失灵 |
| 油污渍 | 影响后道质量的深色油污疵点，作疵轴 | ① 清洁工作不良，油飞花掉落在整经轴内<br>② 加油不当，油飞溅在整经轴上 |

（续　表）

| 疵点名称 | 评 判 标 准 | 疵 点 成 因 |
|---|---|---|
| 杂物卷入 | 有脱圈回丝、飞花或硬性杂物卷入，作疵轴 | ① 做清洁工作时，飞花等落入纱层，未及时清除<br>② 换筒子时，回丝未放好而吹入纱层<br>③ 筒子结头带回丝，未及时摘掉<br>④ 筒子堆放时间长，上面附着飞花 |
| 了机爆断头 | 浆纱了机时，一只轴同时或陆续出现 4 根断头，作疵轴 | ① 上空整经轴时，机器未校好，造成多根断头<br>② 断头过多，造成浆纱了机缺头 |
| 嵌边、凸边 | 整经轴边纱部分平面凹下或凸起，作疵轴 | ① 挡车工未摇好伸缩筘<br>② 整经轴盘片严重歪斜 |

#### （四）提高分批整经质量的措施

**1. 采用经轴直接传动的新型整经机**

直接传动的经轴卷绕方式，由于取消了大滚筒，减少了经轴的跳动，经轴转动平稳，成形良好；消除了刹车制动时滚筒对经纱的磨损，提高了产品质量；同时采用高效能的制动方式直接制动经轴，制动迅速有力。新型整经机多采用液压式、气压式的制动方式，使经轴、压辊、测长辊同时制动，制动力强，作用稳定可靠。经纱断头后经轴在约 0.16 s 内完全被制动，经纱滑行长度控制在 2.7 m 左右。采用电气断头自停装置并安装在筒子架上，使断头感应点与纱线卷绕点之间有较大的距离，避免纱头卷进经轴，而且利于提高车速。所以，整经机速度可高达 1 000～1 200 m/min。

**2. 减小和均匀筒子退绕张力**

络筒工序适当增大筒子锥度或采用不等厚度卷绕，减小筒子退绕阻力，从而减小筒子退绕张力的变化。

**3. 均匀整经张力**

在一些新型高速整经机上，还采用了一些特殊措施来均匀整经张力。为了适应高速，有的整经机设有超张力断纱器，当张力超过预定值时，主动将纱线切断在最后方位置，防止断头卷入经轴。美国西点及瑞士贝宁格等整经机均设有夹纱器，当由于纱线断头或其他原因而使机器停车时，夹纱器夹持纱线，在停车和启动加速过程中，由夹纱器保持并控制经纱张力，只有在整经机达到正常速度时，夹纱器才会完全放松，这可以防止纱线松弛纠缠，均匀经纱张力，也有利于车速的提高。

**4. 伸缩筘横动和摆动装置**

伸缩筘横动动程可调范围为 0～20 mm。伸缩筘可以上下前后摆动，避免了纱线对伸缩筘的定点磨损。该装置可使纱线排列更均匀，经轴卷绕更平整。

**5. 电子计长**

采用光栅编码器与计算机组成的对经轴直接计长的先进的计长与测速系统，消除了间接计长的误差。

**6. 整经监测功能**

由先进的计算机与触摸屏的智能终端组成的操作界面，可设定和显示各种工艺性能参数，增设了生产管理信息和故障检测系统，对于产量、停台、效率等指标，随时可读，对生产数据进行整理、存储,在操作台设有启动、关车、点动、慢车等按钮,有的在筒子架上设有开、关车按钮,这有利于提高生产效率和产品质量。

# 思考与练习

1. 分批整经工艺参数主要有哪些?
2. 分批整经速度的大小如何确定?
3. 均匀整经片纱张力的措施有哪些?
4. 什么是整经张力的分段分层配置和弧形分段配置?比较这两种配置方法的优缺点。
5. 什么是纱线的分层穿法和分排穿法?比较其特点。
6. 已知某白坯织物总经根数 5 864 根,筒子架容纱量为 672 个,计算整经轴数与各轴整经根数。
7. 整经工序主要质量指标有哪些?如何检验?

# 任务3　设计分条整经工艺

分条整经工艺设计除包括整经张力、整经速度、整经长度的设计外,还有整经条数、定幅筘计算和斜角板锥角计算等内容。

## 一、整经张力

滚筒卷绕时,张力装置的工艺参数和分绞筘穿法可参照分批整经。

织轴卷绕时,片纱张力取决于制动皮带对滚筒的摩擦制动程度,片纱张力应均匀、适当,以保证织轴卷绕达到合理的卷绕密度。织轴的卷绕密度可参见表 2-6。织轴卷绕时,随滚筒退绕半径减小,摩擦制动力矩应随之减小,为此要调节制动的松紧程度,以保持片纱张力均匀一致。

表 2-6　织轴的卷绕密度

| 纱线种类 | 卷绕密度(g/cm³) | 纱线种类 | 卷绕密度(g/cm³) |
| --- | --- | --- | --- |
| 棉股线 | 0.50~0.55 | 精纺毛纱 | 0.50~0.55 |
| 涤/棉股线 | 0.50~0.60 | 毛/涤混纺纱 | 0.55~0.60 |
| 粗纺毛纱 | 0.40 | 加捻丝 | 0.55~0.60 |

## 二、整经速度

由于分条整经机的换条、分绞、倒轴、生头、接头等停车操作时间多,其生产效率比分批整经低得多。据统计,分条整经机整经速度(滚筒线速度)提高 25%,生产效率仅增加 5%,

因此,分条整经速度的提高就显得不如分批整经那么显著。

分条整经的经纱卷绕截面是平行四边形,滚筒每转动一圈,条带相对于滚筒就要有一定的横向位移。老式的分条整经机采用的是大滚筒不动而条带移动。条带移动又需要定幅筘、导条器和筒子架的移动,运动复杂,所以不适应高速,整经速度仅为 87～250 m/min。同样倒轴时,滚筒不动,织轴横动,卷绕速度为 20～110 m/min。

新型分条整经机采用的是大滚筒横动,条带不动,即倒轴装置和筒子架均固定不动。具有无级变化的斜角板锥角和定幅筘移动,滚筒与织轴均采用无级变速传动,以保证条带卷绕及倒轴时纱线线速度不变,使纱线张力均匀,卷绕成形良好,适应高速。还有很多新型分条整经机的滚筒采用整体固定锥角设计,高强钢质材料精良制作,能满足各种纱线卷绕的工艺要求。所以整经速度大幅提高,设计最高整经速度可达 800 m/min,不过实际使用时一般低于这个水平。

## 三、整经条带数

### 1. 条格及隐条织物

在条格及隐条织物生产中,整经条数的确定要考虑花经排列情况,其计算公式为:

$$n = \frac{M - M_b}{m}$$

式中:$n$ 为整经条数;$M$ 为织轴总经根数;$M_b$ 为两侧边纱根数之和;$m$ 为每条经纱根数。

每条经纱根数为每条花数与每花配色循环经纱数之积,即:

$$m = 每条花数 \times 每花配色循环经纱数$$

每条经纱根数应小于筒子架最大容筒数,并且是经纱配色循环的整倍数。第一条和最后条带的经纱根数还需修正,应加上各自一侧的边纱根数,并对 $n$ 取整后多余或不足的根数作加、减调整。

### 2. 素经织物

在素经织物生产中,整经条数的确定比条格及隐条织物简单,其计算公式为:

$$n = \frac{M}{m}$$

每条经纱根数的确定只考虑筒子架最大容筒数,当 $M/m$ 无法除尽时,应尽量使最后一条(或几条)的经纱根数少于前面几条,但相差不宜过多。在筒子架容量许可的条件下,整经条数应尽量少些。

## 四、条带宽度

整经条带宽度即定幅筘中所穿经纱的排列幅宽,其计算公式为:

$$b = \frac{B \times m}{M}$$

式中:$b$ 为条带宽度(cm);$B$ 为织轴幅宽(cm)。

## 五、定幅筘计算

定幅筘的筘齿密度以筘号表示。公制筘号是指 10 cm 长度内的筘齿数(筘/10 cm);英

制箔号是指 2 英寸长度内的箔齿数(箔/2 英寸)。箔号可按下式计算:

$$N = \frac{M}{B \times C} \times 10$$

式中: N 为定幅箔公制箔号(箔/10 cm); C 为每箔齿穿入经纱根数。

若每箔齿穿入经纱根数过多,则整经滚筒上纱线排列不匀;若每箔齿穿入经纱根数过少,则箔号大,箔齿密度大,这虽有利于经纱均匀排列,但增加了箔片与经纱间的摩擦。

每箔齿穿入经纱根数的多少,以滚筒上纱线排列整齐、箔齿不磨损纱线为原则。确定每箔穿入数的原则为:

① 为分绞方便,一般为偶数。

② 不宜太多,一般品种为 4~6 根;经密大的织物,每箔穿入数可取大些,但最多不超过 10 根。

③ 每箔穿入数差异要小,≯4 根。

④ 不同穿入数,要均匀分布。

## 六、斜角板锥角与定幅箔移动速度

正确的整经条带截面形状为规则的平行四边形,这样才能保证滚筒和织轴表面卷绕平整,退绕张力均匀。影响条带卷绕成形的基本参数是斜角板锥角及定幅箔移动速度。正确选择斜角板锥角和定幅箔移动速度,是提高整经质量的重要措施。

分条整经机的滚筒回转一周,定幅箔或整经滚筒必须横向运动一定距离,此称为定幅箔移距或整经滚筒移距。为了得到良好的卷绕成形,定幅箔或整经滚筒移距必须恰当,并和斜角板的倾斜角相适应。

新型高速分条整经机以滚筒上一端的圆锥体替代斜角板,使条带张力更为均匀。其滚筒移距的大小由整经机自动测算,无级精确调节。条带卷绕过程中,微电脑通过伺服电动机控制整经滚筒的移距。

图 2-24 为合适的定幅箔移距形成的经纱条带在滚筒上的形态。当定幅箔移距过大时,经纱条带的头端会上翘,如图 2-25 所示;反之,则条带的头端下陷,如图 2-26 所示。

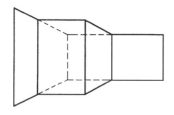
图 2-24　合适定幅箔移动速度时的条带形态

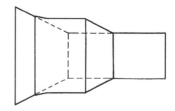
图 2-25　定幅箔移动速度过大时的条带形态

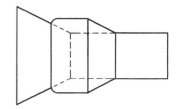
图 2-26　定幅箔移动速度过小时的条带形态

定幅箔移动所形成的纱层锥角与斜角板锥角相等时,条带截面才能呈现正确的平行四边形,如图 2-27 所示,公式为:

$$\tan\alpha = \frac{\delta}{H} = \frac{\delta}{n \times h} = \frac{\delta}{n} \times \frac{1}{h}$$

式中：$\alpha$ 为滚筒斜角板锥角（°）；$H$ 为卷绕一个
条带过程中定幅筘的总动程（cm）；$\delta$ 为条
带卷绕厚度（cm）；$n$ 为卷绕一个条带的
滚筒转数即绕纱圈数；$h$ 为定幅筘移动速
度，即滚筒转一转定幅筘所移动的距离
（cm）。

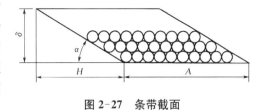

图 2-27  条带截面

$\dfrac{\delta}{n}$ 即为平均每层纱线的卷绕厚度，$\dfrac{\delta}{n}$ 与纱线

线密度（Tt）成正比，与纱线卷绕密度（$\gamma$）成反比，与条带中纱线排列密度 $\left(\dfrac{m}{b}\right)$ 成正比，进而得
出 $\alpha$ 和 $h$ 的关系式为：

$$\tan \alpha = \frac{\text{Tt} \times m}{\gamma \times b \times h \times 10^5}$$

$$h = \frac{\text{Tt} \times m}{\gamma \times b \times \tan \alpha \times 10^5}$$

使用固定斜角板时，$\alpha$ 不变，要按公式计算 $h$，但 $h$ 为有级变化，只能选接近 $h$ 计算值的
一档。新型分条整经机的滚筒采用整体固定锥角设计，滚筒可实现无级位移，级差小于
0.01 mm，可保证 $\alpha$ 与 $h$ 的正确配合。

使用活动斜角板时，可以同时选择 $\alpha$ 和 $h$，并且 $\alpha$ 为无级变化，能使上述等式严格成立。
$\alpha$ 的值尽量取小些，以斜角板露出纱条之外 30～50 mm 为宜，此时纱圈稳定性为最佳。

实际生产中，还需参照 $b$ 和 $h$，对上述理论计算所得的 $\alpha$ 进行修正。实测纱层卷绕厚度
时，以成形正确处的纱层厚度为依据，最后确定 $\alpha$ 为：

$$\alpha = \arctan \frac{\delta}{H}$$

为保证条带成形良好，斜角板锥角不宜过大，一般取 6°～25°。

## 七、条带长度

分条整经是先把经纱条带卷绕到大滚筒上，待所有条带卷绕结束后，再把经纱一起
退绕到织轴上，用于织机进行织造。所以，分条整经长度取决于织轴绕纱长度。分条整
经常用于小批量、多品种的色织产品加工，当批量较小且不足一个织轴时，一般不进行整
经长度的计算；当批量较大时，需按织轴绕纱容量计算整经长度。织轴绕纱长度的计算
步骤如下：

（1）织轴的卷绕体积

$$V = \frac{\pi \times W}{4}(D^2 - d^2)$$

式中：$V$ 为织轴的卷绕体积（cm³）；$D$ 为织轴绕纱直径，$D=$织轴盘片直径－（1～3）cm；$d$
为织轴轴芯直径（cm）；$W$ 为织轴盘片间距（cm）。

$V$ 值过大，会增加边纱张力，增大边经纱的转折角，使边经纱受到较大的摩擦力，增加断
头率。一般可取大于上机筘幅 3～10 cm。

(2) 织轴上经纱质量

$$G = V \times \gamma \times 10^{-3}$$

式中：$G$ 为织轴上经纱质量(kg)；$\gamma$ 为织轴的卷绕密度($g/cm^3$)。

织轴的卷绕密度与经纱线密度、卷绕张力、卷绕速度等因素有关。单纱卷绕密度一般在 $0.4 \sim 0.6 \ g/cm^3$ 范围内。卷绕股线时，其卷绕密度约比同线密度单纱提高 $15\% \sim 25\%$；而用于阔幅织机的织轴，其卷绕密度则降低 $5\% \sim 10\%$。

(3) 织轴上经纱理论绕纱长度(最大绕纱长度)

$$L' = \frac{G}{Tt \times M} \times 10^6$$

式中：$L$ 为织轴理论绕纱长度(m)；$Tt$ 为经纱线密度(tex)；$M$ 为织轴上总经根数。

(4) 织轴上经纱实际绕纱长度

为了减少回丝和零布，一个织轴的绕纱长度应尽量保证其能织出若干个完整的布辊，所以应先算出一个织轴的可织布辊数 $n$：

$$n = \frac{L'}{l_j \times n_p}$$

式中：$l_j$ 为一匹布所需经纱长度(m)；$n_p$ 为一个布辊的联匹数。

由上式计算出的 $n$，如有小数，则将小数舍去，取整。

织轴上经纱计划绕纱长度 $L$ 为：

$$L = l_j \times n_p \times n + l_1 + l_2$$

式中：$l_1$ 为织机上机回丝长度(m)，一般为 $0.4 \sim 0.7 \ m$；$l_2$ 为织机了机回丝长度(m)，一般为 $0.8 \sim 1.3 \ m$。

## 八、整经产量计算

整经机产量是指单位时间内整经机卷绕纱线的质量，又称台时产量，它分为理论产量和实际产量。整经时间效率除与原纱质量、筒子卷装质量、接头、分绞、上落轴、换筒、工人自然需要等因素有关外，还取决于纱线的纤维原料和整经方式。例如，1452 型整经机加工棉纱时的整经时间效率($55\% \sim 65\%$)明显高于加工绢纺纱的时间效率($40\% \sim 50\%$)。分条整经机受分条、断头处理等工作的影响，其时间效率比分批整经机低。

分条整经理论产量 $G'[kg/(台 \cdot h)]$ 可计算如下：

$$G' = \frac{6 \times v_1 \times v_2 \times M \times Tt}{10^5 \times (v_1 + nv_2)}$$

式中：$v_1$ 为整经滚筒线速度(m/min)；$v_2$ 为织轴卷绕线速度(即倒轴速度，m/min)；$M$ 为织轴总经根数；$n$ 为整经条数。

分条整经实际产量 $G[kg/(台 \cdot h)]$ 则计算如下：

$$G = G' \times k$$

式中：$k$ 为时间效率。

## 九、分条整经工艺设计实例

### 1. 素经（单色经）织物工艺设计

**例 2-2**　制织 $28\times28(21^S\times2l^S)$　$236\times228(60\times58)$ 平布，采用 1452-140 型整经机，已知：筒子架最大容量为 504 个，经纱缩率为 8%，总经根数 2 172 根，规定匹长为 40.22 m，织轴卷绕密度为 0.43 g/cm³，织轴边盘间距为 107.4 cm，卷绕直径为 52 cm（两边离盘板各空 1.7 cm），织轴轴芯直径为 11.5 cm，浆纱伸长率为 1%，上浆率 8%。

**解**　（1）因为单色织物，故每条经纱根数的确定只考虑筒子架的最大容量数，取 $m=504$，则：

$$整经条带数\ n=\frac{M}{m}=\frac{2\ 172}{504}=4.31\ 条\quad（取\ 5\ 条）$$

故：

$$每条带根数\ m=\frac{M}{n}=\frac{2\ 172}{5}=434\ 根\quad（余\ 2\ 根）$$

于是：$m_1=436$ 根，$m_2$、$m_3$、$m_4$、$m_5=434$ 根。

（2）条带宽度

$$b_1=\frac{B\times m_1}{M}=\frac{107.4\times436}{2\ 172}=21.56\ cm$$

$$b_2=b_3=b_4=b_5=\frac{B\times m_2}{M}=\frac{107.4\times434}{2\ 172}=21.46\ cm$$

（3）定幅筘筘号 $N$

一般品种的每筘齿穿入经纱根数为 4~10 根，故取每筘穿入数 $C$ 为 6 根，则：

$$N=\frac{M}{B\times C}\times10=\frac{2\ 172}{107.4\times6}\times10=33.7\ 齿/10\ cm\quad（取\ 34\ 齿/10\ cm）$$

（4）定幅筘移动速度 $h$

本整经机的斜角板采用固定锥角，为 9°，则：

$$h=\frac{Tt\times m}{\gamma\times b\times\tan\alpha\times10^5}=\frac{28\times434}{0.43\times21.46\times\tan9°\times10^5}=0.083\ cm$$

（5）条带长度 $L$，其计算同本项目任务 2 中的例 2-1。

### 2. 色织物工艺设计

**例 2-3**　现制织中长呢，经纱细度为 18 tex×2，经密 $P_j=306.8$ 根/10 cm，坯幅为 94 cm，经纱缩率 $a_j=3\%$，织轴幅宽 104 cm，一只织轴所能制织的布长 830 m，定幅筘规格 63 筘/10 cm，染缩率 1%，筒子架最大容量为 350 个。色纱排列循环：

| 左边纱 | 灰 | 蓝 | 灰 | 咖 | 黑 | 灰 | 蓝 | 灰 | 蓝 | 灰 | 右边纱 |
|--------|----|----|----|----|----|----|----|----|----|----|--------|
| 20 | 3 | 2 | 29 | 1 | 1 | 29 | 2 | 8 | 2 | 5 | 20 |

（咖 黑 下方标注：$\underbrace{\phantom{1\ 1}}_{2}$）

**解**　（1）本例采用布边的每筘穿入数与布身相同，则：

$$总经根数\ M = 坯幅 \times 经密 = 306.8 \times 94 = 2\ 883.9\ 根 \quad (取\ 2\ 884\ 根)$$

$$地经 = 2\ 884 - 40(边经) = 2\ 844\ 根$$

$$全幅花数 = \frac{地经}{每花根数} = \frac{2\ 844}{84} = 33\ 花 \quad (余\ 72\ 根)$$

（2）整经条带数 $n$

考虑筒子架的最大容筒数，且是经纱配色循环的整倍数。故取每条经纱根数 $m = 84 \times 3 = 252$ 根。则：

$$n = \frac{M - M_b}{m} = \frac{2\ 884 - 40}{252} = 11\ 条 \quad (余\ 72\ 根)$$

这样，每条带实际根数为：

第一条：$m_1 = 20 + 252 = 272$ 根

第二～十条：$m_{2\sim10} = 252$ 根

第十一条：$m_{11} = 252 + 72 + 20 = 344$ 根 $< 350$

因每条带的实际根数小于筒子架最大容量，故符合要求。

（3）每条带的穿筘数

因为所有条带定幅筘穿纱幅宽之和＝织轴幅宽，所以全幅经纱所需筘齿数为：

$$A = 织轴幅宽 \times 公制筘号 /10 = 104 \times 63/10 = 655\ 齿$$

估计每筘平均穿入数 $A_{CP} = 总经 \div 总筘数 = 2\ 884 \div 655 = 4.4$ 根

$$布身筘齿数 = 总筘数 - 边纱及加头用筘数 - 空筘数 =$$

$$655 - (10 + 18) - 10 = 617\ 筘$$

空筘的目的是防止并条时两条带间重叠。一般：$n < 10$，不留空筘或少留；$n > 10$，每条带之间空一筘。

估计每条带穿筘数 $A_条 = 布身筘齿数 \div 条带数 = 617 \div 11 = 56$ 筘 （余 1 筘）

设：每条带中 4 穿入的筘齿数为 $X$；每条带中 6 穿入的筘齿数为 $Y$。则：

$$\begin{cases} X + Y = 56 \\ 4X + 6Y = 252 \end{cases}$$

解得：$X = 42$ 筘，$Y = 14$ 筘。于是，将 56 筘分成 14 组，每组 4 筘，每组中有 1 筘为 6 穿入、3 筘为 4 穿入。则穿法为：4，4，4，6。

（4）整经条带宽度 $b$

因为：

$$b = \frac{B \times m}{M}$$

所以：

$$b_1 = 104 \times 272 \div 2\ 884 = 9.797\ \text{cm}$$

$$b_{2\sim10} = 104 \times 252 \div 2\ 884 = 9.072\ \text{cm}$$

$$b_{11} = 104 \times 344 \div 2\ 884 = 12.384\ \text{cm}$$

（5）定幅筘移动速度 $h$

本整经机的斜角板采用固定锥角，为 9°。

$$h = \frac{\text{Tt} \times m}{\gamma \times b \times \tan\alpha \times 10^5} = \frac{18 \times 2 \times 252}{0.46 \times 9.072 \times \tan 9° \times 10^5} = 0.137 \text{ cm}$$

（6）条带长度 $L$

因为每一条带制一个织轴，所以：

$$L = \frac{\text{成品布长（织轴所能织成的布长）}}{(1 - \text{经纱缩率}) \times (1 - \text{大整理染缩率})} + \text{上了机回丝长} =$$
$$830/(1 - 3\%)(1 - 1\%) + 2 = 865.449 \text{ m}$$

## 十、分条整经质量控制

### 1. 分条整经质量控制

分条整经的主要质量指标及其检验方法与分批整经相似。表 2-7 列出了分条整经的常见疵点与产生原因。

表 2-7 常见疵点与产生原因

| 疵点名称 | 疵轴形式 | 产生原因 | 对后道工序影响 |
|---|---|---|---|
| 成形不良 | 织轴表面凹凸不平 | 定幅筘每筘齿穿入根数过多导条器移动不准确、调整错误经纱张力配置不当，条带张力不匀 | 浆纱断头、黏并，织造时开口不清、断头，产生"三跳"织疵和豁边疵布，布面不匀整、有条影等 |
| 织轴绞头 | 纱头连接位置不当 | 断头后刹车过长，造成找头不清落轴时穿绞线不清 | 使织机开口不清，增加织疵，影响织机效率 |
| 错 特 | — | 换筒工筒子用错筒子内有错特、错纤维纱 | 布面错特，印染后造成染色不一致 |
| 错花型或错经纱根数 | — | 排纱不认真挡车工未认真检查头份和筒子个数 | 影响花型、幅宽和穿经循环 |
| 倒断头 | 纱头没有正确连接作疵轴 | 断头自停装置失灵，滚筒停车不及时，使断头卷入，或操作工断头处理不善 | 造成浆纱断头，影响浆纱质量 |
| 长短码 | 各整经条带长度不一致 | 测长装置失灵操作不良，测长表未拨准等 | 增加浆纱和织造的了机回丝 |
| 色花、色差 | 封头布、轴票用错，作疵轴 | 挡车工操作不良 | 品种混淆 |
| 嵌边、凸边 | 织轴两边凹下或凸出 | 倒轴时对位不准 | 造成边纱浪纱，织造时形成豁边坏布 |

由于操作不当，清洁工作不彻底，还会引起杂物卷入、油污、并绞、纱线排列错乱等整经疵点，对后加工工序产生不利影响，且降低布面质量。

### 2. 提高分条整经质量的措施

① 提高卷绕成形质量：新型分条整经机上，定幅筘到滚筒卷绕点之间距离很短，有利于纱线条带被准确引导到滚筒表面，同时也减少了条带的扩散，使条带卷绕成形良好。

② 采用定幅筘自动抬起装置：随滚筒卷绕直径增加，定幅筘逐渐抬起，自由纱段长度保持不变，于是条带的扩散程度、卷绕情况不变，条带各层纱圈卷绕正确一致。

③ 采用无级变化的斜角板锥角：具有无级变化的斜角板锥角和定幅筘移动速度，这不仅使斜角板锥角与定幅筘移动速度正确配合，保证纱线条带截面形状正确，而且斜角板锥面能被充分利用，使条带获得最佳稳定性。

很多新型分条整经机的滚筒采用整体固定锥角设计，高强钢质材料精良制作，能满足各种纱线卷绕的工艺要求。采用 CAD 设计、滚筒及主机移动、倒轴装置和筒子架固定不动，由机械式全齿轮传动，实现无级位移，级差小于 0.01 mm，既可靠又易维修。

④ 采用监测装置：采用先进的计算机技术，机电一体化设计，对全机执行动作实行程序控制，并对位移、对绞、记数、张力、故障等进行监控，实现精确计长、计匹、计条、对绞及断头记忆等，并具有满数停车功能。

⑤ 采用无级变速传动：在较先进的分条整经机上，滚筒与织轴均采用无级变速传动，以保证整经及倒轴时纱线线速度不变，使纱线张力均匀，卷绕成形良好。采用气液增压技术和钳制式制动器，实现高效制动。

⑥ 采用先进的上乳化液装置和可靠的防静电系统：毛织生产中，倒轴时对毛纱上乳化液（包括乳化油、乳化蜡或合成浆料），可在纱线表面形成油膜，降低纱线摩擦系数，减少织造断头和织疵。加工化纤纱及高比例的化纤混纺纱时，防静电系统可消除静电，提高产品质量和生产效率。

# 思考与练习

1. 分条整经工艺参数主要有哪些？

2. 分条整经条数如何确定？

3. 影响条带卷绕成形的基本参数是哪两个？ 两者的关系是什么？

4. 分条整经的常见疵点有哪些？ 产生的原因是什么？ 对后工序有何影响？

5. 提高分条整经质量的措施有哪些？

## 教学目标

**知识目标**：1. 了解浆纱的目的、要求、设备、工作原理。
    2. 熟悉各种浆料的性能、调浆方法、浆液质量指标、浆纱
      工艺流程和浆纱质量指标。
    3. 熟悉浆纱烘燥机理及烘燥装置、浆纱伸长率的控制、浆纱自动控制技术等。
    4. 掌握浆料配方和浆纱工艺参数的设计原则与方法。
    5. 掌握浆纱疵点产生原因，以及提高浆纱产量、质量的技术措施。
**技能目标**：1. 会设计浆料配方和浆纱工艺，会操作上机参数设定与调整。
    2. 会使用浆液黏度计、浓度测定仪等工具，测定浆液和浆膜性能指标等。
    3. 会简单操作调浆和浆纱设备。
    4. 会鉴别浆纱各种疵点，分析成因，提出防止措施。

## 学习情境

# 任务 1　设计浆液配方及其调制工艺

## 一、浆纱概述

### 1. 浆纱目的与作用

在织造过程中,单位长度的经纱从织轴上退绕下来直至形成织物,要受到 3 000～5 000 次程度不同的反复拉伸、弯曲和摩擦作用。未经上浆的经纱表面毛羽突出,纤维之间抱合力不足,在这种复杂机械力作用下,纱身起毛,纤维游离,纱线解体,产生断头;纱身起毛还会使经纱相互粘连,导致开口不清,形成织疵,最后导致正常的织造过程无法进行。

浆纱的目的正是为了改善经纱的织造性能,加大纤维间的抱合,提高经纱耐磨性,防止起毛,降低断头率,提高织造效率,减少织物疵点。因此,除了 10 tex 以上($60^S$ 以下)的股线、单纤长丝、加捻长丝、变形丝、网络度较高的网络丝外,几乎所有的短纤纱和长丝均需上浆加工。

浆纱一贯被视为织造生产中最关键的一道加工工序。生产中有"浆纱一分钟,织机一个班"的提法,浆纱工作的细小疏忽,就会给织造生产带来严重的不良后果。因此,浆纱所起的积极作用主要反映在以下几个方面:

(1) 耐磨性改善

经纱表面坚韧的浆膜使其耐磨性能得到提高。浆膜的被覆力求连续完整,以起到良好的保护作用。生产中,上浆过程所形成的轻浆疵点表示经纱表面缺乏坚韧的浆膜保护,在织机的后梁、停经片、综丝眼,特别是钢筘的剧烈作用下,纱线起毛、断头,使织造无法进行。

坚韧的浆膜要以良好的浆液浸透作为其扎实的基础,否则就像"无本之木",在外界机械作用下,纷纷脱落,起不到应有的保护作用。同时,浆膜的拉伸性能(曲线)应与纱线的拉伸性能(曲线)相似。这样,当复杂的外力作用到浆纱上时,纱线将承担外应力的大部分作用,浆膜仅承担小部分,使浆膜不至破坏,保护作用得以持久。

(2) 纱线毛羽贴伏,表面光滑

由于浆膜的黏结作用,使纱线表面的纤维游离端紧贴纱身,纱线表面光滑。在制织高密织物时,可以减少邻纱之间的纠缠和经纱断头,对于毛纱、麻纱、化纤纱及其混纺纱、无捻长丝而言,毛羽贴伏和纱身光滑则尤为重要。

(3) 纤维集束性改善,纱线断裂强度提高

由于浆液浸透在纱线内部,加强了纤维之间的黏结抱合能力,改善了纱线的物理结构性能,使经纱断裂强度得到提高,特别是织机上容易断裂的纱线薄弱点(细节、弱捻等)得到了增强,这无疑对降低织机经向断头有较大意义。在合纤长丝上浆中,改善纤维集束性还有利于减少毛丝的产生。

(4) 有良好的弹性、可弯性及断裂伸长能力

经纱经过上浆后弹性可弯性及断裂伸长有所下降。但是,上浆过程中对纱线的张力和

伸长进行了严格控制,选用的浆膜材料又具有较高弹性。另外,控制适度的上浆率和浆液对纱线的浸透程度,使纱线内部分区域的纤维仍保持相对滑移的能力。因此,上浆后浆纱良好的弹性、可弯性及断裂伸长率可得到保证。

(5) 具有合适的回潮率

合理的浆液配方使浆纱具有合适的回潮率和吸湿性。浆纱的吸湿性不可过强,过度的吸湿会引起再黏现象。烘干后的浆纱在织轴上由于过度吸湿会发生相互粘连,影响织机开口,同时,浆膜强度下降、耐磨性能降低。

(6) 获得增重效果

部分织物的坯布市销出售,往往要求一定的质量和丰满厚实的手感。这一要求有时可以通过上浆过程来达到。在不影响上浆性能的前提下,浆液中加入增重剂,如淀粉、滑石粉或某些树脂材料,可以起到一定效果。

(7) 获得部分织物后整理效果

在浆液中加入一些整理剂,如热固性助剂或树脂,经烘房加热后,使它们不易溶解,制织的织物就获得挺度、手感、光泽、悬垂性等持久的服用性能。

**2. 浆纱原理**

经纱在上浆过程中,浆液在经纱表面被覆和经纱内部浸透。经烘燥后,在经纱表面形成柔软、坚韧,富有弹性的均匀浆膜,使纱身光滑、毛羽贴伏;在纱线内部,加强了纤维之间的黏结抱合能力,改善了纱线的物理机械性能。合理的浆液被覆和浸透,能使经纱织造性能得到提高。

**3. 浆纱工程组成**

浆纱工程包括浆液调制和上浆两部分,所形成的半成品是织轴。浆液调制工作和上浆工作分别在调浆桶和浆纱机上进行。

## 二、浆料的种类与性能

用于经纱上浆的材料称为浆料,由各种浆料按一定的配方用水调制成的可流动糊状液体称为浆液。为了使浆纱获得理想的上浆效果,浆液及其成膜之后应具备以下优良性能:

① 浆液性能:化学、物理性质的均匀性和稳定性,浆液在使用过程中不易起泡、沉淀,遇酸、碱或某些金属离子时不析出絮状物;对纤维材料的亲和性及浸润性;适宜的黏度。

② 浆膜性能:对纤维材料的黏附性;强度、耐磨性、弹性、可弯性;适度的吸湿性,可溶性;防腐性。

但是,很难找到某种浆料能兼有上述各项优良性能。为此,浆液中既有作为基本材料的黏着剂,也有起辅助作用的各种助剂,以扬长避短,起到理想的综合效果。

**1. 黏着剂**

黏着剂是一种具有黏着力的材料,它是构成浆液的主体材料(除溶剂水外),浆液的上浆性能主要由它决定。黏着剂的用量很大,因此选用时除从工艺方面考虑外,还需兼顾经济、资源丰富、节约用粮、减少污染等因素。

浆纱用的黏着剂分为天然黏着剂、变性黏着剂和合成黏着剂三大类,如表 3-1 所示。

**表 3-1　浆纱用黏着剂分类表**

| 天然黏着剂 | | 变性黏着剂 | | 合成黏着剂 | |
| --- | --- | --- | --- | --- | --- |
| 植物性 | 动物性 | 纤维素衍生物 | 变性淀粉 | 乙烯类 | 丙烯酸类 |
| ①各种淀粉:小麦淀粉、玉蜀黍淀粉、米淀粉、甘薯淀粉、马铃薯淀粉、橡子淀粉、木薯淀粉<br>②海藻类:褐藻酸钠<br>③植物性胶:阿拉伯树胶、白芨粉、田仁粉、槐豆粉 | ①动物性胶:鱼胶、明胶、骨胶、皮胶<br>②甲壳质:蟹壳、虾壳等变性黏着剂 | 羧甲基纤维素(CMC)、甲基纤维素(MC)、乙基纤维素(EC)、羟乙基纤维素(HEC) | ①转化淀粉:酸化淀粉、氧化淀粉、可溶性淀粉、糊精<br>②淀粉衍生物:变联淀粉、酯化淀粉、醚化淀粉、阳离子淀粉<br>③接枝淀粉:淀粉的丙烯腈接枝共聚物,淀粉的水溶性接枝共聚物,淀粉的其他接枝共聚物 | ①聚乙烯醇(PVA)<br>②乙烯类共聚物:醋酸乙烯-丁烯酸共聚物、乙烯-马来酸共聚物、醋酸乙烯-马来酸共聚物 | 聚丙烯酸、聚丙烯酸酯、聚丙烯酰胺、丙烯酸酯类共聚物 |

**(1) 淀粉**

淀粉作为主黏着剂,在浆纱工程中的应用历史悠久。淀粉对亲水性的天然纤维有较好的黏附性,它具有良好的上浆性能,也有一定的成膜性,并且资源丰富、价格低廉,退浆废液易处理,不易造成环境污染。目前,浆纱生产中广泛使用的淀粉黏着剂一般为天然淀粉和变性淀粉。

① 天然淀粉:天然淀粉(以下简称淀粉)有很多种,纺织生产中常用的为小麦淀粉、玉米淀粉、马铃薯淀粉、米淀粉、木薯淀粉等。

a. 淀粉的一般性质:淀粉是由 α- 葡萄糖缩聚而成的高分子化合物,是一种高聚糖,分子式为 $(C_6H_{10}O_5)_n$。由于大分子的缩聚方式不同,可分为直链淀粉和支链淀粉两种结构。

直链淀粉可溶于热水,水溶液不是很黏稠,形成的浆膜具有良好的机械性能,浆膜坚韧,弹性较好。直链淀粉与碘呈蓝色络合物,可作为检测淀粉存在的方法。在一般淀粉中,直链淀粉含量为 20%~25%。美国人工培育的高直链淀粉产品,直链淀粉含量可达 70%~80%。高比率的直链淀粉制品,可形成较强韧的薄膜。

支链淀粉不溶于水,在热水中会膨胀,使浆液变得极其黏稠,所成薄膜比较脆弱。淀粉浆的黏度主要由支链淀粉形成,使纱线能吸附足够的浆液量,保证浆膜一定的厚度。

b. 淀粉浆的黏度:浆液的黏度是描述浆液流动时的内摩擦力的物理量。黏度是浆液重要的性质指标之一,它直接影响浆液对经纱的被覆和浸透能力。黏度越大,浆液越黏稠,流动性能也就越差。这时,浆液被覆能力加强,浸透能力削弱。上浆过程中,黏度应保持稳定,使上浆量和浆液对纱线的浸透与被覆程度维持不变。

在 CGS 制中,黏度的单位是"P"(泊),1 P 等于 100 cP(厘泊),20 ℃时水的黏度为 1.008 7 cP。在国际单位制中,黏度单位为"帕·秒"(Pa·s),1 P 等于 0.1 Pa·s 或 1 cP 等于 1 mPa·s。"泊"和"帕·秒"都是绝对黏度单位。

在度量分散液体的黏度时,也可以使用相对黏度值 $\eta_r$,其物理意义是分散液体的绝对黏度($\eta$)与介质的绝对黏度($\eta_0$)之比:

$$\eta_r = \frac{\eta}{\eta_0}$$

实验室中,浆液的黏度一般以乌式黏度计和旋转式黏度计测定。前者测得的是相对黏度,后者测得的是绝对黏度。在调浆和上浆的生产现场,一般使用黄铜或不锈钢制成的漏斗式黏度计。试验时,漏斗下端离浆液液面高约 10 cm,以浆液从漏斗式黏度计中漏完所需时间的秒数来衡量浆液黏度。

图 3-1 描述了几种淀粉浆液的黏度变化曲线。不同的淀粉种类,由于其支链淀粉的含量不同,黏度也不同;含量高者,黏度亦大。

据上述分析可知:为稳定上浆质量,控制浆液对经纱的被覆和浸透程度,浆液用于经纱上浆宜处于黏度稳定阶段。在淀粉浆液调制时,浆液煮沸之后必须

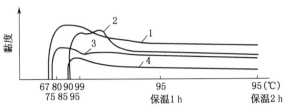

图 3-1　几种淀粉浆液的温度黏度变化曲线
1—芭芋淀粉　2—米淀粉　3—玉米淀粉　4—小麦淀粉

焖煮 30 min,待达到完全糊化之后,再放浆使用。同时,一次调制的浆液的使用时间不宜过长,玉米淀粉一般为 3～4 h。否则,在调浆和上浆装置中,由于长时间高温和搅拌剪切作用,浆液黏度会下降,从而影响上浆质量。

c. 淀粉浆的浸透性:浆液的浸透性是指浆液能够通过毛细管现象进入经纱内部的性质。未经分解剂分解作用的淀粉浆黏度很高,浸透性极差,不适宜经纱上浆使用。经分解剂分解作用后,部分支链淀粉分子链裂解,浆液黏度下降,浸透性能得以改善。

淀粉浆在低温条件下能形成凝胶的特点,是恶化浸透性的另一个因素。在浆纱机上,进入浆槽的经纱温度远远低于高温的浆液,经纱与浆液接触时,使经纱周围的浆液局部呈凝胶状态,恶化了浸透性,因此,一般天然淀粉不适宜于低温上浆。采取必要的分解、降低黏度、升高温度或添加表面活性剂等方法,都可改善淀粉浆的浸透性。

经分解剂分解后的小麦淀粉和玉米淀粉浆液浸透性均较好,适用于细特高密棉织物的经纱上浆。

d. 淀粉浆的黏附力:浆液的黏附力是作为浆液主要成分的黏着剂与经纱相互结合的性质,两者结合在一起的作用力称为黏着力。淀粉大分子中含有羟基,因此具有较强的极性。根据"相似相容"原理,它对含有相同基团或极性较强的纤维材料有高的黏附力,如棉、麻、黏胶等亲水性纤维,相反,对疏水性纤维的黏附力就很差,因此不能用于纯合纤的经纱上浆。

e. 淀粉浆的成膜性:浆液的成膜性是指水分蒸发后,浆液的黏着剂能形成连续薄膜的性质。淀粉浆的浆膜一般比较脆硬,浆膜强度大,但弹性较差,断裂伸长率较小。玉米淀粉的浆膜机械性能优于小麦淀粉,其强度较大,弹性也稍好,因此玉米淀粉上浆效果比小麦淀粉稍好。但是,玉米淀粉浆膜手感粗糙,上浆率不宜过高。

以淀粉作为主黏着剂时,浆液中要加入适量柔软剂,以增加浆膜弹性,改善浆纱手感。柔软剂的加入可增加浆膜弹性和柔韧性,但浆膜机械强度亦有所下降。为此,柔软剂加入量应适度。淀粉浆膜过分干燥时会发脆,从纱身上剥落,在气候干燥季节,车间湿度偏低时,浆液中要适当添加吸湿剂,以改善浆膜弹性,减少剥落。

② 变性淀粉:以各种天然淀粉为母体,通过化学、物理或其他方式使天然淀粉的性能发生显著变化而形成的产品称为变性淀粉。

淀粉大分子结构中的甙键及羟基决定淀粉的化学、物理性质,也是各种变性可能的内在因素。淀粉的变性技术不断发展,变性淀粉的品种也层出不穷。各种变性淀粉的变性方式及变性目的如表 3-2 所示。

表 3-2　各种变性淀粉的变性方式及变性目的

| 变性技术发展阶段 | 第一代变性淀粉——转化淀粉 | 第二代变性淀粉——淀粉衍生物 | 第三代变性淀粉——接枝淀粉 |
| --- | --- | --- | --- |
| 品　　种 | 酸解淀粉,糊精,氧化淀粉 | 交联淀粉,淀粉酶,醚化淀粉,阳离子淀粉 | 各种接枝淀粉 |
| 变性方式 | 解聚反应、氧化反应 | 引入化学基团或低分子化合物 | 接入具有一定聚合度的合成物 |
| 变性目的 | 降低聚合度和黏度,提高水分散性,增加使用浓度(高浓低黏浆) | 提高对合纤的黏附性,增加浆膜柔韧性,提高水分散性,稳定浆液浓度 | 兼有淀粉及接入合成物的优点,代替全部或大部分合成浆料 |

变性淀粉还有许多种类。与天然淀粉相比,变性淀粉在水溶性、黏度稳定性、对合成纤维的黏附性、成膜性、低温上浆适应性等方面都有不同程度的改善。应当指出,在经纱上浆中,变性淀粉的使用品种将越来越多,使用比例与使用量也会越来越大,以至完全替代聚乙烯醇浆料。变性淀粉是一种绿色浆料。

(2) 纤维素衍生物

浆纱使用的纤维素衍生物有羧甲基纤维素 CMC、羟乙基纤维素 HEC、甲基纤维素 MC 等,其中 CMC 为常用浆料。

① 水溶性:CMC 为一种高分子阴离子型电解质,具有(—COONa)基团,其亲水性、乳化性和扩散性能良好。在调浆桶中,以 1 000 r/min 的高速搅拌,即能溶解。

② 黏度:CMC 的聚合度决定了其水溶液的黏度。聚合度越低,CMC 在水中溶解的范围越宽,经纱上浆中常用的 CMC 的聚合度为 300～500,在浓度 2%、25 ℃时,它的黏度为 400～600 mPa·s。CMC 浆液的黏度随温度升高而下降;温度下降,黏度又重新回升。浆液在 80 ℃以上长时间加热,黏度会下降。CMC 浆液的黏度与 pH 值有密切关系,当浆液 pH 值偏离中性时,其黏度逐渐下降;当 pH<5 时,会析出沉淀物。为此,上浆时浆液应呈中性或微碱性。

③ 上浆性质:CMC 分子中由于极性基团的引入,使它对纤维素纤维具有良好的黏附性和亲和力。一般在纯棉细特纱和涤棉纱上浆中使用。CMC 浆液成膜后光滑、柔韧,强度也较高;但是浆膜手感过软,以至浆纱刚性较差。CMC 浆膜的吸湿性较好,当车间湿度大时,浆膜容易吸湿而发软、发黏,因此 CMC 浆料一般不作为主黏着剂使用。CMC 浆液有着良好的乳化性能,能与各种淀粉、合成浆料及助剂进行均匀混合,是一种十分优秀的混溶剂。

(3) 聚乙烯醇

聚乙烯醇,又称 PVA,是聚醋酸乙烯通过甲醇钠作用,在甲醇中进行醇解而制得的产物。

醇解产物有完全醇解型和部分醇解型等类型。前者称完全醇解 PVA,后者称部分醇解 PVA,完全醇解 PVA 的大分子侧基中只有羟基(—OH),而部分醇解 PVA 的大分子侧基中既有羟基又有醋酸根(—CH₃COO)。完全醇解 PVA 和部分醇解 PVA 的醇解度不同,完全醇解 PVA 的醇解度为 98%±1%,部分醇解 PVA 的醇解度为 88%±1%。

用于制造维纶的聚乙烯醇称纺丝级聚乙烯醇,其醇解度在 99.8% 以上。浆料级聚乙烯醇的醇解度为 87%～99%,聚合度为 500～2 000。但是,目前受 PVA 生产的限制,浆纱中使用的部分醇解 PVA 的聚合度为 500～1 200,完全醇解 PVA 的聚合度为 1 700,如完全醇解 PVA1799 的聚合度为 1 700,醇解度为 99%。

① PVA 的一般性质:PVA 为无味、无臭、白色或淡黄色颗粒,成品有粉末状、片状或絮状,密度为 1.21~1.34 g/cm³。

② PVA 的上浆性能:

a. 水溶性:完全醇解 PVA 分子中含有较多羟基,但大分子之间通过羟基已形成较强的氢键缔合,以致对水分子的结合能力很弱,水溶性很差,在 65~75 ℃热水中不溶解,仅能吸湿及少量膨胀;在沸水中和高速搅拌(1 000 r/min)的作用下,部分氢键被拆散,"游离"羟基数增加,水溶性提高,经长时间(1~2 h)后充分溶解。部分醇解 PVA 的分子中有适量的醋酸根基团,醋酸根基团占有较大的空间体积,使羟基之间的氢键缔合力削弱,在热水中能被拆散,表现为良好的水溶性,在 40~50 ℃温度中溶解,经保温搅拌能完全溶解。

b. 黏度:PVA 浆液的黏度和浓度关系在定温条件下近似成正比;在定浓条件下,黏度和温度关系近似成反比。浆液黏度还与 PVA 醇解度有密切联系,图 3-2 所示为两者的关系曲线。曲线表明:当醇解度为 87% 时,PVA 溶解的黏度最小。

完全醇解 PVA 的溶液黏度随时间延长逐渐上升,最终可成凝胶状。部分醇解 PVA 的溶液黏度则比较稳定,时间延长变化很小。PVA 的黏度还与聚合度有关,聚合度越高,黏度越大。PVA 浆液在弱酸、弱碱中,黏度比较稳定;在强酸中则水解,黏度下降。

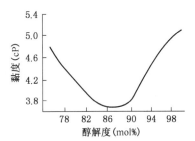

图 3-2  醇解度与黏度关系(浓度 4%、温度 25 ℃)

c. 黏附性:不同醇解度的 PVA 浆液对不同纤维的黏附性存在差异。完全醇解 PVA 对亲水性纤维具有良好的黏附性及亲和力,但对疏水性纤维的黏附性差,尤其对疏水性强的涤纶纤维;由于大分子中疏水性醋酸根的作用,部分醇解 PVA 对疏水性纤维具有较好的黏附性(图 3-3)。

d. 成膜性:PVA 浆膜的弹性好,强力高,断裂伸长率大,耐磨性好,其断裂强力和耐屈曲性能均优于原淀粉、变

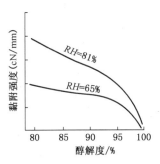

图 3-3  PVA 对聚酯薄膜的黏附强度

性淀粉、CMC 等浆料。由于大分子中羟基的作用,PVA 浆膜具有一定的吸湿性能,在相对湿度为 65% 以上的空气中能吸收水分,使浆膜柔韧,利于充分发挥其优良的力学机械性能。CMC、PVA 和淀粉的浆膜性能见表 3-3。

表 3-3  不同黏着剂的浆膜性能

| 黏着剂 | 断裂强力(cN) | 急缓弹性伸长率/% | 耐屈曲性(次) | 吸湿率/% |
|---|---|---|---|---|
| CMC | 713 | 28.5 | 1 151 | 25.5 |
| PVA | 645 | 93.0 | 10 000 以上 | 16.15 |
| 玉米淀粉 | 817 | 4.9 | 345 | — |
| 小麦淀粉 | — | — | 188 | 20.1 |

e. 混溶性:聚乙烯醇浆料具有良好的混溶性,在与其他浆料(如合成浆料等)混用时,能

均匀地混合,混合液比较稳定,不易发生分层脱混现象。但与等量的天然淀粉混合时很易分层,使用时应十分注意。

f. 其他性能:由于聚乙烯醇具有良好的黏附性和力学机械性能,因此是理想的被覆材料。但是,采用PVA浆料时,浆纱分纱性较差,在干浆纱分绞时分纱阻力大,浆膜容易撕裂,致使毛羽增加。为此,在PVA浆液中往往混入部分浆膜强度较低的黏着剂(如CMC、玉米00淀粉、变性淀粉等),以改善干浆纱时的分纱性能。

g. 选用原则:

• 聚合度的选择:作浆料用的PVA,最高聚合度以1 700为宜。对短纤纱上浆,要求浆液既能浸透到纱线内部,使纤维间黏合在一起而增强抱合力,又能形成完整的浆膜而被覆于纱的表面,以贴伏毛羽、承受摩擦,宜用高聚合度(1 700)的PVA浆料。对长丝上浆,则要求浆液能浸入单纤维之间而将它们黏合,故需要浸透性好、集束性强的浆料,一般使用低聚合度(300~500)的PVA浆料。

• 醇解度的选择:对亲水性强的棉、麻、黏胶等纤维,宜选用含有较多烃基的完全醇解PVA浆料,它们之间的亲和力和黏附力大;对疏水性强的涤纶、锦纶或醋酯纤维,则宜用部分醇解PVA浆料。

③ 变性聚乙烯醇:聚乙烯醇调浆时浆液易起泡、浆液易结皮、浆膜分纱性差,是其主要缺点。为克服这些缺点,可以对聚乙烯醇进行变性处理。比较成熟的变性方法有PVA丙烯酸酰胺共聚变性、PVA内酯化变性、PVA磺化变性及PVA接枝变性。变性聚乙烯醇浆料在40~50 ℃温水中保温搅拌1 h可溶,溶液均匀,与其他黏着剂的混溶性强,浆液不会结皮,在调制和上浆过程中不易起泡。变性聚乙烯醇浆料适宜于低温(85 ℃以下)上浆,并且黏度稳定,其浆膜的机械强度减小,浆膜完整、光滑,分纱性良好,而且退浆方便。

(4) 丙烯酸类浆料

① 聚丙烯酸甲酯:聚丙烯酸甲酯简称PMA,属丙烯酸酯类浆料,工厂中简称"甲酯浆"。它由丙烯酸甲酯(85%)、丙烯酸(8%)、丙烯腈(7%)共聚而成。浆料为总固体率约14%的乳白色黏稠胶体,带有大蒜气味,pH值约为7.5~8.5。聚丙烯酸甲酯可与任何比例的水相互混溶,水溶液黏度随温度升高而有所下降,恒温条件下黏度比较稳定。由于聚丙烯酸甲酯大分子中含大量酯基,所以对疏水性合成纤维(特别是聚酯纤维)具有良好的黏附性。浆液成膜后光滑、柔软、延展性强,但强度低、弹性差(急弹性变形小,永久变形大),具有"柔而不坚"的特点。由于浆膜吸湿性强,玻璃化温度低,表现出较强的再黏性。

聚丙烯酸甲酯一般只作为辅助黏着剂使用。在涤/棉纱上浆中,与PVA浆料混用,可提高混合浆对涤纶纤维的亲和力,改善PVA浆膜的分纱性能,使浆膜光滑、完整。

② 丙烯酸酯类共聚物:丙烯酸酯类共聚物常用于合纤(涤纶、锦纶)长丝上浆。它由丙烯酸甲酯、乙酯或丁酯、丙烯酯或丙烯酸盐等丙烯酸类单体多元共聚而成。共聚物发挥了各单体的优势,对疏水性合成纤维具有优异的黏附性,浆膜柔软、光滑,浆液黏度稳定,并有一定的抗静电性能。由于水溶性良好,因此调浆简单,退浆方便。

用于涤纶长丝上浆的普通聚丙烯酸酯浆料一般为丙烯酸、丙烯酸甲酯、丙烯酸乙酯(或丁酯)的三元共聚物,浆膜存在再黏性大、强度低、手感过软的缺点。经改进后的聚丙烯酸酯中加入了丙烯腈,为四元共聚物,浆膜硬度提高、强度增大、吸湿再黏性下降,对合成纤维的黏附能力也进一步加强,改进前后的浆料性能对比见表3-4。

表 3-4　丙烯酸酯浆料改性前后性能对比

| 项　目 | | 普通丙烯酸酯浆 | GM-B 改性丙烯酸酯浆 | GM-C 改性丙烯酸酯浆 |
|---|---|---|---|---|
| 单体聚合形式 | | 三元溶剂共聚 | 四元溶剂共聚 | 四元乳液共聚 |
| 浆丝抱合力（平磨次数） | 涤纶低弹丝 | 150 | 600 | 1 400 |
| | 涤纶普通丝 | 25 | 40 | 45 |
| 浆膜性能 | 断裂强度（N/cm²) | 274 | 441 | 975 |
| | 断裂伸长率/% | 700 | 500 | 475 |
| | 浆膜硬度（肖氏度） | 40 | 70 | 75 |
| | $RH$ 为 85% 时浆膜吸湿/% | 19.9 | 12.6 | 12.3 |
| 吸湿再黏程度/% | | 58 | 30 | 10 |
| 黏并后分层剥离力（cN/cm) | | 900 | 500 | 380 |

注：三种浆液的浓度均为 6%。

用于喷水织机疏水性合纤长丝织造的浆料分为两大类：聚丙烯酸盐类和水分散型聚丙烯酸酯类。聚丙烯酸盐类浆料是指丙烯酸及其酯在引发剂的引发下聚合，并用氨水增稠而生成的铵盐。浆料中含有极性基（—COONH₄)，使浆料具有水溶性，从而满足调浆的需要。烘燥时铵盐分解放出氨气，成为含有（—COOH）基团的吸湿性低的浆料，使浆膜在织造时具有耐水性，符合喷水织造的要求。织物退浆时用碱液煮练，使浆料变成具有水溶性基团的聚丙烯酸钠盐，从而达到退浆目的。

多数聚丙烯酸铵盐浆料使用时不能与阳离子助剂和强酸相混，否则会生成沉淀。这类浆料的主要特点：一是对疏水性纤维的黏附力较弱；二是具有氨臭味；三是浓度低，不利于运输和储存；四是烘燥时脱氨不完全，会影响浆膜的耐水性等。

近年来开发的水分散型聚丙烯酸酯乳液以丙烯酸、丙烯酸丁酯、甲基丙烯酸甲酯、醋酸乙烯酯单体为原料，用乳液聚合法共聚而成。该浆料对疏水性纤维有良好的黏附力，烘燥时随水分子的逸出，乳胶粒子相互融合，形成具有耐水性的连续浆膜，其耐水性优于聚丙烯酸盐类浆料，织物退浆亦用碱液煮练。

③ 聚丙烯酰胺：聚丙烯酰胺由丙烯酰胺单体聚合而成，分完全水解型（PAAm）和部分水解型（PHP）两种。用于上浆的聚丙烯酰胺为无色透明胶状体，总固体率为 8%～10%。

聚丙烯酰胺浆液的黏度较大，具有低浓高黏特点，能与淀粉和各种合成浆料良好混溶。浆液黏度随浓度上升而增加，随温度上升而减小。浆液在碱作用下发生水解，与钙、镁离子相遇发生沉淀。由于大分子中酰胺基的作用，聚丙烯酰胺适宜于腈纶、锦纶、棉、毛、涤/棉纱上浆。其浆膜的机械强度大，与 PVA 相近，但弹性、柔软性、耐磨性较差；浆膜吸湿性强，吸湿后产生再黏现象，浆膜发软。因此，聚丙烯酰胺一般不单独用于经纱上浆。

(5) 共聚浆料

随着纤维生产和织造技术的不断发展，由单一均聚物组成的黏着剂，即使在各种助剂的配合下，也很难满足上浆要求。为此，可采用混合浆料上浆，以综合各黏着剂的优点。譬如，涤/棉纱上浆时，可以使用聚乙烯醇和淀粉混合浆料，如加入适量聚丙烯酸甲酯、羧甲基纤维素钠盐，则效果更好。混合浆的使用，使浆料上浆性能得到提高，同时也带来浆料调制不便、质量容易波动等弊病。部分黏着剂之间混溶性差，容易分层脱混，影响上浆的均匀程度。

近年来，各种共聚浆料应运而生，既满足了各种纤维、织物的严格上浆要求，又简化了调

机织工艺

浆操作。共聚浆料是根据实际的上浆要求,由两种或两种以上的单体以适当比例共聚而成。前面介绍的丙烯酸酯浆料就是以几种各具特色的丙烯酸类单体聚合而成的共聚浆料。此外,还有丙烯酰胺和醋酸乙烯酯的共聚浆料(用于纯棉、黏胶、涤/棉混纺纱)、马来酸酐与苯乙烯的共聚浆料(用于醋酸长丝)等。

（6）聚酯浆料

聚酯浆料由对苯二甲酸与二元醇及其他有机化合物共聚而成,浆料中含有—$NH_2$、—$OH$、—$COO^-$等基团,浆膜柔软光滑、韧性大、抗拉强度高、吸湿性能好,对涤/棉纱、纯棉纱有良好的黏附性能,根据有关材料介绍,能部分替代或完全替代PVA浆料,可减少后处理时产生的污染,如KD浆料等。

（7）其他浆料

① 组合浆料:也称即有浆料,是浆料生产厂按通常品种织物的上浆要求,为纺织厂配制好的混合浆料。使用时只要按所需浓度调成浆液即可。目前国内生产的或国外进口的组合浆料,实质是多种成分的物理混合,其性能和适用范围都有一定的局限性。

② 水分散性聚酯:以制造涤纶的单体为原料,再以可被水溶或被水分散的第三单体(如苯二甲酸磺酸盐)共聚而得的高分子物,它对涤纶有很好的黏附性,但存在吸湿再黏的问题。

③ 经纱处理剂:也称冷"上浆剂",这类表面处理剂是具有较强黏附力的、低熔点(50～75 ℃)的高分子材料,当前使用的主要是氧化乙烯的各种形式的缩合物,用于毛纱上浆,需要在整经机上加一套简单的类似于上浆机构的装置。

④ 液态$CO_2$上浆法:以液态$CO_2$作为分散介质的分散浆料。吸浆后,液态$CO_2$很易挥发成气体,从而可达到节能的目的,并显著减少退浆的环保问题。

**2. 助剂**

助剂是用于改善黏着剂某些性能上的不足,使浆液获得优良的综合性能的辅助材料。助剂种类很多,但用量一般较少。选用时要考虑其相溶性和方便调浆操作等因素。

（1）分解剂

淀粉的分解剂有酸性、碱性和氧化分解剂三类。

图3-4所示为小麦淀粉加入及不加碱性分解剂(硅酸钠)的黏度变化曲线。曲线反映了淀粉分解剂能使淀粉大分子水解,降低大分子的聚合度和黏度,使浆液达到适于经纱上浆的良好流动性和均匀性;降低淀粉的糊化温度,缩短淀粉浆液达到完全糊化状态所需的时间,从而缩短浆液调制时间。

① 碱性分解剂:碱在高温及氧存在的条件下可使淀粉大分子裂解,黏度下降,起到分解作用。使用碱分解剂时,操作比较方便,分解作用缓和,有利于黏度稳定。常用的碱性分解剂有硅酸钠和氢氧化钠。硅酸钠

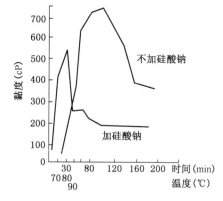

图3-4　小麦淀粉加分解剂硅酸钠
　　　的黏度变化曲线

的用量一般为淀粉质量的$4\%～8\%$,氢氧化钠的用量为淀粉质量的$0.5\%～1\%$。

② 酸性分解剂和氧化分解剂:酸性分解剂和氧化分解剂一般用于天然淀粉的变性加工,产品为酸解淀粉和氧化淀粉。淀粉的大分子遇酸后迅速发生水解反应,淀粉的聚合度减小,淀粉浆液黏度下降,渗透性增大。纺织厂应用的酸性分解剂有盐酸(用量为淀粉质量的

0.2%～0.3%)、硫酸(用量为淀粉质量的 0.4%～0.5%)等。

氧化分解剂使淀粉中的羟基氧化成羧基,浆液的黏度下降,淀粉对水和纤维的亲和力增加。氧化分解剂有氯胺 T(用量为淀粉质量的 0.4%～0.5%)、次氯酸钠(有效氯质量为淀粉质量的 0.5%～1.2%)、漂白粉(有效氯质量为淀粉质量的 0.12%)。

③ 生物酶分解剂:生物酶分解剂是应用酶在一定温度范围内与淀粉发生反应,使淀粉大分子 1-4 甙键断裂,淀粉降解,黏度降低,常在淀粉调浆时加入生物酶分解剂,目前应用较多的生物酶分解剂为 DDF,其用量为淀粉的 5%。

(2) 浸透剂

浸透剂即润湿剂,是一种以润湿浸透为主的表面活性剂。经纱通过浆槽时,浆液向经纱内部的浸透扩散程度与浆液的表面张力有关。表面张力越小,浸透扩散能力越强。在浆液中加入少量浸透剂的作用是使浆液表面张力降低,增加浆液与经纱界面的活性,改善浆液的浸透润湿能力。

用于经纱上浆的浸透剂一般分为阴离子型和非离子型表面活性剂。在中性及弱碱性浆液中使用阴离子型表面活性剂,在酸性浆液中宜采用非离子型表面活性剂。

浸透剂一般用于疏水性合成纤维的上浆,也可用于细线密度、高捻棉纤维或棉精梳纱的上浆,以加强浸透上浆的效果,其用量为黏着剂的 1% 以下。

(3) 柔软剂

柔软剂的作用是减小浆膜大分子之间的结合力,增加浆膜的可塑性,同时可提高浆膜表面的平滑程度。在以淀粉为主体的浆液中加入适量柔软剂,可以克服浆膜粗糙、脆硬的缺点。

应当指出:柔软剂对浆膜的机械强度有不良影响,随着浆膜大分子之间的结合力削弱,浆膜机械强度下降。因此,柔软剂的加入量不宜过多。动物油脂的用量为淀粉量的 2%～6%,植物油脂的用量为淀粉的 3%～8%。

化学合成浆料的浆膜柔韧性一般较好,浆液调合时可以不加柔软剂。但是,生产中为减少浆膜对烘燥部件的粘贴,抑制浆液起泡,减少浆液结皮,有时亦加入少量柔软剂,用量一般为合成黏着剂的 2% 以下。

用于浆纱的柔软剂有各种油脂:牛油、猪油、羊油、棉籽油、椰子油、浆纱用油脂以及经乳化处理的浆纱膏等。

用作柔软剂的还有部分以柔软润滑作用为主的表面活性剂,这些表面活性剂也有润湿分散作用。如柔软剂 SG(用于合纤上浆)、柔软剂 101、TS-40(用于合纤、黏胶纤维上浆),用量为黏着剂量的 1%～2%;柔软剂 KS-57(用于各类短纤维上浆),用量为黏着剂量的 5%～10%。

(4) 抗静电剂

疏水性合成纤维吸湿性差,是不良电导体。在浆纱和织造过程中容易形成静电积聚,以至纱线毛茸耸立,在开口运动时与相邻经纱互相缠连,影响织造顺利进行。为克服这一缺点,在浆液中加入少量以消除静电为主的表面活性剂,不仅能起到良好的抗静电效果,而且还能使浆膜表面平滑。作为抗静电剂的表面活性剂有离子型和吸湿型两种,离子型的抗静电性能比吸湿型的抗静电性能优良,如抗静电剂 SFNY、静电消除剂 SN 等。

(5) 润滑剂

润滑剂的作用是使浆纱表面润滑,以减小表面摩擦系数,提高浆纱的耐磨性能,同时能起到减少静电的作用。这对于合成纤维和细线密度高密织物的经纱上浆尤为重要。

常用的润滑剂主要有蜡液和蜡辊。对烘燥后的浆纱进行后上蜡，可以使浆膜表面润滑光洁，并且不影响浆膜的原有性能。

固体蜡辊由石蜡（30％）、蜂蜡（50％）、硬脂酸（20％）混熔制成，上蜡率为 0.1％左右。热熔性蜡由石蜡（60％）、硬脂酸（10％）、乳百灵等表面活性剂（30％）组成，上蜡率为 0.2％～0.4％。水溶性蜡由醚型非离子表面活性剂（20％）、酯型非离子表面活性剂（80％）组成，上蜡率为 0.2％～0.4％，这种蜡膜在印染加工时容易退净，因此用量可以提高。

(6) 防腐剂

浆料中的淀粉、油脂、蛋白质等都是微生物的营养剂。坯布长期储存过程中，在一定的温度、湿度条件下容易长霉菌。在浆料配方中加入一定量的防腐剂，可以抑制霉菌的生长，防止坯布储存过程中的霉变。

浆纱常用防腐剂有 2-萘酚与 NL-4 防腐剂。在碱性浆液中，2-萘酚的用量一般为黏着剂质量的 0.2％～0.4％，酸性浆中为 0.15％～0.3％。NL-4 防腐剂的主要成分为二羟基二氯二苯基甲烷，又称双氯酚，简称 DDM，具有较强的杀菌能力，用量同 2-萘酚。

(7) 吸湿剂

吸湿剂的作用是提高浆膜的吸湿能力，使浆膜的弹性、柔性得到改善。合成浆料的浆膜一般具有良好的弹性和柔性，因此浆料配方中不必使用吸湿剂。淀粉浆膜的缺点是脆硬，过于干燥时会脆裂、落浆。在冬季干燥的气候条件下，当淀粉上浆率较高时，可以考虑在浆液中加入适量的吸湿剂，以减少织造过程中经纱的脆断现象。

常用的吸湿剂是甘油，甘油是无色透明且略带甜味的黏稠液体。甘油的使用量一般为淀粉质量的 1％～2％。此外，具有大量亲水性基团的表面活性剂也可作为吸湿剂使用。

(8) 消泡剂

浆液起泡不仅给浆纱操作带来不便，而且会引起上浆量不足和不匀，影响浆纱质量。产生浆液起泡的原因很多，如 PVA 浆的使用、调浆的水质、淀粉浆料的质量等。黏度大的浆液中，"泡沫寿命"也长，一旦产生泡沫之后，就难以自然消除。

当浆液中泡沫生成之后，分批加入少量油脂类柔软剂，可以作为消泡剂降低气泡沫的强度和韧度，使气泡破裂。常用的有松节油、辛醇、硅油、可溶性蜡等。

(9) 溶剂

调浆通常以水作溶剂，一般洁净的地下水、自来水是常用调浆水。

根据水中钙、镁盐类含量的多少，将水分为硬水和软水，以水的硬度来衡量。我国水的硬度表示方法为：1 L 水中含有相当于 10 mg 的氧化钙盐的硬度称为 1 度。8 度以下称为软水，8 度以上称为硬水。

调浆用水以中等硬度的水为宜。用软水调浆时，浆液易起泡沫，特别是当有表面活性剂类辅助浆料存在时，起泡现象更为严重。而硬水中的盐类会与浆料配方中某些成分生成不溶性盐，这些盐类物质会在浆纱上形成"锈斑"，退浆工序中难以消除，导致印染疵点。

**3. 浆料的质量指标**

为保证浆纱质量稳定，浆料的质量必须符合上浆要求。纺织厂应对每批浆料的物理、化学性质进行抽样检查，严格规定保管制度，控制使用期限。目前，抽样检查时所进行的都是常规检验项目,如淀粉的含水、色泽、细度、黏度、蛋白质、酸值、灰份、斑点等。随着各种新型合成黏着剂、变性黏着剂、助剂的不断开发及应用,检验项目也将逐步扩充,如浆料官能团的鉴别、混合浆的分析等。

随着科学技术的发展,近代有机分析手段已能基本满足浆料质量检验工作的需要。譬如在 Fourier 红外吸收光谱仪上,利用化合物中每一种官能团在各种振动方式上都有一定自振频率的特点。根据红外光照射该化合物时,红外光中某一频率与官能团的一种自振频率相同,将发生共振。该频率红外光将被吸收的原理,由红外吸收光谱图可以迅速、准确地进行各种官能团的定性及定量分析。在气相色谱仪上,混合浆料的各种组分被瞬时汽化分离,并进行色谱分析,最后由电子计算机打印出混合浆料成分的定性或定量的分析结果。

## 三、浆料选用

随着上浆要求的不断提高,经纱上浆通常使用由几种黏着剂组成的混合浆料或共聚浆料。因此,在纺织厂的浆液调制及浆料加工厂的浆料生产中,都需要对浆液(包括浆料)配方进行设计。浆液配方的设计工作也就是正确选择浆料组分,合理制定浆料配比的工作。确定浆液配方应遵循两个原则:

① 浆料配合的种类不宜过多:各种物质的相容性总是有差异的,使用多种组分的配合,对上浆均匀性有害无益。而且某些用量甚小的组分,其作用是否能够发挥,也值得探讨。

② 各组分之间不发生化学反应:一般来说,配方中所选用的浆料,要求它们都能发挥各自的特性,因此,浆料各组分之间应该是物理的混合过程。从浆料的实际应用及发展趋势来看,浆料组分在减少,目前出现的组合浆料,实质上是混合浆料。

### (一)确定浆液配方的依据

#### 1. 根据纱线的纤维材料选择主浆料

为避免织造时浆膜脱落,所选用的黏着剂大分子应对纤维具有良好的黏附性和亲和力。从黏附双方的相容性来看,双方应具有相同的基团或相似的极性。根据这一原则确定黏着剂之后,部分助剂也随之而定。几种纤维和黏着剂的化学结构特点如表 3-5 所示。

表 3-5　几种纤维和黏着剂的化学结构特点对照表

| 浆料名称 | 结构特点 | 纤维名称 | 结构特点 |
|---|---|---|---|
| 淀粉 | 羟基 | 棉纤维 | 羟基 |
| 氧化淀粉 | 羟基,羧基 | 黏胶纤维 | 羟基 |
| 褐藻酸钠 | 羟基,羧基 | 醋酯纤维 | 羟基,酯基 |
| CMC | 羟基,羧甲基 | 涤纶 | 酯基 |
| 完全醇解 PVA | 羟基 | 锦纶 | 酰胺基 |
| 部分醇解 PVA | 羟基,酯基 | 维纶 | 羟基 |
| 聚丙烯酸酯 | 酯基,羧基 | 腈纶 | 腈基,酯基 |
| 聚丙烯酰胺 | 酰胺基 | 羊毛 | 酰胺基 |
| 动物胶 | 酰胺基 | 蚕丝 | 酰胺基 |

机织工艺

在棉、麻、黏胶纱上浆时,显然可以采用淀粉、完全醇解 PVA、CMC 等黏着剂,因为它们的大分子中都有羟基,从而相互之间具有良好的相容性和亲和力。以淀粉作为主黏着剂使用时,浆液中要加入适量的分解剂(针对天然淀粉)、柔软剂和防腐剂,当气候干燥和上浆率高时,还可以加入少量吸湿剂。

麻纱的表面毛羽耸立,使用以被覆上浆为特点的交联淀粉或 CMC、PVA、淀粉组成的混合浆料,可以获得较好的上浆效果。

涤/棉纱的上浆浆料一般为混合浆料。混合浆料中包含了分别对亲水性纤维(棉)和疏水性纤维(涤纶)具有良好亲和力的完全醇解 PVA、CMC 和聚丙烯酸甲酯。采用单一黏着剂——部分醇解 PVA 理论上同样可行,因为部分醇解 PVA 中既有亲水性的羟基,又有疏水性的酯基,对涤/棉纱具有较强的黏附性能,但是在实际使用中考虑到价格因素,很少单一使用。

以天然淀粉或变性淀粉代替混合浆中部分 PVA 浆料,用于涤/棉纱上浆,不仅能降低上浆成本,而且还可改善浆膜分纱性能。为提高混合浆中各黏着剂的均匀混合程度,可以在配方中适当增加具有良好混溶性能的 CMC 含量,但用量不宜过多。

对烘燥后的浆纱进行后上蜡,蜡液中加入润滑剂和抗静电剂,以提高浆膜的平滑性和抗静电性能,使涤棉纱纱身光滑、毛羽贴伏。

羊毛、蚕丝、锦纶丝分子中都含有酰胺基,因此以带有酰胺基的动物胶和聚丙烯酰胺作为黏着剂就比较适宜。使用动物胶时,要针对动物胶浆膜的特点,在浆料配方中加入柔软剂和防腐剂。聚丙烯酰胺的吸湿性大,不宜单独使用,可作为黏着剂中一个组分使用。以聚丙烯酰胺上浆的羊毛坯呢长期放置容易产生霉变,因此配方中应加入防腐剂。

醋酯长丝和涤纶长丝分子中都有酯基,使用含有酯基的部分醇解 PVA、聚丙烯酸酯浆料,能满足长丝上浆所提出的浸透良好、抱合力强、浆膜坚韧的要求,浆料配方中可以酌情加入润滑剂、浸透剂和抗静电剂。

动物胶对醋酯丝、黏胶丝具有良好的黏附性,锦纶、羊毛、蚕丝与淀粉、PVA、CMC 等黏着剂之间存在较大的亲和力,正是因为黏附双方符合了极性相似的条件。

上浆的目的是提高纱线可织性,使经纱顺利通过经纬交织加工,在后道印染整理时,一般要求纱线中的浆料容易被清除。为此,各种黏着剂和纤维之间通常是键合相对较弱的氢键、分子间键、机械键(形态键)等键合连接,而不应当存在稳定的化学键结合,以免影响退浆。

**2. 根据纱线的线密度和品质选择浆料**

细线密度纱具有表面光洁、强力偏低的特点,上浆的重点是浸透增强并兼顾被覆。因此,纱线上浆率比较高,黏着剂可以考虑选用上浆性能比较优秀的合成浆料和变性淀粉,浆料配方中应加入适量浸透剂。

粗线密度纱的强力高,表面毛羽多,上浆时以被覆为主,兼顾浸透,上浆率一般较低。浆料的选择应尽量使纱线毛羽贴伏,表面平滑。纯棉纱一般以淀粉浆为主。

对于捻度较大的纱线,由于其吸浆能力较差,浆料配方中可加入适量的浸透剂,以增加浆液流动能力,改善经纱的浆液浸透程度。

股线一般不需要上浆。有时,因工艺流程需要,股线在浆纱机上进行并轴加工。为稳定捻度,使纱线表面毛羽贴伏,在并轴的同时,可以给股线上轻浆或过水。

**3. 根据织物结构选择浆料**

高密织物或交织次数多的织物,由于单位长度纱线所受到的机械作用次数多,因此,经纱的上浆率应高一些,耐磨性、抗屈曲性应好一些。例如,同为平纹织物,13 tex×13 tex 的涤/棉细布和府绸,因经纬紧度不同,细布用 PVA 与变性淀粉混合浆上浆就能满足要求,而府绸需用 PVA 与变性淀粉和聚丙烯酸酯混合浆,才能达到满意的织造效率。

织物组织可反映经纬交织点的多少,平纹织物的经纬纱交织点最多,经纱运动及受摩擦次数最多,因此,对上浆的要求比斜纹、缎纹组织高。

### 4. 根据加工条件选择浆料

浆料配方应随气候条件及车间相对湿度做相应的变动。北方地区在浆液配方中,常使用甘油作吸湿剂,使浆膜柔软,但在潮湿季节应停止使用,以防浆纱的黏并,而南方地区就没有必要使用甘油。

织造车间温湿度条件会直接影响浆料的实际使用,当车间相对湿度较低时,在使用淀粉或动物胶作为主黏着剂的浆料配方中,应加入适量吸湿剂,以免浆膜因脆硬而失去弹性。

### 5. 根据织物用途选择浆料

浆料的选择与配合还必须考虑织物的后处理与用途,部分需特殊后整理加工的织物,在不影响浆液性能的前提下,其经纱上浆所用的浆料配方中可直接加入整理助剂。这些助剂除赋予织物特殊的使用功能外,还可以作为一种浆用成分,提高经纱的可织性。

为增强市销坯布手感厚实、色泽悦目的效果,在浆料配方中可加入适量的增重剂和增白剂。

需长期储存或运输的坯布,浆液中应添加防腐剂。若立即供应染整厂进行后整理的坯布,可不要或少用防腐剂。防腐剂的使用量也随气温湿度条件而异。

### 6. 根据浆料性质选择浆料

浆料品质及结构特点是选择浆料的关键因素。应当注意,浆料的各种组分(黏着剂、助剂)之间不应相互影响,更不能发生化学反应。否则,上浆时它们不可能发挥各自的上浆特性。例如,黏着剂受不同酸碱度影响会发生黏度变化,甚至沉淀析出;离子型表面活性剂与带非同类离子的浆用材料共同使用会失去应有的效能。

### (二) 几种主要浆料的配合要求

#### 1. 淀粉

天然淀粉是非水溶性聚合物,在水中糊化成浆时,以破碎粒子状或碎片状悬浮于水中,黏度高,流动性差,质量波动大。天然淀粉一般需经过分解后才能用于上浆。因此,天然淀粉浆中常需加入分解剂,目前纺织厂主要使用变性淀粉,应注意碱的使用和 pH 值的控制,特别是淀粉酯和接枝淀粉浆料,碱会显著破坏它们变性后的特性。

淀粉大分子的主链是六环糖,大分子链柔顺性低,浆膜粗糙、脆硬,一般需配用油脂类的柔软剂,用量宜为 2%～8%。若用于天然纤维上浆,由于淀粉本身易发霉,常需配以防腐剂,用量一般为 0.2%～0.4%。变性淀粉或淀粉衍生物,不需添加分解剂,只需配用适量柔软剂及防腐剂,油脂用量也可比天然淀粉低一些。

#### 2. 聚乙烯醇 (PVA)

对一般天然纤维纱,PVA 可单独上浆,不需加其他助剂。对低特高密织物,油脂用量不宜超过 2%。

PVA 与淀粉的混溶性差,易分层,尤其是完全醇解 PVA。在这种混合浆中,常需加入少量 CMC,以增加它们的相混能力。同样原因,PVA 与聚丙烯酸酯浆料混用时,有时也需加入少量 CMC。

PVA 的成膜性好而黏附力一般,用纯 PVA 上浆时,毛羽反而比原纱多,浆纱在浆纱机上出烘燥区的分纱辊处有严重的劈纱现象。在使用以 PVA 为主体的浆液上浆时,应注意这种现象。PVA 一般与变性淀粉混合使用,可改善浆膜的分纱性能。

PVA 可用于短纤维纱或长丝等各种纤维的上浆,但对疏水性强的涤纶、丙纶等合成纤维,黏附力较弱,有时需混用丙烯酸酯浆料。

从 PVA 浆料本身来说,不必添加防腐剂、吸湿剂等辅助材料。

**3. 丙烯酸类浆料**

这类浆料的大分子主链是碳-碳单键,侧基的极性较弱,大分子柔顺性好,浆膜柔软,吸湿性强,浆纱易发软、发黏。对于短纤上浆,丙烯酸类浆料不能单独使用,主要与淀粉或 PVA 混合使用,辅助材料尽量不用或少用。对涤纶长丝,可用丙烯酸酯的共聚物作为浆料,可单独使用或与 PVA 混用,或加少量油剂。

**4. 纤维素衍生物**

CMC 虽然可单独用于黏胶纤维纱或中、高线密度棉纱的上浆,但其黏附性较差,浆纱手感太软,价格较高,单独上浆已不多见。在 CMC 浆料中,需配用少量油脂作为柔软剂。为防止发霉,应配用少量防腐剂。

**(三)浆料在配合使用时应注意的问题**

① 各组分之间应能充分混合,没有上浮物,也不应有沉淀物,一桶浆在使用 4～8 h 内应不分层。

② 淀粉、CMC 浆液的 pH 值应大于 7,若呈酸性,会使大分子水解断裂,黏度下降,从而恶化浆液质量。

③ PVA 或丙烯酸类浆液不宜在碱性条件下使用。碱性条件会使部分醇解 PVA 或丙烯酸类浆料发生不可逆的水解反应,也会使完全醇解 PVA 生成醇化物,恶化 PVA 的上浆性能。

④ 在浆液配方中,应尽量避免使用含有二价金属或重金属盐类的辅助材料,也应尽量避免使用硬水。这些盐类会使 CMC 的溶解性恶化和析出沉淀。若浆液中加入乳化油或皂化油,这些盐类会破坏乳化或皂化的结构,生成不溶性金属盐,造成浆斑等疵点。

⑤ 浆液中若有离子型物质,应尽量采用带有同类离子的材料。阴离子型材料与阳离子型材料不能一起应用,否则会发生化学反应,达不到所期望的性能。

## 四、浆液配方工艺实例

### (一)纯棉、涤/棉纱的浆液配方

纯棉纱一般采用淀粉浆,上浆成本低,上浆效果较好,对环境的污染少。细特高密品种(如纯棉府绸、纯棉防羽绒布等)上浆时,为提高经纱可织性,也经常采用以淀粉为主的混合浆或纯化学浆,化学浆的上浆率比淀粉浆稍低。对于上浆率较高的淀粉浆配方,要适当增加柔软剂的用量,防止浆膜脆硬。对于特细纱,由于单强低,纱体纤维排列紧密,纱体内空间较小,上浆时纱线吸浆率小,不容易上浆,因此需选用高浓低黏浆;对密度高、总经根数多的织物,上浆时覆盖系数大,容易造成上浆不均匀,应选用浆膜性能优良且具有较高的强度、柔软性和吸湿性的高浓低黏浆料,对纤维的黏附性能良好,使纱线毛羽贴伏。

涤/棉纱上浆可以使用以 PVA 为主的化学浆或纯 PVA 浆。近年来,淀粉变性技术发展很快,各种性能优良的变性淀粉不断地成功开发,已部分取代 PVA、PMA、聚丙烯酰胺等合成浆料及 CMC,用于涤/棉品种上浆。

### (二)长丝的浆液配方

黏胶长丝和铜氨长丝可以用动物胶和 CMC 上浆。以动物胶为主黏着剂时,浆液配方中应加入适量吸湿剂和防腐剂。醋酯、涤纶、锦纶长丝都是疏水性纤维,静电现象严重,单纤维间容易松散、扭结,因此上浆时要加强纤维之间的抱合。这些纤维一般以聚丙烯酯类共聚浆料上浆,有时可加入少量低聚合度的部分醇解 PVA(如 PVA 205)。

### (三)麻纱、毛纱的浆液配方

苎麻的毛羽长,细节多而强力高,上浆应以被覆为主,浸透为辅;同时,麻纤维的伸长小,易产生脆断,要求浆膜柔软、弹性好,并有一定的吸湿性。因此,麻纱上浆的要求是浆膜坚韧完整,纱身毛羽贴伏,使经纱在织机上开口清晰,从而使织造顺利进行。PVA 具有优良的浆膜机械性能,因此被用作主黏着剂。在浆液配方中加入适量的 PMA 或变性淀粉,使浆膜完整、光滑,也有利于提高浆膜的分纱性能。为提高麻浆纱的柔韧和平滑性能,可以用适量油脂或其他柔软剂,如采用浆纱后上蜡工艺,则效果更为显著。

对精纺毛纱进行上浆,首先考虑到毛纱的毛羽粗、长、卷曲而且富有弹性,贴伏毛羽是毛纱上浆应解决的关键问题;其次,毛纱的耐热性差,强度(尤其是湿强度)比较低,容易产生意外伸长和断头,易发生缠绕上浆辊的现象,故上浆过程较难控制;毛纤维表面有鳞片,湿热状态下会产生缩绒,容易产生上浆不匀;毛纱的临界表面张力低,而且毛纱含有油脂,浆液难以对毛纱形成良好的浸透和黏附。因此,其浆液配方配制应重点考虑贴伏毛羽、加强浸透。

### (四)细旦涤纶短纤纱的浆液配方

细旦纯涤纶短纤纱的强力和伸长均明显优于同线密度的不同混纺比例的涤/棉纱,因此增强不是其上浆的主要目的。该类纱线含较多 3mm 以上的有害毛羽,在生产过程中经摩擦后易起毛起球,同时,由于毛羽和静电的双重影响,在织造工序中纱线易相互纠缠,导致梭口不清,影响织造的顺利进行。因此,贴伏毛羽、减少静电、提高耐磨,是此类纱线上浆的主要目的。其浆液配方应以 PVA(包括一定比例的部分醇解 PVA)为主,并加入变性淀粉、聚丙烯酸,再辅以适量的抗静电剂和柔软剂。这一配方同样适合高比例涤/棉混纺纱。

### (五)新型纤维的浆液配方

#### 1. Tencel 纤维织物

Tencel 纤维的刚度大、毛羽多、强力高,故其上浆目的在于保持弹性与贴伏毛羽。

以 170 cm、18 tex×28 tex、433 根/10 cm×268 根/10 cm Tencel 平纹织物为例,上浆工艺配置(调浆体积 0.85 m³)为:PVA 1799 35 kg;酸解淀粉 15 kg;固体丙烯酸类浆料 3 kg;浆纱膏 5 kg;后上蜡 0.3%;浆槽温度 85 ℃;烘干温度 90 ℃;浆槽黏度 7.5 s;上浆率 7.5%;回潮率 11.5%。

#### 2. Modal 纤维织物

Modal 纤维的比电阻很高,在纺织加工过程中纤维相互摩擦或与其他材料摩擦时易产生静电,因此易使纱线发毛;同时,静电对飞花的吸附会在停经片处积聚花衣,使经纱相互纠缠,造成经纱断头,既影响织造效率又形成各种织疵;而且,Modal 纱毛羽多,吸湿性强。

上浆工艺配置(调浆体积 0.85 m³)为:PVA 1799 50 kg;氧化淀粉 25 kg;AD(丙烯类浆

机织工艺

料)10 kg;抗静电剂 3 kg;防腐剂 0.2 kg;上浆率 6%~7%;回潮率 2%~3%;伸长率 0.5%以内;浆槽黏度 5~5.5 s;浆槽温度 95 ℃;浆槽 pH 值 6~7;供应桶黏度 6~7 s。

**3. 芳纶纤维织物**

芳纶纤维的强度高,但条干较差,同时存在刚度大、细节多、毛羽长且多等缺点。其上浆的目的是贴伏毛羽,使之柔软耐磨,因此宜采用高浓度、中黏度、重加压、偏高上浆率和后上油的工艺。

以 160 cm　19.6 tex×19.6 tex　236 根/10 cm×236 根/10 cm 芳纶平纹织物为例,上浆工艺配置(调浆体积 0.85 m³)为:PVA 1799 60 kg;酸解淀粉 20 kg;E-20(酯化淀粉)30 kg;丙烯类浆料 6 kg;润滑剂 4 kg;后上蜡 0.3%;浆槽温度 90 ℃;浆槽黏度 12 s±0.5 s;上浆率 11.5%;回潮率 3.5%;伸长率 0.5%。

**4. 大豆蛋白纤维织物**

大豆蛋白纤维的主要成分是蛋白质,是一种易生物降解的纤维,其单纤维间抱合力较差,易再生毛羽,因此上浆以被覆为主、浸透为辅。

**5. 牛奶蛋白纤维织物**

牛奶蛋白纤维是以牛奶蛋白质与大分子有机化合物为原料、人工合成的一种纺织新材料。主浆料选用带有疏水性基团、黏结性好的浆料,浆液黏度、上浆率应适当偏高。为避免牛奶蛋白纤维的内在品质受损,浆槽温度和烘筒温度应偏低掌握。

**6. 竹纤维织物**

竹纤维又称邦博纤维,具有较高的强力和较好的耐磨性能,弹性回复性好,比电阻大,静电现象严重,毛羽较多。由于竹纤维纱的吸湿导湿性强,纤维易相对滑移,采用小张力、低伸长、轻加压、重被覆的浆纱工艺,以保证耐磨、保伸、增强和减摩擦的上浆效果,提高纱线的可织性。

典型品种的浆液配方案例见表 3-6。

表 3-6　浆液配方实例

| 序号 | 品　种 | 配　方 | 上浆率(%) |
|---|---|---|---|
| 1 | 府绸 J15×J15×523.5×283 | PVA 37.5 kg,淀粉 50 kg,聚丙烯酰胺 20 kg | 10~11 |
| 2 | 防羽绒布 J9.7×J9.7×5551×5551 | PVA 1799 25 kg,PVA 205 25 kg,变性淀粉 37.5 kg,助剂 6 kg | 11~12 |
| 3 | T65/C35 细平布 14.5×14.5×393.5×362 | PVA 37.5 kg,交联木薯淀粉 37.5 kg,PMA 20 kg,助剂 6 kg,2-萘酚碱液 0.15 kg | 12 |
| 4 | T65/C35 府绸 13×13×433×299 | 改性 PVA 37.5 kg,磷酸酯淀粉 50 kg,PMA 25 kg,助剂 8 kg,2-萘酚碱液 0.15 kg | 10~12 |
| 5 | 黏胶长丝纺类 | 水 100%,骨胶 6%,CMC 0.4%,甘油 0.5%,皂化矿物油 0.5%~0.75%,浸透剂 0.3%,苯甲酸钠 0.1%~0.3% | 4~5 |
| 6 | 醋酯长丝平纹织物 | 水 100%,PVA 205 2.5%,聚丙烯酸酯 3%,乳化油 0.5%,抗静电剂 0.2% | 3~5 |
| 7 | 苎麻(平布) 27.8×27.8×213×244 | 总浆液量 100%,E 43.0%,变性淀粉 1.8%,普通淀粉 1.8%,乳化油 0.2% | 9~10 |
| 8 | 苎麻(平布)(8.3×2)× (8.3×2)×343×264 | 淀粉 12 kg,CMC 9 kg,乳化牛油 5 kg,柔软剂 101 1 kg,甘油等,调浆到 600 L | 3~4 |

## 五、调浆设备与工艺

### (一) 调浆设备

浆液的调制是浆纱工程中关键性的工作之一。在调浆过程中,以一定的浆液调制方法,把浆料调制成适于经纱上浆使用的浆液。浆液调制方法应当根据不同浆料的特性合理设计,一旦确定之后要严格遵照执行。科学而一致的调浆操作是浆纱质量稳定、良好的基本保证。

浆液的调合工作在调浆桶内完成。如图 3-5 所示,调浆桶分常压调浆桶和高压调浆桶两种。各种调浆桶都具有蒸汽烧煮和机械搅拌两种功能。高压调浆桶的特点是采取高温高压煮浆,在高温高压条件下,黏着剂的溶解速率加快,调浆时间缩短,并且调合的浆液混合良好。在调制淀粉浆时,利用高温高压下高速搅拌切力的强行分解,还可以减少分解剂的用量,并使浆液迅速达到完全糊化状态。

(a) KSZX921 双速调浆桶　　(b) KSZX121 高温高压调浆桶

**图 3-5　调浆桶**

### (二) 调浆工艺

浆液的调制方法有定浓法和定积法两种。定浓法一般用于淀粉浆的调制,通过调整淀粉浆液的浓度来控制浆液中无水淀粉的含量;定积法通常用于合成浆料和变性淀粉浆料的调浆,通过在一定体积的水中投入规定质量的浆料来控制浆料的含量。

**1. 淀粉浆的调制**

淀粉浆的调制过程可分为准备和调煮两个阶段。

(1) 浆料准备

① 淀粉准备:主要是确定无水淀粉的用量。纺织厂购入的湿淀粉,要进行浸泡(2~3 h)并撇去黄水,然后配成一定浓度的淀粉生浆液,备用;如为精制干淀粉,则不必浸泡,可以直接使用。

② 油脂准备:油脂在调浆前应经过乳化处理。简单的乳化方法是将油脂及烧碱(油脂质量的 3%~5%)、水(油脂质量的 1 倍)放入搪瓷桶里,以蒸汽烧煮 3~5 min 后备用;由这种方法乳化的油脂可随配随用,但质量不稳定,容易产生水油分层现象,造成浆纱油渍疵点。另一种油脂乳化方法是将油脂投入乳化桶内,加入乳化剂 OP(油脂质量的 2.5%)及水(油脂质量的 0.5%),搅拌乳化 2 h 即成;此方法下,一次制备的油脂可多次使用,油脂乳化充分、质量稳定。

③ 2-萘酚准备:在搪瓷桶内放入规定质量的 2-萘酚、烧碱(2-萘酚质量的 0.4 倍)及适量冷水,然后以蒸汽烧煮,直到 2-萘酚溶解,冷却后加水稀释 10~20 倍,待用。

④ 其他助剂准备:其他助剂,如分解剂(硅酸钠),应稀释至 18%;若用烧碱作分解剂,则

稀释至 8.78%;烧碱作为中和剂使用时,应先稀释至 3% 的浓度。

（2）浆液调煮

将一定质量的干淀粉（或一定体积的淀粉生浆），投入调浆桶中与一定体积的水搅拌均匀，再加入 2-萘酚溶液，待搅拌 10～15 min 均匀混合后，升温到 40 ℃，将浆液的 pH 值校正到 7。如浆液中有增重填充剂（如滑石粉），则在校正 pH 值之前加入滑石粉悬浊液。然后开蒸汽加热到定浓温度（一般为 50 ℃），校正浆液到规定浓度。继续加热到 60 ℃，投入规定量的分解剂（硅酸钠），升温到 65 ℃ 后加入油脂，再继续加热到规定温度。如以熟浆供应，煮沸后焖浆 30 min 即可供浆；如以半熟浆供应，则将浆液加热到 80～85 ℃，维持一定时间后供浆。

**2. PVA 浆的调制**

PVA 浆的调制常用定积法调制，其调制过程为：

① 浸泡和搅拌：PVA 需经长时间的浸泡，使其膨润；或将固体 PVA 加入煮浆桶，直接加温搅拌。

② 加温：加温至 80～90 ℃，煮 0.5～1 h，直到浆液清澈见底为止。

③ 加入助剂：添加适量冷水，使温度降低到 70 ℃，陆续加入助剂，再煮 15 min，加入冷水，测定黏度，调整到工艺规定值。

**3. CMC 浆液的调制**

调浆时，先用冷水进行较长时间（1～3 天）的浸泡、搅拌，直至 CMC 全部溶解为止（加热搅拌虽能加速溶解，但会降低黏度），然后直接使用或加入浆液中混用。

**4. 聚丙烯酸酯浆液的调制**

聚丙烯酸酯液体可直接以冷水（冬天用温水）混合搅匀即可使用。

**5. 常用助剂的调制**

（1）渗透剂和吸湿剂

固体状助剂须用水溶解后加入浆液，其余都可直接注入浆液，然后加热搅匀直到全部溶解。

（2）柔软剂

油脂类可先投入煮釜内，加 5～10 倍的水，然后边搅拌边加热，使溶解均匀，待油脂充分乳化即可慢慢加入浆液中混合。一般油剂可以直接投入浆液中混合。水化白油可以直接用 10 倍的沸水乳化后加入浆液中。乳化蜡和乳化液可直接加入浆液中混合。

（3）防静电剂

大多在浆纱烘干后直接涂在纱条表面。

## 六、浆液质量指标及其测定

浆液质量是上浆质量的重要保证。浆液的质量指标主要有浆液总固体率、浆液黏度、浆液酸碱度、浆液温度和浆液黏着力、浆膜性能、淀粉的生浆浓度和淀粉浆的分解度等。

**1. 浆液总固体率（又称含固率）**

浆液质量检验中，一般以总固体率来衡量各种黏着剂和助剂的干燥质量相对于浆液质量的百分比。浆液的总固体率直接决定了浆液的黏度，从而影响经纱的上浆率。因此，调浆时浆液总固体率要准确、稳定，以保证浆纱质量稳定。测定浆液总固体率的方法有烘干法和糖度计(折光仪)检测法。

(1) 烘干法

将浆液称重后置于沸水浴上,待蒸去大部分水分之后,在 105~110 ℃的烘箱中烘至恒重,然后放入干燥器内冷却、称重,最后按定义公式计算浆液的总固体率。烘干法测定比较精确,但测定所需时间长,不能及时指导生产。

(2) 糖度计(折光仪)检测

根据溶液的折射率与总固体率成一定比例的原理,首先由糖度计(折光仪)测定浆液的折射率,然后换算成浆液的总固体率。糖度计(折光仪)检测法测得的总固体率与浆液的实际总固体率有一定差异,但测定所需时间短,可以进行现场测定,能及时指导生产。

**2. 浆液黏度**

浆液黏度是浆液质量指标中一项十分重要的指标。黏度大小影响上浆率和浆液对纱线的浸透与被覆程度。在整个上浆过程中,浆液的黏度要稳定,这对稳定上浆质量起着关键性作用。

影响浆液黏度的主要因素有浆液流动时间、浆液温度、黏着剂相对分子质量及黏着剂分子结构,所以黏度应在浓度、温度、酸碱度一定的条件下测定才有意义。

黏度的测定方法有测定绝对黏度的扭矩法(旋转式黏度计)和测定相对黏度的流速法(恩氏黏度计)或简易漏斗式黏度计。

以 40 ℃时 200 mL 浆液通过一个直径为 2.8 mm 小孔流出的时间(s),称为恩格拉秒;用这个秒数除以 20 ℃时同体积的蒸馏水流出的时间($51\pm1$)s,称为恩格拉度(°E),此为相对黏度。相对黏度恩格拉度(°E)与绝对黏度 mPa·s 的关系为 $7.575°E=1$ mPa·s。黏度的调整主要通过改变浓度来控制。

**3. 浆液酸碱度**

浆液酸碱度(pH 值)是表示浆液中氢离子浓度(负对数)的指标。氢离子浓度大,浆液呈酸性;反之呈碱性。浆液酸碱度对浆液黏度、黏着力、浸透性以及浆纱都有较大的影响。CMC 浆液的 pH 值以 7~8 为宜,PVA 和丙烯酸酯浆料的 pH 值在 4~9 之间。上浆时浆液的 pH 值一般控制在 7 左右。

浆液酸碱度可以用精密 pH 试纸及 pH 计来测定。用 pH 试纸测定时,将 pH 试纸插入浆液 3~5 mm,很快取出并与标准色谱比较,即可看出结果。pH 计因测定时手续较繁,纺织厂一般不用。

**4. 浆液温度**

浆液温度的高低取决于纤维的种类和浆料的特性,如表 3-7 所示。

表 3-7　浆液温度

| 纤维种类 | 浆料种类 | 浆液温度(℃) |
| --- | --- | --- |
| 黏胶丝、铜氨丝 | 胶类、CMC 浆 | 60~75 |
| | PVA、丙烯酸系浆 | 50~60 |
| 合成纤维 | 丙烯酸系浆 | 室温 |
| 醋酯丝 | PVA 浆 | 40~50 |
| 柞蚕丝 | 骨胶、CMC 混合浆 | 45~50 |

浆液温度是调浆和上浆时应严格控制的工艺参数。特别是上浆过程中,浆液温度会影响浆液的流动性能,使浆液黏度改变。浆液温度升高,分子热运动加剧,浆液黏度下降,渗透性增加;温度降低,则易出现表面上浆。对于纤维表面附有油脂、蜡质、胶质、油剂等拒水物质的纱线而言,浆液温度会影响这些纱线的吸浆性能及其对浆液的亲和能力。例如,棉纱用淀粉浆上浆,温度一般在95 ℃以上。有时,过高的浆液温度会使某些纤维的力学性能下降,如羊毛和黏胶不宜高温上浆。浆液温度一般用温度计或压力式温度计测定。

**5. 浆液黏着力**

浆液黏着力综合了浆液对纱线或织物的黏附力和浆膜强度两方面的性能,直接反映上浆后经纱的可织性。浆液黏着力的测定方法有粗纱试验法和织物条试验法。

(1) 粗纱试验法

将一定品种的均匀粗纱条(长 300 mm)在 1‰浓度的浆液中浸透 5 min,然后以夹吊方式晾干,通过织物强力机测定其断裂强力,以间接地反映浆液黏着力。

(2) 织物条试验法

将两块标准规格的织物条试样,在一端以一定面积($A$)涂上一定量的浆液,然后以一定压力相互加压粘贴,烘干冷却后进行织物强力试验,两块织物相互粘贴的部位位于夹钳中央,测黏结处完全拉开时的强力($P$),则浆液黏着力为强力($P$)与面积($A$)的比值。

影响浆液黏着力的因素有黏着剂大分子的柔顺性、黏着剂的相对分子质量、被黏物表面状态、黏附层厚度、黏着剂的极性基团等。

**6. 浆膜性能**

测定浆膜性能可以从实用角度来衡量浆液的质量情况。这种试验也经常被用于评定各种黏着剂材料的浆用性能。

影响浆膜性能的因素有黏着剂大分子的柔顺性、黏着剂的相对分子质量、分子极性及高聚物的结晶能力、水分等。

**7. 淀粉的生浆浓度**

淀粉的生浆浓度以波美比重计测定,其单位为波美度,它间接地反映了无水淀粉与溶剂水的质量比。由于浆液温度的变化影响浆液的体积质量和浓度,因此调浆时规定:淀粉生浆浓度在浆温 50 ℃时测定。这时,淀粉尚未糊化,悬浮性较好,沉淀速度缓慢,用波美比重计测定时读数比较稳定、正确。

**8. 淀粉浆的分解度**

分解度是指浆液中的可溶性物质与已充分分解的物质的质量之和($A$)对浆液中浆料干燥质量($B$)的百分率。$A$ 值与 $B$ 值的测定分为两个步骤:

① 将 20 mL±0.1 mL 的熟浆逐步稀释到 1 000 mL,然后取出 100 mL,测定其烘干后的质量($B$)。

② 将稀释后的浆液在 500 mL 量筒内静置 24 h,再于量筒的 2/3 高度处吸取 100 mL 溶液,测定其烘干后的质量($A$)。

这种测定方法的速度太慢,时间太长,不能对调浆工作或淀粉的变性加工起到及时的指导作用。

淀粉浆的分解度决定了淀粉浆液的流动性能,从而影响浆液对经纱的浸透和被覆程度,实际生产中,淀粉分解度一般掌握在 60%～70%。

## 七、浆液质量控制

**1. 浆液常见质量问题及其形成原因**

① 凝结团块:助剂在投入淀粉浆液时没有充分冷却;易凝块的浆料投入调浆桶时速度太快等。

② 油脂上浮:油脂未经充分皂化;浆液温度不高,搅拌不足;浆液的扩散性不良等。

③ 黏度太低:浆料品质变化;浆液存放时间过长;冷凝水进入浆液太多;定浓或定积不准;淀粉分解过度;烧煮或焖浆时间过长;浆液使用时间太长;剩浆使用不当等。

④ 黏度太高:煮浆温度和时间不足;淀粉分解不够;定浓或定积不准;浆料品级有变化等。

⑤ 沉淀:滑石粉用量大或颗粒大,烧煮不充分;肥皂与钙、镁金属结合沉淀;搅拌不匀;淀粉浆存放时间过长;CMC 浆的 pH 值太低等。

⑥ 起泡:表面活性剂用量太大;硅酸钠原料中的碳酸钠含量过大;浆液中蛋白质含量过多;PVA 溶解和消泡不充分等。

⑦ 起皮:长时间停止搅拌;浆液温度下降;PVA 聚合度过高等。

⑧ pH 值不合标准:浆液 pH 值调节不当;浆液存放时间过长;剩浆处理不当等。

⑨ 杂物、油物混入:浆料中的杂物未经过滤;调浆桶或输浆管不清洁;调浆桶进料口盖没盖严等。

**2. 提高浆液质量的措施**

① 调浆操作要做到定体积、定浓度、定浆料投放量,以保证浆液中各种浆料的含量符合工艺规定。

② 调浆时还应定投料顺序、定投料温度、定加热调合时间,使各种浆料在最合适的时刻参与混和或参与反应,达到恰当的混和反应效果,并可避免浆料之间不应发生的相互影响。

③ 调制过程中要及时进行各项规定的浆液质量指标检验,调制成的浆液应具有一定黏度、温度、酸碱度。

④ 节假日关车时,要合理调度浆液,控制调浆量,尽量减少回浆。回浆中应放入适量防腐剂并迅速冷却保存。回浆使用时,可在调节酸碱度后与新浆混合调制使用,或加热后作为降低浓度的浆直接使用。

# 思考与练习

1. 上浆的主要目的是什么?

2. 上浆后对经纱可织性的提高反映在哪些方面?

3. 何谓浆料?如何分类?它们在上浆过程中各起什么作用?

4. 黏着剂如何分类?目前常用的黏着剂有哪些代表品种?

5. 试述淀粉浆料的主要性质。

6. 浆液配方的依据是什么?了解各类纱线的常用配方。

7. 什么叫浆液的定积法和定浓法?各适用于什么场合?

# 任务2　认识、操作浆纱设备

## 一、上浆机理

经纱上浆在浆纱机上进行，浆纱从经轴上退绕下来，被引入浆槽的浆液中，经过浸没与挤压作用，浆液给经纱以适当的浸透与被覆，从而达到上浆的要求，浆纱经烘燥后被卷绕到织轴上。

### (一) 上浆方式

#### 1. 浸浆与压浆

纱线在浆槽中经受反复的浸浆和压浆作用，浸压的次数根据不同纤维、不同后加工要求而有所不同。纱线上浆一般采用单浸单压、单浸双压、双浸双压、双浸四压（利用两次浸没辊的侧压）。黏胶长丝上浆还可采用沾浆（由上浆辊表面把浆液带上并带动压浆辊回转，经丝在两辊之间通过时沾上浆液），上浆量很小。各种浸压方式如图3-6所示。

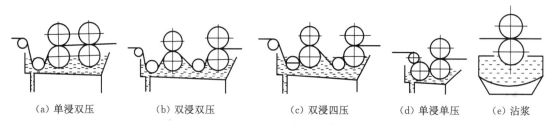

(a) 单浸双压　　　(b) 双浸双压　　　(c) 双浸四压　　　(d) 单浸单压　　　(e) 沾浆

**图3-6　各种浸压方式**

纱线在一定黏度的浆液中浸浆时，主要是对纱线表面的纤维进行润湿并黏附浆液。自由状态下，浆液向纱线内部的浸透量很小，带有一定量浆液的纱线进入上浆辊和压浆辊之间的挤压区经受压浆作用，上浆辊表面带有的浆液、压浆辊表面微孔中压出的浆液与纱线本身沾有的浆液在挤压区入口处混合并参与压浆，见图3-7所示。

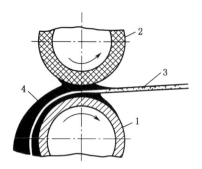

**图3-7　挤压区中的液膜**

1—上浆辊　2—压浆辊
3—纱线　4—浆液

根据弹性流体动压润滑理论可以定性地分析，即使在压浆辊的重压下，挤压区中纱线的上、下仍然存在一层浆液液膜，液膜的厚度决定了挤压区内实际参与挤压过程的浆液量以及纱线经挤压后所带的浆液量。它和压浆辊轴线方向单位长度内的压浆力 $P$、浆液黏度 $\eta$、浆纱速度 $\upsilon$ 有关，压浆力越大，浆液黏度越低，浆纱速度越慢，则液膜厚度越小。因此，浆纱机慢速运行时压浆力要适当减弱，否则液膜厚度过小，尽管挤压区入口处有足够的浆液，但挤压区内参与挤压的浆液量不足，浆纱经挤压后所带浆液量过少，以致纱线上浆过轻。在高浓高黏浆液上浆时，要采用高压上浆，避免液膜厚度过大，上浆过重。

挤压区内,弹性流体动压接触的压力 $N$(单位面积上的压浆力)分布如图 3-8 所示,图中虚线为静态下的压力分布形式。沿纱线前进方向动压接触的压力逐渐增加,在挤压区出口处压力急剧下降。压浆力、上浆辊和压浆辊的表面形态、表面硬度决定了挤压区宽度和平均压力,进而影响挤压浸透效果。常用的压浆辊表面硬度为肖氏硬度 $40°\sim65°$,高压上浆的压浆辊肖氏硬度为 $80°\sim88°$。在压力 $N$ 作用下,浆液向纱线内部浸透,纱线内空气由挤压区入口方向逸出,描写浸透情况的 Darcy 定律为:

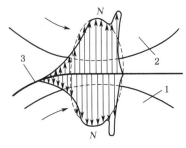

**图 3-8　弹性流体动压接触的压力分布**

1—上浆辊　2—压浆辊　3—纱线

$$v_s = \frac{KN}{\eta R}$$

式中：$v_s$ 为浆液浸透速度,即单位时间内浸透距离；$K$ 为浆液对纱线的渗透率；$\eta$ 为浆液黏度；$R$ 为纱线半径。

公式表明:压浆力越小,浆液的黏度越大,浆液对纱线的渗透率越小,则浸透速度越低,浆液对纱线浸透不力。因此,较高黏度浆液上浆时要增大压浆力(采用高压上浆),增大压力梯度,以维持合理的浆液浸透速度。应当指出,压力增大时浆液的动态黏度会有所增加,纱线受压密作用,渗透率也会有所减小,从而产生降低浸透速度的反作用。但是,这种反作用所造成的影响不如压力增加的正作用强烈。

经过挤压之后,纱线表面的毛羽倒伏,粘贴在纱身上,高压上浆时尤为明显地表现出毛羽减少的效果。从微观角度分析,吸有浆液的经纱通过强有力的挤压之后,浆液与纤维的分子距离更加接近,分子间力与氢键缔合力增强并加速分子的相互扩散,结果是浆液对纤维的润湿性能、黏附强度得到提高。纱线离开挤压区时,发生第二次浆液分配。压力 $N$ 迅速下降为零,压浆辊表面的微孔变形恢复,由于此时经纱与压浆辊尚未脱离接触,故微孔同时吸收挤压区压浆后残剩的浆液和经纱表面多余的浆液。如微孔吸浆过多,则经纱失去过量的表面黏附浆液,使经纱表面浆膜被覆不良;相反,经纱表面黏附的浆液过量,导致上浆过重。

**2. 纱线覆盖系数**

浆槽中纱线的排列密集程度以覆盖系数来衡量,覆盖系数的计算公式为:

$$K = \frac{d_0 \times M}{B} \times 100\%$$

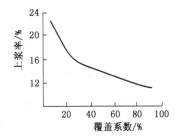

**图 3-9　上浆率与覆盖系数的关系**

式中：$K$ 为覆盖系数；$d_0$ 为纱线计算直径(mm)；$M$ 为总经根数；$B$ 为浆槽中排纱宽度(mm)。

纱线的覆盖系数是影响浸浆和压浆均匀程度的重要指标。一定的上浆条件下,上浆率与覆盖系数的关系如图 3-9 所示。

排列过密的经纱之间间隙过小,压浆后纱线侧面易出现"漏浆"现象。为改善高密条件下的浸浆效果,可以采用分层浸浆的方法,使浸浆不匀的矛盾得到缓解,并且"漏浆"现象也有所减少。但是,解决问题的根本方法是降低纱线覆盖系数,采用双浆槽或多浆槽上浆,也可采取轴对轴上浆后并轴的上浆工艺路线。降低覆盖系数不仅有利于浸浆、压浆,而且对下一步的烘燥及保持浆膜完整也十分重要。不同纱线的合理覆盖系数存在一定差异,一般认为覆盖系数小于 50%(即纱线之间的间隙与直径相等)时可以获得良好的上浆效果。

### (二)上浆机理

经纱上浆时,一部分浆液被压浆辊挤压而渗入经纱内部;另一部分浆液黏附于经纱表面。渗入经纱内部的浆液可以黏合单纤维,增强纱条的集束性和抱合力,提高织造性能;被覆于经纱表面的浆液可使毛羽贴伏,使浆纱表面光滑和耐磨。合纤丝上浆以前者为主,短纤维上浆以后者为主。因此,合纤长丝采用单浸单压或者单浸双压方式上浆;短纤维纱采用双浸多压方式上浆。一般黏胶等再生纤维由于湿伸长而采用蘸浆方式上浆。

### (三)湿分绞

湿分绞棒安装在浆槽与烘房之间。经纱出浆槽后被湿分绞棒分为几层,以分离状态平行进入烘房,初步形成浆膜后再并合,这样可避免烘燥后浆纱之间相互粘连,减少出烘房进行分绞时的困难,保护浆膜完整,降低落浆率,减少毛羽。

分绞过程中,湿分绞棒作主动慢速回转,以防止表面生成浆垢。长丝浆纱机的湿分绞棒中通入循环冷却水,防止分绞棒表面形成浆皮及短暂停车时纱线黏结分绞棒。在热风式浆纱机或热风烘筒式浆纱机上,湿分绞的效果比较明显。一般湿分绞棒的根数为3~5根。

### (四)烘干原理

烘干是指湿浆纱和外界空气进行热湿交换,蒸发水分,使浆纱得到干燥。完成烘干过程的条件如下:保证水分蒸发所必需的热能;保证外界空气与浆纱表面的水气分压之间的较大差值,便于水分的迅速蒸发;在浆纱自身内外层之间形成温度差,利于水分从高温处向低温处转移蒸发;促使浆纱周围的空气流动加快,击破在浆纱周围形成的蒸汽膜,以保持浆纱和空气之间的温度差;保证浆膜在多余水分大量蒸发以后形成,以免水分转移时受到浆膜阻碍,同时避免浆膜被破坏。

目前采用的烘干方式有以传导为主的烘筒接触烘干和以对流为主的烘房热风烘干等,也可采用红外线-烘筒结合方式。

## 二、典型浆纱机的工艺流程

浆纱机是上浆的主要设备。其分类有多种:按烘干方式分,有烘筒式、热风式和热风烘筒联合式;按上浆方式分,有单浆槽和多浆槽浆纱机;按上浆方法分,有轴经浆纱机、整浆联合机、批轴浆纱机、浆染联合机;按织轴的幅宽分,有 140 型、180 型、200 型、240 型和 300型等。

### (一)短纤纱上浆工艺流程

如图 3-10 所示,纱线从位于经轴架 1 上的整经轴中退绕出来,经过张力自动调节装置2,进入浆槽 3 上浆,湿浆纱经湿分绞辊 4 分绞和烘燥装置 5 烘燥后,通过上蜡装置 6 进行后上蜡,干燥的经纱在干分绞区 7 被分离成若干层,最后在车头 8 卷绕成织轴。

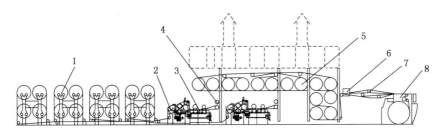

**图 3-10　浆纱机上浆工艺流程图**

1—经轴架　2—张力自动调节装置　3—浆槽　4—湿分绞辊
5—烘燥装置　6—上蜡装置　7—干分绞区　8—车头

良好的上浆加工不仅能增加经纱的强度,使毛羽贴伏,耐磨性大大改善,弹性和柔性得到维持,而且织轴中纱线上浆均匀、伸长一致、回潮合格、织轴圆整。

**(二) 长丝上浆工艺流程**

根据合纤长丝的特点,其上浆工艺要掌握强集束、求被覆、匀张力、小伸长、保弹性、低回潮率和低上浆率。上浆率应视加工织物的品种不同而异。通常采用丙烯酸类共聚浆料,为克服摩擦静电引起的丝条松散、织造断头,上浆时采取后上抗静电油或后上抗静电蜡措施,以增加丝条的吸湿性、导电性和表面光滑程度。用于上浆加工的合纤长丝的含油率要控制在 1.5% 以下,过高的含油将导致上浆失败。合纤长丝的受热收缩性能决定了上浆和烘燥的温度不宜过高,特别是异收缩丝,高温烘燥会破坏其异收缩性能。烘燥温度要自动控制,保证用于并轴的各批浆丝的收缩程度均匀一致,防止织物产生条影疵点。

低捻长丝(如黏胶人造丝等)需通过上浆加工来提高其织造性能。其上浆方式有两种:如经丝不接触浆液液面,仅在上浆辊和压浆辊之间通过,称为沾浆;如经丝进入浆液液面以下,在上浆辊与压浆辊之间呈"S"形绕过,称为浸浆。

烘筒式浆丝机采取单轴上浆形式,即一个经轴浆成一个浆轴,工艺流程很短,见图 3-11 所示。由于流程短并且经丝在烘燥前后均不受分绞作用,所以经丝断头少,排列均匀、整齐,伸长小;其缺点是经丝之间易产生粘连。因此,局限于上浆率不高、织物经密较低、浆槽内覆盖系数较小的经丝上浆。为减少长丝之间的粘连现象,提高浆膜完整性,可采用先热风后烘筒、经丝分层的烘燥方式。

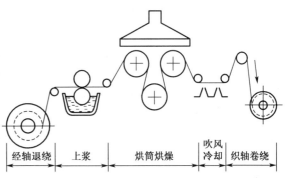

**图 3-11　浆丝机工艺流程**

无捻长丝(如锦纶、涤纶无捻长丝)的捻度极小(0.1～0.2 捻/m),纤维之间的集束性很差,而且一般用于高经密织物的织造,上浆时要特别加强纤维的集束性,避免长丝间的相互粘连。通常,无捻长丝上浆采取整浆联合的工艺路线(图 3-12)。这是一种两阶段的加工系统。

在整浆联合机上,各根长丝之间保持很大的间距(1.5 mm 左右),即在相互分离的状态下进行上浆。长丝出浆槽后,经过 1～2 个热风烘房的分层预烘,在浆膜基本形成之后再由烘筒进一步烘干。因此,经丝的圆度和浆膜完整性很好,其织造性能大大提高。

如津田驹 KSH 系列高速长丝浆纱机,长丝上浆后先在 2 个热风烘箱中以无接触方式预烘,再经 5 个烘筒烘燥,从而使丝的表面保持光滑和丝本来的圆形断面。为实现"单丝"上浆,降低浆槽内

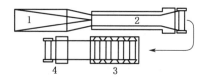

图 3-12 整浆联合的加工工艺路线

1,2—整浆联合机的筒子架及浆纱部分
3,4—并轴机的轴架及车头卷绕部分

经丝的覆盖系数,整浆联合机所卷绕的浆轴上,经丝根数设计得很少(800~1 200 根),因此需通过并轴机将几个浆轴并合成一个浆轴。该工艺路线的缺点是生产效率稍低,各浆轴的经丝之间的热过程和卷绕张力不匀,有可能造成织物"条影"疵点。

在两阶段系统中,由于整经断头引起的停车会影响浆纱质量、降低设备效率,因此目前亦使用整浆分离的三阶段加工工艺路线,见图 3-13,经丝加工分整经、轴对轴上浆、并轴三阶段完成。与两阶段加工路线相比,三阶段加工工艺路线的流程长、占用机台多、生产成本高。鉴于国产长丝的质量,为避免整经断头造成的停车影响浆纱质量,国内普通采用三阶段加工工艺路线。

(a)整经          (b)轴对轴上浆          (c)并轴

图 3-13 整浆分离的三阶段加工工艺路线

### (三)靛蓝染浆联合加工

靛蓝劳动布(俗称靛蓝牛仔布)的经纱染浆加工流程有:分批整经、染浆联合加工;球状整经、绳状经条染色、分纱拉经、上浆;分批整经、经轴染色、上浆;绞纱染色、绞纱上浆、分条整经,即小经小浆工艺流程;松式筒子染色、倒筒、分批整经、上浆,即大经大浆工艺流程。

目前,前两种加工流程的应用较为广泛。染浆联合加工的流程短、生产效率高。从产品质量来看,采用第二种流程即球经、绳状染色、轴经上浆法时,靛蓝染色均匀、稳定,且纱束经分纱、拉经、上浆加工后兼有"混合"的特点,因此成布横向色差小,外观均匀平整,手感柔软舒适,但此法工艺流程长、设备多、占地大,生产费用也高。

靛蓝染浆联合机的工艺流程如图 3-14 所示。在气动张力装置的控制下,经纱从经轴上退绕下来,经 1~3 个水洗槽进行润湿纱线、清洗棉杂、棉蜡或预染处理。由于靛蓝染液的上染率较低,不易被纤维吸收,因此经预处理后的纱线需通过 4~6 道染槽及透风架的反复浸、轧、氧化,才能获得理想的色泽效果。其中每道加工包括:10~20 s 的染液浸渍,压榨力可作

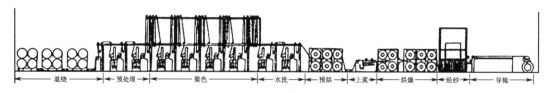

图 3-14 靛蓝染浆联合机的工艺流程

无级调节的轧辊轧压,1~1.5 min 的空气氧化。染色后的经纱通过 1~2 个水洗槽进行洗涤,并由烘筒式烘燥装置预烘,使染料进一步固着在纱线上。然后,经纱通过单浆槽或双浆槽上浆,经烘筒烘干。在最后卷绕成浆轴之前,经纱绕过补偿储纱架的导辊,储纱架可以存储 40~120 m 经纱,这一措施可使浆轴更换时不必中断连续的染浆生产过程,防止织物产生"条花"疵点。

提高分批整经的整经轴加工质量,减少倒、断、绞头,是为了保证染联合机能够正常运行,而不发生停车或减速,这不仅提高了设备的效率,而且有利于克服由停车或车速快慢变化所造成的染色色差。

## 三、浆纱机的主要机构及其作用

### (一) 浆纱机的传动

目前,浆纱机的传动方式很多,比较先进的传动方式具备以下特点:浆纱速度的变化范围宽广,过渡平滑;经纱伸长控制准确,卷绕张力恒定,并具有自动控制能力。

新型浆纱机的传动系统中,用于浆纱速度控制的装置主要有:以可控硅进行无级调速控制的直流电动机;通过直流发电机的输出电压进行无级调速控制的直流电动机;可平滑变速的交流整流子电动机;交流感应电动机配合液压式无级变速器;交流感应电动机配合 PX 调速范围扩大型无级变速器;交流变频调速。如 GA301 型浆纱机主传动用 JZS2-71-1 型交流整流子电动机;祖克 S432 型浆纱机由直流电动机或微速电动机传动;大雅 500 型浆纱机采用电磁滑差离合器与三相交流异步电动机传动等。

图 3-15 为祖克 S432 型浆纱机传动系统,全机由直流电动机 1 或微速电动机 2 传动。正常开车时,直流电动机 1 通过齿轮箱 4 变速分三路传出,一路经一对铁炮 5、一对皮带轮 6、减速齿轮 7 传动拖引辊;另一路经 PIV 无级变速器 8、齿轮箱 9、一对减速齿轮 10 传动织轴;第三路则传动边轴来拖动烘筒、上浆辊和引纱辊运行。速度范围为 2~100 m/min。

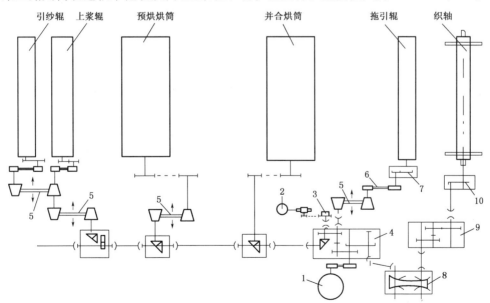

图 3-15　祖克 S432 型浆纱机传动系统

全机微速运行时,微速电动机 2 得电回转,经蜗杆蜗轮减速箱及一对链轮减速后,通过超越离合器 3 传动齿轮箱 4 内的齿轮,使全机以 0.2~0.3 m/min 的速度运行。微速运行的主要功能是防止因停车或落轴时间过长而产生浆斑等疵轴。按快速按钮后,直流电动机启动,超越离合器 3 起分离作用,从而使微速电动机传动系统与齿轮箱 4 脱开。

祖克 S432 型浆纱机的主传动采用直流电动机可控硅双闭环调速系统,主电路采用三相全桥式整流电路,由 380 V 三相电源经进线电抗器供电,可控硅整流输出,驱动直流电动机。改变可控硅控制角的大小,就能改变电驱电压的数值,从而改变电动机转速。直流电动机可控硅调速系统具有恒转矩特性,且调速范围大(调速比为 50),全速范围内控制性能优良。

浆纱机除主传动系统外,还有循环风机传动、排气风机传动、上落轴传动、湿分绞棒传动、循环浆泵传动等独立的传动系统。这些独立的辅助传动系统与主传动系统之间存在着电气上的联动关系。

### (二) 经轴架

#### 1. 经轴架形式

经轴架的形式可分为:固定式和移动式、单层与双层(包括山形式)、水平式与倾斜式。

移动式经轴架的部分换轴工作在浆纱机运转过程中进行,因此停机完成换轴操作所需的时间大大缩短,有利于提高浆纱机的机械效率,是浆纱技术的一个发展趋势。

双层经轴架的换轴和引纱操作不如单层经轴架方便。但是,双层经轴架节省机器占地面积,而且上、下层经纱容易分开,故十分适宜于经纱的分层上浆。目前常用的双层经轴架为四轴一组,见图 3-16,四个整经轴由一个框架支撑,又称箱式轴架。轴架之间留有操作弄,站在操作弄的站台上能方便地对整经轴进行检查及各项处理工作。

倾斜式经轴架能满足各轴纱片相互独立、分层清晰的要求,适用于在进入浆槽之前利用钩箱进行分绞操作的经纱上浆(色经纱上浆等)。部分

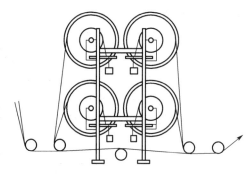

图 3-16　双层经轴架

浆纱机上,为减小浆槽与相邻的第一个整经轴之间的高度差,采用一列倾斜式经轴架。

#### 2. 退绕张力控制

经纱从整经轴上退绕下来,整经轴退绕区为经纱伸长第一控制区,该区的经纱伸长通过退绕张力间接控制。退绕过程中要求退绕张力尽可能小,使经纱的伸长少,弹性和断裂伸长率得到良好维护。退绕张力应恒定,各整经轴之间的退绕张力要均匀一致,以保证片纱伸长恒定、均匀。

整经轴上经纱的送出方式有积极式和消极式两种。积极式送出装置以较小的预设定退绕张力主动送出经纱,纱线的退绕张力受到精确控制,对弱纱或不宜较大张力的经纱退绕十分有利。现代长丝浆纱机的轴对轴上浆(浆纱机上只有一个整经轴退绕,上浆后的经轴在并轴机上并轴)都采用积极式送出装置。消极式送出和整经轴摩擦制动相结合的经纱退绕方式下,引纱辊通过经纱带动整经轴回转,从而进行纱线退绕。为控制退绕张力恒定,防止车速突然降低时,由于整经轴惯性以至经纱过度送出所造成的纱线松弛和扭结,采用了相应的

摩擦制动措施。常用的弹簧夹制动如图 3-17(a)所示,气动带式制动如图 3-17(b)所示,另有皮带重锤式制动、聚乙烯轴承制动等。

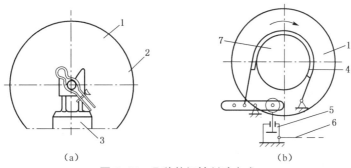

（a）　　　　　　　　　　　　　（b）

图 3-17　几种整经轴制动方式

1—整经轴　2—弹簧夹　3—经轴架　4—制动带　5—气缸　6—进气管　7—制动盘

### （三）上浆装置

经纱在浆槽内上浆的工艺流程如图 3-18 所示。纱线由引纱辊 1 引入浆槽,第一浸没辊 2 将纱线浸入浆液中吸浆,然后经第一对上浆辊 3 和压浆辊 4 压浆,将纱线中的空气压出,挤掉多余浆液,并将部分浆液压入纱线内部。此后,经第二浸没辊 5 和第二对上浆辊 6、压浆辊 7 再次浸浆与压浆。通过两次浸、压的纱线出浆槽后,由湿分绞棒将其分成几层(图中未画出),再进入燥房烘燥。蒸汽从蒸汽管 8 通入浆槽,对

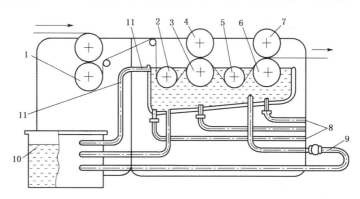

图 3-18　经纱在浆槽内上浆的工艺流程

浆液加热,使其维持一定温度。循环浆泵 9 不断地把浆箱 10 中的浆液输入浆槽,浆槽中过多的浆液则从溢流口流回浆箱,保持一定的浆槽液面高度。

### （四）烘燥

湿分绞后的纱线在烘燥区内被烘干,纱线表面形成浆膜。对烘燥过程的要求为:纱线伸长小、浆膜成形良好、烘燥速度快、能量消耗少。

浆纱的烘燥方法按热量传递方式分为热传导烘燥法、对流烘燥法、辐射烘燥法和高频电流烘燥法。目前常用的有热风式、烘筒式和热风烘筒相结合的烘燥装置。

#### 1. 烘筒式烘燥装置

烘筒式烘燥装置中,纱线从多个烘筒表面绕过,两面轮流受热而蒸发水分,故烘干比较均匀。烘筒的温度一般分组控制,通常为 2～3 组。湿纱与第一组烘筒接触时,为预烘和等速烘燥阶段,水分大量汽化,此时要求烘筒温度较高,提供较多热量,有助于防止浆皮黏结烘筒。后续烘筒的温度可以稍低,因为浆纱中水分的蒸发速度下降,散热量较小,过高的烘筒温度会烫伤纤维和浆膜。

纱线首先分层经烘筒预烘,然后汇合成一片继续烘燥。如阔幅高密织物,其经纱通过双

机织工艺

浆槽上浆后在烘房中的绕纱方式一般如图3-19所示。浆纱的分层预烘不仅可降低纱线在烘筒表面的覆盖系数,有利于纱线中的水分蒸发,提高烘燥速度,而且使纱线之间的间隙增大,避免了邻纱的相互粘连现象。

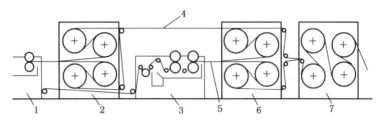

图3-19 烘筒式烘燥装置的绕纱方式

1—第一浆槽 2—第一烘房 3—第二浆槽 4—第一层浆纱
5—第二层浆纱 6—第二烘房 7—第三烘房

**2. 热风烘筒联合式烘燥装置**

热风烘筒联合式烘燥装置中,纱线先经热风烘房预烘,图3-20所示为大循环烘燥装置的热风烘房结构示意图。

热风烘房的长度和个数可根据上浆的具体要求选择。合纤长丝上浆时,为加强预烘效果,一般采用两个串联的热风烘房,上浆后的长丝能保持良好的圆形截面。热风烘筒联合式烘燥装置的绕纱方式一般如图3-21所示。

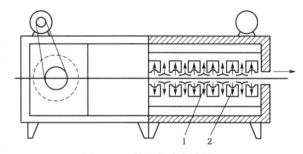

图3-20 热风烘房示意图

1—喷嘴 2—吸嘴

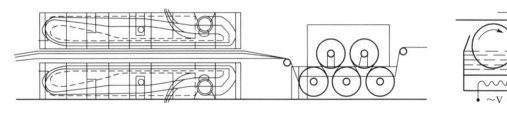

图3-21 热风烘筒联合式烘燥装置的绕纱方式

图3-22 后上蜡装置

**(五)后上蜡与干分绞**

烘干的纱线离开烘筒后尚有余热,于是紧接着进行后上蜡加工。浆纱后上蜡通常采用上蜡液的方法,其装置见图3-22。后上蜡有单面上蜡和双面上蜡之分,双面上蜡比较均匀,效果较好,但机构较复杂。

干分绞棒的根数为整经轴数减1。比较简单的单层经轴架有三种典型分纱路线,如图3-23所示。质量要求较高的细线密度高密织物经纱上浆时,每一个整经轴的纱线需分绞形成两层,见图3-23(a),通常称为小分绞或复杂分绞,这十分利于减

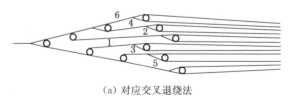

(a)对应交叉退绕法

少并头、绞头疵点。

### （六）浆轴卷绕

上浆后的纱线被卷绕成浆轴,织造工序对浆轴卷绕的要求为:纱线卷绕张力和卷绕速度恒定;浆轴卷绕密度均匀、适当;纱线排列均匀、整齐;浆轴外形正确、圆整。

浆纱过程中通过浆轴的恒张力卷绕、压纱辊的浆轴加压和伸缩筘的周期性空间运动来满足上述要求。

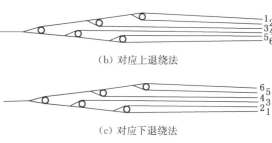

（b）对应上退绕法

（c）对应下退绕法

**图 3-23　分绞棒的分纱路线**

#### 1. 浆轴恒张力卷绕

从拖引辊到浆轴卷绕点是经纱伸长第五控制区,该区的纱线经上浆和烘干,能经得起较大的外力拉伸作用。为适应浆轴卷绕密度均匀、适当的要求,该区的纱线卷绕张力应当恒定,且张力值较大。实现恒张力卷绕的方法很多,下面简要介绍几种典型的方法。

（1）重锤式无级变速器

重锤式无级变速器能根据卷绕力矩的变化自动调整卷绕速度,保证纱线的恒张力、恒速度卷绕。该机构适应高速,并具有传递力矩大、能量损耗少等特点。用于张力自动调节的GZB型重锤式无级变速器由变速和调节两部分组成,其结构如图3-24所示。调节重锤的位置可以设定纱线的卷绕张力。

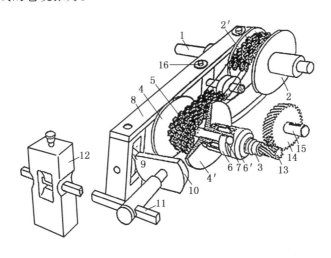

**图 3-24　GZB 型重锤式张力自动调节无级变速器**

1—定速输入轴　2,4—固定轮　3—变速输出轴　2′,4′—活动轮　5—滚珠链
6—压力凸轮　7—钢球　8—调速杠杆　9—转子　10—控制凸轮　11—重锤杠杆
12—重锤　13,14—减速齿轮　15—转动轴　16—调速杠杆支点

（2）P 型链式无级变速器

浆轴恒张力卷绕的自控系统由张力检测、控制和执行机构三部分组成,其工作原理如图3-25所示。摆动辊1受浆轴卷绕张力和气缸3的推力而处于平衡位置,气缸3的推力由调压阀2根据卷绕张力的要求进行调节。电位计4的电位要进行设定,使摆动辊1的平衡位置对准指示器10上的标记。

当卷绕张力变化后,摆动辊绕 $O_1$ 轴转动,偏离平衡位置,带动电位计6改变电位值,电位值改变信号输入控制器5,与电位计4的设定电位相比较,然后控制器发出控制信号,使伺服电动机7做正反转动。调整无级变速器8的变速比,使输出轴转速变化,维持浆轴9恒定的卷绕速度和卷绕张力。

**2. 压纱辊的浆轴加压**

为获得适当而均匀的浆轴卷绕密度,浆纱机和并轴机都采用浆轴卷绕压纱辊加压装置。传统的浆纱机通常使用杠杆式加压装置,见图3-26,以移动重锤的位置来改变加压力,以维持浆轴卷绕过程中的加压压力不变。新型浆纱机采用液压方式进行浆轴卷绕加压,部分加压机构还兼有自动上、落轴功能。液压式加压原理如图3-27所示。液压式浆轴卷绕加压给操作带来极大方便,加压压力的调节比较准确,确保浆轴卷绕过程中加压压力不变。

**3. 伸缩筘周期性空间运动**

传统浆纱机装有轴向移动的布纱辊和两根偏心平纱辊,布纱辊的轴向移动有利于浆轴上纱线均匀排列,互不嵌入,使浆轴表面平整;平纱辊的工作情况见图3-28。新型浆纱机的伸缩筘做轴向往复移动,部分伸缩筘在往复运动的同时,其筘面做前后摆动,组成周期性的空间运动,兼有布纱辊和平纱辊二者的功能。

**(七) 浆纱墨印长度及测长打印装置**

浆纱墨印长度表示织成一匹布所需要的经纱长度。在浆纱过程中,浆纱机的测长打印装置根据所测得的浆纱长度,以浆纱墨印长度为长度周期,间隔地在浆纱上打上或喷上墨印,作为量度标记。

早期的浆纱机使用差微式机械测长打印装置。这种装置容易产生机械故障,导致墨印长度不准(又称长短码)等浆纱疵点。新型浆纱机一般采用电子式测长装置,在测长辊回转时,通过对接近开关产生的脉冲信号进行计数,从而测得测长辊的回转数,即浆纱长度。

喷墨式打印装置的结构如图3-29所示。电磁阀开启后,压缩空气经 $a$ 孔、$c$ 孔进入空

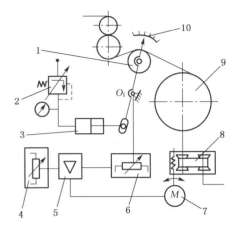

图 3-25　恒张力卷绕工作原理图

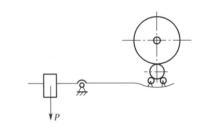

图 3-26　杠杆式加压装置

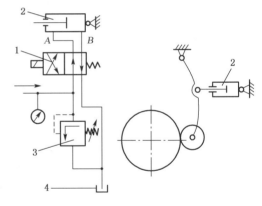

图 3-27　液压式加压原理

1—二位四通电磁阀　2—油缸　3—溢流阀　4—油箱

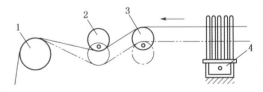

图 3-28　平纱辊工作情况

1—测长辊　2,3—平纱辊　4—伸缩筘

腔 $d$，这时 $a$ 孔和 $b$ 孔之间被活塞杆 3 阻隔。压缩空气在空腔 $d$ 内体积膨胀，克服弹簧 5 的弹力推动活塞 4 向下移动。于是，活塞杆随之下移。当活塞杆上储有染色液的凹槽 $e$ 下移到与 $a$ 孔、$b$ 孔对准时，压缩空气由 $a$ 孔直接经 $e$ 槽、$b$ 孔从喷管 7 喷出，将槽中染色液以雾状喷射到浆纱表面，完成喷印工作。这时电磁阀关闭，活塞在弹簧力作用下复位。改变凹槽深度，调节槽内染色液的储存量，可以使墨印的大小符合要求。

喷墨式打印装置采取非接触式的喷印工作方式，在浆纱高速运动时可以避免打印动作对浆纱的机械损伤。

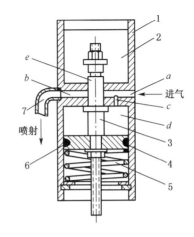

图 3-29　喷墨式打印装置结构简图

## 四、浆纱操作技术

**1. 开关车操作**

开关车是浆纱生产的重要起止点，挡车工、帮车工及调浆工需紧密配合，同心协力做好开关车工作。

（1）开冷车

① 首先检查机台及运转情况，然后逐渐开放烘房汽门，开风机以排走冷空气。

② 浆槽加温煮沸后放清水，检查浸没辊、压浆辊表面是否圆整。

③ 检查引纱（引带、引布）通道是否正确，有无缠纱。

④ 校正码表是否灵活，长度是否符合工艺要求，印盒内颜色深浅是否合适。

（2）假日或计划关车

① 烘房内不留纱线，需拉引线（引带或引布）。

② 处理剩浆，安排好计划，使了机时间交错，尽量不留残浆，彻底清洗浆槽，储入清水。

③ 橡胶压浆辊要清洁、干净，需摇起，不得接触上浆辊。

④ 如遇无空织轴关车，需跑到落轴长度再关车。

⑤ 做好机台清洁工作，由挡车工清洁浆槽和经轴架部分，由帮车工清洁烘房和前车部分。

⑥ 检查汽门、浆门、水门是否关闭，机台用具是否齐全，最后关闭电源。

（3）突然停车处理

① 首先关闭总汽阀、电源、浆门，开放余汽，帮车工盘动主机马达皮带盘，挡车工慢慢摇起浸没辊，待浸浆纱片通过压浆辊后摇起压浆辊。

② 用水轻轻冲去上浆辊、压浆辊、浸没辊上的余浆。

③ 长时间停车可打回浆，在浆槽内注入清水。

**2. 上了机操作**

上了机工作是保证浆纱工作持续、正常生产的重要一环，要求挡车工、帮车工及邻车工互相协作，合理分工，紧密配合，维护浆液性能，做到安全生产。

(1) 上机操作程序

① 上轴后脱下经轴包布,叠好备用,挡车工复核经轴传票,检查经轴质量,逐一转动经轴,检查各经轴转动是否灵活一致,并校对边盘使其成一直线,上好夹子,做好轴瓦加油工作。

② 接好纱片,在拉动纱片的同时放好绞线,尽量减少回丝。

③ 开车前,挡车工调节浆液并测量一次黏度(应达到工艺要求),捞净浆皮、浆沫,徐徐开放烘房汽门,打开直通阀,排除冷凝水后即关闭。

④ 打慢车,注意进入浆槽的纱片必须平整均匀,当封头经过上浆辊后放下压浆辊,摇下浸没辊,合上引纱辊安全装置。

⑤ 穿好湿分绞棒,整理绞线(拉直放平),调节浆槽汽压和温度,查看烘房温度,检查烘房内纱片的干湿及运行情况,待调节好后到前车,开快车。

⑥ 待了机纱片结头出烘房后打慢车,注意纱片断头,及时打了机墨印,抽出分绞棒,抬起抬纱棒,拨准计数表落轴,并记录了机匹数和零米。

⑦ 穿绞棒、梳纱、平纱,放下抬纱棒,调整纱幅位置,起梳长度控制在 1.5 m 以内,上轴后对好码表和轴边,打慢车 15 m 内搬头(抬纱,摆筘),调好轴幅,帮车工做一次大巡回,查无问题后通知挡车工开快车。

(2) 了机操作程序

① 了机最后一轴,挡车工密切注视经轴退绕情况,预防经轴出现长短码、严重断头等质量事故,如发现断头,应按品种、线密度补头,接牢放顺,在保证质量的前提下尽量减少回丝。

② 了机前 2～5 匹,关闭烘筒(烘房)进汽阀门并降速,关闭测湿仪(回潮表),前车由邻车看管。

③ 了机时挡车工、帮车工分立后车两侧,微开浆槽汽门,以防输浆管路堵塞。

④ 目测断头到浆槽后侧,即慢车(爬行)运行,浆槽中浆液酌情处理(可回浆、放掉),摇起浸没辊或花兰,抽出湿分绞棒,确认上浆辊、压浆辊无残留浆液,即摇起压浆辊,抬起张力引纱导辊,开直通阀,放掉烘筒(烘房)余汽即关闭,停车(停机)割纱按要求分股(至少 8 股),拉清经轴回丝,并送到指定地点。

吊下空经轴,送到规定地点并排列整齐,拉起压纱辊(托纱罗拉),关闭电源。挡车工做好滤尘网、风机进风口、导纱、压浆、浸没、各张力辊的清洁工作。

⑤ 使用橡胶微孔压浆辊时应注意防止造成压痕。

⑥ 使用化学浆时,了机后如继续起机,最好在浆槽上面盖一块湿布,避免浆液与冷空气接触产生结皮现象,浆槽要开小汽保温。如果化学浆黏度稳定,了机后预热浆箱内可以留浆,循环浆泵不停,并开汽保温。

**3. 上落轴操作**

(1) 上轴操作程序

① 打慢车上空织轴,帮车工手把半筘梳或夹板,引纱至轴芯,停车,粘贴纱尾,折叠不超过 3 cm,纱片距盘边不超过 5 cm,纸口不超过 3 cm,合上织轴离合器,紧牢紧固螺栓。

② 放下压纱辊,开慢车,打开离合器,校正幅宽,严格执行落轴后 15 m 内搬头,以防绞头。

③ 落轴前放绞线,要掌握落轴前放好,上轴后 15 m 内穿完。

④ 上轴后,转入正常运行前由帮车工做小巡回,检查无问题,打信号通知挡车工开主机。

开车后挡车工一定要在前车看到落轴时浆过的部分纱片顺利通过伸缩筘，才能做其他工作。

⑤ 帮车工将浆轴称重后送至指定地点，并将轴重告知挡车工。

（2）落轴操作程序

① 挡车工根据机台性能和工艺要求，注视码表到规定长度降速，并通知帮车工变速，适当收拢伸缩筘，防止穿筘时边绞头。

② 打印后脱开七星牙保持"0"位，按工业手动打印后，立即合上码表七星牙。当了机墨印通过伸缩筘后，即扩开伸缩筘到原位。

③ 当机头纱达到规定长度时停车，挡车工、帮车工需配合好夹上夹纱板，插上半筘梳或夹上夹板，拉下压纱辊，脱开织轴离合器，割纱一刀齐；无崩纱、绞头，纱头露出夹板 2 cm，夹板内裂缝不超过 1 cm。

④ 落下浆轴并用运轴小车移到旁边，上轴前打慢速爬行，防止出现横条浆斑。

**4. 浆纱单项操作**

（1）放绞线

① 挡车工、帮车工配合，由后向前，顺序放绞，绞线间距 10 cm 为宜；起机时第一根中心绞线应放在前面，其余各根均匀分布；绞线应放平直，一次放好，不要来回移动；绞线通过压浆辊后，应前后移动，以便穿绞顺利。

② 放绞时间一般为落轴前放绞、落轴后穿绞，穿绞时间在正常开车前为宜。上浆品种必须采用湿分绞，中支纱可加一根，高支纱可加两根。

③ 根据不同品种的质量要求和机械设备特征，自行设定拉绞线次数。

（2）穿绞棒

挡车工、帮车工密切配合，勾紧绞线，上下分开，绞棒从绞线中穿过，要求动作稳、准、轻、快，防止断头和漏绞。

（3）平纱

起机时要注意纱片张力是否一致，梳纱时用梳背在最前面的一根绞棒处向下压，使各层纱片的边对齐，然后顺势将梳齿向后倒，插入各层纱片内，往前梳，切勿用力过猛，以免梳断纱线。放下抬纱棒，取下长梳，收筘，调好纱幅，抬起抬纱棒，进行平纱，全幅纱片应厚薄一致，均匀地分布在筘齿内。适当调整齿内根数，搬头不超过 15 m。

（4）处理断头

① 平挑法：用于处理经轴、引纱辊、浸没辊、压浆辊、上浆辊、拖纱辊、导纱辊等上面的缠纱，平挑时要求平握刀把，拇指贴住刀面，刀背向外，平行插入断头卷绕处。

② 直割法：分刀锋向轴心和背轴心两种，用于处理花兰的表面缠纱。

③ 对于涤/棉高档品种，用刀要避免打慢车或停车时间过长。

④ 对于伸缩筘处断头（顶绞），根据断头多少进行停车或慢车处理，找出断头后沿纱线并以反方向顺拉，待断头拉顺后，顺捻在相邻经纱上，捻头要牢固平顺。

# 思考与练习

1. 浆纱的上浆机理如何？试根据浸压原理进行分析。

2. 什么叫浆纱覆盖系数？如何计算？使用双浆槽的条件及使用双浆槽的优点有哪些？

3. 常见浸压方式有哪几种？其特点是什么？

4. 浆纱烘燥的任务及烘燥方法有哪些？试分析和比较。

5. 浆纱机的主要机构及其作用是什么？

6. 湿分绞、干分绞的作用分别是什么？

# 任务3　设计浆纱工艺

## 一、上浆率

### 1. 上浆率的表示方法

上浆率是反映经纱上浆量的指标。经纱上浆率为浆料干燥质量与原纱干燥质量的百分比，可用下式表示：

$$J = \frac{G - G_0}{G_0} \times 100\%$$

式中：$J$ 为上浆率；$G_0$ 为原纱干燥质量（kg）；$G$ 为浆纱干燥质量（kg）。

另外，实际生产中常采用吸浆率：

$$S = \frac{g_2}{g_1} \times 100\%$$

式中：$S$ 为吸浆率；$g_1$ 为原纱质量（kg）；$g_2$ 为耗用浆液质量（kg）。

吸浆率只在浆液黏度、浓度相同的条件下可作相互对比。

### 2. 影响上浆率的因素

（1）浆液的黏度、浓度和温度

要获得稳定的上浆率，在浆料品种、质量不变的情况下，应保持浆槽内浆液的黏度、浓度和温度的稳定，应定时测定、检查，以便及时发现问题并调整。

浆液浓度增大，一般黏度增加，从而使挤压区液膜变厚，参与挤压的浆液量增多，如果第二次分配中压浆辊的吸浆能力稳定，液膜厚度就基本决定了纱线的上浆率。液膜增厚，上浆率增大。但是从 Darcy 定律可知：浆液黏度增加，其浸透速度下降，浸透能力削弱，浸透到内部的浆液少而被覆在表面的浆液多。当浆液黏度过大时，会引起上浆率过高而形成表面上浆，纱线弹性下降，减伸率增大，织造时产生落浆和脆断头；同时，浆料消耗量大，上浆成本提高。相反，黏度过小则液膜厚度过小，上浆率过低，并且浸透偏多、被覆过少，其结果为浆纱轻浆起毛，织机梭口不清，经纱断头增加。浆液温度影响其黏度，温度增高，分子热运动加剧，浆液流动性能提高，表现为黏度下降。浆液温度过高或过低会导致由黏度过高或过低所产生的弊端。对于部分表面存在拒水性物质（油、蜡、脂）的纤维，浆液温度提高有利于浆液对纤维的润湿及黏附，从而影响上浆率。

(2)压浆力

压浆力即压浆辊对浆纱的压力。压浆力的大小会影响浆纱的吸浆量,还会改变浆液对经纱被覆和浸透的比例。压浆力过大,会出现轻浆疵点;压浆力过小,会造成表面上浆。因此,压浆力确定后须严格控制。

(3)上浆辊和压浆辊的表面状态

上浆辊和压浆辊表面的绒毯和细布,均与吸浆量和保证上浆均匀有很大关系。除应选用弹性较好的包布外,还要定期清洗更换,以保持其弹性。

(4)浆纱车速

上浆车速的快慢会影响上浆率。车速快,浸浆时间短,浸透少,压浆时间短,表面上浆多。因此,车速高时要适当加大压浆力。车速慢,则反之。为保证浆纱质量,车速不允许随意调节。一般车速为35～60 m/min,主要由烘干能力决定。

**3. 上浆率的确定**

上浆率的大小与纱线线密度、织物组织和密度、浆料性能等因素有关。对于线密度高、强力大的纱线,上浆率可低些;对于线密度低、强力小的纱线,上浆率要相应增大。原纱的品质好或捻度大、毛羽少,上浆率可小些;反之,上浆率要大些。在其他条件相同的情况下,平纹比斜纹、缎纹的交织次数多,单位长度内的提综次数多,其纱线的上浆率要大些。织物密度大时,织造时经纱承受的摩擦、屈曲和拉伸的次数多,上浆率要大些。采用浆膜性能优良的浆料,上浆率可小些;反之,上浆率要大些。

确定上浆率还要兼顾地区气候、车间温湿度条件、机械状态、上浆工艺和质量管理等因素。如果车间温湿度控制良好,织机状态优良,原纱和准备工艺良好,调浆配方合理,浆液制备质量好,上浆工艺和质量好,织机速度略高时,上浆率也可以降低。

上浆率要适当,对于每一种织物,根据其具体条件,均存在一个最佳上浆率,此时的织造断头率最低,经济效益最好。上浆率增大或减小,织造断头率都会增大。确定新品种的上浆率时,一般以相似品种作为参考,根据新品种与相似品种在主要因素上的差异作适当增减,并经试织才能最终确定。

上浆率也可按长期生产实践经验确定。表3-8为一些棉织物使用不同浆料时的上浆率参考范围,再根据织物组织、纤维种类、织机类型,依表3-9～表3-12进行修正。

表3-8 棉织物上浆率参考范围

| 织物种类 | 纱线细度 | | 上浆率/% | | |
|---|---|---|---|---|---|
| | tex | 英支 | 淀粉浆 | 混合浆 | 化学浆 |
| 粗平布 | 58～32 | 10～18 | 7～9 | 4～5.5 | 2.5～3.5 |
| 中平布 | 29～22 | 20～26 | 7～11 | 4.5～7 | 3～4 |
| 细平布 | 19～23 | 30～44 | 10～15 | 6～10 | 4～6 |
| 特细平布 | 12～9.5 | 48～60 | 15～17 | 8～11 | — |
| 稀薄织物 | 12～7 | 48～60 | 13～16 | 7～10 | — |
| 纱府绸 | 29～14.5 | 20～40 | 10～15 | 6～12 | 4～9 |
| 纱哔叽 | 42～25 | 14～23 | 7～10 | 4.5～6 | 3～4 |
| 纱斜纹 | 32～28 | 18～21 | 7～9 | 4.5～6 | 2.5～4 |

（续　表）

| 织物种类 | 纱线细度 | | 上浆率/% | | |
|---|---|---|---|---|---|
| | tex | 英支 | 淀粉浆 | 混合浆 | 化学浆 |
| 纱华达呢 | 32～28 | 18～21 | 7～10 | 5～6 | 3～4 |
| 半线华达呢 | 16×2～14×2 | 36/2～42/2 | — | — | 0.2～2.5 |
| 纱卡其 | 48～28 | 12～21 | 8～11 | 4～7.5 | 3～4 |
| 半线卡其 | 16×2～10×2 | 36/2～60/2 | 0.5～1.0 | — | 0.5 左右 |
| 全线卡其 | J10×2～J7×2 | J60/2～J80/2 | 4～6 | 3～4 | 1.0～2 |
| 纱直贡 | 29～18 | 20～32 | 9～11 | 6～7 | — |
| 横贡 | J14.5 | J40 | 12～14 | 7～8 | 5～6 |
| 麻纱 | 18～16 | 23～36 | 10～13 | 5.8～7 | — |

注：① 纯淀粉浆系指用 99% 的玉米淀粉、小麦淀粉；② 混合浆系用 PVA 等分别与淀粉按不同百分比混合使用。

表 3-9　按织物组织修正上浆率

| 织物组织 | 上浆率修正值/% | 织物组织 | 上浆率修正值/% |
|---|---|---|---|
| 平　纹 | 100 | 斜纹（缎纹） | 80～86 |

表 3-10　按纤维种类修正上浆率

| 纤维种类 | 上浆率修正值/% | 纤维种类 | 上浆率修正值/% |
|---|---|---|---|
| 纯棉 | 100 | 涤/棉、涤/黏混纺纱 | 115～120 |
| 人造短纤纱 | 60～70 | 麻混纺纱 | 115 |
| 涤纶短纤纱 | 120 | — | — |

表 3-11　按织机种类修正上浆率

| 织机种类 | 车速（r/min） | 上浆率修正值/% | 织机种类 | 车速（r/min） | 上浆率修正值/% |
|---|---|---|---|---|---|
| 有梭织机 | 150～200 | 100 | 高速剑杆织机 | 300 以上 | 120 |
| 片梭织机 | 250～350 | 115 | 喷气织机 | 400 以上 | 120 |
| 剑杆织机 | 200～250 | 110 | — | — | — |

上浆率一般以检验退浆结果和按工艺设定的允许范围（表 3-12）考核其合格率。

表 3-12　上浆率允许误差

| 上浆率/% | 6 以下 | 6～10 | 10 以上 |
|---|---|---|---|
| 允许误差 | ±0.5 | ±0.8 | ±1.0 |

## 二、压浆力

### 1. 压浆力与上浆质量的关系

（1）压浆辊的加压强度

压浆辊的加压强度就是挤压区内单位面积的平均压力。加压强度提高，则挤压区内液膜厚度减小，上浆率下降，浆液浸透增多、被覆减少。加压强度过大会引起浆纱轻浆起毛；过小,则纱线上浆过重,形成表面上浆。

采用传统的单浸双压低浓浆液常压(压浆力小于 6 kN)上浆时,压浆辊加压强度的工艺设计原则为前重后轻(即第一压浆辊的加压强度大、第二压浆辊的加压强度小)。这样,在第一压浆辊的挤压区内,由于重压使纱线获得良好的浆液浸透;第二压浆辊的挤压区内,轻压使液膜较厚,以保证压浆后纱线的合理上浆率及表面的浆液被覆程度。

用于双浸双压中压(压浆力 20～40 kN)上浆的浆液浓度和黏度较高,相应的压浆辊加压强度工艺设计原则为前轻后重、逐步加压。高浓度条件下,第二压浆辊的加压强度较大,使液膜不致过厚,以免上浆过重。

(2) 压浆辊表面的状态

传统的压浆辊表面包覆绒毯(或毛毯)和细布。由于包卷操作不便,要求较高,包卷质量不稳定,因此逐步被橡胶压浆辊所替代。橡胶压浆辊外层为具有一定硬度的橡胶层,一种橡胶压辊的表面带有大量微孔,另一种为光面。一般光面橡胶压浆辊作为第一压浆辊,微孔表面橡胶压浆辊作为第二压浆辊。

压浆辊具有吞吐浆液的功能,在挤压区入口处吐出浆液,而在挤压区出口处吸收浆液。相对而言,光面橡胶压浆辊的吞吐能力较弱。压浆辊表面的细布新旧程度和橡胶压浆辊表面的微孔状况,决定了挤压区口处的浆液吞吐能力,特别是出口处第二次浆液分配的吸浆能力。因此,压浆辊表面状态对上浆率和浆液被覆与浸透程度起着重要作用。

(3) 压浆形式及加压装置

压浆形式多种,现普遍采用多点浸压方式,如双浸双压形式。祖克浆纱机等则采用双浸四压形式,即浸没辊能加侧压,而强化了浸压效果,且浸没辊受上浆辊的摩擦传动,起到送纱辊的作用,可以减少纱线的湿态伸长。在祖克 S432 型浆纱机上,由于其侧压点低于浆液液面,使浆纱离开浸没辊的测压点后再次浸没在浆液中,达到四浸四压的目的,提高了浆液的渗透和被覆。

压浆辊加压装置的形式有杠杆式、弹簧式和气动式。杠杆式和弹簧式需人工调节和控制,易产生压浆辊压力不稳定和两端压力不一致等问题,造成上浆不均匀。气动式加压装置有自动调压、调节方便、压浆力稳定、易于实行自动控制等优点,已广泛用于新型浆纱机。

**2. 高压上浆**

压浆辊的压浆力分为常压(10 kN 以下)、中压(20～40 kN)和高压(70～100 kN)三种。高压上浆由美国 West Point 公司于 1978 年推出,被其他公司竞相效仿,是一种高效上浆技术。高压上浆技术的应用使浆纱速度大为提高,能量节约十分显著,并且上浆质量有所提高。

(1) 浆纱压出回潮率和浆液总固体率的关系

经纱通过浆槽上浆后未经烘房烘燥时的回潮率,称为浆纱压出回潮率 $W_i$,其计算公式为:

$$W_i = \frac{G + W_j \times Y}{Y + m} \times 100\%$$

式中：$W_j$ 为经轴上经纱回潮率；$Y$ 为经纱干燥质量(kg)；$m$ 为浆纱的浆料干燥质量(kg)；$G$ 为经纱上浆时吸入的水分质量(kg)。

对应的经纱上浆率可计算如下：

$$S = \frac{m}{Y} \times 100\%$$

假设经纱吸附的浆液浓度和浆槽中的浆液浓度相等，则浆液的总固体率为：

$$D = \frac{m}{G+m} \times 100\%$$

于是，烘燥装置烘干单位质量(1 kg)干经纱所需蒸发的水分质量(kg)为：

$$Q = (W_i - W)(1 + s) =$$
$$\frac{S(1-D)}{D} + W_j - W(1+s)$$

式中：$W$ 为浆纱回潮率。

根据上式，在经纱回潮率($W_j$)和浆纱回潮率($W$)确定的条件下，得到 $S$、$D$ 和 $Q$ 三者的关系(图3-30)。

当上浆率($S$)一定时(10%)，浆液总固体率($D$)的增加使烘干单位质量干经纱所需蒸发的水分量($Q$)下降，这意味着烘燥装置的负荷降低，能量消耗可以减少，浆纱速度得以提高。实测 22.6 tex 涤/棉经纱(T65/C35，总经根数6 828，上浆率 9.5%)上浆，当浆液总固体率为 7.7% 时，烘干每千克干经纱需蒸发水分 1.139 kg；当浆液总固体率提高到 12.3% 时，烘干每千克干经纱需蒸发水分量下降为 0.657 kg。

(2) 浆液总固体率和压浆辊压力的关系

浆液总固体率的增加使浆纱速度得以增加，同时也导致浆液黏度的提高，从而对浆纱上浆率和浆液的被覆与浸透程度产生不良影响。为达到适当的上浆率和合理的被覆与浸透程度，必须增加压浆辊压力，采用中压或高压上浆。实测的上浆率、总固体率与压浆辊压力三者的关系如图 3-31 所示。

图中曲线表明，当浆液总固体率增加时，为保证浆纱上浆率稳定不变，压浆辊的压力必须随之急剧增加。

(3) 高压上浆的有关问题

图 3-30 表明，当浆液总固体率达到一定数值之后，继续提高总固体率对 $Q$ 值的降低作用不明显，不可能进一步减少浆纱能耗、提高浆纱速度。这说明浆液总固体率的选择应适当，不宜过高。有观点认为，过高的浆液总固体率必然造成过高的压浆辊压力，以致纱线形状被压扁，并且纱线上浆不匀，还可能损伤压浆辊。沿压浆

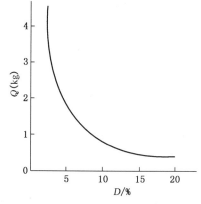

图3-30　上浆率为 10% 时 $Q$ 和 $D$ 的关系

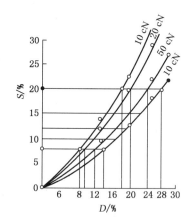

图3-31　上浆率、总固体率与压浆辊压力的关系

辊长度方向,合理的压浆力为98～294 N/cm。

与常压上浆相比,高压上浆的浆纱质量有所提高,主要表现为:纱线表面毛羽贴伏,浆液的浸透量明显增加。良好的浆液浸透不仅使纤维之间黏合作用加强,而且为浆膜的被覆提供了坚实的基础,表现为浆纱耐磨性能大大改善,见图3-32。

传统浆料在高浓度时其黏度极高,流动性太差,给煮浆、输浆和上浆都带来困难,因此不能用于高压上浆。用于高压上浆的浆料应具有高浓、低黏的特点,目前主要为变性淀粉和变性PVA等。

由于压浆辊的加压力施于辊的两端,因此高压浆力会使压浆辊弯曲变形,结果两侧经纱所受压力大、中部经纱所受压力小,产生经纱上浆率横向不匀的现象,压浆辊越长,不匀现象越明显,见表3-13。

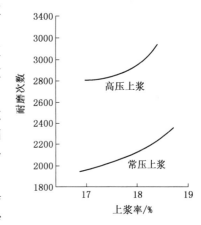

图3-32 高压上浆与常压上浆的浆纱耐磨性对比

表3-13 压浆辊压力与上浆率横向不匀的关系

| 压浆辊压力(N/cm) | 中部与两侧经纱的上浆率之比 | |
| --- | --- | --- |
| | 辊长98 cm | 辊长152 cm |
| 78.4 | 1.13 | 1.04 |
| 104.86 | 1.21 | 1.06 |
| 131.32 | 1.24 | 1.06 |

为克服上浆率的横向不匀,对上浆辊的材质提出了较高的要求,并且将辊芯设计成枣核形,见图3-33。当压浆辊两端被施加高压力时,由于枣核形辊芯的作用,压浆辊壳体和上浆辊共同发生微小的弯曲变形,使经纱片上浆率能保持横向均匀。

高压上浆必须使用高浓、低黏的浆液,高压浆力、高浓、低黏浆液的工艺设置称为"两高一低"上浆工艺。

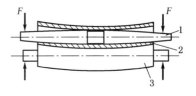

图3-33 压浆辊示意图

1—压浆辊枣核形辊芯
2—压浆辊壳体 3—上浆辊

## 三、上浆温度

上浆温度应根据纤维种类、浆料性质及上浆工艺等参数制定。实际生产中有高温上浆(95 ℃以上)和低温上浆(60～80 ℃)两种工艺。

对于棉纱,无论是采用淀粉浆还是化学浆,均以高温上浆为宜。因为棉纤维的表面附有棉蜡,蜡与水的亲和性差,从而影响了纱线吸浆,而且棉蜡在80 ℃以上的温度下才能溶解,故一般采用高温(98 ℃)上浆。

对于涤/棉混纺纱,高温和低温上浆均可。高温上浆可加强浆液渗透;低温上浆则多采用纯PVA合成浆料,配方简单,而且节能,但必须辅以后上蜡措施。

黏胶纱在高温湿态下,强力极易下降,故上浆温度应降低。

## 四、烘燥温度

决定烘燥温度时,首先考虑烘干上浆纱片。浆纱水分蒸发量 $G$ 的计算公式为:

$$G = \frac{W_P}{1 + W_1}(W_y - W_1)$$

式中:$W_P$ 为烘干纱片质量,即浆纱产量;$W_y$ 为从浆槽出来时的压出回潮率;$W_1$ 为浆纱烘干后达到的工艺回潮率。

$W_y$ 由压浆力决定,$W_1$ 的高低对水分蒸发量的影响很大。由上式可知,烘筒的热量与温度成正比,因此需达到一定温度,才能把相应质量的浆纱烘干,从而达到工艺回潮率的要求。但是,纤维材料的纱片能承受的烘燥温度有一定限度。温度过高时,纱线可能变脆、烤焦,甚至熔融变形。

## 五、浆纱回潮率

### 1. 浆纱回潮率的大小

浆纱回潮率为浆纱中水分质量与浆纱干燥质量的百分比,可用下式表示:

$$W = \frac{W_2 - W_1}{W_1} \times 100\%$$

式中:$W$ 为浆纱回潮率;$W_1$ 为浆纱干燥质量(kg);$W_2$ 为浆纱质量(kg)。

浆纱回潮率随纤维种类而不同,应结合纤维的标准回潮率来确定(表 3-14)。

表 3-14　各种纤维的回潮率

| 纤维种类 | 纤维标准回潮率/% | 浆纱回潮率/% |
|---|---|---|
| 黏胶丝 | 13.1 | 5.0~6.0 |
| 锦纶丝 | 4.5 | 2.0 |
| 涤纶丝 | 0.4 | 1.0 |

注:车间相对湿度为70%~75%时的浆纱回潮率。

### 2. 影响浆纱回潮率的因素

① 蒸汽压力:蒸汽压力越大,烘筒温度越高,干燥速度越快,可达到较低的回潮率,但需考虑烘筒的安全因素。

② 烘筒结构:烘筒内有虹吸管,及时排除烘筒内的凝结水;输汽管路中应有疏水器,排水管路中应有阻汽箱,防止进汽时带入水滴和排水时漏汽,提高烘干效率,降低能耗。烘筒的圆整度越高,经纱与烘筒能紧密接触,减少热阻,提高烘干效果。

③ 浆纱表面与周围空气的湿差:浆纱表面与周围空气的湿差越大,干燥速度越快。所以可在烘筒上方加装排气罩,烘房内加装排气风扇,以及时排除湿空气,增大湿差,提高烘干能力。

④ 湿浆纱的含水率:湿浆纱的含水率取决于压浆辊的压力,如压浆力适当,就能保证浸透均匀,减少过多的水分,有利于节约用汽,还能提高车速。

⑤ 总经纱根数:总经纱根数越多,线密度越大,所含水分就越多,需要的蒸发热也就越大。所以,总经纱根数多时,要加大蒸汽压力或降低车速,才能保证回潮率不变。

⑥浆纱速度：在烘房绕纱长度不变的条件下，浆纱速度快，浆纱在烘房内停留的时间短，浆纱回潮率大；反之，浆纱回潮率小。

⑦上浆率：纱线上浆率大，回潮率易偏高；反之，回潮率易偏低。

**3. 回潮率的确定**

回潮率的大小取决于纤维种类、经纬密度、上浆率和浆料性能等。浆纱回潮率要求纵向、横向均匀，波动范围宜掌握在工艺设定值的±0.5%。

回潮率过大，纱线易黏并，织造时开口不清，断头增加，易出现"三跳"疵点，造成窄幅、长码疵布；回潮率过小，浆纱弹性差，手感粗糙，浆膜易脱落，织造时脆断头多，还易造成宽幅、短码疵布。

适宜的回潮率可使浆纱具有较好的强力和弹性，浆膜坚韧耐磨。用淀粉作主浆料时，浆纱回潮率应略低于纱线的公定回潮率；用合成浆料时，宜取同值或略高的数值。上浆率偏高时，回潮率可略大，以避免浆纱脆断头。梅雨季节，回潮率可低些。

大多数情况下，浆纱回潮率应比纱线的公定回潮率小一些，使纱线在织造车间吸湿而达到平衡回潮率；但吸湿性特差的长丝或短纤纱，应比公定回潮率约高0.5%。

常见品种的浆纱回潮率参考范围见表3-15。

**表 3-15　各种浆纱的回潮率**

| 纱线品种 | 回潮率/% | 纱线品种 | 回潮率/% |
| --- | --- | --- | --- |
| 棉浆纱 | 7±0.5 | 亚麻纱 | 11～14 |
| 黏胶浆纱 | 10±0.5 | 黄麻纱 | 18～20 |
| 涤/棉混纺浆纱 | 2～4 | 聚酯浆纱 | 1.0 |
| 苎麻纱 | 10 | 聚丙烯腈浆纱 | 2.0 |

## 六、浆纱速度

浆纱速度对上浆率的影响有两个方面。一方面，速度快，压浆辊加压效果减小，浆液液膜增厚，上浆率高；另一方面，速度快，纱线在挤压区中通过的时间短，浆液浸透距离小，浸透量少，上浆率低。其综合结果是，过快的浆纱速度引起上浆率过高，形成表面上浆；而过慢的速度引起上浆率过低，纱线轻浆起毛。现代化浆纱机都具有高、低速的压浆辊加压力设定功能，高速时压浆辊加压压力大，低速时压浆辊加压压力小。在速度和压力的综合作用下，液膜厚度和浸浆量维持不变，于是上浆率、浆液的浸透和被覆程度基本稳定。浆纱速度变化时，压浆力自动调节，图3-34表示调节时所遵循的线性或指数函数关系。

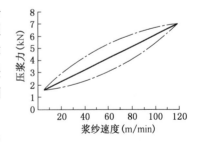

**图 3-34　浆纱速度与压浆力的函数关系**

浆纱速度的确定与上浆品种、设备条件等因素有关。在上浆品种、烘燥装置最大蒸发量、浆纱压出回潮率和工艺回潮率已知的情况下，浆纱速度的最大值可用下式计算：

$$V_{\max} = G \times (1 + W_g) \times 10^6 / [60 \times Tt \times m \times (1 + S) \times (W_0 - W_1)]$$

式中：$V_{\max}$为浆纱速度；$G$为烘燥装置的最大蒸发量；$W_g$为原纱公定回潮率；$Tt$为经纱线密度；$m$为总经根数；$S$为上浆率；$W_0$为浆纱压出回潮率；$W_1$为浆纱离开烘燥装置

后的回潮率。

浆纱速度应在浆纱设备技术条件所允许的范围内,浆纱机的实际开出速度通常为35～60 m/min。

## 七、浆纱伸长率

### 1. 影响浆纱伸长率的因素

① 经轴制动力:经轴制动的目的是防止纱线松弛,但经轴制动与减少经纱伸长相矛盾。制动力大,防止松纱的效果好,但经纱伸长大。因此,经轴制动力应尽可能小。

② 浸浆张力:干态纱线可承受一定的拉伸作用,且拉伸后的变形容易回复,但纱线在湿态下拉伸会产生不可回复的永久变形,损失纱线弹性,断裂伸长率下降。因此,应尽量减少对湿纱的拉伸作用。纱线浸浆时呈松弛状态即松弛浸浆,对吸浆和减伸都有利。所以,应使引纱辊至上浆辊间的伸长为负伸长。

③ 湿区张力:合理选择烘燥方式,缩短经纱在烘房内的穿纱长度,烘房采用积极传动,烘房导纱辊运行灵活而平行,可以减少湿区张力,降低浆纱伸长率。

④ 干区张力:为保证分纱顺利,浆纱出烘房后应有足够的张力。张力太小,分绞时易断头或因摩擦和堵塞伸缩筘而断头;张力太大,浆纱伸长率大。可在烘房到拖引辊之间设置控制伸长的差微变速装置,以控制干区张力。

⑤ 卷绕张力:为使浆轴卷绕紧密,成形良好,经纱应有足够的卷绕张力,且张力值是各区中最大的,故此阶段的伸长较大。

### 2. 伸长率的控制

浆槽区(从引纱辊到第二上浆辊)为纱线伸长的第二控制区。该区内纱线的伸长和张力应整经轴退绕区(第一控制区)小,使退绕区内产生的部分纱线伸长在浆槽区得到恢复,通常称这种伸长减少的现象为负伸长。负伸长的目的是使纱线在较小的张力状态下进行良好的浸浆和压浆,并且减少纱线的湿态伸长。

浆槽内可能达到的负伸长量与浸压次数有关。浸压次数增加,纱线受到的拉伸作用增大,可能达到的负伸长量减少。因此,在满足浸透和被覆要求的条件下,应尽量减少浸压次数,以避免不必要的纱线湿态伸长。

整经时加放千米纸条,在消极式经轴退绕装置中,通过控制各轴的制动力,使相应的千米纸条同时出现,以保证各轴经纱伸长一致。新型浆纱机在引纱辊与经轴架之间设有张力自动调节装置,使各经轴的退绕张力一致,片纱张力均匀。

### 3. 伸长率的确定

经纱在上浆过程中必然会产生一定量的伸长,伸长率的控制要求越小越好。常见品种的浆纱伸长率范围见表3-16。

表3-16　伸长率参考数据

| 纤维种类 | 伸长率/% | 纤维种类 | 伸长率/% |
| --- | --- | --- | --- |
| 纯棉纱 | 1.0以下 | 涤/棉混纺纱 | 0.5以下 |
| 棉/维混纺纱 | 1.0以下 | 纯棉及涤/棉股线 | 0.2以下 |
| 黏胶纱 | 3.5以下 | — | — |

机织工艺

## 八、浆纱墨印长度

浆纱墨印长度 $L_m$ 可用下列公式计算：

$$L_m = \frac{L_p}{N \times (1 + a_j)}$$

式中：$L_p$ 为织物的公称联匹长度(m)；$N$ 为联匹中的匹数；$a_j$ 为考虑织物加放长度后的经纱缩率(比织物分析的实际缩率略大)。

## 九、浆纱工艺设计实例

浆纱工艺参数项目和实例见表 3-17。

表 3-17 浆纱主要工艺参数实例

| 项 目 | 工 艺 参 数 | |
|---|---|---|
| 品 种 | 14.7×14.7 棉府绸 | 13.1×13.1 涤/棉府绸 |
| 未熟浆温度时浓度(°Be) | 50 ℃时,3±0.2 | |
| 浆槽浆液温度(℃) | 98 | 95 |
| 浆液总固体率/% | 9 | 9 |
| 浆液 pH 值 | 8 | 8 |
| 浸压方式 | 单浸双压 | 双浸双压 |
| 浸浆尺寸(mm) | 432 | 550 |
| 压浆辊包卷方式 | 棉绒两块,毛毯、细布各1块 | 橡胶压辊 |
| 压浆辊自身质量(kg) | 弹簧加压,130 | 气动加压 |
| 湿分绞棒数(根) | 3 | 3~5 |
| 烘燥形式 | 热风式 | 热风烘筒联合式 |
| 烘房温度(℃) | 120 | 120 |
| 卷绕速度(m/min) | 30 | 50 |
| 每缸经轴数(个) | 10 | 12 |
| 浆纱墨印长度(m) | 40.7 | 123.2 |
| 上浆率/% | 13±1.0(玉米淀粉浆) | 10±1.0(PVA 为主混合浆) |
| 回潮率/% | 7±0.5 | 3 |
| 伸长率/% | 0.7 | 0.5 |

## 十、浆纱质量控制

### 1. 浆纱的产量

浆纱产量为每小时每台机器加工原纱的质量(kg),分为理论产量 $G'$ 和实际产量 $G$。理论产量的计算公式为：

$$G' = \frac{6 \times V \times M \times Tt}{10^5} \quad [kg/(台 \cdot h)]$$

式中:$M$ 为织轴总经根数;$V$ 为浆纱速度(m/min);Tt 为纱线线密度(tex)。

浆纱实际产量为:

$$G = k \times G'$$

式中:$k$ 为时间效率。

**2. 浆纱主要疵点及其产生原因**

浆纱疵点有很多种类,下面仅介绍具有共性的主要浆纱疵点:

(1) 上浆不匀产生原因

① 浆液黏度不稳定。

② 浆液温度波动。

③ 压浆辊包卷不良。

④ 浆纱车速时高时低。

⑤ 压浆辊两端压力不一致。上浆不匀易造成织机开口不清,易引起断边、断经以及布面起毛起球、折痕、"三跳"、吊经、经缩等织疵。

(2) 回潮不匀产生原因

① 蒸汽压力不稳定。

② 压浆辊包卷不平或表面损坏。

③ 压浆辊两端加压不均匀。

④ 散热器、阻汽箱失灵。

⑤ 烘房热风不匀或排湿不正常。

⑥ 浆纱车速快慢不一。回潮不匀易造成织造开口不清。

(3) 张力不匀产生原因

① 经纱千米纸条调节不良。

② 拖引辊包布包卷不良或损坏。

③ 各导辊或轴不平行、不水平。

④ 轴架两端加压不一致。张力不匀造成经纱断头增多且影响织物质量。

(4) 浆斑造成原因

① 浆槽内浆液表面出现凝固浆皮。

② 停车时间过长,造成横路浆斑。

③ 湿分绞棒转动不灵活或停止转动而附上余浆,一旦转动则导致横路浆斑或经纱黏结。

④ 压浆辊包布有折皱或破裂,压浆后纱片上出现云斑。

⑤ 蒸汽压力过大,浆液溅在被压浆辊压过的浆纱上。浆斑会使相邻纱线黏结,导致浆纱机分纱时和织造时断头增加。

(5) 油污和锈渍造成原因

① 浆纱油脂上浮。

② 烘房内导辊轴承中润滑油熔化而流到纱线上。

③ 排汽罩内滴下黄渍污水。

④ 织轴边盘脱漆,回潮率过高造成锈渍。

⑤ 有油渍部位或因操作不慎、管理不善造成。

油污和锈渍都会增加油污次布。

(6) 黏、并、绞造成原固

① 溅浆、溅水,干燥不足。

② 浆槽浆液未煮透或黏度太大。

③ 经轴退绕松弛、经纱横动、纱片起缕、分绞时扯断或处理断头时没有分清层次造成并绞。

④ 挑头(或割取绕纱)操作时,处理不妥善。黏、并、绞会影响穿经操作,增加吊综、经缩、断经、边不良等织疵。

(7) 多头、少头造成原因

① 各导辊有绕纱,造成浆纱缺头。

② 经纱附有回丝、结头不良等导致浸没辊、导纱辊、上浆辊发生绕纱,甚至碰断筘齿。

③ 整经头分配出错,或多或少。

④ 其他情况的中途断纱。多头和少头都会产生停台和次布。

(8) 漏印、流印造成原因

① 测长打印装置故障而造成漏印。

② 打印弹簧松弛,造成流印。

③ 打印盒绒布损坏。

④ 印油加得太多。

漏印、流印影响匹长的正确性,增加匹长乱码。

(9) 软硬边造成原因

① 伸缩筘位置走动。

② 织轴边盘歪斜。

③ 压纱辊太短或转不到头,两端高低不一致。

④ 内包布两端太短。

以上情况造成织造时有嵌边或松边,易断头,影响织物的外观质量。

上述浆纱疵点大多由机械状态和挡车操作引起,所以必须加强对浆纱机的维修和保养,对经轴、织轴进行检修,使机器保持良好的工作状态。

**3. 提高浆纱质量的技术措施**

近年来,由于对浆纱理论和实践的不断深入研究以及电子、化工、计算机、自动控制等学科的进一步介入,浆纱技术得到了迅速的发展。提高浆纱质量的技术措施主要反映在上浆、浆液调制和浆料的开发应用三个方面。

(1) 上浆技术措施

上浆技术措施可以概括为阔幅、大卷装、高速高产、低能耗、生产过程的高度自动化和集中方便的操纵与控制。

纱线张力分区自动控制及显示,使浆纱伸长率得到有力的控制。特别是经轴架区域的气动式退绕张力调节装置,能有效地控制经纱片的张力均匀程度,减少回丝损失。

浆纱及浆液质量在线检测和自动控制,大大缩小了浆纱质量对运转操作人员技术素质的依赖程度,从而保证了浆纱的高质量,同时减轻了工人的劳动强度。

浆纱机各单元部分实现标准化和组合化,用户可以根据不同的原料、纱线粗细、经纱根数以及织造要求,十分方便地对单元部分进行优化选择及组合,既能形成一机多用的通用型浆纱机,也能组成满足某种特殊要求的专用型浆纱机。

车头的控制板集中了全机的操纵及电脑质量监控系统,不仅可采集运行数据、存储数据、测算工艺参数,并打印记录与产量、质量、效率有关的各种数据,如工作时间、停机时间、机器效率、浆纱速度、浆纱长度、伸长率、上浆率等,还能根据测试数据自动地对上浆过程进行优化,以保证浆纱的高质量。

此外,其他上浆方法也被逐步完善,主要有以下几种:

① 预湿上浆:如图 3-35 所示,纱线进入浆槽前先经高温预湿处理,洗去纱线中的棉蜡、糖衣、胶质等杂质,再经过高压榨力的挤压,将纱线中的大部分水分和空气压出,改善纱体中水分的分布,可减少纱线吸浆,加强纤维间的抱合,使毛羽贴伏,为均匀纱线上浆、提高纱线质量提供了保证。

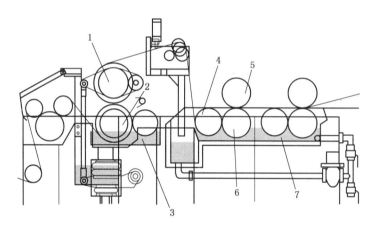

图 3-35　预湿上浆

但预湿上浆存在两个问题。一是上浆率难以控制,预湿后的纱线水分轧余率难以掌握,尤其对疏水性纤维以及疏水性纤维和其他纤维混纺的纱线,其轧余率很难测定,调浆时含固率难以掌握。二是调浆困难,预湿后的纱线一般含有 $40\%\sim60\%$ 的水分,要达到一定的上浆率就必须提高浆液浓度,而提高浓度会增大黏度且影响浆液的渗透。因此,如何科学合理地应用预湿上浆技术,还需进一步研究。

② 溶剂上浆:这是一种用溶剂(一般为三氯乙烯、四氯乙烯)来溶解浆料(聚苯乙烯浆料)并进行上浆的方法,它实现了上浆和退浆不用水的目的,从而避免了日益严重的废水处理和环境污染的困扰。由于所采用的溶剂蒸发快,对纱线的浸润性能好,因此浆纱能耗大大降低,浆纱质量也有所提高。因溶剂和浆料可循环回用,上浆及退浆的污水处理被革除,其总的生产成本与传统上浆方法相比有所下降。目前的溶剂浆纱机具有多功能,适用于合成纤维和天然纤维组成的各种纱线。

③ 泡沫上浆:泡沫上浆是以空气代替一部分水,用泡沫作为媒介,对经纱进行上浆的新工艺。浓度较大的浆液在压缩空气的作用下,在发泡装置中形成泡沫,由于加入了发泡剂,因此泡沫比较稳定,并达到一定的发泡比率。然后用罗拉刮刀将泡沫均匀地分布到经纱上,经压浆辊轧压后泡沫破裂,浆液对经纱作适度的浸透和被覆。由于浆液浓度大,因而需采用高压轧浆。泡沫上浆过程中,浆纱的压出回潮率很低,为 $50\%\sim80\%$ 或更小,因而节能、节

水、提高车速、降低浆纱毛羽的效果明显。泡沫上浆的发泡比在 $5:1\sim20:1$ 之间,泡沫直径宜为 $50\ \mu m$ 左右。泡沫要有一定的稳定性,低黏度级的 PVA、丙烯酸浆料、液态聚酯以及这些浆料的混合浆,都是易发泡的浆料。

④ 热熔上浆:经纱在整经过程中由涂浆器对其进行上浆。涂浆器由加热槽辊组成,安装在整经车头与筒子架之间。固体浆块紧贴在槽辊上,并熔融在槽中,当经纱与槽辊的槽接触时,熔融浆就施加到经纱上。然后,浆液冷却并凝固于纱线表面。其优点是:革除了调浆、浆槽上浆及烘燥等步骤,既缩短了生产流程,又比常规上浆节约能耗达 $85\%$;浆纱相对于槽辊接触点做同向移动,浆纱速度高于槽辊表面线速度,由于涂抹作用,浆纱表面毛羽得到贴伏,织造性能得到提高;聚合性热熔浆料容易回收,退浆容易。这种方法适合长丝上浆,可以增加丝的集束性,具有减摩、防静电作用。近年来对热熔浆料作了大量研究,主要解决凝固速度慢、上浆后纱线粘连、熔融浆流动性能差、上浆不匀等问题,从而推动了热熔上浆技术的迅速发展。

(2) 新浆料的研究与开发

随着纤维新品种的不断开发,以及织机高速、高效的要求,浆料的研究开发工作也在逐步深入,主要的研究方向有:研制、开发新型的高性能接技淀粉,以取代大部分或全部 PVA浆料,用于各种混纺纱甚至纯化纤的上浆,其目的是充分利用各种天然淀粉资源,降低浆料成本,减小退浆废液的处理难度;研制、开发各种类型的组合浆料及单组分浆料,提高浆料的上浆效果,简化调浆操作,而且有利于浆液质量的控制和稳定;研制及开发满足各种新型织造技术的特殊浆料,如用于喷水织机的水分散型聚丙烯酸酯乳液等。

(3) 调浆技术发展趋势

计算机在调浆工序中的应用是调浆技术的主要发展趋势。在浆液调制过程中,每种浆料组分的称量及加入、煮浆时间和温度、搅拌速度、调煮程序都由计算机进行控制,实现全过程的自动化。同时,计算机还对浆液的调煮质量进行在线监控,及时发出相应的信号。这些措施确保了浆液配比的准确性及调制浆液的高质量。控制台上还设有流程图显示屏和打印装置,可以随时显示调浆进程,打印各种工艺参数及浆液质量指标,为操作和管理带来很大方便。

# 思考与练习

1. 上浆率的确定原则是什么? 如何控制上浆率的大小?

2. 现代上浆工艺采用的"两高一低"方式指哪"两高一低"?

3. 上浆时影响"浆纱三大率"的因素有哪些?

4. 什么叫高压上浆? 有何特点和技术要求?

5. 浆纱工艺参数设计应包括哪些主要项目?

6. 目前有哪几种新型上浆方式?

## 教学目标

**知识目标：** 1. 了解穿结经、定捻和卷纬的目的与工作原理。
2. 掌握停经片、综框、钢筘的作用和结构与有关的工艺参数、定捻的方式与设备、卷纬的成形和工艺要求、主要的卷纬机械。
3. 掌握穿结经、定捻和卷纬各工序工艺参数的设计原则与方法。
4. 掌握穿结经、定捻和卷纬各工序疵点产生原因及其防止措施。

**技能目标：** 1. 会穿结经、定捻和卷纬的基本操作，以及上机工艺参数的设定与调整。
2. 会测定纱线的定形效果等。
3. 会鉴别穿结经、定捻和卷纬各工序产生的疵点，分析成因，提出防止措施。

## 学习情境

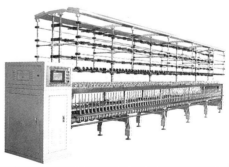

# 任务1　设计穿结经工艺

## 一、穿结经概述

### 1. 穿结经的目的

穿结经是穿经和结经的统称,是经纱在进入织造之前的最后一道准备工序。其任务是把浆轴上的全部经纱按照织物上机图及穿经工艺的要求,依次穿过停经片、综丝和钢箱。穿停经片的目的是在经纱断头时,通过停经片使织机停车;穿综的目的是使经纱在织造时由开口机构形成梭口,与引入的纬纱按一定的组织规律进行交织,形成所需要的织物;穿箱的目的是使经纱保持规定的幅宽和经密。

如果织物的组织、幅宽、密度、总经根数均保持不变,也可以采用结经的方法,即用结经机将新织轴上的经纱与了机后的织物相连接的经纱逐根对结,然后将所有结头一同拉过停经片、综丝和钢箱,直至机前。

### 2. 对穿结经的工艺要求

穿结经是一项十分细致的工作,任何错穿(结)、漏穿(结)等都会影响织造工作的顺利进行,增加停机时间,产生织物外观疵点。因此,对穿结经的工艺要求有:

① 必须符合工艺设计,不能穿错、穿漏、穿重、穿绞。

② 使用的停经片规格要正确,质量良好。

除少数经纱密度大、线密度小、织物组织比较复杂的织物还保留手工穿结经外,现代纺织厂大都采用机械和半机械穿结经方式,以减轻工人劳动强度,提高劳动生产率。

## 二、穿结经主要器材

### 1. 停经片

停经片是织机断经自停装置的一个部件。在织机上,每根经纱穿入一片停经片,当经纱断头时,停经片落下,使断经自停装置执行关车动作。同时,停经片能使织机后部经纱分隔清楚,减少经纱的相互粘连。

停经片由钢片冲压而成,其结构如图 4-1 所示。图中,(a) 为国产有梭织机使用的机械式停经装置的停经片,(b) 和 (c) 为无梭织机使用的电气式停经装置的停经片。

停经片有开口式和闭口式两种。图 4-1 中:(a)(b)是闭口式停经片,经纱穿在停经片中部的圆孔内;(c)是开口式停经片,在经纱上机时插放到经纱上,使用比较方便。大批量生产的织物品种一般用闭口式停经片,品种经常翻改的织物采用开口式停经片。

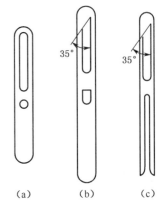

图 4-1　停经片

### 2. 综框

综框由综框架和综丝组成。每根经纱穿过一根综丝的综眼,经纱在综框带动下按一定的沉浮规律形成梭口,以便与纬纱交织形成织物所需的组织。

综框有单列式和复列式两种主要形式,单列式综框每片挂一列综丝,复列式则每片挂两列综丝。有梭织机上,每片综框有时悬挂三四列综丝,用于织制高经密织物。有梭织机使用的综框和综丝结构如图4-2所示。

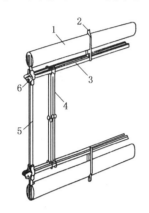

图4-2 综框和综丝

1—横梁 2—综夹 3—综丝杆 4—综丝
5—综框横头 6—铁圈

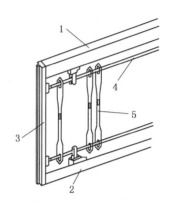

图4-3 金属综框的结构

1—上综框板 2—下综框板 3—综框横头
4—综丝杆 5—综丝

无梭织机使用的一种金属综框的结构如图4-3所示。上综框板1、下综框板2和综框横头3通过螺钉连接,综丝杆4与上、下综框板胶合成一体而组成综框,综丝5挂在综丝杆上。

综丝主要有钢丝综和钢片综两种。有梭织机通常使用钢丝综,无梭织机都使用钢片综。

钢丝综由两根细钢丝焊合而成,两端呈环形,称为综耳;中间有综眼(综眼形状有椭圆形、六边形等),经纱穿在综眼内。为了减少综眼与经纱的摩擦,同时便于穿经,综眼所在平面和综耳所在平面有45°的夹角。

无梭织机使用的钢片综如图4-4所示,有单眼式和复眼式两种,复眼式钢片综的作用类似于复列式综框。钢片综由薄钢片制成,比钢丝综耐用,综眼形状为四角圆滑过渡的长方形,对经纱的磨损较小。每一次开口,综眼及综眼附近的部位都要和经纱摩擦,因而该部位是否光滑是综丝质量高低的重要标志。

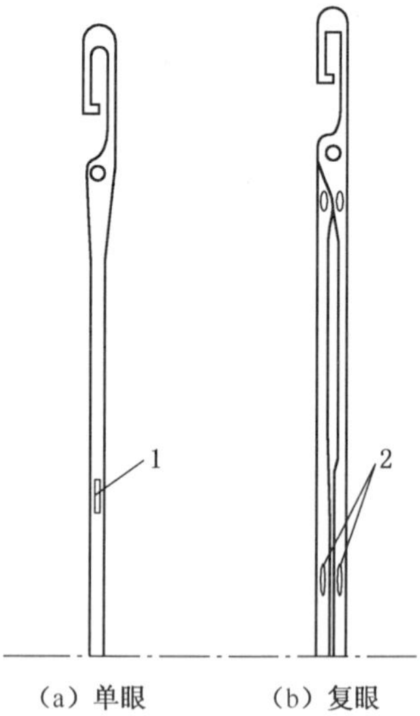

**3. 钢筘**

钢筘在织机上的作用首先是将新引入的纬纱推向织口,同时确定织物的幅宽和经纱排列密度。在有梭织机上,钢筘还作为梭子飞行的依托,为梭子通过梭口提供导向面。钢筘结构如图4-5所示。

图4-5(a)所示为线扎筘,也称胶合筘。它采用扎筘木条1,用经过沥青浸渍的棉线绕扎筘片。线扎筘加工制作方便,价格低廉,通常用于有梭织机。

图4-5(b)所示为焊接筘。其用钢丝绕扎,采用碳钢筘条5,用钢丝6扎筘,再用锡将筘条5、筘片2及钢丝6焊成一体,成为筘梁7,筘片的密度精确,强度高,坚牢、耐用。

（a）单眼 （b）复眼

图4-4 钢片综

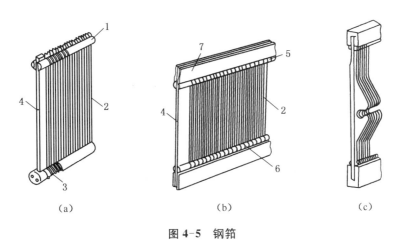

图 4-5  钢筘

1—扎筘木条　2—筘片　3—扎筘线　4—筘边　5—碳钢筘条　6—钢丝　7—筘梁

　　黏结筘是用铝合金轧制的 U 形型材作为上、下筘条,将扎好的筘片插入其中,再注入树脂类黏结剂,使两者牢固结合。这种筘与无筘帽的筘座配套,一般用于无梭织机。

　　此外,还有喷气织机所用的专用槽形筘,也称为异型筘,如图 4-5(c)所示。该筘除打纬作用外,还在筘面上形成一条凹槽,作为引纬气流和纬纱飞行的通道。

## 三、穿结经方法与设备

### 1. 穿经方法及其设备

穿经工作分为手工穿经、半机械穿经、机械穿经三种方法。

(1) 手工穿经

　　从浆轴上引出的经纱被整齐地夹持在穿经架上,操作工用穿综钩将手工分出的经纱按工艺要求依次穿过停经片、综丝眼,然后用插筘刀将经纱由上而下穿过钢筘的筘齿间隙,即完成手工穿经操作。

　　手工穿经劳动强度高、产量低,但适宜于复杂组织和小批量生产。其穿经质量较高,便于综、筘和停经片的清理和保养。大批量生产时,为了提高穿经质量,第一个织轴也采用手工穿经,以后各织轴或用手工捻接、或用打结连接、或用特种黏合剂黏接,把了机的织轴纱头与新织轴上的经纱连接起来,然后把原织轴上的停经片、综和筘移到新织轴上,以完成穿经工作。

　　(2) 半机械穿经

　　半机械穿经是用半自动穿经机械和手工操作配合完成的穿经,以自动分经纱、自动分停经片和电磁插筘动作部分代替手工操作,从而使工人劳动强度得到减轻,生产效率得到提高,每人每小时的穿经数达到 1 500～2 000 根。目前,这种方法应用最广泛。

　　半自动穿经机如图 4-6 所示。半自动穿经的质量比较高,同时有利于织物品种翻改和停经片、综丝、钢筘的维修保养。

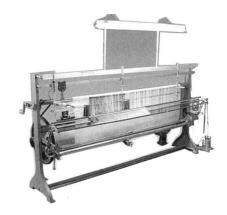

图 4-6　半自动穿经机

(3) 机械穿经

机械穿经又称自动穿经,是用全自动穿经机来完成穿经工作。全自动穿经机有两大类型:主机固定而纱架移动和主机移动而纱架固定。两种类型的机械都包括传动系统、前进机构、分纱机构、分(停经)片机构、分综(丝)机构、穿引机构、钩纱机构及插筘机构等。全自动穿经机大大减轻了工人的劳动强度,操作工只需监视机器的运行状态,进行必要的调整、维修及上、下机的操作。但是,目前自动穿经机只适用于八片综以内的简单组织的织物,并且机器价格昂贵,因而国内纺织厂使用较少。

**2. 结经方法及其设备**

机械结经由自动结经机来完成,分固定式和活动式两种。固定式自动结经机在穿经车间工作;活动式自动结经机可以移动到织机机后操作,直接在机上结经。结经机的机头由挑纱机构、聚纱机构、打结机构、前进机构和传动机构五个主要部分组成(图4-7)。

这种方法大大提高了穿经速度,减轻了穿经工作的劳动强度。但是,因织物品种翻改和

图4-7　自动结经机

停经片、综丝、钢筘定期维修保养工作的需要,使自动结经机的应用受到一定限制。在纺织厂,结经只是一种辅助的穿经方法。

**3. 分绞设备**

(1) 分绞的目的

在单轴上浆、并轴后形成的长丝织轴上,由于长丝容易产生错位,因而穿经前必须由分绞机对其进行分绞工作。分绞就是把经纱片逐根分离成上、下层,并在两层间穿入分绞线,以严格确定经纱的排列次序,这十分有利于穿结经。在织机上,挡车工根据绞线能方便、正确地确定断经的位置,顺利完成断经接头和穿综、穿筘工作。

(2) 分绞机的结构

自动分绞机能正确分清经纱,并自动记录分经根数,可以减轻工人的劳动强度,而且操作方便。

日本生产的 TC 型自动分绞机的结构简图如图4-8所示,主要由机头2、机架7、导轨1、分绞线3、压纱器4和电器箱8等机件组成。全机采用机械式自动装置,以偏心回转凸轮为主,通过连杆摆动机构实现分绞运动,达到自动分绞的目的。分绞速度可无级调整,并有数字记录,能正确显示已分绞的经纱根数和分绞的错误率。

TC 型自动分绞机的关键部件是机头,分绞机启动后,机头沿机架山形导轨横向移动,经纱与机头移动方向垂直。经轴上的所有经纱平铺

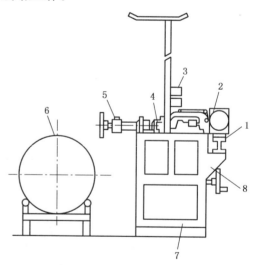

图4-8　TC 型自动分绞机的结构简图

1—导轨　2—机头　3—分绞线　4—压纱器
5—刻度表　6—经轴　7—机架　8—电器箱

在机架上,由蜗轮传动偏心凸轮,由人工调整经面水平位置,人工旋动纱杠传动副以调整经面张力,且两者均有标尺进行控制,能确保分绞运动稳定。

## 四、穿经工艺设计

### 1. 钢丝综选用

(1) 综丝规格

综丝的规格主要有长度和直径。综丝的直径取决于经纱的粗细,经纱细,综丝直径小。综丝长度是指综丝两端的综耳最外侧的距离,可根据织物种类及开口大小选择,棉织综丝长度可用下式计算:

$$L = 2.7H + e$$

式中:$L$ 为综丝长度(mm);$H$ 为后综的梭口高度(mm);$e$ 为综眼长度(mm)。

综丝的长度规格有很多,棉织生产中常用的综丝长度有 260 mm、267 mm、280 mm、300 mm、305 mm、330 mm、343 mm、355 mm、380 mm 等;其中踏盘织机常用综丝长度有 260 mm、267 mm、280 mm 和 300 mm,多臂织机常用 305 mm、330 mm 的长综丝。

钢丝综的粗细用直径和综丝号数(S. W. C.)表示。棉织生产中,钢丝综直径与棉纱线密度的关系如表 4-1 所示。

表 4-1　钢丝综直径与棉纱线密度的关系

| 纱线线密度(tex) | 14.5～7 | 19～14.5 | 36～19 |
|---|---|---|---|
| 综丝号数(S. W. C. ) | 28 | 27 | 26 |
| 综丝直径(mm) | 0.35 | 0.40 | 0.45 |

(2) 综丝密度

综丝在综丝杆上的排列密度可按下式计算:

$$p = \frac{M}{B \times n}$$

式中:$p$ 为综丝排列密度(根/cm);$M$ 为总经根数;$n$ 为综丝列数;$B$ 为综框上综丝的上机宽度(cm),$B = $ 上机筘幅 $+ 2$ cm。

综丝在综丝杆上的排列密度不可超过允许范围,否则会加剧综丝对经纱的摩擦,从而增加断头。为了降低综丝密度,可增加综框数目或采用复列式综框。棉织钢丝综的使用密度参见表4-2。

表 4-2　棉织综丝密度与纱线线密度关系

| 棉纱线密度(tex) | 36～19 | 19～14.5 | 14.5～7 |
|---|---|---|---|
| 综丝密度(根/cm) | 4～10 | 10～12 | 12～14 |

### 2. 钢片综选用

钢片综的长度、截面尺寸、最大排列密度的选择原则和计算与钢丝综相同。棉织生产中,瑞士 Crob 钢片综的选择如表 4-3 所示。

织造高经密织物时,如果计算的综丝排列密度超过最大排列密度的允许值,应增加综框页数或综框上的综丝列数。

表 4-3　瑞士 Crob 钢片综的选择

| 综片截面积 (mm×mm) | 综眼尺寸 (mm) | 上下两耳环顶端间距离 (mm) | | | | | | 适用纱线细度 (tex) | 最大排列密度 (根/cm) | |
|---|---|---|---|---|---|---|---|---|---|---|
| | | | | | | | | | 直式 | 复式 |
| 1.8×0.25 | 5×1.0 | 260 | 280 | 300 | 330 | — | — | 14.5 | 16 | 24 |
| 2×0.30 | 5.5×1.2 | — | 280 | 300 | 330 | — | — | 29 | 12 | 20 |
| 2.3×0.35 | 6×1.5 | — | 280 | 300 | 330 | 380 | 420 | 58 | 10 | 17 |
| 2.6×0.40 | 6.5×1.8 | — | 280 | 300 | 330 | 380 | — | 72 | 9 | 14 |

**3. 穿综方法**

穿综的原则是：通常把交织规律相同的经纱穿入同一片综框，也可穿入不同的综框（列）；而交织规律不同的经纱必须穿入不同的综框。

确定穿综方法时，可从织物组织、经纱密度、经纱性质和操作几个方面综合考虑。常用的方法有顺穿法、正穿法、照图穿法、间断穿法及分区穿法。操作便利的穿综方法可提高劳动生产率和减少穿错的可能性。

**4. 钢筘选用**

(1) 筘号

钢筘的主要规格是筘齿密度，称为筘号。筘号有公制和英制两种，公制筘号是指 10 cm 钢筘长度内的筘齿数；英制筘号以 2 英寸钢筘长度内的筘齿数来表示。公制筘号可按下式计算：

$$N = \frac{P_j \times (1 - a_w)}{b}$$

式中：$N$ 为公制筘号；$P_j$ 为经纱密度；$a_w$ 为纬纱缩率；$b$ 为每筘齿中穿入的经纱根数。

棉织生产常用的筘号为 80~200 齿/10 cm，一般取整数，特殊情况可取小数（0.5），小数的取舍规定为：0.31~0.69 取 0.5，0.3 以下舍去，0.7 以上取 1。

(2) 每筘穿入数

每筘齿内经纱穿入数的多少，应根据织物的组织、经纱密度、对坯布的要求和织造条件而定。同一种织物，采用小的穿入数会使筘号增大，筘齿稠密，虽有利于经纱均匀分布，但会增加筘片与经纱之间的摩擦而增加断头；采用大的穿入数，则筘号减小，筘齿稀疏，对经纱摩擦较小，但经纱分布不匀，筘路明显，影响织物外观质量。

实践证明，本色棉织物每筘一般为 2~4 根。选择每筘穿入数时，一般经密大的织物，穿入数可以大一些；色织布和直接销售的坯布，穿入数可以小一些；需经后处理的织物，穿入数可以大一些。此外，每筘穿入数应尽可能等于其组织循环经纱数或为组织循环经纱数的约数或倍数。小花纹织物、经二重织物、双层织物、毛织物、丝织物等，每筘穿入数可大一些，可为 4~6 根。

常见织物的每筘穿入数见表 4-4。

表4-4 本色棉布每筘穿入数

| 织物种类 | 每筘穿入数（根） | 织物种类 | 每筘穿入数（根） |
|---|---|---|---|
| 平 布 | 2，4 | 直 贡 | 3，4 |
| 府 绸 | 2，4 | 横 贡 | 2，3 |
| 3枚斜纹 | 3 | 麻 纱 | 3 |

对于某些织物结构的特殊要求，如织造稀密条织物或突出织物上的纵条纹、透孔等效应，需采用不均匀穿筘，或穿一定筘齿后空一筘或几个筘齿不穿，称为空筘。

当采用较大的筘号时，因筘齿密，经纱摩擦多而易断头。因此，可采用双层筘，其穿法如图4-9所示。

钢筘两端的部分筘齿称为边筘，边筘的密度有时与中间的密度不相同。边经纱穿入边筘，其穿入数要结合边组织来考虑，一般为地经纱穿入数的倍数。

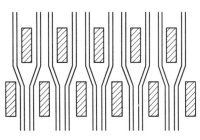

图4-9 双层筘的经纱穿法

（3）钢筘高度及筘齿厚度

钢筘的内侧高度由梭口高度决定，必须比经纱在筘齿处的开口高度大，筘的全高有115 mm、120 mm、125 mm、130 mm和140 mm五种。棉织常用115 mm高的钢筘，双踏盘开口采用120 mm高的钢筘。

筘齿厚度随筘号而定，筘号大、筘齿密，则厚度小；反之则厚度大。常用的筘片厚度见表4-5。

表4-5 筘号与筘齿厚度

| 筘号 | 筘齿厚度（mm） | 筘 号 | 筘齿厚度（mm） |
|---|---|---|---|
| 70 | 0.66 | 170～190 | 0.24 |
| 80 | 0.57 | 190～210 | 0.22 |
| 90 | 0.5 | 210～220 | 0.2 |
| 100 | 0.45 | 230～240 | 0.19 |
| 110 | 0.4 | 250～270 | 0.18 |
| 120 | 0.36 | 270～290 | 0.17 |
| 130 | 0.33 | 300～310 | 0.16 |
| 140 | 0.3 | 320～360 | 0.15 |
| 150 | 0.28 | 360～380 | 0.14 |
| 160 | 0.26 | 380～400 | 0.135 |

**5. 停经片选择**

（1）停经片规格

停经片的尺寸、形式和质量与纤维种类、纱线线密度、织机形式、织机车速等因素有关。一般纱线线密度大、车速高，选用较重的停经片；毛织用停经片较重，丝织用停经片较轻。纱线线密度与停经片质量的关系如表4-6所示。

表 4-6　纱线线密度与停经片质量的关系

| 纱线线密度<br>（tex） | <9 | 9～14 | 14～20 | 20～25 | 25～32 | 32～58 | 58～96 | 96～136 | 136～176 | >176 |
|---|---|---|---|---|---|---|---|---|---|---|
| 停经片质量<br>（g） | <1 | 1～1.5 | 1.5～2 | 2～2.5 | 2.5～3 | 3～4 | 4～6 | 6～10 | 10～14 | 14～17.5 |

（2）停经片排列密度

每根停经片杆上的停经片密度可用下式计算：

$$P = \frac{M}{m(B+1)}$$

式中：$P$ 为停经片杆上应穿的停经片片数（片/cm）；$M$ 为织轴上经纱总根数；$m$ 为停经片杆的排数（通常为 4 排或 6 排）；$B$ 为综框的上机宽度（cm）。

无梭织机上，每根停经片杆上的停经片允许密度与停经片厚度的关系见表 4-7。

表 4-7　停经片最大允许密度与停经片厚度的关系

| 停经片厚度（mm） | 0.15 | 0.2 | 0.3 | 0.4 | 0.5 | 0.65 | 0.8 | 1.0 |
|---|---|---|---|---|---|---|---|---|
| 停经片允许密度（片/cm） | 23 | 20 | 14 | 10 | 7 | 4 | 3 | 2 |

（3）停经片穿法

经纱穿入停经片的顺序根据织物品种确定。一般采用顺穿，即 1、2、3、4；高特高密品种通常采用并列顺穿，即 1、1、2、2、3、3、4、4，也可采用 1、3、2、4 飞穿。

## 五、穿结经操作

各地穿结经的机型不同，具体操作规程也有所不同。根据《穿经工国家职业标准》，穿结经具体操作规程如下。

### 1. 穿经操作

（1）上轴操作

① 上轴前做好设备和周围环境的清洁工作。

② 上好经轴。

③ 放好停经片、综框、综丝。

④ 处理好分绞、断头等工作。

（2）穿经前的检查

① 检查综丝、停经片、钢筘的规格和质量。

② 检查穿综钩、插筘刀等工具的规格和质量。

（3）穿停经片、综丝、钢筘

① 按工艺要求，穿停经片、穿综丝、穿钢筘。

② 检查穿经质量，做到无错穿、漏穿。

（4）落轴操作

① 理顺经纱，并分把打成活结。

② 取下多余停经片、综丝，检查并补齐综环。

③ 检查经纱并处理发现的疵点。

**2. 结经操作**

（1）绷经

按规定做好结经前的经纱准备工作。

（2）结经

按规定操作结经机。

（3）结经整理

检查结经质量，处理遗留端头。

**3. 质量控制**

① 检查经纱质量。

② 处理穿结经过程中出现的断头、脱结、错接等常见疵点。

## 六、穿结经质量控制

**1. 穿结经质量指标**

穿（结）经质量指标用穿（结）经好轴率表示：

$$穿（结）经好轴率 = \frac{抽检已穿（结）轴数 - 疵轴数}{抽检已穿（结）轴数} \times 100\%$$

**2. 穿结经疵点及形成原因**

穿经、结经疵点及其成因分别见表 4-8 和表 4-9。

表 4-8　穿经主要疵点及其成因

| 疵点名称 | 疵 点 成 因 | 预 防 措 施 |
|---|---|---|
| 绞头 | ① 没有按照织轴封头夹子上的浆纱排列顺序进行分纱<br>② 浆纱机落轴时未夹紧纱头，或胶带夹持效果不好，以致浆纱紊乱<br>③ 接经前纱头梳理不良 | 加强管理，认真执行操作法 |
| 多头 | ① 织轴上有倒断头<br>② 织轴封头附近的断头未接好 | ① 浆纱时断头应进行补头<br>② 封头附近的断头应先接好再穿 |
| 双经 | ① 浆纱并头<br>② 穿经时分头不清，一个综眼穿入两根经纱 | ① 减少浆纱并头<br>② 穿经完成后，检查穿轴质量 |
| 错综（并跳综） | ① 经纱穿入不应该穿的综丝内<br>② 不符合穿综顺序或漏穿一根综丝 | ① 穿综时认真执行操作法<br>② 穿综完成后进行质量检查 |
| 错筘（双筘、空筘） | ① 插筘时插筘刀没有移过筘齿，在原筘齿内重复插筘<br>② 插筘后，跳过一个筘齿 | 经常检查插筘刀是否失灵 |
| 绞综 | ① 理综时没有将绞综理清<br>② 综丝穿到综丝铁梗 | ① 理综时应仔细检查<br>② 穿综时检查，一旦发现，及时纠正 |
| 综丝脱落 | 综丝铁梗一端的铁环失落，综丝脱出 | 穿综完成后加强检查，铁环失落及时补上 |
| 污染经纱 | 织轴上有油污、水渍 | ① 搞好车间清洁<br>② 保持产品清洁 |
| 筘号用错 | 修筘工将筘放错而穿筘工在使用时未进行检查 | 加强管理，认真执行操作法 |

（续　表）

| 疵点名称 | 疵 点 成 因 | 预 防 措 施 |
|---|---|---|
| 漏穿停经片 | 操作不良 | 认真执行操作法 |
| 余综、余片 | 余综：每根综丝铁梗允许前面留一根综丝、后面留五根综丝，超过算余综<br>余片：每列停经片铁梗不允许有多余停经片，否则算余片<br>① 理综工理综时未点数，穿经完成后也未处理<br>② 织轴倒断头过多 | ① 严格执行工艺，多余应去除<br>② 减少浆纱倒断头，提高织轴质量 |

表 4-9　结经疵点及其成因

| 疵点名称 | 疵 点 成 因 | 预 防 措 施 |
|---|---|---|
| 断　头 | ① 纱线太脆<br>② 全片纱张力太大 | ① 调整车间湿度，使纱线柔软<br>② 倒摇张力摇手，使槽形板向后倒退，减少纱层张力 |
| 双　经 | ① 了机纱未铺放均匀而产生并头<br>② 浆轴绞头<br>③ 张力器调整不正确，纱线挤在一起<br>④ 结经机长木梳梳理不匀 | ① 先用硬毛刷梳理，再用细缝纫针分离<br>② 理清绞头<br>③ 校正张力圈和张力片位置，使纱线不叠在一起 |
| 结头不紧 | ① 打结针张力太小<br>② 打结针上有纤维塞住打结管<br>③ 取结时间太迟 | ① 调节打结针校正张力<br>② 拆下打结针，进行清洁工作<br>③ 调节取结钩连杆位置 |
| 打不成结 | ① 结头的纱尾太短<br>② 打结歪嘴的运动不协调<br>③ 打结歪嘴上的弹簧断裂或松掉<br>④ 压纱时间太早<br>⑤ 剪刀不快 | ① 横向移动剪刀位置<br>② 检查各机构的动作是否适当，加以调整或单独调整有关凸轮时间<br>③ 检修打结歪嘴上的弹簧<br>④ 调节压纱时间<br>⑤ 研磨剪刀片 |
| 挑不到纱线 | ① 挑纱针向外伸的程度不够<br>② 挑纱针的左右位置调节不正<br>③ 针上拉簧太松 | ① 调节挑纱针座托脚上的正面螺丝<br>② 调节挑纱针座托脚上的侧面螺丝<br>③ 旋紧拉簧螺丝 |

　　穿经疵点的产生，大部分是由于工作时不认真所致，所以应加强工作责任心，穿经前认真检查浆轴质量，检查综丝、钢筘和停经片的质量；操作时精力集中，手眼一致，穿一段查一段，穿完后全面检查一遍，以提高穿经质量，减少疵点。

# 思考与练习

　　1. 为什么经纱在织造前要经过穿结经工序？

　　2. 穿结经的方法有哪几种？各有什么特点？

　　3. 停经片、综框、钢筘的作用分别是什么？

　　4. 什么是结经？有什么优势及要求？

　　5. 停经片穿法有哪些？如何选用？

　　6. 停经片排列密度如何计算？

　　7. 综丝排列密度如何计算？计算综丝排列密度有何意义？

　　8. 什么是公制筘号？什么是英制筘号？

9. 每筘齿穿入数如何确定？穿入数过大或过小对织造有何影响？

10. 有一品种，经密为 433 根/10 cm，纬缩为 4%，每筘穿入数为 3 根，试计算应选用的筘号。

# 任务 2　设计纬纱定捻工艺

## 一、纬纱定捻概述

### 1. 定捻目的

定捻是纱线加捻后必须经过的一道重要工序。但是，由于有些品种常常不采用加捻纱，所以无需进行定捻，因而定捻加工往往容易被忽视。而对生产工艺比较复杂的品种来说，纱线不仅要加捻，有时甚至需两次或多次加捻，因此，定捻工序成为必不可少且极其关键的生产环节之一。

纱线在加捻过程中受到外力作用，以其轴心为中心产生旋转，使长链高分子按加捻方向扭曲，纱线分子内部就产生一个回复原来形状的力，从而使纱线具有扭转的状态。加捻前，纱线内的分子处于平衡状态；加捻时，外力使纱线伸长和扭转变形，分子内部产生应力和不平衡的力偶。当纱线在张力较小或自由状态下，由于自身弹性的作用，纱线会发生退捻、扭缩，不利于以后各工序的正常进行，而且影响产品质量。因此，为防止这种现象的产生，加捻的纱线须经过定捻加工，以达到稳定捻度的目的。

### 2. 工艺要求

定捻时，要求纱线的物理机械性能不受影响，特别是对其强力、伸长率、弹性等没有损伤。同时应考虑操作方便、节约时间以及能源的经济效果等。

### 3. 定捻作用

根据定捻工艺，纱线定捻在不同应用领域的主要作用见表 4-10。

表 4-10　纱线定捻的主要作用

| 序　号 | 应用领域 | 主　要　作　用 |
| --- | --- | --- |
| 1 | 棉纺织 | ① 加湿增重：回潮率增加 1.5%~3%<br>② 捻度定形：纯棉纱可减少回捻 40%，化纤纱减少回捻 60% 以上<br>③ 改善纱线质量：提高断裂伸长率及断裂功 15%；降低纱线强度及伸长不匀率；提高纱线弱环处的强力；纱线的平均强力有所提高<br>④ 减少毛羽：2~3mm 的短毛羽可减少 30% 左右 |
| 2 | 麻　纺 | 加湿增重，软化纱线，提高纱线质量 |
| 3 | 毛　纺 | 捻度定形 |
| 4 | 丝　绸 | 捻线、复捻定形 |
| 5 | 机　织 | 捻度定形；减少整经断头（百根万米断头减少 10% 以上）；浆纱好轴率提高 15%；织疵及吊经疵点减少；提高织机效率 2%；减少织布用纱量；氨纶包芯纱预缩定形（提高幅宽稳定性、减少喷气织物露氨纶现象） |

## 二、纬纱定捻设备

常见的定形设备有毛刷式给湿机、喷嘴式给湿机和热湿定形机等。

### 1. 毛刷式给湿机

毛刷式给湿机工艺流程如图4-10所示。毛刷将溶有浸透剂的溶液喷洒到纬纱上而完成纬纱给湿。

### 2. 喷嘴式给湿机

喷嘴式给湿机工艺流程如图4-11所示。喷嘴式给湿机给湿均匀,占地面积小。它的构造因喷嘴不同而有单孔与多孔之分,输送纬纱管的帘子有双层、三层等形式。用摇头喷雾器进行给湿,是一种简单的机械给湿方法。如果在给湿液中添加浸透剂,可以加快水向纤维内部的浸透。

### 3. 热定形箱

图4-12所示为热定形箱。加捻后的纱

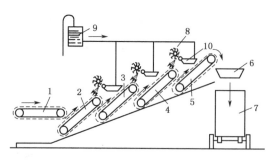

图4-10　毛刷式给湿机

1—供给帘子　2,3,4,5—输送帘子
6—漏斗　7—运输箱　8—毛刷
9—溶液箱　10—溶液槽

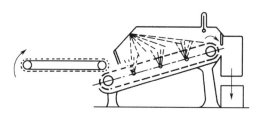

图4-11　喷嘴式给湿机

线在热湿的共同作用下,可提高定形的速度,并可避免随着纱线卷装的增大、纱层的卷绕堆积厚度增加而产生内外层纱线经受热湿空气作用的时间差异变大。

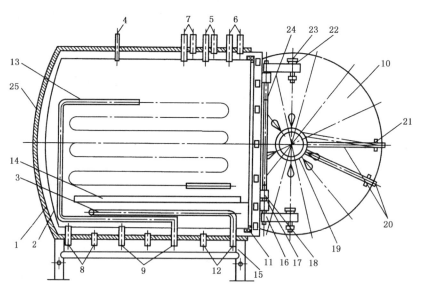

图4-12　热定形箱

1,2—箱体的外筒和内筒　3—O形管　4—接真空泵阀　5—接温度计
6—接压力表　7—接安全阀　8—接排水阀　9—接疏水器　10—箱盖
11—盘根　12—进汽管　13—回热管　14—导轨　15—座架　16—回转托架
17—挡卷　18—轴展　19—手轮　20—压紧方钢　21—固定扣　22—轴承
23—回转蜗杆　24—回转轴　25—保温石棉层

采用热定形箱定捻,可采用以下定形方式:

(1) 热湿定形

高温蒸汽可同时进入内筒和外筒,使待定形纱线和蒸汽直接接触,吸收水分和热量。

(2) 真空定形

为了加快高温蒸汽渗透至纱线内层的速度,可以用真空泵先将筒内空气抽出,以产生负压,然后通入高温蒸汽。

(3) 干热定形

高温蒸汽进入外筒和内筒的加热器,使待定形纱线仅得到热量而没有水分。这种方法主要用于人造丝定形。

## 三、纬纱定捻工艺设计

纱线的定捻工艺,主要是指定捻方式、定捻参数和定捻程序。当定捻设备确定后,影响定捻效果的主要参数是定捻工艺。因此,必须认真选择相关工艺参数。

### 1. 定捻方式选择

纱线定捻有多种方式,根据不同纤维原料、不同捻度,采用不同的方式。

(1) 自然定形

自然定形就是把加捻后的纱线在常温常湿环境下放置一段时间,使纤维内部的大分子相互滑移错位,纤维内应力逐渐减少,从而使捻度稳定。自然定形方式适用于捻度较小的纱线,如 1 000 T/m 以下的人造丝放置 3~10 天,就能达到定形目的。

(2) 加热定形

加热定形是指把需定形的纱线置于一密室中,利用热交换器(通蒸汽或用电热丝)或远红外线,使纤维吸收热量,温度升高,分子链节的振动加剧、分子动能增加,大分子间的相互作用减弱,无定形区中的分子得以重新排列,加速纤维的弛缓过程,从而使捻度暂时稳定。

对于天然纤维和黏胶纤维等非热塑性纤维,一定的温度就能加速其内应力松弛过程的进行,较快地稳定捻度。

合成纤维具有独特的热性质,即温度较低时的玻璃态、温度升高后的高弹态和达到熔点以后的黏流态。合纤在高弹态阶段具有一定的柔曲性,变形能力增大。因而,合成纤维的热定形必须控制在玻璃化温度之上、软化点温度之下进行,才能使分子结合力减弱,内应力消除,从而稳定捻度。

加热定形一般在烘房内进行,内部可设置蒸汽管、电热丝或远红外线发生器作为热源加热,烘房温度一般在 40~60 ℃,定形时间为 16~24 h,适用于中低捻度的人造丝定形。目前,通常用定形箱进行热定形。

每种原料都需要特定的加工工艺来达到理想效果,温度范围由 50 ℃ 到 140 ℃(见表 4-11)。饱和蒸汽是最理想的热定形介质,它很容易渗透到筒纱内部,并在凝结时释放能量,当纱线加热到指定的温度时,其温度偏差维持在很小的范围内。

表 4-11 各种纱线的最佳蒸纱温度范围

| 纱线种类 | 蒸纱温度(℃) | 纱线种类 | 蒸纱温度(℃) |
|---|---|---|---|
| 纯毛筒纱 | 78～80 | 涤纶长丝 | 112～120 |
| 毛/涤筒纱 | 90 | 氨纶包芯纱 | 70～75 |
| 纯毛管纱 | 80～85 | 涤/棉混纺纱 | 90～95 |
| 毛/涤管纱 | 95 | 黏胶纱 | 85～95 |
| 超强捻纱 | 90～95 | 聚丙烯长丝 | 130～140 |

(3) 给湿定形

给湿定形是使水分子渗入纤维分子之间,增大彼此之间的距离,从而使大分子链段的移动相对比较容易,以加速弛缓过程的进行。对于棉纺织行业来说,纱线过度吸湿会恶化其物理机械性能,在布面形成黄色条纹,并且引起管纱退解困难。纱线给湿后的回潮率要控制适当,通常棉纱回潮率控制在 8%～9%。

纱线给湿定形有如下几种方式:

① 喷雾法:棉织生产中,采用喷雾法时,纱线室内的相对湿度保持在 80%～85%,纱线存放 12～24 h 后取出使用。存放 24 h 之后,纡子表面的回潮率可提高 2%～3% 左右。

② 潮间给湿:丝织生产中,潮间给湿是在专用室内进行的,即在房间内砌筑 20～30 cm 高的水沟,在水沟内放满自来水,将需要定形的筒子盛放在筒子箱内,再将筒子箱按日期顺序放在水沟上,依靠水沟内水分蒸发的潮气来加速纤维的定形。

低捻度的天然丝线,在相对湿度 90%～95% 的给湿间内存放 3～5 天,即可得到较好的定捻效果。若原料为低捻人造丝,则相对湿度控制在 80% 左右。

③ 水浸法:把纬纱装入竹篓或钢丝篓里,浸泡在 35～37 ℃ 的热水中 40～60 s,取出后在纬纱室内放置 4～5 h,供织机使用。用于浸泡的池水应保持清洁,每隔 2～3 h 换水一次,以免污染纱线。

(4) 热湿定形

热湿定形主要直接利用蒸汽的热和湿进行定形,使用的设备有卧式圆筒形蒸箱、快速蒸箱、蒸纱锅等。圆筒形蒸箱的热量在整个箱内分布均匀,定形效果较好。

加捻桑蚕丝主要采用湿热定形法。在湿热的作用下,纤维分子间的内应力减弱,丝胶膨润软化并从丝线的内部渗透到外部,待干燥后能将纤维胶黏在一起,从而达到稳定捻度的目的。

为了适应捻丝大卷装和真丝强捻织物及合纤织物的需要,目前丝织厂主要采用高温定形箱设备。高温定形箱可以在真空状态下用蒸汽进行高温定形,也可以用干热高温定形。它既能适应桑蚕丝的湿热定形,又适用黏胶丝的干热定形,而且对变形温度较高、捻度较大的合纤原料也极有效。

用热定形箱进行定形时,一定要先对定形箱进行预热,当温度达 40 ℃ 后放入待定形纱线。另外,应确保排水阀工作状态良好,有冷凝水时能及时排出,否则产生的冷凝水可能使纱线产生水迹。定形箱工作温度为 40～120 ℃,蒸汽压力在 $9.8 \times 10^4$ Pa 以下,定形时间为 20～120 min。

采用蒸箱定形时,捻丝筒子的内外层受热总是有差异的,纱线产生的收缩不一致。因此,蒸箱定形后应在自然环境中或潮间定形一段时间,以稳定定形效果。

对比以上定形方式可知:热定形箱的定形效果好,原料周转期短,适用于所有纱线或各种捻度,尤其适用于大卷装原料,是目前纱线定形的主要手段。其他定形方式在原料周转、定形场所及设备允许的情况下,可选择使用。

**2. 定捻工艺参数**

采用加热定形和热湿定形时,应根据纱线组合和捻度多少设计不同的工艺参数,如湿度、温度、时间和蒸汽压力等。现以桑蚕丝为例介绍如下。

(1) 湿度

桑蚕丝的定形是因丝胶在一定的状态下溶解后再凝固而实现的。实践证明,在干燥状态下,桑蚕丝加热到 100 ℃ 以上,会烧焦炭化,而不会使丝胶溶解,所以湿度是主要的定形工艺参数。在定形箱内以蒸汽定形时,其箱内的相对湿度应在 90% 以上,通常达 100%。

(2) 温度

定形温度过高,会使桑蚕丝的强力明显下降、丝胶溶失过多,当丝胶重新在丝条周围凝结时,则丝条的手感变硬,弹性丧失,有类似"钢丝"的发硬感觉,导致织造时丝线的屈曲性变差,织纹不佳。但定形温度太低,丝胶的溶失量较少,在丝条周围重新凝固的量不足,定形效果也不好,在织造过程中,一旦丝线受到的拉力不足,丝线就会产生扭结,在绸面上形成小的丝圈状,影响织物手感。所以,定形温度一般控制在 70～95 ℃,少数品种例外。

(3) 时间

定形达到一定时间,丝线间的丝胶溶失恰当,在丝线表面形成良好的包覆层,此时定形效果较好。定形时间过长,丝胶渗出太多,丝线表面的丝胶积聚过多,反而使丝胶的包覆层不均匀,甚至因丝胶在某处积聚过多而造成丝线退解困难,从而引起丝线张力波动甚至断头。所以定形时应逐步加热,让丝线在逐步加温后(约 0.5 h),再进行 1 h 或稍长时间的较高温度下的定形(70～95 ℃),定形效果会更好。在保证获得较好定形效果的前提下,定形时间以短为好。

(4) 蒸汽压力

由于定形箱蒸汽定形是在密闭状态下进行的,所以可加一定的蒸汽压力,使湿热能较快地进入卷装桑蚕丝的内部,以加速定形。蒸汽压力通常控制在 $9.8 \times 10^4$ Pa 以下。

不同纤维类别的蒸纱工艺见表 4-12,部分纱线的热定形箱定形工艺见表 4-13。

表 4-12　不同纤维类别的蒸纱工艺

| 序号 | 纤维类别 | 蒸纱工艺 | | 冷却时间 (min) | 纱管 | 备注 |
| --- | --- | --- | --- | --- | --- | --- |
| | | 1 周期(℃×min) | 2 周期(℃×min) | | | |
| 1 | 上蜡棉纱 | 58×6 | 58～62×17～20 | 40 | 汽蒸管 | 增加蜡度 2 ℃ |
| 2 | 氨纶包芯筒纱 (棉/氨:95/5) | 55×5 | 75～80×17～20 | 40 | 塑料管 | — |
| 3 | 丝绸 | 65×5 | 70～75×17～20 | 40 | 汽蒸管 | — |
| 4 | 黏胶 | 60×5 | 75～80×17～20 | 55 | 汽蒸管 | — |
| 5 | 腈纶 | 60×5 | 75～80×17～20 | 55 | 汽蒸管 | — |
| 6 | 氨纶包芯管纱 (棉/氨:95/5) | 65×5 | 85～95×17～20 | 55 | 塑料管 | — |
| 7 | 羊毛 | 65×5 | 80～85×17～20 | 55 | 汽蒸管 | 预热 80 ℃×30 min |
| 8 | 棉纱 | 65×5 | 80～85×22～25 | 55 | 汽蒸管 | — |

（续　表）

| 序号 | 纤维类别 | 蒸纱工艺 | | 冷却时间（min） | 纱管 | 备注 |
|---|---|---|---|---|---|---|
| | | 1周期（℃×min） | 2周期（℃×min） | | | |
| 9 | 涤纶短纤纱 | 80×5 | 105～110×22～25 | 55 | 汽蒸管 | — |
| 10 | 锦纶 | 80×5 | 105～110×22～25 | 55 | 汽蒸管 | — |
| 11 | 涤纶、锦纶 | 80×5 | 110～120×42～60 | 55 | 收缩胶管 | 升温率：1～2℃/min |
| 12 | 丙纶 | 95×5 | 130～135×35～40 | 55 | 汽蒸管 | — |
| 13 | 涤/丝绸70/30 | 65×5 | 70～75×22～25 | 50 | 汽蒸管 | — |
| 14 | 棉/丝绸80/20 | 60×5 | 70～75×22～25 | 50 | 汽蒸管 | — |
| 15 | 腈纶/丙纶50/50 | 60×5 | 75～80×32～40 | 60 | 汽蒸管 | — |
| 16 | 涤/棉65/35 | 65×5 | 85～90×22～25 | 60 | 汽蒸管 | — |

表4-13　热定形箱定形工艺

| 原料类别 | | 温度（℃） | 时间（min） | 压力（kPa） |
|---|---|---|---|---|
| 桑蚕丝 | 中捻 | 85 | 60 | 9.81 |
| | 强捻 | 90～100 | 120 | 9.81～14.7 |
| 涤/棉混纺纱（65/35） | | 80～85 | 40～50 | 4.9 |
| 黏胶人造丝中强捻 | | 85 | 20 | — |
| 锦纶丝 | | 70 | 120 | 9～12 |
| 涤纶丝 | | 90 | 120 | 9～12 |

**3. 定捻的工艺程序**

① 先蒸箱蒸汽定形，然后将筒子放入烘房蒸汽定形或冷保定形（或自然定形）。这种工艺程序中，蒸箱蒸汽定形是消除纱线内应力的主要方式。这种形式多为大型厂家或生产真丝产品的专业厂家采用，筒子多数为铝筒管的大卷装，少量为瓷筒子小卷装。

② 先小型蒸箱蒸汽定形，然后将筒子放在车间内，自然定形一周左右。这种形式多为中小型厂家采用，筒子多数为瓷筒子小卷装。自然定形一般在车间内四周的空地或车间邻近的附房内进行。因车间的温湿度条件不同，尤其在冷天，车间温度低、相对湿度不高，纱线定形效果不如第一种工艺程序。

③ 筒子先进行蒸箱蒸汽定形，然后自然定形一周，卷纬后再定形。卷纬后的定形在温度为60℃、相对湿度为85%左右的条件下进行。过高的温度和相对湿度或定形时间过长，都会破坏纤管的强度，定形时间为0.5 h，纤子从烘房拿出后，再在自然状态下定形2 h，然后织造。这种形式多采用大卷装筒子，由于容量大，蒸箱蒸汽定形不能使内层获得满意的定形效果，因而采用纤子定形进行适当的弥补。

## 四、纬纱定捻工艺实例

**1. 真丝双绉定形工艺（纬纱）**

(1) 设备

机型：真空蒸箱；定形方式：抽真空夹层蒸汽加热。

（2）工艺设计

预热温度：夹层温度 100～110 ℃，内胆 70 ℃；预热时间：30 min；定形时间：70 min；定形温度：内胆 90～95 ℃；定形压力：$2.9×10^4～3.47×10^4$ Pa；真空度：$6.67×10^4$ Pa；给湿定形时间：6 天；给湿定形相对湿度：$85\%±5\%$。

（3）注意事项

预热时进汽要慢，定形温度和时间要严格控制；筒子应覆盖清洁白布；给湿定形要做好标记，先进先用。

**2. 弹力纱蒸纱工艺**

氨纶和其他热塑性合成纤维一样，在热定形过程中，纤维分子链间的作用力将发生拆散和重建。由于其分子链是由软硬两段构成的"区段"结构，定形过程中由于温度和应力不同，将发生不同区域的链段取向、重排，直接影响其伸长、收缩变形，也影响其弹性、强力和染整加工性能。氨纶及其织物的热定形作用机理见图 4-13。

氯纶丝经热处理之后，其断裂强力、断裂伸长率和

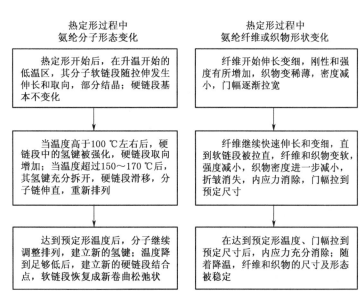

图 4-13　氨纶及其织物的热定形作用机理

定负荷伸长率均有所下降，其中断裂伸长率的下降幅度较小，断裂强力和定负荷伸长率的下降幅度较大。温度低时定负荷伸长率较大，温度高时定负荷伸长率较小。热处理温度对氨纶丝的沸水收缩率（即尺寸稳定性）有一定的影响。氨纶丝的牵伸倍数对氨纶丝性能的影响最大，尤其对氨纶丝的弹性、长度稳定性的影响较大。热处理时氨纶丝的牵伸倍数愈大，其弹性下降愈大，长度稳定性愈差。表 4-14 列出了定形温度与时间对氨纶丝弹性的影响。

表 4-14　定形温度与时间对氨纶丝弹性的影响

| 定形温度（℃） | 弹力损失/% | | |
| --- | --- | --- | --- |
| | 30 s | 60 s | 90 s |
| 160 | 6.4 | 6.8 | 8.1 |
| 170 | 6.8 | 8.5 | 9.7 |
| 180 | 8.4 | 9.5 | 10.0 |
| 190 | 8.7 | 11.2 | 12.0 |

不同品种的氨纶其耐热性差异较大，大多数纤维在 95～150 ℃ 条件下短时间存放不会受损伤；在 150 ℃ 以上时，纤维变黄、发黏、强度下降。由于氨纶一般在其他纤维包覆下存在于织物中，所以可承受较高的热定形温度（180～190 ℃），但时间要短。

### 五、纬纱定捻质量控制

**1. 热定捻后纱线性质的变化**

试验表明:经过热定捻的纱线,物理机械性能有所变化,强力有下降趋势。由于纤维膨胀,产生热收缩,纱线细度增加,纱线回潮率增加且均匀,而纱线毛羽有所减少。

**2. 纱线定捻效果测定**

定形质量的好坏主要看捻度稳定情况及内外层纱线捻度稳定是否基本一致,定形不足和定形过度都不符合要求,可通过定形时间和温度的搭配来调节。捻度稳定度 $P$ 可用下式表达:

$$P = \left(1 - \frac{b}{a}\right) \times 100\%$$

式中:$a$ 为被测的定捻后纱线长度(50 cm);$b$ 为被测纱线一端固定而另一端向固定端平移靠近至纱线开始扭结时两端之间的距离(cm)。

捻度稳定度为 $40\% \sim 60\%$,即能满足织造的要求。可在生产现场粗略确定定形效果,其方法为:双手 100 cm 长的定形后纱线拉直,然后慢慢靠近至 20 cm,看下垂的纱线扭转数,若扭转 $3 \sim 5$ 转则符合要求。

**3. 定捻缩率**

定捻缩率一般用下式表示:

$$a_d = \frac{W_2 - W_1}{W_1} \times 100\%$$

式中:$a_d$ 为定捻缩率;$W_1$ 为定捻前干燥质量(g/100 m);$W_2$ 为定捻后干燥质量(g/100 m)。

涤/棉织物由不同批号、不同型号和不同制造厂生产的涤纶制成时,它们的热缩温度和热缩率不相同,一般涤/棉(65/35)混纺纱的热定捻缩率为 $1.0\% \sim 1.5\%$。当涤纶混纺比例变更时,需随时测定热定捻缩率。

**4. 常见疵品及其形成原因**

纬纱经给湿定捻时,易产生锈纱、色纱等疵点,其形成原因分别如下:

① 锈纱:给湿机的零部件生锈;给湿机内喷嘴或管道表面生锈。

② 色纱:给湿机蒸汽室的温度过高,纬纱容易变质;给湿的回潮率过高;存放时间过久;给湿帘子传动轴上有回丝缠绕;给湿机内水流不畅,有滴水现象;给湿机汽室顶部的木板滴水。

# 思考与练习

1. 纱线定捻的目的是什么?有哪些要求?

2. 纱线定捻的机理是什么?

3. 纱线定捻有哪几种方式?各有什么特点?适用范围是什么?

4. 定捻的主要工艺参数包括哪些?如何设定?举例说明。

5. 如何评价定捻效果?

# 任务 3　设计卷纬工艺

## 一、卷纬概述

卷纬俗称摇纡,就是把筒子卷装的纱线卷绕成符合有梭织造要求并适合梭子形状的纡子。卷纬是纬纱准备的最后一道工序。纡子的质量直接影响织物的纬向疵点。

在有梭织机上,卷纬形式为管纱(纡子),可分为直接纬和间接纬两种。在细纱机上直接将纬纱卷绕成管纱,称为直接纬;将细纱机落下的管纱经络筒,再经卷纬加工卷绕成管纱,称为间接纬。间接纬加工成本高,但管纱质量高,纬纱疵点少。因而,丝织、毛织和高档棉织的有梭织机生产都采用间接纬。

无梭织机用大卷装的筒子纬纱直接参与织造,不需要卷纬。

**1. 卷纬成形**

为了将纬纱以分层的形式卷绕到整个纡管上,纡子的卷绕成形应配合纡管的旋转、导纱器(或纡管)的往复和导纱器(或纡管)的级升三个基本运动来完成。此外,部分卷纬机采用差微卷绕的方式来防止纱圈的重叠。

**2. 工艺要求**

纡子上的纬纱在织造时由高速牵引而退解,要保证退解顺利且张力波动小,必须满足以下工艺要求:

① 纡子成形良好:一是纡子表面平整,无重叠;二是纡子直径大小适中,纱线易退解且不脱圈。

② 纡子卷绕张力均匀合理:纬纱卷绕张力既和筒子退解时的张力有关,也和卷纬时的纱线张力有关。通过张力器来调节纱线卷绕张力,可使纡子张力适当、均匀,以获得适当的卷绕密度,从而保证纡子的容纱量,也不损伤纱线的物理机械性能。

③ 合理的备纱卷绕长度:在自动补纬织机上,从探纬部件探测到纬纱用完、换梭或换纡到执行机构完成补纬动作,大约需要织机 2～3 转的时间。不同的探纬方式所需时间不等,为了防止产生缺纬疵点,纡子底部一般应绕有 3 纬左右的纬纱备纱。

另外,纡子是在梭子中退解的,因此选用纡管时应和梭子内腔匹配,纡管太短,纡子太细,则容纱量少,从而增加换纬次数和回丝;纡管太长,纡子太粗,则纬纱退解困难,甚至断头。

**3. 纡管及纡子结构**

由于织机型号和使用梭子的规格不同,纡子的卷绕形式也有差异,卷绕纡子所用的纡管也不一样。图 4-14 中,(a)为普通织机使用的纡管,(b)为自动换纡织机使用的纡管,(c)为自动换梭织机使用的纡管。

纡子的卷绕结构与经纱管相似,是锥形纱层的叠加,最终形状为头部呈锥形的圆柱体。为了减少底部纱层退绕时的脱圈和断纬,纡管底部形状也略成锥形。为了防止击梭时产生脱纬、崩纬现象,纡管表面刻有细槽,以增加对纬纱的摩擦力。

图 4-15 所示为纡子的卷绕结构。纡子的成形与纡管底部的倾斜角有关,当纡管底部的倾斜角不大时,纡子底部的卷绕结构如图 4-15(a)所示,整个纡子两端呈圆锥形,中间呈圆柱形。当纡管底部有较大倾斜角时,纡子底部呈圆柱形或锥角不大的圆锥形,如图 4-15(b)所示。

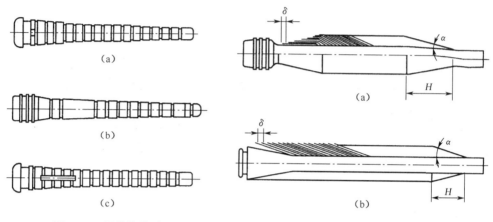

图 4-14　纡管的类型　　　　　　　　图 4-15　纡子的卷绕结构

图 4-15 中,$\alpha$ 为纱层形成的半圆锥角;$\delta$ 为纬纱在纡管上每卷绕一个往返纱层之后其导纱运动的起始点向纡管顶端方向移动的距离,即每卷绕一个往返纱层时导纱器的往复导纱动程。如果纡管直径不变,则导纱动程越小,半圆锥角越大,纬纱退绕时越容易脱圈;反之,较大的导纱动程会产生较小的半圆锥角,退绕阻力较大,容易引起断纬。所以,应选择适当的导纱动程,通常棉纺织厂选用的导纱动程为 36～50 mm,半圆锥角为 10°～12°。

## 二、卷纬设备与主要机构

常见卷纬机有卧锭式和竖锭式、普通卷纬机和自动卷纬机之分。卧锭式卷纬机的锭子工作位置呈水平状态,竖锭式卷纬机的锭子工作位置呈竖直状态。

### 1. 卧锭式自动卷纬机

卧锭式卷纬机有普通卧锭卷纬机、半自动卷纬机和全自动卷纬机三种,生产中多用半自动卷纬机。半自动卷纬机能自动换纡,全自动卷纬机还能自动理管、自动输送纡管和纡子。

卧定式卷纬机的工艺流程如图 4-16 所示。纬纱 2 从筒子 1 上顺利退解下来,经导纱眼 3、张力装置 4、断头自停探测杆 5 上的导纱磁眼 6,引到导纱器 7 的导纱钩 8 上,然后卷绕到纡管 9 上,纡子卷满后落在满纡箱 10 中。电动机 11 经三角皮带盘 12 与

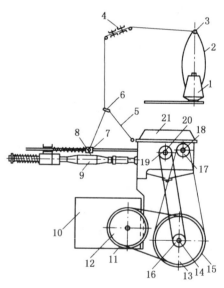

图 4-16　卧锭式卷纬机的工艺流程

1—筒子　2—纬纱　3—导纱眼　4—张力装置
5—断头自停探测杆　6—导纱磁眼
7—导纱器　8—导纱钩　9—纡管
10—满纡箱　11—电动机
12,13—皮带盘　14—主传动轴
15,16,17,19—皮带盘
18—主轴　20—蜗杆轴　21—油箱

13 传动主传动轴 14,再用两个大小不同的平皮带盘 15、16 分别传动皮带盘 17、19,主轴 18 和换纤机构的蜗杆轴 20 得到传动。卷绕机构的传动部件封闭在油箱 21 中。

导纱器引导纱线完成往复导纱和级升运动,主动锭杆旋转完成纤子的卷绕运动,三种运动协同进行,实现纤子卷绕成形。卧锭式自动卷纬机的主要机构有:

① 卷绕机构:完成卷绕、导纱和级升运动。

② 开关机构:控制主轴的启动和制动。

③ 自动换管机构:完成换管诱导、满管自停、落下满管、送上空管的步骤并重新开始卷绕。

④ 备纱卷绕机构:完成备纱卷绕及备纱长度控制。

⑤ 断头自停机构:当纱线断头时,纤子卷绕自动停止。

⑥ 剪纱机构:换管时剪断纱线,并使新管生头。

⑦ 张力装置:调节纬纱卷绕张力。

卧锭式自动卷纬机的锭速快、生产效率高,所卷绕的纤子质量较好,机器自动化程度较高,操作上只需完成更换筒子、在纤管库中装入空纤管、处理断头和清洁等工作,免除了大量手工劳动。但是,卧锭式自动卷纬机的每锭占地面积较大,因此在棉纺织厂中应用较少,常用于丝织、毛织、绢织生产。

**2. 竖锭式卷纬机工艺流程**

竖锭式有碗型卷纬机和细纱机改良型卷纬机,生产中多用细纱机改良型卷纬机,其工艺流程如图 4-17 所示,纬线 1 从筒子 2 上退绕下来,经导纱钩 4、导纱棒 5、导纱钩 6、张力器 7 和 8 及导纱杆 9 穿入随同导纱板 11 一起升降运动的导纱钩 10 中,然后卷绕到由锭子 12 带动的纤管 13 上。导纱板产生导纱和级升运动,锭子旋转完成卷绕运动。

竖锭式卷纬机具有产量高、纤子质量较好、工人看锭数多、每锭占地面积小、维修方便等优点。近年来在棉织生产中应用广泛。

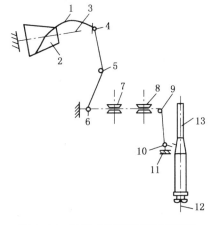

**图 4-17　竖锭式卷纬机的工艺流程**
1—纬线　2—筒子　3—筒—广插座
4,6,10—导纱钩　5—导纱棒
7,8—张力器　9—导纱杆
11—导纱板　12—锭子　13—纤管

# 三、卷纬工艺参数

除了纤子成形和纤管外形对纤子质量有影响外,卷纬张力、纬纱的给湿与保燥等卷纬工艺也是重要的影响因素,会直接影响织物外观、织机生产效率、产品质量及回丝量等。为此,控制卷纬张力十分重要:卷纬张力要恰当,无急梭罗纹纤,无塌纤、缩纤和蚱蜢纤等。

**1. 卷纬张力及装置**

在卷纬过程中,纱线从筒子上退解的初张力以及所有导纱部件对纱线的摩擦等,均不能满足卷纬工艺对张力的需要。因此,卷纬机都设有张力装置。

(1) 影响卷纬张力的因素

纬纱的原料、线密度、回潮率、车间温湿度、纤管规格、卷纬机锭速、筒子退解方式等,均影响卷纬张力。应针对不同情况,采取包括张力装置在内的工艺措施,进行张力调节,使张力均匀。

① 纬纱原料和线密度:纬纱原料和线密度是控制张力的主要依据。对于同种原料的纬纱,线密度大,张力控制应大些;纱线强力大,张力可大些。生丝的卷纬张力应大于黏胶丝;合纤丝易伸长,其卷纬张力应小些。

② 车间温湿度和原料回潮率:卷纬张力与车间温湿度和原料回潮率有密切关系。黏胶丝易吸湿,吸湿后强伸度变化很大,因此除应严格控制其回潮率和车间温湿度外,还应缩小卷纬张力。

③ 纡管规格:当原料、线密度等相同时,大纡管的纱线张力大于小纡管的张力。

④ 锭速:锭速高,张力大;锭速低,张力小。如张力装置不灵敏,锭速增加 5%,纱线张力则增加一倍。

⑤ 筒子退解方式:当筒子直接做径向退解时,纱线张力随筒子直径的减小而增大。

不同品种的织物和不同捻度的纱线,对卷纬张力的要求不同。平纹轻薄型织物,其外观疵点容易暴露,应严格控制张力波动范围;缎纹织物则次之;提花织物的纬向疵点不易暴露,张力波动范围可大些。强捻纬纱,其张力波动范围可适当放宽。

总之,卷纬张力的控制不决定于单一因素,还要配合织机的投梭力等因素,均应以保证织造时不产生急纡、塌纡等为原则。一般安全操作的张力为:黏胶丝为 $0.36 \sim 0.45$ cN/dtex,生丝为 $0.6 \sim 0.8$ cN/dtex,合纤丝为 $0.18 \sim 0.27$ cN/dtex。

(2) 张力装置

张力装置的作用是既能产生一定的张力,又能自动调节,以保证张力均匀。常见的张力装置有垫圈式、梳形、杆式、重锤制动式、联合式和过桥筒子式等张力装置。

① 垫圈式张力装置:又称叠加式张力装置。纱线通过上、下张力盘或左、右张力盘之间的摩擦而获得张力,其加压方式有:垫圈加压、弹簧加压和双圆盘弹簧加压等。纱线通过该装置后,其张力是叠加的,而初张力的波动不会被扩大,可通过改变张力垫圈的质量来调节张力,但没有自动补偿的张力调节作用。该张力装置主要用于无捻并丝机、整经机和某些络筒机。

② 梳形张力装置:又称倍积式张力装置。纱线通过活动和固定的梳栉间时由于梳齿对纱线的摩擦而产生张力。纱线通过该装置后,获得的张力是初张力的倍数,对初张力的波动也有放大作用。该装置主要用于卷纬机、倍捻机、无捻并丝机、精密络筒机和整经机等设备,它们对纱线的张力要求较高。

③ 杆式张力装置:纱线绕过张力杆的圆柱面时与之摩擦而获得张力。通过增加或减少张力杆的数目、改变张力杆之间的距离等方法,可改变纱线与张力杆的包角,从而改变张力的大小。该类张力装置主要用于倒筒机和大圆框整经机等设备。

④ 重锤制动式张力装置:靠重锤对制动轮产生力矩平衡来获得张力。调节重锤质量即可调节纱线张力,重锤越重,纱线张力越大;反之,张力越小。该类张力装置主要用于绷架络丝机设备。

⑤ 联合式张力装置:是垫圈式、梳形张力、杆式张力三种张力装置的联合。纱线从筒子上退解后,经过导纱部件,进入垫圈式张力装置,然后通过梳形张力装置,再经过跳头送出。跳头钢丝有直接补偿调节作用。

⑥ 过桥筒子张力装置:是 B101 型卷纬机使用的张力装置。纱线从筒子上退解下来后,

在过桥筒子上卷绕数圈,再经过跳头而卷绕到纡管上。过桥筒子受制动带带动,纱线的初张力可由扇形杆的位置来调节。跳头钢丝能直接补偿纬纱张力,同时,通过调节杆可调节初张力。因此,在低速卷纬时,自动补偿调节作用的效果较好。该装置不适合于高速,且启动时附加张力较大。

**2. 卷纬工艺参数**

卷纬工艺参数主要有:主轴速度、锭速、成形盘转速、卷绕线速、导纱往复速度、导纱往复动程、张力装置、卷绕张力、卷绕方向、卷装规格、纡管规格、纡子尺寸、回潮率、车间温湿度等。下面以 B101 型卷纬机为例介绍工艺参数的计算方法:

(1) 主轴速度(车速)$n$

$$n = N \times \frac{d_1}{d_2} \text{ (r/min)}$$

式中:$N$ 为电动机转速(r/min);$d_1$、$d_2$ 分别为电动机和主轴皮带轮的直径(mm)。

(2) 锭速 $n_1$

$$n_1 = n \times \frac{d_3}{d_4} \times q \text{ (r/min)}$$

式中:$d_3$,$d_4$ 分别为主轴和锭杆摩擦盘的直径(mm);$q$ 为滑动系数。

由同一主轴传动的各锭子,因安装误差,接触摩擦的直径和滑动系数不一致,其锭速不完全相同。

(3) 成形盘转速 $n_2$

$$n_2 = n_1 \times \frac{Z_1 \times Z_3 \times Z_5}{Z_2 \times Z_4 \times Z_7} = n_1 \times \frac{15 \times 13 \times 30}{45 \times 47 \times 30} = 0.092 n_1 \text{ (r/min)}$$

或:

$$n_1 = 10.84 n_2 \text{ (r/min)}$$

(4) 卷绕线速 $v$

$$v = \sqrt{v_1^2 + v_2^2} = \sqrt{(n_1 \pi d_{cp})^2 + (2h n_2)^2} \text{ (m/min)}$$

式中:$v_1$,$v_2$ 分别为卷绕的圆周速度和导纱速度(m/min);$h$ 为导纱动程(mm);$d_{cp}$ 为纡子的平均卷绕直径(mm)。

从实际计算可知,虽然纡子为交叉卷绕,但 $v_2$ 对卷绕线速的影响很小。实际生产中,几种品种的主要卷纬工艺参数如表 4-15 所示,供参考。

**表 4-15 卷纬主要工艺参数**

| 品 种 | 原料组合(dtex) | 锭速(r/min) | 线速(m/min) | 张力(mN) |
| --- | --- | --- | --- | --- |
| 02 双绉 | 22.2/24.4×2 生丝(2Z2S) | | | 441.2～539.3 |
| 58 双绉 | 22.2/24.4×3 生丝(2Z2S) | | | 539.3～637.3 |
| 07 电力纺 | 22.2/24.4×2 桑蚕丝 | 2 000±50 | 96～100 | 313.8±19.6 |
| 绝缘纺 | 22.2/24.4×1 桑蚕丝 | | | 106.1±29.4 |
| 真丝被面 | 22.2/24.4×3 桑蚕丝 | | | 637.3±49 |

（续　表）

| 品　种 | 原料组合(dtex) | 锭速(r/min) | 线速(m/min) | 张力(mN) |
|---|---|---|---|---|
| 重绉 | 22.2/24.4×4 桑蚕丝 | 1915±50 | 82～95 | 385±19.6 |
| 古香缎 | 133.3×1 有色黏胶丝 | | | 588.3±49 |
| 花软缎 | 133.3×1 有光黏胶丝 | | 96～100 | 441.2±29.4 |
| 锦纶绸 | 50×2 锦纶丝 | 2 000±50 | | 313.8±9.8 |
| 尼龙格绸 | 33.3×1 锦纶丝 | | 101～107 | 117.6±29.4 |
| 富春纺 | 196.7×1 有光黏纤纱 | | 96～100 | 294.2～343.2 |
| 丹东绸 | 77.7×2 柞蚕丝 | 2200 | 96～100 | 392.2～588.3 |

**3. 卷纬生产效率**

(1) 理论产量 $G_1$

$$G_1 = \frac{60 \times v \times Tt}{10^6} \left[ kg/(锭 \cdot h) \right]$$

式中：$v$ 为卷绕线速(m/min)；$Tt$ 为纬纱线密度(dtex)。

(2) 实际产量 $G_2$

$$G_2 = G_1 \times k \left[ kg/(锭 \cdot h) \right]$$

式中：$k$ 为有效时间系数，取决于换纤、换筒、接头的停锭时间、纤管容量、操作技术等。

## 四、卷纬质量控制

**1. 卷纬常见疵点分析**

① 粗纤：由于成形套筒内径太大或弹簧片太紧所致。

② 细纤：由于锭子不在成形套筒中心或纤管不直而造成。

③ 罗纹纤：纤管眼太大或松动、传动齿轮磨损，导致锭子运转不平稳以及成形轮松动等，造成纤子表面高低不平。

④ 急纤、亮纤：张力过大造成急纤，张力不匀和纬丝回潮过大则造成亮纤。

⑤ 落沿纤、满头纤和缺头纤：落沿纤是指纬丝绕到管底，主要是由成形套筒架颈圈定位不正确造成的；满头纤和缺头纤则是指丝线卷绕过多或不足，均由满管自停装置未调整好所致。

⑥ 塌纤：由于张力太小而造成。

⑦ 轧白和轧毛：由于成形套筒不光洁、走马太紧而造成。

⑧ 油纤：由于油箱漏油、操作不清洁和原料本身的油污而造成。

**2. 卷纬操作**

(1) 换纤做到"三不三要"

"三不"，即拉走马时不碰瓷枕；拔纤时手不碰丝；手拿满纤不超过 2 个。"三要"，即满纤要打套结，强捻打双套结；空纤管要检查是否符合要求；换下纤子要检查质量。

(2) 断头接结

先揸手后接结，一结两剪打搭结，结尾不超过 2 mm。

（3）换筒子

先查筒子质量，捏住筒边，筒子中心对准上方瓷圈，出丝方向一致，过桥筒子绕丝圈数正确。

# 思考与练习

1. 试述纬纱准备的工艺流程。

2. 何谓直接纬和间接纬？各有什么特点？

3. 为什么纬纱要经过卷纬加工？卷纬原理是什么？

4. 主要的卷纬机械有哪几种？试述它们的工作原理。

5. 主要的卷纬工艺参数有哪些？

6. 纡子的卷绕成形由哪几种运动来完成？

## 教学目标

**知识目标：** 1. 了解有梭织机的种类、型号与工作原理。

2. 熟悉有梭织机开口、投梭、打纬、送经、卷取及其辅助机构的作用和工作原理。

3. 掌握有梭织机工艺参数的设计原则与方法。

4. 掌握上机工艺参数对织造生产和织物质量的影响。

**技能目标：** 1. 会简单操作有梭织机。

2. 会合理设计有梭织造工艺参数。

3. 会上机调整有梭织造工艺参数。

## 学习情境

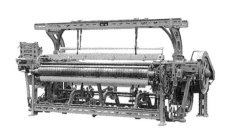

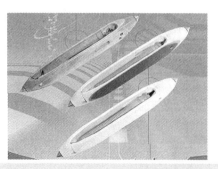

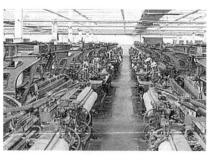

# 任务 1　认识、操作有梭织机设备与主要机构

## 一、有梭织造概述

机织技术经历了一个很长的历史发展过程。人类最初的织造技术为手工编结,大约在春秋战国时代,才出现了木制结构的手工提经和脚踏提综织机。1789 年,英国牧师埃德蒙卡特·赖特发明了蒸汽驱动的动力织机,到 19 世纪 20 年代,这种动力织机在棉织工业中基本上取代了手工织布。1830 年,英国成为世界上第一个实现纺织生产机械化的国家。目前,世界上共有各种类型的织机 200 多万台,有梭织机与无梭织机大约各占 50%。

### 1. 织造工序的任务

织造工序任务是将准备工序制成的一定形式卷装的经纱与纬纱,放在织机上,按照织物组织的工艺要求,使经纱和纬纱按照一定的规则相互交织,制织成一定结构的织物,并经过整理工程,即可出厂。

### 2. 有梭织造工艺原理

织物在有梭织机上形成的过程如图 5-1 所示。经纱 1 从织轴上退解下来,绕过后梁 2,穿过停经片 3 后进入梭口形成区。在梭口形成区,每根经纱按工艺设计规定的顺序分别穿过综丝的综眼 4,然后穿过钢筘 5 的筘齿。梭子 12 的梭腔中安放纡子。在投梭机构的作用下,梭子被投进梭口,引进纬纱,与经纱交织后于织口 6 处形成织物。

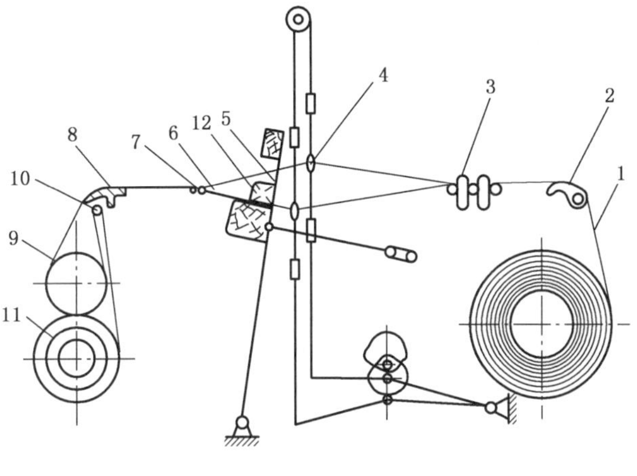

**图 5-1　织物的形成**

1—经纱　2—后梁　3—停经片　4—综眼　5—钢筘
6—织口　7—边撑　8—胸梁　9—刺毛辊
10—导布辊　11—卷布辊　12—梭子

### 3. 有梭织机种类

为适应不同纤维、不同品种织物的生产,有梭织机的种类很多,分类方法也较复杂。按构成织物的纤维材料,可分为以下几种:

(1) 棉织机

用以织造棉织物和棉型化纤纯纺、混纺织物。国产棉织机中,有梭织机主要是 GA611 型和 GA615 型两个系列,前者为窄幅,后者为宽幅。这两个系列分别有其子系列,如 GA615B 型为自动换梭毛巾织机,GA615A 型为多梭箱织机。

(2) 丝织机

目前用得最广泛的丝织机是 K 系列中的 K251 型及 K72 型等,它们也有子系列机型。

（3）毛织机

目前采用最广泛的毛织机是 H 系列的 H212 型及 HZ72 型等机型，GN 系列使用尚少。

（4）麻织机

例如黄麻织机 J221 型。

下面以 GA615 系列织机为例，介绍有梭织造设备的主要机构及其操作技术：

## 二、有梭织机开口机构

### 1. 开口机构的作用与要求

按照织物组织的要求，在织机上把经纱上下分开而形成梭口的运动，简称开口。完成开口动作的机构称为开口机构。开口机构的作用有：①使经纱上下分开，形成梭口；②根据织物组织的要求，控制经纱的升降次序。开口机构应满足以下要求：

① 使综框按要求的规律运动并形成清晰梭口，经纱在开口和闭合过程中，不能相互牵连和纠缠。

② 使综框运动平稳、振动小，以免增加断头。

③ 有合理的梭口尺寸，在保证顺利引纬的条件下，梭口高度应尽可能小，以免增加经纱张力和变形；梭口全开时，应有适当的静止时间。

④ 结构简单，能织制多种织物。

有梭织机常用的开口机构有凸轮开口机构、多臂开口机构、提花开口机构。

### 2. 凸轮开口机构

凸轮开口机构通常用于织制平纹、斜纹和简单的缎纹组织，其综框数较少，一般在 8 片以内。

（1）工作原理

图 5-2 所示为平纹凸轮开口机构。中心轴 1（又称踏盘轴）上固装着两个大小不相同的开口踏盘 2，两个踏盘的形状相同且相位差为 180°。一个踏盘控制前综的升降，另一个踏盘控制后综的升降。在两根踏综杆 3 和 4 的中部装有踏综杆转子 5，两个转子与相对应的踏盘紧密接触。踏综杆以踏综杆托架 6 上的踏综杆栓 7 为支点作上下摆动。踏综杆的下部有锯齿状的凹槽，吊综钩 8 勾在凹槽上，其上端通过吊综板 9 及下吊综钩 10 与综框下部相连接。综框上部用吊综皮带 11 与吊综轴 12 上固装的吊综辘轳 13 相连。由于前后综的位置要求，两根踏综杆有长短之分，前综框 14 与长踏综杆相连，后综框 15 与短踏综杆相连。织机启动后，踏盘随中轴一起回转，由于踏

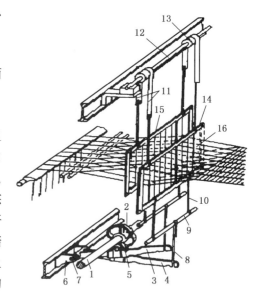

**图 5-2　平纹凸轮开口机构**

1—中轴　2—凸轮(踏盘)　3、4—踏综杆
5—踏综杆转子　6—踏综杆托架　7—踏综杆栓
8—吊综钩　9—吊综板　10—下吊综钩
11—吊综皮带　12—吊综轴　13—吊综辘轳
14—前综框　15—后综框　16—综丝

盘大小半径的作用，使踏综杆绕踏综杆支点上下摆动。当某踏盘的大半径与相应的转子接触时，所对应的踏综杆及综框下降。此时，另外一个踏盘的小半径正对着转子，下降的综框

通过吊综皮带及吊综辘轳使另一片综框提起,这样穿在两片综上的经纱便分成上下两层,形成梭口。当踏盘继续回转时,两片综框上下交换位置,形成第二次梭口。如此循环往复,不断地形成梭口。中轴转过一转,形成两次梭口,织入两根纬纱。

综框的升降运动规律和顺序由开口凸轮的外形和装配决定,综框升降动程则由踏盘本身的大小半径之差以及踏综杆的长度决定。每一个凸轮控制一片综框的运动。在织物的一个完全组织中,有多少种不同的经纱起落顺序,就应当有多少个踏盘来控制综框的升降,即踏盘数目应当与该种组织使用的综框数相等。

(2) 常用织物组织的踏盘与吊综方法

GA615系列织机采用的凸轮(踏盘)开口机构属消极式开口机构。这种消极式的踏盘开口机构中,踏盘只能强制综框下降。因此,必须有吊综辘轳配合完成使综框上升的动作。常用织物组织的踏盘外形与吊综辘轳配合如图5-3和图5-4所示。

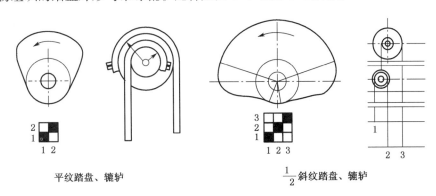

平纹踏盘、辘轳　　　　　$\frac{1}{2}$斜纹踏盘、辘轳

图5-3　平纹、$\frac{1}{2}$斜纹踏盘和凸轮配合

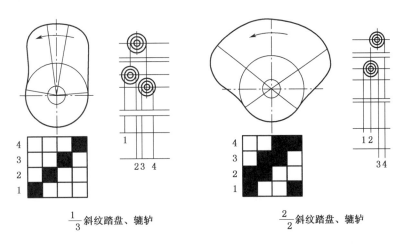

$\frac{1}{3}$斜纹踏盘、辘轳　　　　　$\frac{2}{2}$斜纹踏盘、辘轳

图5-4　$\frac{1}{3}$斜纹、$\frac{2}{2}$斜纹踏盘和凸轮配合

(3) 踏盘的传动

当织机踏盘轴一个回转时,综框就完成一个开口循环。在一个开口循环中,织机主轴的回转数应当等于一个完全组织的纬纱数 $R_w$。所以织机主轴和踏盘轴之间应保持如下的传动比:

$$\frac{织机主轴回转数}{踏盘轴转数} = R_{\mathrm{w}}$$

织制平纹织物时，纬纱循环数 $R_{\mathrm{w}}$ 等于2，凸轮轴每回转一次形成两次织口，只要将凸轮装配到织机织轴（底轴）上就可以实现开口。但织制斜纹和缎纹织物时，需要单独设置凸轮开口传动机构，如图5-5所示。

主轴回转时，主轴齿轮1传动底轴齿轮2，经过剖分式齿轮3、过桥齿轮4和5，传动踏盘轴齿轮6，使踏盘轴上的踏盘组回转。

织机主轴与凸轮轴的传动比为：

$$R_{\mathrm{w}} = \frac{Z_6 \times Z_4 \times Z_2}{Z_5 \times Z_3 \times Z_1} = \frac{48 \times Z_4 \times 72}{Z_5 \times 24 \times 36} = 4 \times \frac{Z_4}{Z_5}$$

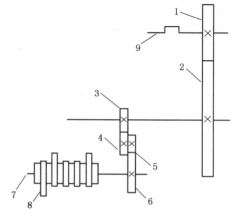

图5-5　织制斜纹和缎纹时踏盘轴传动装置

1—主轴齿轮　2—底轴齿轮　3—剖分式齿轮
4，5—过桥齿轮　6—踏盘轴齿轮
7—踏盘轴　8—踏盘组　9—主轴（曲轴）

根据 $R_{\mathrm{w}}$ 要求选择过桥齿轮 $Z_4$ 和 $Z_5$，常用齿轮搭配见表5-1。

表5-1　常用过桥齿轮搭配表

| 一个完全组织的纬纱根数 $R_{\mathrm{w}}$ | | 3 | 4 | 5 | 6 | 8 |
|---|---|---|---|---|---|---|
| 传动比 | | 3 | 4 | 5 | 6 | 8 |
| 过桥齿轮齿数配备 | $Z_4$ | 24 | 24 | 25 | 24 | 24 |
| | $Z_5$ | 32 | 24 | 20 | 16 | 12 |

**3. 多臂开口机构**

由于受凸轮结构方面的限制，凸轮开口机构只能用于生产组织循环比较小的简单织物。当织物组织循环数大于8时，需要使用多臂开口机构来完成开口过程。有梭织机使用的多臂开口机构一般有16片综框。

（1）复动式单花筒多臂开口机构工作原理

图5-6所示为国产有梭织机上采用的复动式单花筒机械多臂开口机构。随着织机中心轴1（由织机主轴以1∶2速比传动）上开口曲柄2的回转，通过连杆3、三臂杆4使摇轴5往复转动（这是一个空间连杆机构）。再经双臂杆6、拉刀连杆7和8，使上拉刀9、下拉刀10在滑槽中做往复直线运动（这是一摇杆滑块机构）。每一提综单元有一根平衡杆13，其上、下两端分别为上拉钩11和下拉钩12的回转支点。上拉钩11和下拉钩12处在拉刀9与10的上方。当上、下拉钩下落到拉刀的运动轨迹上时，拉刀向左运动，将带动相应的拉钩也向左运动，平衡杆13与提综杆14的铰接点便向左运动，提综杆绕支轴23逆时针转动，并克服回综弹簧27的拉力提升综框26。中心轴每一个回转（主轴两转），上、下拉刀便各做一次往复运动，其运动方向相反，形成两次梭口。为了使后综框动程大于前综框动程，形成清晰梭口，拉刀运动时，其后端（控制后综框）的动程应较前端（控制前综框）大。

上、下拉钩能否被上、下拉刀带动而实现综框的提升，是通过一套提综控制装置来实现

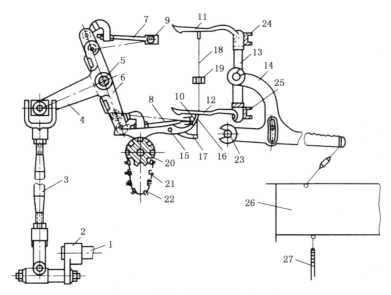

图 5-6　往复式机械多臂开门机构

1—中心轴　2—开口曲柄　3—连杆　4—三臂杆　5—摇轴　6—双臂杆　7,8—拉刀连杆
9—上拉刀　10—下拉刀　11—上拉钩　12—下拉钩　13—平衡杆　14—提综杆
15—小轴　16,17—重尾杆　18—竖针　19—导栅　20—八角花筒　21—纹板
22—纹钉　23—支轴　24,25—斜撑挡　26—综框　27—回综弹簧

的,借助八角花筒 20、纹板 21、重尾杆 16 和 17、竖针 18 等实现对综框的选择。第一排孔位控制平头重尾杆 17,平头重尾杆通过竖针 18 作用于上拉钩,当第一排孔位上植有纹钉时,竖针 18 下落,拉钩钩端下落,拉钩被拉刀带动向左运动而提升综框,完成一次开口;第二排孔位控制弯头重尾杆 16,弯头重尾杆作用于下拉钩,下拉刀由左侧向右侧运动为空程,若第二排孔位上植有纹钉,弯头重尾杆的尾端下落,下拉钩落下,下拉刀拉动拉钩向左运动,综框提起,形成第二次梭口。换言之,若处于工作位置的纹板孔位上植有纹钉,相应重尾杆的尾部抬起,头部落下,拉钩落到拉刀上,实现提综;反之,若处于工作位置的纹板孔位上没有植纹钉,相应重尾杆的尾端落在纹板上,拉刀回程时,拉钩脱离拉刀,不进行提综。

（2）纹板编制

织物的组织循环是由纹板所植的纹钉的循环决定的。提综循环的所有纹板按顺序连接成链,套装在八角花筒 20 上,由八角花筒带动纹板转动。织机主轴每转一次,花筒便转过 1/8 转,更换一块纹板,由工作纹板上的纹钉决定两次引纬的提综顺序。

图 5-7 所示为 16 片综的纹板,每块纹板上有两行纹钉孔,错开排列,第一行、第二行纹钉分别对准弯头重尾杆和平头重尾杆。黑色圆代表植有纹钉,白色圆代表无纹钉。每行纹钉控制一次开口,纹钉行数应等于组织循环纬纱数的整数倍,且纹板的总数不少于 8 块。

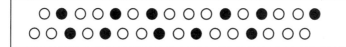

图 5-7　纹板

纹板编制是指根据纹板图的要求在纹板上植入纹钉的操作。纹板图是由织物组织图和穿综顺序决定的。图5-8所示为复合斜纹的纹板图和上机图。虽然4块纹板即可完成一次纬纱循环,但纹板总数至少用8块,故要重复一个纬纱循环数。

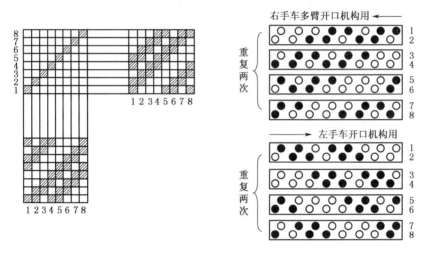

图 5-8　$\frac{2}{1}\frac{2}{3}$复合斜纹纹板图

(3) 复动式多臂开口机构的特征

① 复动式多臂机综框运动为半开口形式。

② 综框的运动速度为综平前后较快,梭口满开时较慢。

③ 综框运动在最高位置时无静止时间,在最低位置时有静止时间,静止时间的长短由拉刀与拉钩之间的间隙决定。

④ 由于拉刀与拉钩之间存在间隙,综框在开始提升或下降到最低位置时速度是突然变化的,会引起综框的冲击和振动。拉钩与拉刀之间的间隙越大,这种冲击和振动就越大。但拉钩与拉刀之间的间隙不能过小,否则拉钩难以从拉刀上脱离。

⑤ 复动式多臂机不适用于高速和宽幅。

**4. 提花开口机构**

凸轮开口机构与多臂开口机构均通过控制综框的升降而形成梭口。由于受综框片数的限制,这两种开口机构仅能织制简单组织及小花纹组织织物,当织制较复杂的大花纹组织时,须采用提花开口机构。

提花织机不用综框,而采用数目很多且按一定顺序排列的竖针来管理经纱的升降。因此经纱与纬纱的交织规律具有相当大的灵活性。提花开口机构的工作能力是以提花龙头的竖针根数表示的。竖针根数也称口数,代表了该提花机所能织的一个完全组织的最大经纱数。目前,织物的经纱组织循环数可达到100~4 800根。

有梭织机上使用的提花机为单动式单花筒提花机,图5-9所示为TK212提花机构简图,属中央闭合梭口。单动式提花开口机构是指提花开口机构的刀箱在主轴一个回转内,上、下往复运动一次,形成一次梭口。该提花开口机构由提综装置和传动装置组成。

(1) 提综装置

如图5-9所示,经纱穿过综丝1的综眼,重锤2吊于综丝下端,综丝上端与通丝3相连,通丝又穿过目板 4 的孔眼与首线 5 相连。首线穿过底板 6 的孔眼后挂在竖针 7 下端的弯钩上。每根首线悬吊的通丝根数取决于织物组织的一个完全循环的纱线根数，一般不超过 8 根。若纹板 14 上相对应的位置打有孔眼时，横针 10 左移，竖针钩头左移，当刀架 8 向上运动时，刀架上的提刀 9 将竖针及与竖针相连的首线 5、通丝 3、综丝 1 向上提升，穿在综眼中的经纱被提起，形成上层经纱。若纹板 14 上相应的位置无小孔，横针将竖针推开，竖针不能挂在提刀上，经线随底板下降形成下层经线。这样穿在综眼中的经线就分为上、下层，从而形成梭口。

(2) 花纹控制装置

花纹控制装置的作用是管理经纱的升降次序。如图 5-9 所示，每根横针的右端有一小段弹簧，在弹簧的作用下，横针便能推动竖针靠近提刀。横针的左端略伸出横针板 12，横针板前面有花筒 13，花筒上套有纹板 14。这样，在花筒移进横针板时，横针由于弹簧的作用进入纹板和花筒的筒眼中，这些横针就处于静止状态，与静止横针相对应的竖针钩头则在提刀之上，当提刀上升时，相应的竖针和经纱被提起。如果纹板上对应横针处无孔眼，纹板即把横针推向右方（后退），同时带动竖针向右移动，使其

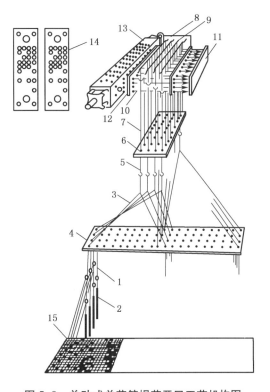

图 5-9　单动式单花筒提花开口工艺机构图

1—综丝　2—重锤　3—通丝　4—目板　5—首线
6—底板　7—竖针　8—刀架　9—提刀　10—横针
11—横针挡板　12—横针板　13—花筒
14—纹板　15—织口

离开提刀，于是相应的竖针和经纱便停留在下方。因此，纹板上有孔处即表示与其相对应的竖针、经纱上升，无孔处即表示与其相对应的竖针、经纱停留在下方。花筒每次转过 90°，刀架向上提升一次，形成一次梭口，引入一根纬纱。织物完全组织中的纬纱根数即为所需的纹板块数。

(3) 传动装置

TK212 型提花机传动系统如图 5-10 所示。织机主轴 1 经圆锥齿轮 2 与 4 传动竖轴 3，再经一对圆锥齿轮（图中未绘出）传动短轴 5，其传动比为 1∶1，使主轴的回转数和提花机的刀架升降数相对应。开口曲柄 8 装在短轴 5 上，通过连杆 9 与双臂杠杆 10 的一端相铰连，双臂杠杆 10 的另一端与升降齿杆 11 相铰连。当开口曲柄 8 回转时，双臂杠杆 10 即以轴 12 为回转中心传动升降齿杆 11，使刀架 6 随之升降。扇形双臂齿杆 13 的里侧与升降齿杆 11 相啮合，外侧与固装在底板 7 旁边的齿条 14 相啮合。当升降齿杆 11 和刀架 6 上升时，扇形双臂齿杆 13 以轴 15 为回转中心转动，使底板 7 下降，反之则上升。因此，当刀架 6 上升时，挂在提刀上的竖针随之上升，使经纱也上升而形成梭口的上层；而未挂在提刀上的竖针在重锤作用下随底板下降，经纱也随之下降，形成梭口的下层。引纬之后，刀架 6 下降，底板 7 上升，上、下两层经纱在中间闭合，从而完成一次开口动作。

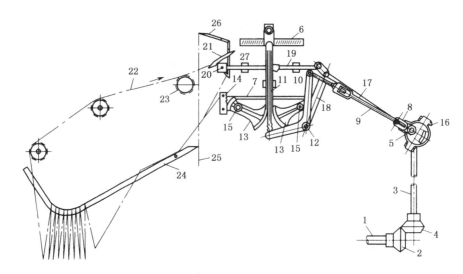

**图 5-10　单动式单花筒提花开口传动机构简图**

1—主轴　2,4—圆锥齿轮　3—竖轴　5—短轴　6—刀架　7—底板　8—开口曲柄　9,17—连杆
10—双臂杠杆　11—升降齿杆　12—双臂杠杆轴　13—扇形双臂齿杆　14—齿条　15—扇形双臂齿杆轴
16—偏心盘　18—摆杆　19—花筒传动轴　20—花筒　21—花筒拉钩　22—纹板　23—纹板导轮
24—托架　25—绳子　26—转杆　27—花筒倒转拉钩

当与短轴 5 固装在一起的偏心盘 16 转动时,连杆 17 做往复运动,使摆杆 18 以轴 12 为回转中心摆动,从而传动花筒传动轴 19 和花筒 20 做往复运动。由于花筒拉钩 21 的作用,使花筒转过 90°,调换一块纹板。纹板 22 沿着导轮 23 前进,转到下面的纹板由连接铁线搁在托架(轨道)24 上。需要倒转花筒时,只要拉动绳子 25,通过转杆 26 和花筒倒转拉钩 27,即可使花筒做倒向回转。

## 三、有梭织机引纬机构

有梭引纬的历史悠久,技术最为成熟,其引纬机构结构简单、调节方便,能以连续的纬纱形成完整而光洁的布边,便于后道工序加工,符合消费习惯,织物质量稳定,适应性广,历来广泛应用于各种织机。但有梭引纬也存在很大的缺点,例如,容易造成扎梭、飞梭等机械故障,消耗动力多,机物料消耗大,噪声大,车速较低,织布机运行速度一般不超过 200 梭/min。

### 1. 梭子

梭子是传统有梭织机的载纬器,纬纱以管纱(纡子)形式容纳在梭腔中。梭子在投梭机构的作用下从一侧梭箱投向另一侧梭箱,在梭口中将纱线从纡子上退绕下来,完成引纬。梭子一般用优质的压缩木材制成,尖端镶有钢质梭尖,以耐冲击。为了减少运动阻力,要求外形呈流线型,表面必须光洁。

图 5-11 所示为自动换梭织机使用的梭子。梭腔内装有梭芯 1,梭芯根部有尼龙套 2,以便于纬管紧套在上面。当梭芯扳下时,纬管底部的铜帽边嵌入梭体的纬管座 3 内。为了使纬管上的探针槽对准梭子前壁的探针孔,梭芯根部设有角槽。梭芯根部的下方装有底板弹簧,使梭芯不致跳动而使纬管稳定。为使梭

**图 5-11　梭子结构**

1—梭芯　2—尼龙套　3—纬管座
4—导纱磁眼　5—导纱槽
6—导纱钢丝　7—张力毛刷

子运动稳定,一般梭子后壁的底角制成略小于 90° 的锐角,钢箱与走梭板的夹角应与之符合。在梭子前侧的另一端装有导纱磁眼 4,导纱磁眼上方开有导纱槽 5,导纱槽的入口处装有两根导纱钢丝 6,纬管头部、纬纱通道处装有张力毛刷 7,目的是使纬纱在引出时保持一定的张力。有时在梭子内壁粘贴尼龙张力网,其目的是限制纬纱退绕时产生的气圈,保证纬纱不与梭子内壁摩擦而减少断头。

常用梭子的主要规格见表 5-2。

表 5-2  常见有梭织机梭子的主要规格

| 织机型号 | 梭子尺寸 | | | 梭背底角 (°) | 梭子质量 (g) |
|---|---|---|---|---|---|
| | 长(mm) | 宽(mm) | 高(前×后)(mm) | | |
| 棉织机 GA615 | 343 | 45 | 35 | 86.5 | 350 |
| 毛织机 H272 | 410 | 44.5 | 35×36 | 88.5 | 500 |
| 毛织机 H212 | 425 | 50 | 36×38 | 90 | 500 |
| 丝织机 K251 | 350 | 34 | 24 | 90 | 150 |
| 黄麻织机 J212 | 550 | 57.5 | 54 | 87 | 960 |

**2. 投梭机构**

图 5-12 所示为 GA615 型棉织机投梭机构。传统投梭棒的作用力一般施加于投梭棒的下部,所以称其为下投梭。

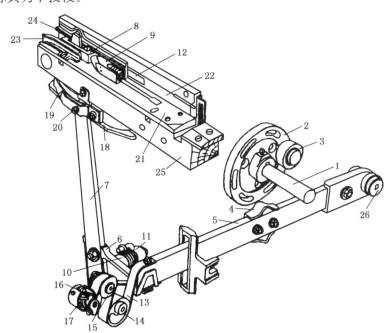

图 5-12  GA615 型棉织机投梭机构和制梭机构

1—底轴(中心轴)  2—投梭盘  3—投梭转子  4—投梭鼻  5—侧板  6—投梭棒脚帽  7—投梭棒  8—皮结<br>9—梭子  10—十字炮脚  11—投梭棒弹簧  12—制梭铁  13—缓冲皮带  14—偏心盘  15—固定盘<br>16—弹簧盘  17—缓冲弹簧  18—皮圈  19—皮圈弹簧  20—调节螺母  21—梭箱底板<br>22—梭箱背板  23—梭箱前板  24—梭箱盖板  25—筘座  26—侧板支点

(1) 击梭机构

在底轴 1 的左右两端各装有一个投梭盘 2,在投梭盘上装有投梭转子 3。在投梭盘的下方装有带投梭鼻 4 的侧板 5。侧板以支点 26 为中心上、下摆动,前端压在投梭棒脚帽 6 的凸嘴上。投梭棒 7 下端固装在投梭棒脚帽上,上端穿过筘座 25 和梭箱底板 21 上的长槽孔,投梭棒上端活套着皮结 8。当底轴回转时,投梭转子撞击投梭鼻,侧板前端打击投梭棒脚帽上的凸嘴,使投梭棒脚帽转动,从而带动投梭棒推动皮结,皮结推动梭子加速,使梭子得到一定的速度进入梭口,完成引纬运动。

由于投梭棒脚帽上的轴装于十字炮脚 10 的轴套中,十字炮脚又固装于摇轴上,因此投梭棒可随筘座 25 前后摆动,且能以十字炮脚的轴套为中心在筘座槽中沿投梭方向运动。投梭完成后,投梭棒依靠投梭棒弹簧 11 回复原位。

(2) 制梭机构

一般情况下,梭子从投梭机构所获得的全部动能中,约有 15％ 的能量消耗于梭子飞过梭口时所遇到的各种阻力,还有约 85％ 的剩余能量由制梭装置在短暂时间内吸收。最后,梭子平稳地停留在梭箱中的适合位置,这一过程叫制梭过程,完成这一过程的机构叫制梭机构。

梭子进入梭箱后的制梭过程分为三个阶段。第一阶段为梭子与制梭铁 12 斜碰撞制梭:制梭铁嵌入梭箱背板的长槽中,在制梭铁后面压以制梭弹簧钢板。制梭铁呈倾斜状,使梭子进入梭箱后越向前则受到的制梭力越大,斜碰撞使梭子速度有所下降。但这一制梭过程的作用有限,根据弹性碰撞理论计算,可得出梭子速度仅下降 1％。第二阶段为制梭铁与梭箱前板 23 对梭子的摩擦制梭:梭子碰撞制梭铁向外转动后,制梭弹簧钢板使之复位重新压紧在梭子上,随后,向前运动的梭子受制梭铁和梭箱前板的摩擦制动作用,从而吸收梭子的动能。第三阶段为皮圈 18 在皮圈架上滑行的摩擦制梭以及三轮缓冲装置制梭:梭子向底部运动到一定位置后便和皮结撞击,再推动投梭棒向机外侧外运动。一方面,投梭棒脚帽 6 将侧板 5 抬起,拉动缓冲皮带 13,再通过偏心轮 14 和固定轮 15,使装有缓冲弹簧 17 的弹簧轮 16 略微转动。此时,靠缓冲带对偏心轮、固定轮的摩擦和缓冲弹簧的扭转,对梭子起到制动作用。另一方面,投梭棒把皮圈 18 推向机外侧,靠皮圈弹簧 19 的压力所产生的摩擦阻力和皮圈的弹性伸长吸收梭子的部分动能,实现制梭。皮圈摩擦阻力的大小,可以通过调节螺母 20 进行调节。

在制梭过程的三个阶段中,起主要作用的是第三阶段,梭子的大部分动能被皮结、皮圈和三轮缓冲装置吸收,因此生产中表现为皮结、皮圈的消耗量较大。

## 四、有梭织机打纬机构

为了将新引入梭口的纬纱推向织口,并与经纱交织而形成符合设计要求的织物,必须借助专门的机构,这种机构称为打纬机构。将纬纱推向织口的运动称为打纬运动。

有梭织机打纬机构的作用包括:①用钢筘将引入梭口的纬纱打向织口,并与经纱交织而形成规定纬密的织物;②由装在筘座上的钢筘和走梭板一起引导梭子稳定飞过梭口;③利用钢筘上的筘齿密度,控制织物的经纱密度和幅宽。有梭织机打纬机构的工艺要求为:①在保证梭子顺利通过梭口的条件下,筘座的摆动幅度要小,以减少经纱的摩擦;②在满足织造要求的条件下,应尽量减少筘座的质量,从而减少机器的动力消耗和织机振动,保证筘座运动平稳;③打纬时筘座的运动要平稳,打纬终了时,防止筘座对织口突然冲击而造成经纱断头;④打纬时,筘座在机后应有足够长的静止时间或者相对静止时间,即筘座运动要与梭子运动、开口运动在时间上协调配合,保证梭子顺利通过梭口;⑤打纬机构应结构简单、坚固、操作安全、维修方便。

有梭织机常用的打纬机构为四连杆打纬机构,有梭毛巾织机则使用变动程式四连杆打纬机构。

图 5-13 所示为 GA615 型棉织机四连杆打纬机构。曲柄 2 随织机主轴 1 转动,曲柄的曲颈部分套有牵手 3,牵手的另一端用牵手栓 4 与筘座脚 5 相连接,筘座脚 5 通过托脚 10 固定在摆轴 9 上。通常说的四连杆是由曲柄、牵手、筘座脚、机架组成的。

当织机主轴 1 回转时,曲柄 2 随之转动,通过连杆 3 的作用使筘座脚 5 以摇轴 9 为中心做前后方向的往复摆动。当筘座脚 5 向前摆动时,钢筘将纬纱推向织口,实现打纬。

四连杆打纬机构具有结构简单、加工制造方便、维修保养简便等特点,是织机中使用最广泛的的一种打纬机构。

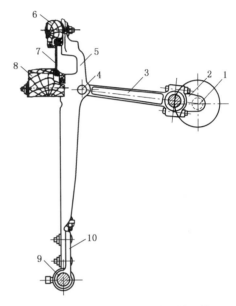

图 5-13　GA615 型织机的打纬机构

1—织机主轴　2—曲柄　3—牵手　4—牵手栓
5—筘座脚　6—筘帽　7—钢筘　8—筘座
9—摆轴　10—托脚

## 五、有梭织机卷取与送经机构

纬纱被打入织口形成织物之后,必须不断地将这些织物引离织口,卷绕到卷布辊上,同时从织轴上送出相应长度的经纱,使经纬纱不断地进行交织,以保证织造生产过程持续进行。织机完成卷取织物和放出经纱的运动分别称为卷取和送经,卷取和送经分别由卷取机构和送经机构协作完成。

### (一) 有梭织机卷取机构

卷取机构的作用是将在织口处初步形成的织物引离织口,卷绕到卷布辊上,同时与织机其他机构相配合,确定织物的纬纱排列密度和纬纱在织物内的排列特征。卷取机构按机构的运动性质可划分为积极式卷取和消极式卷取两大类。

#### 1. 积极式间歇卷取机构

积极式卷取机构依靠主轴回转,强制卷取一定长度的织物,即无论梭口中有无纬纱织入,始终卷取一定长度的织物。

图 5-14 所示为 GA615 型有梭织机的七齿轮卷取机构。当筘座脚 1 自后方向胸梁方向(箭头所指方向)摆动时,通过卷取指 2 拨动卷取杆 3 以 $O_2$ 为支点摆动,使卷取钩 4 向机后方向移动,带动锯齿轮 5 按逆时针方向转动。锯齿轮 5 经过变换齿轮 6 和 7 以及齿轮 8、9 和 10 传动装在刺毛辊轴端的齿轮 11,从而使刺毛辊 12 回转,将织物引离织口,绕到卷布辊上,完成卷取动作。当筘座脚从胸梁向后方摆动时,卷取钩向机前方向移动,在锯齿

轮表面滑过,锯齿轮 5 受保持钩 13 的支持,不会因织物的张力而逆转。

当织口内缺少纬纱而需要后移时,通过一套连杆抬起保持钩 13 及卷取钩 4,使锯齿轮 5 失去控制,在织物张力的作用下逆转而退出织物,直到防退钩 14 的槽孔右端的调节螺丝与芯子 15 相遇为止。退出织物的长度,可根据织物品种的不同,用调节螺丝来调节,通常允许锯齿轮逆转 2 齿。刺毛辊倒转退出相当于 2 根纬纱的织物,以消除因断纬停车前的空卷而产生的稀弄疵点。

卷布辊的紧压装置如图 5-15 所示。织物自胸梁 1 经刺毛辊 2 绕过导布辊 3 卷到卷布辊 4 上。导布辊 3 是为了增加织物对刺毛辊的包围角度,以增强对织物的握持力而防止打滑。卷布杆 5 架在卷布辊托架 8 上,卷布杆前端的凹槽内有木轴衬,卷布辊的芯轴搁于其中。卷布杆的后端钉有皮套 9,与挂在前横档上的卷布弹簧 6 相连接,卷布弹簧的收缩力使卷布杆将卷布辊向刺毛辊压紧,使卷布辊以同样的表面速度被刺毛辊摩擦传动,把织物紧卷在卷布辊上。钩子 7 的作用是在落布时放低卷布杆的位置,以便落布操作。

刺毛辊上包覆的铁皮规格要根据织物的不同进行更换。对于薄织物,刺皮要细,刺的高度要低;对于毛巾织物,为了防止挂住毛圈,应将铁刺皮改为金钢砂布;对于超薄织物,铁刺皮可改为粒面橡胶皮。

### 2. 边撑

在织造过程中,纬纱与经纱交织而屈曲,因而布幅往往小于经纱穿筘幅宽。如果在织口附近不暂时阻止织物的纬向收缩,会使织口前后的边部经纱发生较大的曲折。在钢筘摆动过程中,特别是打纬时,边纱的曲折会更大,筘齿与边纱之间将发生严重的摩擦而导致边经断头。因此,为了保持织口处织物宽度不变而与经纱穿筘幅相等,使织造过程正常进行,织物两侧的织口处安装有边撑装置,以撑开织口处的布幅,防止织物宽度收缩过大,减少边经断头和边筘的不正常磨损。

棉织机所用的边撑通常分为刺辊式和刺环式两种。

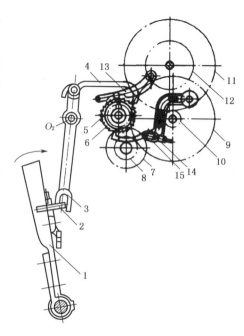

**图 5-14 七轮间歇卷取机构**

1—筘座脚 2—卷取指 3—卷取杆 4—卷取钩
5—锯齿轮 6,7—变换齿轮 8,9,10,11—齿轮
12—刺毛辊 13—保持钩 14—防退钩
15—防退钩芯子 $O_2$—卷取杆芯子

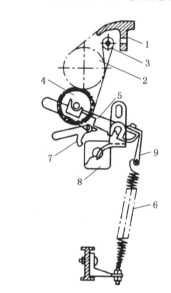

**图 5-15 卷布辊紧压装置**

1—胸梁 2—刺毛辊 3—导布辊 4—卷布辊
5—卷布杆 6—卷布弹簧 7—钩子
8—卷布辊托架 9—皮套

（1）刺辊式边撑

刺辊式边撑如图 5-16 所示,由边撑盒座 1、刺辊 2 和边撑盒盖 3 构成。盒座上有可供绒屑落下的缝隙;刺辊上装有针刺,排成螺旋状。当织物在边撑盒内前进时,刺辊上的针刺刺入布身,带动刺辊回转,使织物的织口保持张紧状态,从而实现伸幅的目的。刺辊式边撑的刺辊,可分为木刺辊、铁刺辊和空心铁刺辊三种。刺辊式边撑由于其握持力小,通常用于轻型及中型织物的生产。

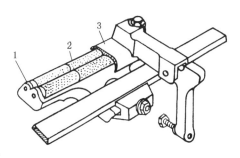

图 5-16　刺辊式边撑

1—边撑盒座　2—刺辊　3—边撑盒盖

（2）刺环式边撑

刺环式边撑如图 5-17 所示,由刺环 5、刺环座 4、斜垫圈 2 和螺丝杆 1 组成。刺环及端部刺环座上,刺环座两端装有斜垫圈及端部刺环座 3,上述部件的孔眼均套在边撑盒螺丝杆 1 上,而边撑盒螺丝杆固定在边撑盒座 6 上。边撑盒搭襻与边撑盒座用螺丝将边撑盒固装在边撑杆两端的织口附近。织物从上面绕过边撑的刺环,由针刺使织物向外撑开,张紧织物。在织物出边撑盒处,针刺没入领圈之间,避免了勾伤织物。刺环式边撑由于其伸幅作用大,故厚重织物通常选用此形式的边撑。

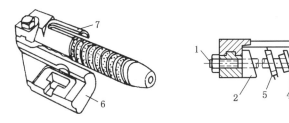

图 5-17　刺环式边撑

1—边撑盒螺丝杆　2—斜垫圈　3—端部刺环座　4—刺环座
5—刺环　6—边撑盒座　7—边撑盒盖

### （二）有梭织机送经机构

对送经机构的工艺要求是:随着织造的进行,保证从织轴上均匀地送出经纱;在织造过程中,使经纱保持织造工艺要求的张力,并且保证送经张力的稳定和适当。送经机构按织轴回转装置的构成分为消极式送经、积极式送经和调节式送经。调节式送经是在消极式送经或者积极式送经的基础上,加上某种形式的张力自动调节系统而完成送经,送经张力比较均匀。GA615 型织机的送经装置就属于调节式送经,可分为内侧送经和外侧送经。

**1. 内侧式送经装置**

（1）经纱送出装置

也称织轴回转装置。图 5-18 所示为调节式积极送经机构。当筘座脚向机后摆动时,通过调节杆导架 18、调节杆 17 和撑头杆 15,使撑头 16 撑动摩擦锯齿轮 12 按顺时针方向转动一个角度。摩擦锯齿轮 12 传动送经伞轮 13 和 14、送经侧轴 6 上的送经蜗杆 8、送经蜗轮 9、送经轴上的送经小齿轮 4 及织轴边盘齿轮 5 回转,从而使织轴 1 转过相应角度;与此同时,送经蜗杆 8 转动后,送经蜗轮和送经蜗杆的自锁作用解除,经纱也可拖动织轴 1 回转。这样,就可放出一定量的经纱。而随着筘座脚向机前摆动,撑头杆上端的撑头沿逆时针方向在摩擦锯齿轮上滑过一定齿数,这时虽然经纱也有拖动织轴回转的趋势,但蜗轮和蜗杆的自锁作用使得织轴回转受到制约,而停止送出经纱,以保证经纱具有一定张力,满足织造生产的需要。

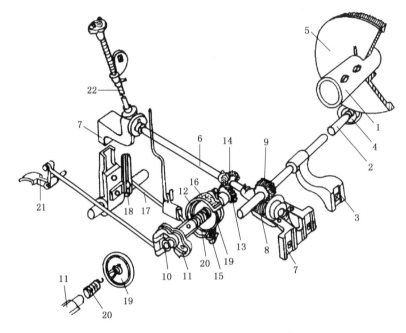

**图 5-18　GA615 型织机的经纱送出装置**

1—织轴　2—送经轴　3—送经轴中托架　4—送经小齿轮　5—织轴边盘齿轮　6—送经侧轴
7—送经侧轴前后托架　8—送经蜗杆　9—送经蜗轮　10—摩擦锯齿轮轴　11—锯齿轮轴托架
12—摩擦锯齿轮　13,14—送经伞轮　15—撑头杆　16—撑头　17—调节杆
18—调节杆导架　19—摩擦制动盘　20—制动盘弹簧　21—踏脚杆　22—斜轴

撑头杆上的三爪撑头长度不同,彼此相差锯齿轮齿距的 1/3。这样的设计保证了撑头撑动送经锯齿轮的回转角度符合织造所需的经纱长度,空转误差小。为避免撑头撑动送经锯齿轮时送经锯齿轮发生惯性回转,此装置中设置了摩擦制动装置。图 5-18 中,摩擦制动盘 19 活套在摩擦锯齿轮轴 10 上,在制动盘和锯齿轮之间垫厚毡一块,以增加相互间的摩擦系数。摩擦制动盘上的叉形凸杆正好嵌入锯齿轮轴托架凹档中,因此摩擦制动盘本身不可回转。制动盘弹簧 20 位于锯齿轮托架和制动盘之间,其弹力使得制动盘能够紧压住锯齿轮。锯齿轮轴紧圈使锯齿轮轴保持正常位置,并使送经伞轮正常啮合。当锯齿轮经撑头撑动而回转时,摩擦阻力限制了它的惯性回转,保证了送经长度的准确。

(2) 经纱张力调节装置

织造中为使经纱张力保持稳定,应使送经量随经纱张力变化实现自调。经纱张力调节装置由张力扇形杆、扇形制动器杆、活动后梁等组成,其结构如图 5-19。

在两侧墙板的后上方装有后杆托架 5,后杆 3 与后杆托架相固接。后杆的两端装有张力重锤杆 2,其前臂为锯齿形,以便于悬挂张力重锤 4。后梁 1 搁在张力重锤杆后端的弯头内,能自由回转。在后梁的一侧装有平稳运动杆 8,其前端搁在平稳运动凸轮 9 上。当加工

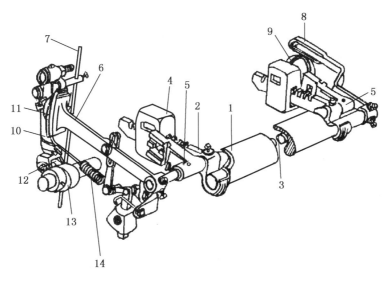

图 5-19　GA615 型织机的经纱张力调节装置

1—后梁　2—张力重锤杆　3—后杆　4—张力重锤　5—后杆托架　6—张力扇形杆
7—送经运动连杆　8—平稳运动杆　9—平稳运动凸轮　10—张力制动杆
11—扇形制动器　12—制动器杆滑轮　13—弯轴凸轮　14—制动器杆弹簧

平纹织物时,由于平稳运动凸轮的作用,通过平稳运动杆使后梁发生摆动,调节由于开口运动而引起的经纱张力变化。后杆的中间部分设计为曲柄形状,避免了和后梁的直接接触。后杆的一侧固装着张力扇形杆 6,其前端与送经运动连杆 7 相连,经运动连杆的下端与调节杆上的重锤相连。这样,当后梁所受的张力发生变化时,可通过相应的机件使调节杆做上、下运动,从而调节每织一纬锯齿轮被撑过的齿数,以调节送经量的大小。张力制动杆 10 上装有扇形制动器 11。制动器 11 的凹面与张力扇形杆 6 的凸面相吻合。制动杆 10 的上端活套在墙板的短轴上,下端套有制动器杆弹簧 14,并装有制动器杆滑轮 12,此滑轮与弯轴凸轮紧密接触。

**2. 外侧式送经机构**

GA615 型外侧式送经机构由织轴回转装置、经纱张力调节装置、织轴大小检测装置和经纱张力调节装置组成,如图 5-20 所示。

(1) 织轴回转装置

外侧式送经机构由弯轴 1 直接驱动。在弯轴的换梭侧装有一个套有轮壳 2 的偏心轮 3,当弯轴回转时,轮壳在偏心轮作用下拉动与之连接的摆臂 4 绕 $O_2$ 摆动。摆臂下部有一长槽形滑槽,通过芯子 5 将拉杆 6 与控制连杆 7 联装在一起。摆臂在轮壳的牵动下摆动时,拉

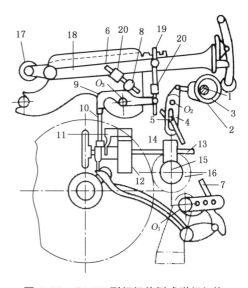

图 5-20　GA615 型织机外侧式送经机构

1—弯轴　2—轮壳　3—偏心轮　4—摆臂　5—芯子
6—拉杆　7—控制连杆　8—十字芯轴　9—控制臂
10—锯齿轮拉杆　11—拉臂　12—锯齿轮
13—送经侧轴　14—送经蜗杆　15—送经蜗轮
16—送经齿轮　17—张力圆辊　18—张力扇形杆
19—张力控制吊杆　20—特形挡圈

杆在十字芯轴 8 的轴孔中上下移动,并带动控制臂 9 绕 $O_3$ 摆动。锯齿轮拉杆 10 上连控制臂机后端,下接拉臂 11 连接件。控制臂的摆动使锯齿轮拉杆带动拉臂推动锯齿轮 12 做间歇回转运动。锯齿轮装在送经侧轴 13 上,轴的另一端装有送经蜗杆 14。锯齿轮转动时,送经侧轴、送经蜗杆、送经蜗轮 15 及与送经蜗轮同轴的送经齿轮 16 一起转动。于是,织轴盘片在送经锯齿轮的带动下发生回转,送出一定长度的经纱。

　　(2) 经纱张力调节装置

　　经纱张力调节装置通过活动后梁感测经纱张力的变化,经张力扇形杆传递给调节装置来改变控制臂动程,从而实现送经量大小的调节。

　　当经纱张力减小时,张力圆辊 17 上的压力随之减小,张力扇形杆 18 向下摆动,张力控制吊杆 19 及其特形挡圈 20 一起下压。控制臂受扭簧的作用,始终紧靠特形挡圈,当特形挡圈下压时,控制臂绕 $O_3$ 以顺时针方向摆动,十字芯轴 8 和特形挡圈之间的距离增加。随着空程的加大,拉臂撑动锯齿轮回转的动程减小,送经量减少,经纱张力随之增加,张力扇形杆恢复原位,送经趋于平衡。而当经纱张力增加时,张力扇形杆向上摆动,送经量随之增多,经纱张力又趋于平衡。

　　(3) 织轴探测装置

　　在织造生产中,随着织轴直径由大到小的变化,织轴直径探测装置探测到的信息会通过机构传递给调节和回转装置,实现均匀送经。织轴探测装置如图 5-21 所示。在机后内侧靠近织轴部位,装有探测织轴大小变化的织

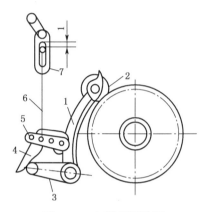

图 5-21　织轴探测装置

1—织轴探杆　2—木转子　3—织轴控制臂
4—织轴控制凸轮　5—控制臂
6—控制连杆　7—摆臂

轴探杆 1,探杆上端的木转子 2 紧贴织轴,以传递织轴直径大小变化的信息。当木转子由于织轴上的绕纱直径减少而移动时,带动与探杆同轴的织轴控制臂 3 一起移动,并推动与其紧密接触的织轴控制凸轮 4 移位。织轴控制凸轮固装在短轴上,控制臂 5 装于短轴外端,织轴控制凸轮随织轴绕纱直径的减少而缓慢移动时,控制臂便绕短轴轴芯 $O_1$ 转动,使控制连杆 6 在摆臂 7 的长槽中自上而下地移动,拉杆下移,空程减小,锯齿轮回转的角度增大,织轴转动加快,保证了送经量大小基本不变。

## 六、有梭织机辅助机构

　　一台完善的织布机,除了必须具备开口机构、引纬机构、打纬机构、卷取机构和送经机构以外,还应该具备必要的辅助机构,以达到提高生产效率、减少织疵、降低劳动强度的目的。有梭织机的辅助机构主要有传动系统、断经自停、断纬自停、自动补纬、经纱保护装置和布边装置。

### 1. 断经自停装置

　　有梭织机的停经装置可以分为机械式停经装置和电气式停经装置。

　　图 5-22 所示为国产有梭织机使用的机械式断经自停装置。停经凸轮 10 回转时,靠自重搁置在停经凸轮上的的联合杆 7 随之上下摆动。变换杆 6 与联合杆由弹簧连接,因此随之上下摆动。变换杆 6 的前端与发动停车的机构连接,在没有经纱断头时,变换杆 6 以前端

的铰链点为回转中心上下摆动,停经杆 12 等不运动。此时,刻度棒 3 通过角帽连杆 5 传动,不受阻碍地在停经片 19 的下方前后摆动。若经纱发生断头,穿在经纱上的停经片 19 下落,其下端伸入刻度棒 3 和固定齿杆之间,于是刻度棒 3 的运动受阻,不能摆到极限位置,即停止摆动。变换杆 6 不再与联合杆 7 一起以前端的铰链点为回转中心上下摆动,而只能以其后端为轴心转动,使停经杆 12 向上或向下转动。停经杆 12 上装有停经杆箍 17,筘座脚上装有导钩脚 18。在未发生断头时,停经杆箍 17 恰好在导钩脚的缺口中通过;而经纱断头后,因停经杆的摆动使停经杆箍位置改变,不能从导钩脚 18 的缺口中通过,在筘座向后摆动时,导钩脚便推动停经杆箍 17 向后运动,V 形杆 13 则逆时针回转,再经停经杆 14,使停机竖杆 15 顺时针转动,将开关柄推出开车位置,实现停车。

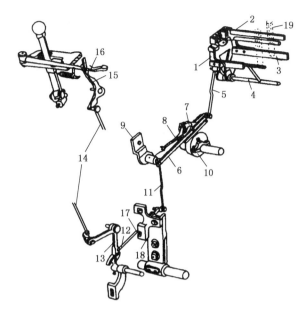

**图 5-22　机械式断经自停装置**

1—停经架　2—停经片杆　3—刻度棒　4—摆动棒轴　5—角帽连杆
6—变换杆　7—联合杆　8—联合杆弹簧　9—联合杆挂脚
10—停经凸轮　11—停经杆连杆　12—停经杆
13—V 形杆　14—停机杆　15—停机竖杆
16—开关连杆　17—停经杆箍　18—导钩脚　19—停经片

### 2. 断纬自停装置

有梭织机采用探纬针式断纬自停机构,又叫点啄式断纬自停装置,如图 5-23 所示。换梭侧胸梁上面的撑盒处装有托脚 2,托脚上装有三套管支持 3。外套管 4 和中套管 5、机头轴 6 穿在中套管中。机头轴由筘座脚 7 的摇摆运动,通过摆杆 8 和摇臂 9 而做一定角度的摆动。摆架 10 固装在机头轴上,随机头摆动。摆架上装有芯子 11,撑头 12 活套在芯子上,由于撑头质量偏于前部,故有下落在碰头 13 上的趋势。撑头中部有孔眼 14,钢针 15 的尾部插入孔中。压杆 16 由于弹簧 17 的作用把钢针压住,使钢针能做一定范围的左右摆动。当筘座向前运动时,摆架 10 下落,钢针插入织口附近的经纱层中。若梭口中有纬纱,则打纬时纬纱压住钢针的头端,使撑头在芯子上转动而离开碰头,当筘座脚向后摆动时,撑头不能撑动碰头,见图中(b)所示的状态,织机正常运行。当梭口中无纬纱时,由于撑头的前部偏重,筘座前进时,撑头 12 落在碰头 13 的凹槽中;而筘座后退时,摆架上抬,撑头撑动固装于中套管 5 上的碰头 13,中套管转动,使固装于其左端的摇臂 18 通过直立杆 19 上的停机箍 20 下压推臂 21,使停机轴 22 转动,从而使织机停车。

### 3. 经纱保护装置

为在轧梭时保护经纱以及防止梭子和其他机件的损坏,织机上应装有经纱保护装置。图 5-24 所示为 GA615 型织机游筘式护经装置。

织机运转正常、梭子自由飞行通过梭口时,钢筘是梭子飞行的导向面,梭子因筘座 1 的摆动而产生的惯性力压向钢筘,所以要求筘夹木 4 对筘边有一定的压力,以保持钢筘位置稳

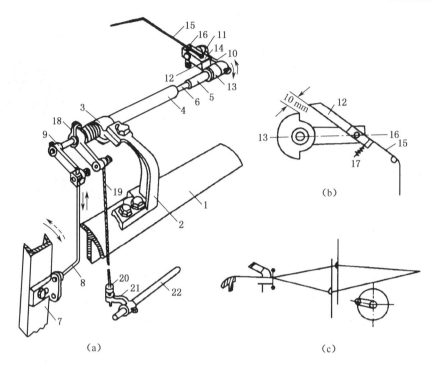

**图 5-23　探纬针式断纬自停机构**

1—胸梁　2—托脚　3—三套管支持　4—外套管　5—中套管　6—机头轴　7—筘座脚　8—摆杆　9—摇臂
10—摆架　11—芯子　12—撑头　13—碰头　14—孔眼　15—钢针　16—压杆　17—弹簧
18—中套管摇臂　19—关车直立杆　20—停机箍　21—停机杆推臂　22—停机轴

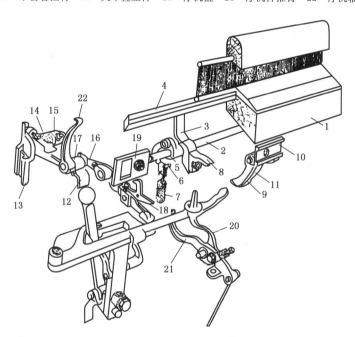

**图 5-24　GA615 型织机游筘经纱保护装置**

1—筘座　2—筘夹轴　3—筘夹翼　4—筘夹木　5—弹簧钩脚　6—弹簧钩　7—筘夹轴弹簧　8—鸭嘴
9—定筘鼻　10—托脚　11—弹簧片　12—耳形滑板　13—托脚　14—耳形滑板弹簧　15—调节箍
16—转子杆　17—转子　18—钩子　19—筘座衬铁　20—直立停机杆　21—轧梭停机杆　22—压杆

定。这个力由耳形滑板 12 供给。当筘座后退到投梭位置时，转子 17 与耳形滑板开始接触，筘座继续后退，转子把耳形滑板压下，这时耳形滑板弹簧 14 卷紧，其弹力通过转子、转子杆 16、筘夹轴 2 使筘夹木对钢筘的压力逐渐增加。耳形滑板弹簧的弹力可由调节箍 15 调节。耳形滑板的表面呈弧形，在筘座运动过程中，由于转子与耳形滑板接触点的改变，因而施加于筘夹轴的力矩也是变化的。当筘座在后死心附近时，这个力矩的值最大，此时梭子作用于钢筘的惯性力也最大，两者的变化是一致的。当筘座运动到前死心附近，即将打纬时，鸭嘴 8 开始伸入定筘鼻 9 的下方。当筘座继续前进，即打纬时，鸭嘴在定筘鼻的下面滑行，筘夹轴的位置基本固定，使钢筘能承受打纬阻力而不后退。

当发生轧梭时，最初把筘夹木向后推的力是由经纱承担的，但随着筘夹轴的回转，弹簧钩脚 5 的连接点移动，弹簧拉力的作用线由筘夹轴中心的前方移到后方，此时弹簧拉力对筘夹轴的力矩方向发生改变，成为使筘夹木松开的方向，从而减轻了梭子对经纱的挤压。随着筘夹轴的转动，鸭嘴在伸入定筘鼻的下方之前已经抬起。因而当筘座继续前进时，鸭嘴已在定筘鼻前侧的斜面上滑行，强制鸭嘴上抬，使筘夹木松开，因定筘鼻弹簧的缓冲作用，机件不会被撞坏。在筘夹轴转动的同时，转子杆的前臂向上抬起，筘座继续向前运动，转子杆前臂作用于轧梭停机杆 21，使织机停车。停机的同时，直立停机杆 20 作用于卷取杆，使卷取机构退布。

**4. 自动换梭装置**

当纬纱即将用完时，需及时补充纬纱卷装，此由自动补纬装置完成。自动补纬装置分成自动换纡和自动换梭两大类，自动换纡是以纡库中的满纡子替换梭子中的空纡子；自动换梭是以梭库中的满梭子替换梭箱中的空梭子。由于换纡过程比换梭过程更难控制，因此现在基本采用自动换梭装置。自动换梭装置由探纬诱导和自动换梭两个部分组成。

(1) 探纬诱导

图 5-25 所示为国产有梭织机上的探纬诱导装置，探针 1 穿在探针支持 2 的前后两个孔内，可以前后滑动。探针支持 2 固装在探针托架上。交叉锭 3 的一端穿过套筒支持 4 上的套筒 5，交叉锭弹簧 6 使钟形曲臂 7 压靠在辅助连杆 8 上，从而使探针处于最前位置（最靠机后）。探针的前后位置在松开辅助连杆上的螺丝后即可调节，探针的左右位置正对着织机开关侧梭箱前板及梭子的前壁槽孔，正好触及纬纱管 9 的根部。因此，当筘座摆到最前位置时，纡子上的纬纱使探针被迫后退，交

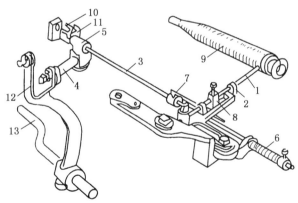

**图 5-25　自动换梭织机的探纬诱导部分**

1—探针　2—探针支持　3—交叉锭　4—套筒支持　5—套筒
6—弹簧　7—钟形曲臂　8—辅助连杆　9—纬纱管
10—钩头　11—交叉锭钩　12—敏觉杆　13—传动杆

叉锭 3 逆时针回转，使其另一端的钩头 10 上抬，避开正向机前运动的纬纱锤上的交叉锭钩 11，套筒支持保持不动，不发动换梭。若纡子上的纬纱即将退完，因探针处已无纬纱，探针对着纡子上的凹槽，即使筘座摆到最前位置，探针也不后退，交叉锭 3 不转动，钩头 10 被正向

机前运动的纬纱锤上的交叉锭钩11勾住,随交叉锭钩继续向前,套筒支持开始向机前运动,推动敏觉杆12使传动杆13转动,发动换梭。

(2) 自动换梭

自动换梭装置如图5-26所示。探纬诱导部分位于织机的开关侧,自动换梭装置则在织机的换梭侧。通过传动杆1(即图5-25中的13)做顺时针方向转动,提起撞嘴2,使其与筘座脚上的V形螺钉3等高,将需换梭的信号传递给自动换梭装置。当筘座再向前时,V形螺钉3推动被提起的撞嘴2,通过推梭轴4、推梭臂5和连杆6,使推梭框7推动梭库内最下面的一个梭子8出梭库。当推梭框7所推梭子和梭箱逐渐靠近时,新梭子抬起前闸轨9,压下前凸板10,进入梭箱;当前闸轨9被抬起时,与其一体的扬起背板11随之抬起,梭箱内的旧梭子则被新梭子推出梭箱。当筘座运动至最前位置,新梭子完全占据梭箱,前闸轨9失去支持而落下复位,推梭过程结束,然后,推梭框7复位,换梭结束。推梭框7和撞嘴2等依靠筘座脚12后侧的撞铁13推动回复杆14上的方铁15而复位。当换梭力超过一定范围时,安全弹簧16伸长变形,通过安全杆17使V形螺钉3向机后退,不强行推动撞嘴2,即不强行换梭,以保证换梭安全。

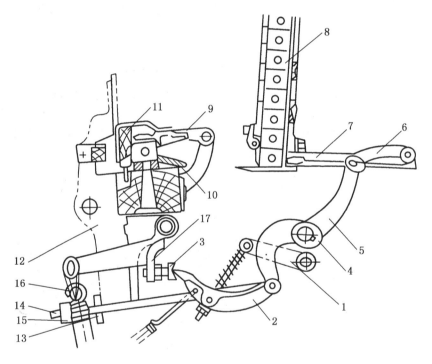

图5-26　自动换梭机构

1—传动杆　2—撞嘴　3—V形螺钉　4—推梭轴　5—推梭臂　6—连杆　7—推梭框
8—梭子　9—前闸轨　10—前凸板　11—扬起背板　12—筘座脚　13—撞铁　14—回复杆
15—方铁　16—安全弹簧　17—安全杆

## 七、有梭织机操作技术

### 1. 关车操作

关车要做到两准、两足、一查:关车时曲轴停在上心要准,梭子停在开关侧要准;开车时梭子塞足,开关柄推足(铁木机开车时要求用手扳一下筘,多梭箱塞足梭子时要求上下梭尖对齐);开车后查看布面有无疵点。

**2. 换梭操作**

换梭要做到一直、二不、一查:梭口内纬纱拉直;不在经纱中插梭,纡脚不超过 3～6 梭;换梭后要查看布面有无病疵(先检查后离开,先巡回后装纡)。

**3. 装纡操作**

装纡要做到三查:手拿纡尖查有无病疵,装纡子要对准磁眼,翻转梭子看纡子是否碰底。

**4. 理经通绞操作**

① 理经要做到四清、一短、二轻:手要擦清,毛经捉清,糙块修清,绞头分清;结子上的羊角要修短;轻弹,轻分。

② 通绞要做到一查、一距、四无:通绞理经要查后撬,掌握经纱张力;绞棒与后梁的距离要适当;无通绞档,无叉绞档,无宽急经,无通断头。

**5. 处理缺经操作**

① 理断经要做到二清、三注意:手要揩清,绞头分清;借头要"近借",倒头出来还原处,双丝断头单丝分接。

② 穿综过筘要做到食、中两指夹纱头时手指要平直,手势要稳,综弄要小,引头过筘时提纱要低。

③ 吊丝时对张力要求高的织物,例如电力纺,补好缺经后应定量带头(可吊沙袋),保持经丝张力一致。

**6. 处理轧梭断头操作**

轧梭断头处理要做到一不、四无:不沾油污;无滚绞,无穿错头,无过错筘,无宽急经。

**7. 接头过结处理**

接头过结处理要做到二调、一准、四注意:调整送经量,调整撬力大小;量准织口;注意接头线批号,注意滚绞,注意经轴送出,注意纬密。

# 思考与练习

1. 有梭织机的开口机构主要有哪几种?各有何特点?
2. 往复式机械多臂开口机构的特征有哪些?
3. 有梭织机的投梭机构应满足哪些条件才能适应投梭要求?
4. 有梭织机打纬机构的作用和工艺要求有哪些?
5. 简述 GA615 型织机七轮卷取机构的工作原理。
6. 有梭织机卷曲机构中的刺毛辊有哪些包覆物?各用于什么织物?
7. GA615 型织机送经装置属于哪种类型的送经机构?工作原理是什么?
8. 有梭织机的经纱保护装置主要有哪几种?它们是如何工作的?

# 任务 2  设计有梭织造工艺

织机上一些主要机械部件的规格和安装位置称为织造工艺参数,可以分为固定工艺参数和可变工艺参数。设计织机时根据织机的性能及适用范围确定的一些参数称为固定工艺参数,如胸梁高度、筘座高度、筘座摆动动程、打纬机构的偏心率、钢筘与走梭板的弧度及钢筘与走梭板的夹角等,这类参数在上机时不因织物品种的变化而变化。随着织物品种的变化而作相应调整的参数称为可变工艺参数(或上机工艺参数),如梭口高度、综框运动角的分配、经位置线、开口时间、投梭时间、投梭力、经纱上机张力及纬密齿轮齿数等,这类参数应在上机前确定,上机时进行调整。下面主要介绍上机(可变)工艺参数。

## 一、梭口高度

### 1. 梭口的概念

如图 5-27 所示为梭口的侧视图。经纱绕过后梁 $D_1$ 和停经架中的中分绞棒 $C$,穿过综眼 $B$ 和钢筘,在织口 $A$ 处与纬纱交织成织物,然后绕过胸梁 $D$ 卷绕到卷布轴上。

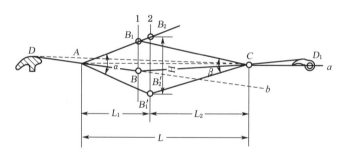

**图 5-27  梭口的侧视图**

$B$ 为综平时综眼位置。自后梁经分绞棒、综平时综眼、织口到胸梁的连线 $D_1CBAD$ 为上机线,上机时各点的位置需要统一校正。自后梁经分绞棒、综平时综眼到织口的连线 $D_1CBA$ 为经位置线,这条线的位置决定着梭口的工艺特点。$AC$ 为梭口前后位置线。自梭口经过综平时综眼所引出的直线 $Ab$ 称为经直线,当后梁握纱点处在经直线上时,开口过程中上下两层经纱的张力相等,这种梭口称为等张力梭口。经直线是研究开口时经纱张力分配状况的重要参考线。

$AB_1CB_2'A$ 所包围的菱形空间称为梭口。以织口 $A$ 和经纱运动的最上和最下位置($B_1$、$B_1'$)所包围的三角形称为前梭口。中分绞棒 $C$ 和 $B_1$、$B_1'$ 所形成的空间称为后梭口。自织口到综眼的水平距离 $L_1$ 称为梭口的前部长度,自中分绞棒到综眼的水平距离 $L_2$ 称为梭口的后部长度,自织口到中分绞棒的水平距离 $L$ 称为梭口的总长度(又叫梭口深度)。梭口的前部长度 $L_1$ 与梭口的后部长度 $L_2$ 之比称为梭口对称度。当 $L_1 = L_2$ 时,为对称梭口。

各片综框上的经纱在垂直方向的最大位移称为梭口高度,用 $H$ 表示。为了使梭口清晰和减少前后综的张力差异,各片综框高度 $H$ 是不相等的。梭口满开时上下经纱在织口处形成的夹角称为前梭口角(用 $\alpha$ 表示),上下两层经纱与中分绞棒形成的夹角称为后梭口角(用 $\beta$ 表示)。

梭口的大小包括三个要素,即高度、长度与梭口角。梭口大小关系到开口时的经纱张力及梭子的飞行和打纬的条件。在各类织机上,由于纱线和织物性质不同、织机幅宽和车速不同,梭口大小各不相同。

**2. 梭口高度的确定**

梭口高度对织造的影响较大,在织造某一织物时,需要考虑各种影响因素,恰当地确定梭口高度。

(1) 影响梭口高度选择的因素

梭口高度与纱线种类、织物组织、织机筘幅等因素有关。斜纹织物的梭口比较稳定,梭口可略小;平纹织物因梭口变换频繁,梭口应稍大;筘幅宽时,梭口高度应稍大,使梭子有足够的时间通过梭口;开口机构无静止时间时,开口高度应稍大;多臂机因综框在上部时无静止时间,故当其他条件相同时梭口高度应大于踏盘织机;由于开口时经纱张力与开口高度的平方成正比,所以织制强力低或弹性差的纱线时应适当减小梭口高度。

对于经纬密度较大的织物或者毛羽多、开口不易清晰而强力较好的经纱,要加大开口高度,以提高梭口的清晰度,如中/高线密度棉纱、亚麻和苎麻织物、黄麻织物等。对于亚麻和苎麻织物,一方面它们的伸长度较小,加大梭口高度会增加织造断头;另一方面,由于纱线毛羽较多,梭口高度较小时会使开口严重不清,从而产生大量跳花、轧梭等织疵与故障。权衡利弊,适当增大梭口高度是可取的。

丝织物织造时,应首先注重保护经丝的弹性和伸长度,采用较小尺寸的梭子,此时,梭口高度宜小。

毛纱的弹性和伸长度较好,毛织物织造时也不宜有较大的张力;但是毛织机的幅宽较大,需要有充足的梭子飞行时间。综合两方面的因素,毛织机梭口高度不宜过大,也不宜过小。

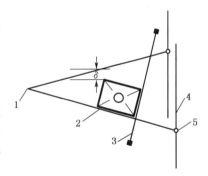

(2) 梭口高度的表示及选择

梭口高度有两种表示方法。其一,当筘座处于后死心时,在静止条件下,用梭子上层经纱与梭子前壁之间的间隙 $\delta$ 表示,如图 5-28 所示;其二,第一片综框上的经纱在垂直方向的最大位移,用 $H$ 表示(图 5-27 中 $B_1$、$B_1'$ 之间的位移)。

**图 5-28　梭子前壁处的梭口高度**

1—织口　2—梭子　3—钢筘
4—综丝　5—综眼

表 5-3 为不同类型有梭织机的 $\delta$ 值,苎麻织造时可以参考棉织机。表 5-4 为不同类型织机的 $H$ 值,可见丝织机的 $H$ 最小,黄麻织机的 $H$ 最大。

表 5-3　不同织机的 $\delta$ 取值

| 织机类型 | 棉织机 | 毛织机 | 丝织机 | 黄麻织机 |
| --- | --- | --- | --- | --- |
| $\delta$ 值(mm) | 6~10 | 3~7 | 2~5 | 1~2 |

表5-4 不同织机的 H 值

| 机型 | GA611 型 | H212 型 | J211 型 | K251 型 |
|---|---|---|---|---|
| 梭口高度 H(mm) | 86 | 94 | 96 | 66 |

在满足 $\delta$ 值要求的同时尽量减少 H 的值,钢筘到达最后位置时,第一片综到筘帽的距离应尽量减小,以不妨碍挡车工操作为原则,约为 10～20 mm。各片综框之间的距离也应尽量减小,以综框升降时不发生碰撞为原则。

(3) 挤压度

梭口高度较大时,会加剧经纱与钢筘的摩擦及其在综眼中的摩擦,从而产生断头。当梭口高度较小时,梭子会与边部经纱产生较大的摩擦,使边部经纱断头增加,甚至出现毛边现象,严重时会影响梭子通过。因此,梭口高度应在梭子顺利通过而不致产生断边和跳花的条件下合理缩小。

在一般的织造工艺中,为了减少对经纱的损伤和提高劳动生产率,开口运动和投梭运动采用有挤压的时间配合,即使梭子在梭口高度小于梭子高度时进出梭口。在这种情况下,边部经纱对梭子有挤压,其挤压程度用挤压度表示。

图 5-29 表示梭子进出梭口时的状态,$h_s$ 表示梭子高度,$e$ 表示梭子前侧的梭口高度,$h_s - e$ 表示梭子受挤压的高度。

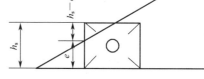

$$挤压度 = \frac{h_s - e}{h_s} \times 100\%$$

图 5-29 梭口对梭子的挤压

对于一般的中线密度棉纱织物,梭子进梭口的挤压度为 20%～30%,出梭口的挤压度为 60%～70%;对于细线密度高密织物,为了减少边部经纱磨断及边部跳花疵点,梭子进梭口的挤压度为 10%,出梭口的挤压度为 40%～50%;对于部分丝织物,为防止经丝磨毛,影响染色均匀,不允许有挤压。

## 二、综框运动角的确定

### 1. 综框运动角的表示

织机主轴每一回转,经纱形成一次梭口,这一过程称为一个开口周期。在一个开口周期内,综框的运动经过三个时期:

(1) 开口时期

经纱离开综平位置,上下分开,至梭口满开为止。

(2) 静止时期

梭口满开后,为使梭子有足够的时间通过梭口,经纱有一段时间静止不动。

(3) 闭口时期

经纱经过一段时间的静止后,再从梭口满开的位置返回综平位置。

图 5-30 所示为织机工作圆图,用以表示织机的运动配合。外圆箭头方向表示织机主轴的回转

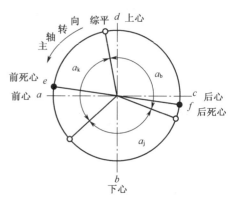

图 5-30 织机工作圆图

188

方向，$e$ 和 $f$ 分别代表钢筘摆动到最前位置（前死心或前止点）和最后位置（后死心或后止点）。钢筘在前止点 $e$ 位置时主轴的位置角定为 0°，作为度量基准。图中开口时间的长短用开口角 $a_k$ 表示，静止时间的长短用 $a_j$ 表示，闭口时间的长短用 $a_b$ 表示。在闭合和开口时期，综框处于运动状态，$a_k+a_b$ 称为综框运动角。

### 2. 综框运动角的分配

开口角、静止角和闭口角的分配，随织机筘幅、织物种类、引纬方式和开口机构形式等因素而异。对于有梭织机，为使梭子顺利通过梭口，要求综框的静止角够大，但增加静止角，势必缩小开口角和闭口角，从而影响综框运动的平稳性。因此，对于一般平纹织物来说，为了兼顾梭子运动和综框运动，往往使开口角、静止角和闭口角各占主轴的 1/3 转，即 120°；随着织机筘幅的增加，梭子在梭口中飞行的时间增加，因此综框的静止角适当加大，而综框的运动角适当减少；在采用三片以上综框的条件下，织制斜纹和缎纹类织物时，为了减少开口凸轮的压力角、改善受力状态，通常加大综框运动角。表 5-5 列出了部分有梭织机的踏盘开口机构综框运动角度分配。

表 5-5　织机开口机构的角度分配表

| 织机形式 | 凸轮种类 | 筘幅（mm） | 织机转速（r/min） | 开口角 $a_k$ | 静止角 $a_j$ | 闭口角 $a_b$ | 运动规律 |
|---|---|---|---|---|---|---|---|
| G263 型 | 平纹凸轮 | 105 | 190～210 | 120° | 120° | 120° | 1：1.3 椭圆比运动 |
| GA611 型 | 平纹凸轮 | 105 | 200～220 | 125° | 110° | 125° | 近似简谐运动 |
| | $\frac{1}{2}$ 斜纹凸轮 | 105 | 190～210 | 143° | 74° | 143° | 简谐运动 |
| GA615 型 | 平纹凸轮 | 150，180 | 180～200 | 112.5° | 135° | 112.5° | 1：1.3 椭圆比运动 |
| | $\frac{1}{2}$ 斜纹凸轮 | 150，180 | 170～190 | 140° | 80° | 140° | 简谐运动 |
| | $\frac{2}{2}$ 斜纹凸轮 | 150，180 | 170～190 | 140° | 80° | 140° | 简谐运动 |
| 1511B 型 | 三纬毛巾凸轮 | 105 | 200～220 | 138° | 84° | 138° | 简谐运动 |

## 三、开口时间

经纱从离开综平位置、上下分开、到重新返回综平位置，完成一次开口。在开口过程中，上下交替的经纱到达综平位置的时刻（即梭口开启的瞬间），称为开口时间，俗称综平时间，它是重要的工艺参数，对织机的工艺过程和织物质量有很大的影响。

### 1. 开口时间的表示方法

（1）角度法

综平时，用曲柄转离前死心的角度表示开口时间的迟早。如平纹的开口时间约为 280°，斜纹的开口时间约为 300°。此法便于在工作圆图上表示与其他运动的时间配合。以角度表示开口时间时，角度小表示开口时间早，如平纹开口时间比斜纹开口时间早。

（2）距离法

曲柄在上心偏前，即综平时，用钢筘到胸梁内侧的距离表示开口时间。如平纹开口时间为 229 mm 左右，斜纹开口时间为 197～222 mm 左右。由于该方法便于测量，生产中普遍采用。以距离表示开口时间时，数值越大表示开口越早。还可用综平度表示开口时间。综平度是指综平时钢筘到织口之间的距离。如,GA611型织机的平纹开口时间约为62.8 mm。

**2. 开口时间与织物质量的关系**

(1) 开口时间与打纬区的关系

开口早,打纬时梭口大,经纱张力也大,造成纬纱做相对移动时所必需的经纱和织物的张力差,所以打纬区减小;开口时间较迟时,打纬区较大。

(2) 开口时间与织机效率的关系

开口时间直接影响经纱断头率和织机效率。开口过早,因打纬时经纱张力增加和筘对经纱的摩擦长度增加,使经纱断头率增加;但开口过迟时,会因打纬区大、经纱在打纬时产生伸长及其在综眼中的摩擦移动而造成经纱断头。因此,开口时间适当,断头率最小。

改变开口时间对断头率的影响,织平纹织物时比较明显,因为经纱运动最频繁,对斜纹织物断头率的影响相对较小。

(3) 开口时间与织物外观的关系

开口时间早,纬纱易于打紧且不易后退,织物较紧密;而且,由于钢筘对经纱的摩擦距离较长,纱身起毛茸,织物较丰满。开口早,打纬时经纱张力大,使整片经纱张力较均匀,因此布面较平整。在织物形成阶段,早开口使上、下两层经纱的张力差异较大,可使经纱排列均匀,消除筘痕。若开口迟,纬纱易于反拨后退,使织物表面稀疏,上、下层经纱的张力差异小,上层经纱不易侧向移动而产生筘痕或方眼。

开口试验是在后梁高于胸梁20 mm的情况下进行的,见表5-6。当综平度为216 mm时,由于开口较迟,打纬时经纱张力小而不匀,故布面不匀整;又因为上、下层经纱张力的差异未能充分显示,故方眼严重。当综平度为240 mm时,由于开口过早,打纬时梭口过大,经纱张力大而不易横向移动,故布面有轻度方眼。

表5-6　开口试验结果

| 综平度(mm) | 布面外观质量 | 丰满等级 |
|---|---|---|
| 240 | 方眼较重,布面匀整 | 2 |
| 230 | 方眼、条影有显著改善 | 1 |
| 216 | 方眼严重,布面不均匀 | 3 |

注:96.5 cm　19.5 tex×16 tex　283根/10 cm×272根/10 cm细布。

(4) 开口时间与织物物理机械性能的关系

开口时间的迟早会影响织物的物理机械性能,其影响程度却因织物品种不同而异。织造中线密度棉平纹织物时,如开口时间配置在前死心附近,则因形成织物时经纱张力不匀,织物的经向、纬向强力为最小。斜纹织物的经密一般较大,开口时间早,纱线间的摩擦增加,同时经缩减小,因此强力降低。织物幅宽和经纱(纬纱)缩率也会随开口时间的改变而产生变化,开口时间早,打纬时经纱张力大,纬纱缩率大,因此布幅变窄;开口时间较迟时,布幅变宽。斜纹织物与平纹织物不同,开口时间早,布幅稍变宽,但变化不大。

(5) 开口时间与结构相的关系

开口时间对织物的结构相有一定的影响。开口时间早,一方面打纬时梭口高度大,织口处经纱张力大,同时上、下层经纱的张力差异大,与增加上机张力和抬高后梁所产生的作用一样,使织物的结构相降低;另一方面,开口早,梭口闭合也早,因织机上的经纱宽度由后向前逐渐变窄,梭口闭合时夹持的纬纱长度较长,使纬纱较容易屈曲,则织物结构相相对较高。

(6) 开口时间与织疵的关系

开口时间不当会在织物上产生织疵。对有梭织机而言,综平度过大或过小都会使断经增加而产生断经类疵点或形成纬缩疵点。如综平度过大,而投梭时间未做出相应改变,则梭子出梭口时梭口高度很小,经纱对梭子的挤压严重,因此易产生跳花等织疵;如综平度过小,梭子入梭口时易产生跳花,挤压严重时会产生断边,甚至轧梭。

**3. 确定开口时间的依据**

开口早,打纬时梭口前角较大,纬纱易于沿经纱向前滑动,打纬结束、钢筘后退时,下一个交叉角较大,纬纱反拨松出较少,容易获得紧密的织物;而且,打纬时经纱张力大,经纱与纬纱之间的相互挤压比较强烈,并且经纱对纬纱的夹持较早,使经纬纱相互摩擦的距离增长,摩擦作用强烈,从而使纱线起毛,布面显得丰满厚实,手感柔软。但开口过早,梭子出梭口时,经纱对梭子挤压较大,在梭子出口侧会出现跳花、断边经、轧梭等现象。

开口迟,打纬时梭口前角较小,经纱张力也较小,纬纱不容易打紧,且打纬后纬纱回退较多,布面不够丰满、匀整,容易出现筘痕方眼。开口过迟,梭子进梭口时,梭口中的经纱尚未完全分清,易在入口侧出现跳花、断边经,甚至飞梭。

确定开口时间的依据主要为:

① 平纹织物和比较紧密的织物宜采用早开口,从而可实现打紧纬纱和布面丰满。

② 斜纹和缎纹织物宜用迟开口,以降低打纬时的经纱张力,此外可以减少钢筘对经纱的摩擦长度,减少经纱断头,使布面纹路突出。

③ 经纱强力弱、条干不匀、浆纱质量差、纱支较细时,宜采用迟开口,以减少打纬时的经纱张力,减少断头。

④ 筘幅宽、车速高的织机宜用迟开口,以利于梭子通过。

⑤ 当织物门幅比织机筘幅窄得多时,开口时间应迟些。

⑥ 当经密很大或经纱毛糙,梭口不易开清时,开口时间应早些。

## 四、经位置线

对于有梭织机来讲,前胸梁的高度一般不做调整,中分绞棒的高低位置要根据后梁高度进行相应调整,综眼位置则根据钢筘的高低位置进行调整,所以经位置线的调整主要依靠后梁来实现。改变后梁高度,实质上是改变开口时上、下两层经纱的张力差异,从而改变织物形成时的张力条件,最终影响织物的外观和物理机械性能。

**1. 后梁高度对织造过程和织物质量的影响**

(1) 后梁高度对织机生产效率的影响

后梁位置增高时,经纱对后梁的包围角增大,后梁对经纱的摩擦阻力增大,经纱张力相应增大;同时,抬高后梁,将增大上、下层经纱的张力差异,下层经纱开口时的伸长增加,使断头增多。因此,当后梁过分抬高时,会增加经纱断头,降低生产效率。

(2) 后梁高度对织物外观的影响

适当抬高后梁,使上、下层经纱形成不等张力梭口(适合早开口),即使同一筘齿内的经纱张力不等,在打纬过程中,较小张力的经纱会因排挤而做横向移动,从而使经纱排列均匀,布面丰满。表 5-7 所示为细平布织制试验结果,可见后梁在较低位置时,上、下两层经纱的张力差异较小，打纬时经纱不易横向移动，布面出现方眼且不丰满；但后梁过高时，上、下层经纱的张力差异过大，布面丰满度也较差，与此同时，上层个别张力较小的经纱会呈松弛状态而导致开口不清，使梭子从这些经纱的上面穿过，造成跳花织疵。

表 5-7 细平布织制试验结果

| 后梁高于胸梁(mm) | 布面情况 | 织造情况 | 布面丰满等级 |
| --- | --- | --- | --- |
| 28.6 | 布面方眼和条形较重，不匀整 | 上层经纱纠缠开口不清 | 2 |
| 20.6 | 布面方眼和条形较轻，匀整 | 正常 | 1 |
| 12.7 | 布面方眼较重，不匀整 | 正常 | 3 |
| 6.35 | 布面方眼重，不匀整 | 正常 | 4 |

注：96.5 cm 19.5×19.5 283×271.6(38″ 30×36 72×69)细布。

（3）后梁高度对织物物理机械性能的影响

织造中线密度平纹织物时，如果后梁高于胸梁 1～5 mm，织物的经、纬向强力为最高。如果后梁继续抬高或降低，经、纬向强力都将降低。后梁过高时，上、下层的经纱张力差异过大，而且经纱张力大、伸长大，致使成品的经缩减少，强力因此降低。若后梁过低，织物不易获得紧密的结构，织物强力也降低。

**2. 确定后梁高度的原则**

后梁高度应根据织造用纱、织物密度、织物组织等进行选择，同时兼顾织物外观、断头率和织疵等因素。

① 织制纬密较大或打纬阻力较大的织物时，应适当抬高后梁，以增大经纱张力差异，取得较好的打纬条件。反之，如果打纬阻力较小，可以适当放低后梁高度。

② 对于容易出现筘痕的织物，应适当抬高后梁，使经纱排列均匀、布面丰满。对不易出现筘痕或需要经过染整的织物，可以使用较低的后梁，以减少断头，提高生产效率。

③ 为使布面组织点突出成颗粒状，应使用较高后梁的不等张力梭口。

④ 对于经纱密度较大、容易产生梭口不清的织物，后梁不宜太高，避免出现跳花疵点。

⑤ 织造斜纹织物时，应适当降低后梁高度，以减少经纱张力差异，从而达到梭口清晰、断头少、效率高、织疵少的效果。

⑥ 如果经纱条干不匀且强力较差，后梁应相对低一些，以减少断头。

⑦ 使用多臂开口机构时，其后梁高度应比踏盘开口机构适当降低。

**3. 各类织物的后梁高度**

（1）平布

织平布时，为使布面丰满、减少筘痕，并使经纱排列匀整及容易打紧纬纱，应使用较高的后梁，使上、下两层经纱的张力差异增大。一般后梁比胸梁高 12.7～22.2 mm。对于细线密度高密平布，若经纱强力较低，梭口不易开清时，后梁位置应略低。

（2）府绸

采用高后梁有利于经组织点形成菱形颗粒而突出于织物表面，也有利于提高布面匀整度，同时减少影影。但由于府绸的经纱密度较大，上层经纱的张力不宜过小，因此后梁高度应比平布略低一些。

（3）斜卡类织物

斜卡类织物的经密较大，而且打纬时同一筘齿内经纱之间的张力有差异，防止筘痕、使经纱排列均匀已不是主要矛盾，故一般采用低后梁。但为了使织物正面的条纹明显，仍应适当配置不等张力梭口，使经纱在织物两面的屈曲波高不等，当织物的紧度较大时，后梁高度应相应提高。

织制化纤及混纺织物时，由于化纤纱容易起毛而造成开口不清，因此其后梁高度应比同品种的纯棉织物低一些，以防止产生跳花织疵。各类织物的后梁高度见表5-8。

表5-8　各类织物的后梁高度

| 织物类别 | | | 后梁相对于胸梁的位置(mm) | 相当于后梁托脚至墙板的距离(mm) |
|---|---|---|---|---|
| 平布类(粗、中、细) | | | 13～22 | 67～76 |
| 稀薄类(细纺、玻璃纱) | | | 0～19 | 70～89 |
| 府绸类 | | | 9.5～19 | 70～79 |
| 麻纱类 | | | 9.5～19 | 70～79 |
| 斜卡类(哔叽、华达呢、卡其) | | | −13～−33 | 76～102 |
| 贡缎类 | 踏盘 | 正织($\frac{1}{4}$) | −13～−38 | 76～102 |
| | | 反织($\frac{4}{1}$) | −24～43 | 89～108 |
| | 多臂 | | −38～−51 | 102～114 |

## 五、投梭时间和投梭力

投梭时间和投梭力对织物质量、设备运转效率、器材消耗和动力消耗至关重要。确定投梭时间和投梭力的目的是使梭子在可利用的时间内以合适的速度通过梭口，完成引纬运动。

**1. 投梭时间**

投梭时间是指投梭鼻与投梭转子开始接触时的时间以及开始发动投梭的时间。

（1）投梭时间的表示

投梭时间可以用两种方法表示：一种是用开始投梭时主轴曲柄的转动位置表示，即投梭转子与投梭鼻开始接触时曲柄转离前死心的角度，一般在80°左右；另一种是用开始投梭时钢筘至胸梁内侧的距离表示，即曲柄在下心附近、投梭转子与投梭鼻接触时钢筘到胸梁内侧的距离，距离小，投梭时间早。后一种方法便于测量，故实际生产中多用此法。

（2）投梭时间对织造的影响

投梭时间早，梭子进入梭口早，梭子入梭口时钢筘离织口的距离近，钢筘处的梭口高度较小，梭子入梭口时的挤压度较大，梭子对边部经纱的摩擦大，容易引起边部经纱断头，也容易引起梭子降速。投梭过早，梭子进梭口时经纱尚未完全分开，梭口的清晰度较差，容易在进口侧出现边部跳花等疵点。另外，投梭过早，底层经纱离走梭板较高，梭子入梭口时其前壁被经纱上托，因此运行不稳定。

投梭过迟时，梭子出梭口的时间推迟，出梭口时的挤压度较大，在出口侧容易出现断边、跳花、夹梭尾等疵点。

（3）确定投梭时间的原则

确定投梭时间应当综合考虑开口时间、织物种类（织物幅宽、经密、纱线性质等）、织机转速、筘幅等因素,还应当考虑投梭系统的弹性变形和投梭力的影响。在进口侧不出现跳花、断边且走梭平稳的条件下,宜采用较早的投梭时间,以延长梭子通过梭口的时间,因而可以相对地减少投梭力和配件损失。确定投梭时间的具体原则为:

① 织机速度较低时,可以迟一些投梭;织机转速较高时,梭子通过梭口的时间短,投梭机构的变形较大,为了不过大地增加投梭力,应将投梭时间适当提早。

② 筘幅宽的织机,投梭时间可较早;筘幅窄的织机,投梭时间可稍迟。

③ 经纱的穿筘幅度小于织机的筘幅很多时,投梭时间可以提早。

④ 经密大、梭口不易开清时,投梭时间要迟些。

⑤ 在自动换梭织机上,换梭侧的投梭时间要迟些,但不能早于 216 mm。

⑥ 多梭箱织机的多梭箱侧,投梭时间要迟些,对于跳换梭箱,其投梭时间应比顺序变换梭箱迟,如推迟至 240 mm。

(4) 调整投梭时间的方法

置曲柄于下心前,按所定的投梭时间,量准钢筘到胸梁内侧的距离,松开投梭转子的固定螺丝,使投梭转子与投梭鼻的后侧接触,然后紧固投梭转子的固定螺丝。当投梭转子按照投梭盘的的回转方向在投梭盘的弧形槽中向前移动时,投梭时间提早;与投梭盘回转方向做相反的移动时,投梭时间推迟。

(5) 各类织物的投梭时间

① 平(细)布:投梭时间一般为 222～231 mm。

② 府绸:投梭时间应较平布类迟些,一般为 222～238 mm。

③ 斜卡类织物:由于斜纹织物每次开口时总有一部分经纱不改变上、下位置,梭口比较稳定,可以早投梭,一般为 210～222 mm。

④ 各类化纤及混纺织物:由于化纤织物的梭口容易粘连不清,投梭时间可略迟于同类的纯棉织物。

**2. 投梭力**

投梭力是指击梭时期皮结的静态位移,它决定了梭子脱离皮结时所得到的速度。梭子飞行的初速度与皮结的静态位移之间并不呈线性关系,而是随击梭时间、织机速度以及击梭运动规律等因素而变化。

(1) 投梭力对织造的影响

其他上机工艺参数不变时,若投梭力小,则梭子飞行速度较低,梭子出梭口的时间推迟,钢筘离织口的距离较近,梭口对梭子的挤压度增大,梭子对边部经纱的磨损增大,从而增加断边和边部跳花等疵点;投梭力太小时,梭子会打不到头而发生轧梭。投梭力较大时,虽然梭子出梭口的时间早,但出梭口时梭口闭合程度较差,钢筘离织口的距离较远,经纱对梭子的挤压度较小,不易发生断边、跳花等疵点。但是会增加动力消耗和投梭机件的损耗,甚至会导致梭子在梭箱中回跳,造成下一次投梭力不足而发生轧梭。

(2) 投梭力大小的确定

确定投梭力时应综合考虑投梭棒的质量、皮结的新旧程度、织物特点、车速以及织机的筘幅、投梭时间和开口时间等因素,与现有资料比较后选择,再通过试织,观察梭子出梭口时受经纱挤压的情况,并观察梭子定位是否准确,用手摸皮结、皮圈,以判断投梭力的大小。在保证梭子正常飞行的情况下,投梭力宜偏小,以减少动力消耗和投梭机件的损坏。

（3）投梭力的表示与测量

图 5-31 所示为投梭力的测量图。在击梭过程中，投梭棒推动皮结的一侧与皮结的接触点，自其静止位置至击梭阶段终了时的位移，在机构上表示为投

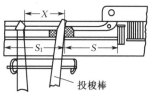

梭鼻自开始击梭至被投梭转子压至最低位置时皮结的移动距离 $X$。$X$ 值在实际生产中不便于测量，因此常使用以下方法：一种是用投梭终了时投梭棒推动皮结的一侧到梭箱底板内端的距离 $S$ 表示，$S$ 大时投梭力小，这种方法可以防止因投梭棒接触皮结处磨损而造成的误差；另一种是用投梭终了时投梭棒作用侧到梭箱底板外端的距离 $S_1$ 表示，$S_1$ 大时投梭力大，采用此法时要注意筘座两侧的梭箱底板的长度不同。

**图 5-31　投梭力的测量**

调整投梭机构时，必须先调整投梭力，然后调整投梭时间。因为调整投梭力会影响投梭时间，如将投梭力调大，则投梭转子与投梭鼻的接触时间提前。但调整投梭时间不会引起投梭力的变化。

## 六、纬密变换齿轮的选用

### 1. 纬密及下机缩率

织物纬密是指单位长度内的纬纱根数。公制纬密以 10 cm 长度的织物中的纬纱根数表示，英制纬密以每英寸长度的织物中的纬纱根数表示。

织物的纬密分为机上纬密和下机纬密。机上纬密是指织物在织机上具有一定张力条件下的纬纱密度，下机纬密是指织物从机上落下放置一定时间后的纬密。下机后的织物不再处于纵向张紧状态，织物沿长度方向产生收缩，故下机纬密比机上纬密大。设织物的下机纬密为 $P_w$，机上纬密为 $P'_w$，则下机缩率 $a$ 定义为：

$$a = \frac{P_w - P'_w}{P_w} \times 100\%$$

织物的下机缩率受织物原料种类、织物组织和密度、纱线粗细、上机张力以及回潮率等的影响。一般中平布、半线卡其、细号府绸、半线华达呢为 3% 左右，纱布、哔叽、横贡、直贡为 2%～3%，细平布为 2%，细纺布为 1%～2%，麻纱为 1%～1.5%，紧密的纱卡其为 4% 左右，色织格子布为 3% 左右。少数织物（如劳动布和鞋用帆布）的下机缩率大于 3%。

进行织物设计时，一般先设计织物的下机密度，然后根据类似织物估计该织物的下机缩率，初步计算机上密度并确定密度变换齿轮，然后进行试织。若试织下机密度超过设计下机密度要求的偏差范围，就应该调整密度变换齿轮，直到织物密度符合设计的规格要求。

### 2. 密度变换齿轮的计算

要使织成的织物具有符合设计要求的纬密，就必须使卷取机构具有符合要求的传动比。织机主轴一转时卷取织物的长度与织物的纬密成倒数关系。选用合适的密度变换齿轮，可以使织物得到所要求的纬密。

图 5-32 所示为 GA611 型织机使用的七轮间歇式卷布传动图。由图可知，主轴一转时，刺毛辊所卷取的织物长度 $L$ 为：

$$L = \frac{M}{Z_5} \times \frac{Z_6}{Z_7} \times \frac{Z_8}{Z_9} \times \frac{Z_{10}}{Z_{11}} \times \pi \times D \text{（cm）}$$

式中：$M$ 为主轴一转时锯齿轮转动的齿数（该机构中
$M = 1$）；$Z_5$ 为锯齿轮齿数；$Z_6$ 为标准齿轮 6 的齿
数；$Z_7$ 为变换齿轮 7 的齿数；$Z_8$，$Z_9$，$Z_{10}$，$Z_{11}$ 为齿
轮 8，9，10，11 的齿数；$D$ 为刺毛辊的直径（cm）。

则机上纬密 $P_w'$ 可用下式表示：

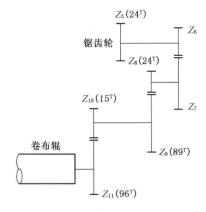

图 5-32　七轮间歇式卷布轮系传动图

$$P_w' = \frac{1}{L} \times 10 = \frac{Z_5 \times Z_7 \times Z_9 \times Z_{11}}{Z_6 \times Z_8 \times Z_{10} \times \pi \times D} =$$

$$\frac{24}{Z_6} \times \frac{Z_7}{24} \times \frac{89}{15} \times \frac{96}{40.31} \times 10 =$$

$$141.3 \times \frac{Z_7}{Z_6} \text{（根 /10 cm）}$$

故下机纬密为：

$$P_w = \frac{P_w'}{1 - a\%} = \frac{142.3}{1 - a\%} \times \frac{Z_7}{Z_6} \text{（根 /10 cm）}$$

由上式可知，织物下机纬密 $P_w$ 与变换齿轮 7 的齿数成正比，与标准齿轮 6 的齿数成反
比。下机缩率越大，则下机纬密比机上纬密增加越多。

**例 5-1**　织制 96.5　16×19　482×275.5 府绸，织物下机缩率为 3%，标准齿轮 6 用 $37^T$。
问变换齿轮的齿数为多少？

**解**
$$P_w = \frac{P_w'}{1 - a\%} = \frac{141.3}{1 - a\%} \times \frac{Z_7}{Z_6} \text{（根 /10 cm）}$$

其中：$P_w = 275.5$（根 /10 cm）；$a\% = 3\%$；$Z_6 = 37^T$。计算得变换齿轮 $Z_7 = 70^T$。

工厂中备用齿轮的种类较少，没有合适的齿数时，可以将变换齿轮和标准齿轮一起更
换，从而满足纬密的需要。

## 七、经纱上机张力

上机张力是指综平时经纱的静态张力，它是经纱在织造各个时期所具有的张力基础，适
当的上机张力是开清梭口和打紧纬纱形成织物的必要条件。合适的上机张力应该为：打纬
终了时后梁处的经纱张力值最小，打纬区也不大，经纱在最有利的条件下工作，其所遭受的
损害也较小，断头率最低。有梭织机的梭口高度较大，速度低，相对无梭织机而言，通常采用
较小的上机张力。

**1. 上机张力对织物质量的影响**

上机张力对织物的外观效应和物理机械性能的影响是多方面的。上机张力小，打纬时
经纱在综眼中会发生过多的往复，发生磨损与阻塞综眼，造成断头；打纬后纬纱回退多，经纱
不易打紧；过小的上机张力会使布面稀疏不平，影响织物外观的丰满，破坏经纱在织物中的
排列均匀性，出现条疵，使"三跳"织疵增加。过大的上机张力会使纱线疲劳，强力降低，造成
大量断头；而且会破坏经纱的条干，使细节增多，整幅经纱过分紧张也会影响经纱排列的均
匀，使布面出现长而深的条影。在一定范围内，经纱的上机张力对织物物理机械性能的影响
见表 5-9 所示。

表 5-9  经纱上机张力对织物物理机械性能的影响

| 项　　目 | 上机张力大 | 上机张力小 | 项　　目 | 上机张力大 | 上机张力小 |
|---|---|---|---|---|---|
| 经纱缩率 | 减小 | 增大 | 布长 | 增加 | 减小 |
| 纬纱缩率 | 增大 | 减小 | 幅宽 | 减小 | 增大 |
| 经向断裂伸长 | 降低 | 增加 | 经密 | 增加 | 减小 |
| 纬向断裂伸长 | 增加 | 降低 | 纬密 | 增加 | 减小 |
| 径向强力 | 增加 | 减小 | 布面匀整程度 | 较好 | 较差 |
| 纬向强力 | 不明显 | 不明显 | 纹路突出程度 | 较差 | 较好 |

**2. 确定上机张力的原则**

为满足织物的外观效应和物理机械性能、降低织造断头率、提高织机效率，上机张力的调节应遵循以下原则：

① 经纱密度较大或经纱毛羽多时，要适当加大上机张力，以利于开清梭口。

② 对于密度较大或经纱交错次数较多的织物，应适当加大上机张力，以利于打紧纬纱。

③ 纱线细，上机张力应小些；纱线粗，上机张力应大。

④ 上、下层经纱的张力差异大时，上机张力要大些，防止上层经纱松弛，开口不清。

⑤ 经纱质量不良或上浆质量不良，上机张力要小些。

⑥ 准备工序的经纱张力比较均匀时，上机张力可小些，以保护经纱条件；经纱张力不均匀时，应适当加大上机张力，以求开清梭口和布面均匀。

一般掌握织机上的经纱张力不大于经纱断裂强度的 30%。

**3. 有梭织机的上机张力配置**

有梭织机常采用重锤式张力系统。重锤张力系统的张力调整方法比较简单，主要通过增减重锤质量和移动重锤的前后位置进行调节。生产中常依据成品标准幅与机上布辊布幅的差值来掌握和调节上机张力。根据织物品种规定机上布幅（在卷布轴上测量）与成品幅宽的差值（一般为 4～8 mm），府绸的机上幅宽比标准布幅小 4～6 mm，中平布的机上幅宽比标准布幅小 8 mm 左右，斜卡类织物的机上幅宽比标准布幅小 6 mm。在织造过程中，应经常测量机上布幅，以掌握和调节上机张力，这是简便而行之有效的方法。表 5-10 所示为有梭织机的常用上机张力配置。

表 5-10  常见有梭织物的上机张力

| 织物类别 | 单纱上机张力(mN) | 张力重锤质量(kg) | 织物类别 | 单纱上机张力(mN) | 张力重锤质量(kg) |
|---|---|---|---|---|---|
| 棉中平布 | 196～245 | 8～14 | 棉卡其 | 196～245 | 14～22 |
| 棉细平布 | 147～176 | 8～12 | 棉直贡 | 196～245 | 14～18 |
| 棉府绸 | 215～225 | 14～22 | 棉横贡 | — | 8～14 |
| 棉哔叽 | — | 8～12 | 黏胶纤维织物 | 49～98 | 8 |
| 棉华达呢 | 196～245 | 12～14 | — | — | — |

# 八、织机速度选择

有梭织机的速度以每分钟主轴转速来表示，也就是织机每分钟的引纬次数。有梭织机的速度不仅与织机机型、开口机构的类型有关，还与经纬纱线的物理机械性质、织物组织、织物幅宽等有关。表 5-11 是常用有梭织机的速度选择。

表 5-11　有梭织机速度选择表

| 机　型 | 开口机构 | 速度(r/min) |
|---|---|---|
| K251，K64，K76 | 积极式踏盘开口 | 180 |
| | 摇摆式开口 | 180 |
| | 多臂机 | 160 |
| | 提花机 | 100 |
| GA615，GA611 | 凸　轮 | 180 |
| | 多臂机 | 160 |
| | 提花机 | 100 |
| GA611，1515S | 踏盘开口 | 200 |
| H212A，H212B | 中央闭合梭口多臂机 | 100 |
| H212 | 单动式全开梭口多臂机 | 110 |

## 九、有梭织造上机工艺实例

表 5-12　有梭织造上机工艺实例

| 品　种 | | 127　19.5×19.5 295×295 棉细平布 | 121.9　29×32 381.5×188.5 棉府绸 | 96.5　24×2×25 511.5×275.5 涤/棉卡其 | 170　J14.5×J14.5 532.5×401.5 棉羽绒布 |
|---|---|---|---|---|---|
| 织机机械类型 | | 1511M-56″ | 1515-63″ | 1511M-44″ | 1515-75″ |
| 织轴 | 间距(mm) | 1380 | 1555 | 1074 | 1860 |
| | 盘片直径(mm) | 495 | 495 | 495 | 495 |
| | 轴芯直径(mm) | 110 | 110 | 110 | 110 |
| 织机幅宽(cm) | | 142.2 | 160 | 111.8 | 190.5 |
| 车速(r/min) | | 170 | 163 | 200 | 155 |
| 开口时间(mm) | | 229 | 1,2页 235　3,4页 222 | 230 | 222 |
| 投梭时间(mm) | | 222 | 开 230，换 225 | 230 | 219 |
| 投梭力 (mm) | 换梭侧 | 265 | 285 | 240 | 381 |
| | 开关侧 | 265 | 275 | 230 | 375 |
| 后梁高度(mm) | | 70 | 115 | 90 | 51 |
| 停经架高度×前后(mm) | | 25×210 | 70×210 | 25.4×210 | 20×127 |
| 后梁后杆距离(mm) | | 46 | 20 | 50 | 46 |
| C14 与 P1×2 距离(mm) | | 108 | 130 | 108 | 140 |
| 边撑形式 | | 铜环 | 铜环 0.6 | 木齿辊 | 铜环 |

（续　表）

| 品　种 | 127　19.5×19.5 295×295 棉细平布 | 121.9　29×32 381.5×188.5 棉府绸 | 96.5　24×2×25 511.5×275.5 涤/棉卡其 | 170　J14.5×J14.5 532.5×401.5 棉羽绒布 |
|---|---|---|---|---|
| 边撑与 Q2 钢筘距离(mm) | 9.8×0.8 | 9.5×0.8 | 9.5×0.8 | 9.5×0.8 |
| 张力重锤 | 一大二小 | 三大一小 | 二小 | 三大二小 |
| 标准牙×变换牙 | $32^T×60^T$ | $37^T×48^T$ | $37^T×70^T$ | $23^T×63^T$ |
| 织机控制布幅(cm) | 122.0～122.5 | 121.3～121.8 | 95 | 169.5～170 |
| 相对湿度/％ | 70～74 | 70～74 | 74 | 68～72 |

# 思考与练习

1. 影响梭口高度选择的因素有哪些？有梭织机的梭口高度怎样表示？

2. 什么是挤压度？对于细线密度高密织物，梭子进、出梭口的挤压度一般为多少？

3. 什么是综框运动角？综框运动经过哪三个时期？

4. 什么是开口时间？实际生产中采用什么方法表示开口时间？

5. 什么是经位置线？生产中用何种方法调整经位置线？

6. 投梭时间的确定有哪些原则？生产中投梭时间如何调整？

7. 影响投梭力大小的因素有哪些？

8. 生产中上机张力的调整采用什么方法？

9. 用 1511M 型织机织制 97.7　J9.5×J9.5　345×346 细纺织物，下机缩率为 1％，标准齿轮 6 为 $33^T$。问变换齿轮为多少？

## 教学目标

**知识目标：** 1. 了解剑杆织机的种类、型号及其工作原理。

2. 掌握剑杆织机开口、引纬、打纬、送经、卷取等机构及其辅助
机构的作用与工作原理。

3. 掌握剑杆织造工艺参数的设计原则与方法。

**技能目标：** 1. 会剑杆织机的开车、关车、断经和断纬处理等操作。

2. 会合理设计剑杆织造工艺参数。

3. 会上机调整剑杆织造工艺参数。

## 学习情境

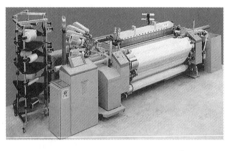

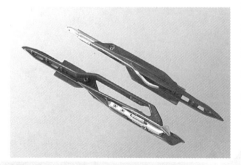

# 任务 1　认识、操作剑杆织机

## 一、剑杆织造概述

### 1. 剑杆织机的发展

剑杆织机引纬方法是用往复移动的剑状杆叉入或夹持纬纱,将机器外侧固定筒子上的纬纱引入梭口,剑杆的往复引纬动作类似体育中的击剑运动,剑杆织机因此而得名。

在无梭织机中,剑杆织机的引纬原理最早被提出,起初是单根剑杆,后来发明了两根剑杆引纬的剑杆织机。1951 年的首届国际纺织机械展览会(ITMA)展出了剑杆织机样机,并在此次展览会上将无梭织机评为新技术。

自 1959 年以来,各种剑杆织机相继投入使用,现已发展成为数量较多的一种无梭织机。剑杆织机的品种适应性强,其原因在于剑杆织机积极地将纬纱引入梭口,引纬运动是约束性的,纬纱始终处于剑头的积极控制之下,棉、毛、丝、麻、玻璃纤维、化学纤维或轻、中、重型织物均可用相应的剑杆织机织制。特别是近年来,在提高纬纱交接的可靠性以及尽可能减小剑头对经纱摩擦等方面取得突破性进展之后,其竞争力大大提高。剑杆织机具有轻巧的选纬装置,换纬十分方便,采用多色纬织造时,更显示出其优越性。

### 2. 剑杆织机种类

剑杆织机的形式很多,按剑杆的配置分为单剑杆织机、双剑杆织机和双层剑杆织机三种。

(1) 单剑杆织机

单剑杆引纬时,仅在织机的一侧装置比布幅宽的长剑杆及其传剑机构,由此将纬纱送入梭口至另一侧,或由空剑杆伸入梭口到达另一侧握持纬纱后,在退剑过程中将纬纱拉入梭口而完成引纬。

单剑杆织机引纬时,纬纱不经历梭口中央的交接过程,故不会发生纬纱交接失误以及因交接过程造成的纬纱张力峰值,剑头结构简单,但剑杆尺寸大,动程也大。因其机器速度低,占地面积大,多数已被双剑杆代替。

(2) 双剑杆织机

双剑杆引纬时,织机两侧都装有剑杆和相应的传剑机构。这两根剑杆分别称为送纬剑和接纬剑。引纬时,送纬剑和接纬剑由机器两侧向梭口中央运动,纬纱首先由送纬剑握持并送至梭口中央,两剑在梭口中央相遇,然后送纬剑和接纬剑各自退回,在开始退回的过程中,纬纱由送纬剑转移到接纬剑上,由接纬剑将纬纱拉过梭口。

双剑杆引纬时,剑杆轻巧,结构紧凑,便于达到织机幅宽和高速度运转。双剑杆织造时,梭口中央的纬纱交接目前已十分可靠,一般不会出现失误。因此,剑杆织机目前广泛采用双剑杆引纬。

(3) 双层剑杆织机

双层剑杆织机织造时,经纱形成上、下两个梭口,每一梭口内由一组剑杆完成引纬,上、下两组剑杆由同一传动源传动。双层剑杆织机织造可显著提高织机的劳动生产率。

**3. 剑杆织机的品种适应性**

目前,大多数剑杆织机的剑头通用性很强,能适应不同原料、不同粗细、不同截面形状的纬纱。因此,剑杆引纬十分适宜于加工纬向采用粗线密度花式纱(如圈圈纱、结子纱、竹节纱等)的或装饰织物细线密度纱和粗线密度纱间隔形成粗细条以及配合经向提花而形成不同层次和凹凸风格的高档织物,这是其他无梭引纬难以实现或无法实现的。

由于良好的纬纱握持和低张力引纬,剑杆引纬被广泛用于天然纤维和人造纤维长丝织物及毛圈织物的生产。剑杆引纬具有极强的纬纱选色功能,能十分方便地进行 8 色任意换纬,最多可达 16 色,并且选纬运动对织机速度不产生任何影响。所以,剑杆引纬特别适合于多色纬织造,在装饰织物、毛织物和棉型色织物等加工中应用广泛。

双层剑杆织机适用于双重和双层织物的生产。织机采用双层梭口的开口方式,每次引纬同时引入上、下各一根纬纱。在加工双层起绒织物的专用剑杆绒织机上,还配有割绒装置。双层剑杆织机不仅入纬率高,而且生产的绒织物的手感和外观良好,无毛背疵点,适宜于加工长毛绒、棉绒、天然丝和人造丝的丝绒、地毯等织物。

## 二、剑杆织机开口机构

剑杆织机常采用凸轮、多臂和提花三种开口机构。但鉴于剑杆织机多用于花色织物的织造,因此,一般都配置多臂开口机构。

**1. 共轭凸轮开口机构**

剑杆织机采用的凸轮开口机构为共轭凸轮开口机构,属积极式开口(图6-1)。

如图所示,凸轮 2 从小半径转至大半径时(此时凸轮 2′从大半径转至小半径)推动综框下降,凸轮 2′从小半径转至大半径时(此时凸轮 2 从大半径转至小半径)推动综框上升,两个凸轮依次轮流工作,因此综框的升降运动都是积极的。由于共轭凸轮装于织机外侧,能充分利用空间,可以适当加大凸轮基圆直径和缩小凸轮大小半径之差,从而达到减小凸轮压力角的目的。此外,共轭凸轮开口

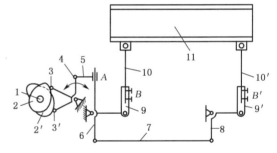

图 6-1 共轭凸轮开口机构

1—凸轮轴 2,2′—共轭凸轮 3,3′—转子
4—摆杆 5—连杆 6—双臂杆 7,7′—拉杆
8,8′—传递杆 9,9′—调节杆
10,10′—竖杆 11—综框

机构从摆杆到提综杆都为刚性连接,因此综框运动更稳定、准确。

**2. 多臂开口机构**

(1) STAUBLI2232 型多臂开口机构

无梭织机(剑杆、喷气、喷水、片梭)采用最多的是瑞士 STAUBLI 多臂开口机构,其原理有往复式和回转式两种。下面以 STAUBLI 2232 型多臂机为例进行分析。

2232 型多臂机的提综机构如图 6-2 所示,上拉刀 12、下拉刀 17 与复位杆 6 等组成一运动体,由共轭凸轮驱动而实现其运动规律。共轭凸轮轴受织机主轴传动,速比为1:2。在织造过程中,拉刀与复位杆保持同步往复运动。综框的提升运动由上拉刀 12 或下拉刀 17 拉动上拉钩 11 或下拉钩 16 而实现,综框的下降运动则由复位杆 6 推动平衡杆 18 而实现。与

其他多臂机一样,平衡杆再通过提综臂使综框升降。因综框升降均由运动部件传动,所以属积极式多臂开口机构。拉刀在带动拉钩之前能做一定量的转动,消除与拉钩之间的间隙,这是由凸轮轴上的沟槽凸轮驱动的。拉钩运动结束后,沟槽凸轮再通过连杆使拉刀倒转,恢复原来的位置。拉刀的这种转动避免了拉钩受到的冲击,使得 2232 型多臂开口机构能达到 450 r/min 的高速。

2232 型多臂机的选综装置为机械式,由花筒 1、塑料纹板纸 7、探针 2、横针 3、竖针 4 以及上连杆 10 和下连杆 14 组成。塑料纹板纸 7 卷绕在花筒 1 上,靠花筒两端圆周上的定位输送孔定位。纹板纸各孔位上是否打孔由上机图决定,若某片综框需要提升,则在对应位置冲孔,否

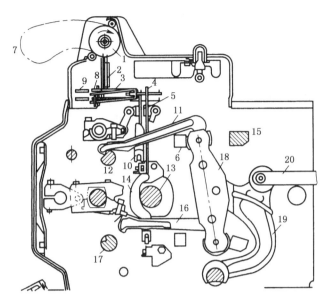

**图 6-2　STAUBLI 2232 型多臂开口机构**

1—花筒　2—探针　3—横针　4—竖针　5—竖针提刀　6—复位杆
7—塑料纹板纸　8—横针抬起板　9—横针推刀　10—上连杆
11—上拉钩　12—上拉刀　13—主轴　14—下连杆　15—定位杆
16—下拉钩　17—下拉刀　18—平衡杆　19—提综杆　20—连杆

则不冲孔。当纹板纸的相应位置上有孔时,探针 2 能穿过纹板纸伸入花筒 1 的相应孔内。每一根探针 2 均与横针 3 垂直相连,竖针 4 穿在横针右侧的小孔中,竖针中部靠一个突钩勾在竖针提刀 5 上。当横针推刀 9 向右作用时,纹板纸上无孔部位所对应的横针未被推动,而纹板纸上有孔部位所对应的横针被推动,相应的竖针 4 向右移动,它的突钩脱开竖针提刀 5,与竖针 4 相连的上连杆 10 和下连杆 14 就落下,穿在上连杆和下连杆长方形孔中的上拉钩 11、下拉钩 16 便随之落到拉刀的运动轨迹上。当拉刀向左运动时便带动拉钩运动,通过平衡杆 18、提综杆 19 和连杆 20 实现提综。

(2) 电子多臂开口机构

旋转式电子多臂机是目前最先进的多臂机之一,其设计完全摆脱了以往多臂机的传统结构,以极其有效的转换机构、极短的路径,将匀速回转运动转换成有停顿的转动,再经偏心盘、连杆机构,带动综框做上下运动。

旋转式电子多臂机适用于剑杆和高速片梭织机,适用门幅 110～430 cm;采用复动式开口时速度可达 550 r/min,开口高度为 60～140 mm,形成全开梭口,织物组织由计算机程序控制,改换品种非常方便。

① 提综机构工作原理:原动力通过链传动输入主轴,带动与轴一体的大圆盘匀

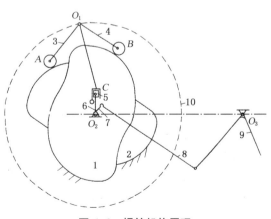

**图 6-3　提综机构原理**

1,2—共轭凸轮　3,4—摆臂　5—滑槽　6—滑块杆
7—偏心盘　8—连杆　9—提综臂　10—大圆盘

机织工艺

速转动,圆盘上装有两根对称的轴和两对对称的摆臂、一对共轭凸轮(图6-3)。

图中 $O_1$ 为装在大圆盘10上的一根轴;凸轮1和2是一对共轭凸轮,它们固定在机架上,相对于地面为静止;摆臂3和4与滑槽5作为一刚体绕轴 $O_1$ 转动,轴 $O_1$ 以 $O_1O_2$ 为半径、以 $O_2$ 为圆心做匀速圆周运动。整个机构为一对凸轮机构加一个连杆机构,运用共轭凸轮,能提高运动精度,减小冲击,而且可以改善机构的受力情况。

② 选综控制机构工作原理:图6-4所示为选综控制机构,提综臂9随偏心盘5运动,而盘形连杆11活套在偏心盘5上,偏心盘通过控制钩7与驱动盘6相作用。驱动盘6以花键连接装配在花键轴上,而花键轴的转动规律由滑块机构所决定。提综信号由控制箱发给电磁铁,电磁铁则以吸或不吸两种状态来控制提综臂的运动规律。

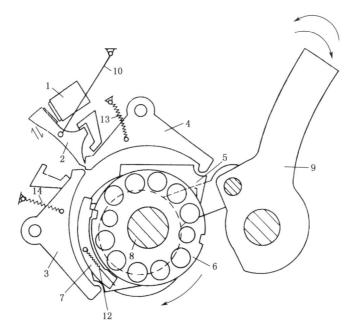

图6-4　选综控制机构简图

1—电磁铁　2—吸铁臂　3—左角形杆　4—右角形杆　5—偏心盘　6—驱动盘　7—控制钩　8—花键轴
9—提综臂　10—摆臂　11—盘形连杆　12—弹簧　13—右角形杆弹簧　14—左角形杆弹簧

摆臂10在共轭凸轮的作用下上下移动,并带动吸铁臂上下运动。当吸铁臂向上运动时,吸铁臂向电磁铁靠拢。若电磁铁不带磁性,则两者不接触(有0.25 mm的间隙,以避免碰撞),当吸铁臂在最高点时应有一段静止时间,以利于电磁铁吸住吸铁臂。电磁铁吸与不吸则出现两种情况:

A. 若电磁铁吸,则吸铁臂顶住左角形杆3的向下移动,使左角形杆以顺时针向外摆动,则控制钩7与驱动盘6之间有两种可能:

a. 上一纬时综框不提升,控制钩7在左边,由于弹簧12的作用将控制钩7上的凸头压入驱动盘6,使偏心盘5与驱动盘6作为一个刚体而转动,带动提综臂使综框做上下运动。

b. 上一纬时综框提升,此时控制钩转到右边;受右角形杆4作用,后凸头嵌在驱动盘6的凹处,右角形杆4由于弹簧13的作用而将控制钩7上的凸头从驱动盘6的凹处顶出,偏心盘与驱动盘分离,综框保持提升状态。

B. 若电磁铁不吸,则吸铁臂顶住右角形杆 4 的向下移动,右角形杆以逆时针向外摆动,控制钩 7 与驱动盘 6 之间也有两种可能。

**3. 电子式提花开口机构**

最新的提花开口机构中废除了机械式纹板和横针等控制装置,而用电磁铁来控制首线的上下位置。图 6-5 所示为以一根首线为提综单元的电子提花开口机构的工作原理示意图。提刀 6 和 7 受织机主轴传动而做速度相等、方向相反的上下往复运动,并分别带动用绳子通过双滑轮 1 连在一起的提综钩 2 和 3 做升降运动。图中(a)表示提综钩 2 在最高位置时被保持钩 4 勾住,提综钩 3 在最低位,首线在低位,相应的经纱形成梭口下层,这是前次开口结束时的情形。此时,按织物组织图,电磁铁 8 得电,保持钩 4 被吸合而脱开提综钩 2,提综钩 2 随提刀 6 下降,提刀 6 带着提综钩 3 上升,首线维持在低位。图中(b)表示提刀 7 带着提综钩 3 上升至保持钩 5 处,由于电磁铁 8 不得电,提综钩 3 被保持钩 5 勾住,这时提综钩 2 处于低位,这是第一次开口。图中(c)表示提综钩 3 被保持钩 5 勾住,提刀 6 带着提综钩 2 上升,首线被提升,第二次开口开始。图中(d)表示提综钩 2 升至保持钩 4 处时,电磁铁 8 不得电,保持钩 4 勾住提综钩使首线升至高位,相应的经纱到达梭口上层位置。

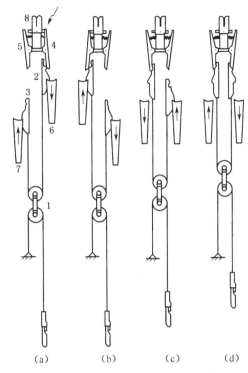

(a)　　　(b)　　　(c)　　　(d)

**图 6-5　电子提花机开口机构的工作原理**

1—双滑轮　2,3—提综钩　4,5—保持钩
6,7—提刀　8—电磁铁

## 三、剑杆织机引纬机构

**1. 引纬器件**

(1) 剑杆头的结构

目前常用的剑杆头主要有两种:一种是夹持式剑头;另一种是叉入式剑头。

① 夹持式剑头:可分为积极式和消极式两种。

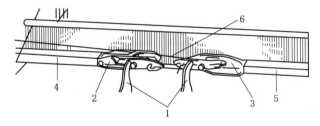

**图 6-6　积极式刚性剑杆引纬**

1—积极式开闭装置　2—送纬剑头　3—接纬剑头　4—送纬剑杆　5—接纬剑杆　6—纬纱

如图 6-6 所示,积极式夹持剑头是指送纬剑头 2 在拾取纬纱时、送纬剑头 2 和接纬剑头 3 在梭口中央位置交接纬纱时以及接纬剑头出梭口后释放纬纱时都由积极式打开和关闭装置 1 来完成。对于各种粗细和花色的纬纱,该装置均能实现顺利交接,不容易出现脱纬和交接失败现象,引纬质量好。多尼尔(Dornier)刚性剑杆织机即采用这种方式。

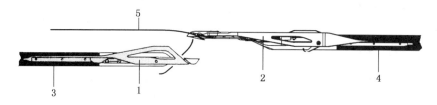

图 6-7　消极式挠性剑杆引纬

1—送纬剑头　2—接纬剑头　3—送纬剑带　4—接纬剑带　5—纬纱

挠性剑杆织机一般使用消极式夹持剑头,在梭口中央位置,接纬剑头将纬纱从送纬剑头的钳口中拉出,如图 6-7 所示。交接时纬纱受到较大的附加拉力,所以不利于加工结子纱等花式线,也不适用于条干相差较大的纱线,通常用于常规纱线的织造。

② 叉入式剑头:图 6-8 所示为单纬叉入式剑头结构,图 6-9 所示为双纬叉入式剑头结构。送纬剑头上有一个导纱孔 1,纬纱 2 穿入其中,再经过下叉口从下面引出;接纬剑头是一个简单的钩子。

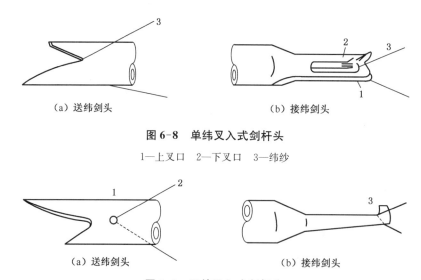

(a) 送纬剑头　　　　　　　　　　　(b) 接纬剑头

图 6-8　单纬叉入式剑杆头

1—上叉口　2—下叉口　3—纬纱

(a) 送纬剑头　　　　　　　　　　　(b) 接纬剑头

图 6-9　双纬叉入式剑杆头

(2) 剑带或剑杆

刚性剑杆由轻而强度高的材料制成,一般采用铝合金杆、碳素纤维或复合材料。挠性剑杆多采用多层复合材料制成,一般以多层高强长丝织物为基体,浸渍树脂层和碳素纤维压制而成,表面覆盖耐磨层,一般厚度为 2.5～3 mm,多冲有齿孔,工作时齿孔与剑带轮上的齿啮合。剑带轮往复转动,使剑带进、出梭口并引纬。剑带退出梭口绕过剑带轮后,可以弯曲而引伸到织机下方,占地面积相对减少(图 6-10)。

剑带工作时要经受反复的弯曲变形,要求其弹性回复性能好、耐磨且有足够的强度。在工作寿命期内,剑带表面要求光滑,表面不起皮,带体不分层、不断裂。

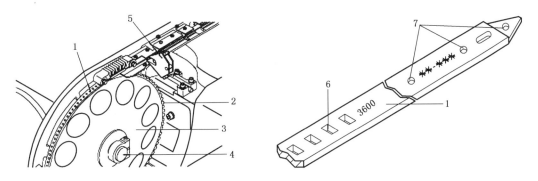

图 6-10　剑带和剑带轮

1—剑带　2—剑带轮齿　3—剑带轮　4—剑带轮传动轴　5—剑带轮润滑装置
6—齿孔　7—剑带与剑头连接孔

（3）剑带轮

剑带轮齿与剑带上的齿孔啮合,啮合包围角通常为 $120°\sim180°$。高速引纬时要求剑带轮轻,而且有足够的强度,可用铝合金或高强复合材料制成。剑带轮的直径一般为 $250\sim450$ mm,轮齿与剑带孔两者的节距应相互配合。

（4）剑带导向器件

剑带导向器件有导剑钩和导向走剑板（图 6-11）。导剑钩分为单侧导剑钩和双侧导剑钩。为了减少剑带与经纱的摩擦,目前多采用悬浮式导剑钩。这种导剑钩稍稍托起剑带,"浮"在下层经纱之上约 $1\sim3$ mm。导向器件起到两方面的作用:一是稳定剑头和剑带在梭口中的运动;二是托起剑带,减少剑头、剑带与经纱的摩擦。

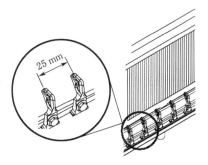

（a）单侧悬浮式导剑钩

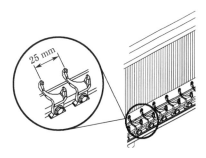

（b）双侧悬浮式导剑钩

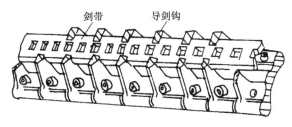

（c）导剑钩对剑带的控制

图 6-11　剑带导向器件

### 2. 传剑机构

**(1) SM92 型织机引纬机构**

意大利 Somet SM92/93 型织机的引纬机构如图 6-12 所示。其采用分离筘座,故打纬和引纬不存在直接的传动关系,引纬机构为一个自由度,由共轭凸轮和连杆机构组合而成。筘座在后心位置完全静止时引纬运动开始。共轭凸轮 1 使刚性角形杆 $H_1AH_2$ 做往复摆动,摆杆 $AB$ 和杆 $H_1AH_2$ 刚性连接,通过四连杆机构 $ABCD$ 驱动与摇杆 $CD$ 刚性连接的扇形齿轮 2 做往复摆动。最后经过定轴轮系 $Z_1$、$Z_2$、$Z_3$ 和剑带轮 3 的放大,使与剑带轮啮合的剑带 4 获得往复直线运动。

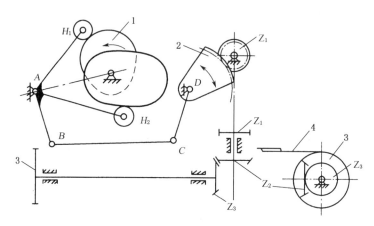

**图 6-12　SM92 型织机的引纬机构简图**

1—共轭凸轮　2—扇形齿轮　3—剑带轮　4—剑带

**(2) C401 型织机引纬机构**

C401 型织机采用变螺距引纬机构,具有传动链短、结构紧凑、占地面积小的特点。如图 6-13 所示,它由曲柄滑动机构 $ABC$ 和螺旋副机构 $CD$ 组成。主轴通过同步带直接驱动曲柄,经过双连杆使滑块型螺母产生往复运动,螺母内有两对滚子,与螺杆的螺旋面相啮合,形成螺旋副。螺母的直线往复运动直接变为螺杆的不匀速回转摆动,最后通过剑带轮的放大作用,带动剑带运动。

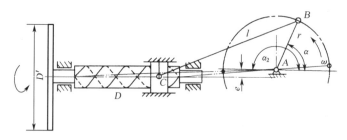

**图 6-13　C401 型织机引纬机构**

**(3) GTM 型织机引纬机构**

GTM 型织机引纬机构如图 6-14 所示。其传动路线为:由打纬共轭凸轮轴传动曲柄 $AB$、空间连杆 $BC$ 和摇杆 $CD$ 组成的球面曲柄摇杆机构,平面双摇杆机构 $DEFG$ 中的扇齿轮经小齿轮和剑轮的放大作用,最后使剑杆获得往复的直线运动。

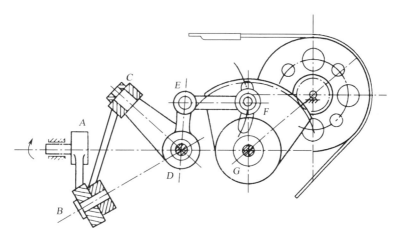

图 6-14　GTM 型织机引纬机构

## 四、剑杆织机打纬机构

剑杆织机的打纬机构大多采用分离筘座式共轭凸轮打纬机构。如图 6-15 所示，当凸轮主轴 1 回转时，主凸轮 2 推动转子 3，带动筘座脚 4 以摇轴 5 为中心按逆时针方向摆向机前，使筘座 6 上的钢筘 7 进行打纬。此时，转子 8 在双臂摆杆的作用下紧贴副凸轮 9，打纬完毕后，副凸轮由被动制动变为主动，推动转子 8，使筘座脚按顺时针方向向机后摆动。此时，转子 3 紧贴主凸轮。两凸轮如此相互共轭从而完成往复运动。

由于筘座脚的运动受凸轮控制，因此可根据工艺要求安排静止时期，以适应剑杆运动的需要。由于共轭凸轮的作用，筘座向前、向后运动都为积极传动，剑杆在引纬的运动时间内，筘座基本不动，这有利于织机的高速化。

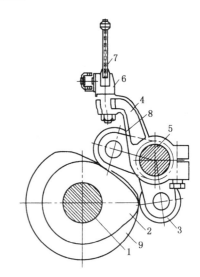

图 6-15　共轭凸轮打纬机构

1—主轴　2—主凸轮　3，8—转子　4—筘座脚
5—摇轴　6—筘座　7—钢筘　9—副凸轮

## 五、剑杆织机卷取与送经机构

### （一）剑杆织机卷取机构

**1. 机械式无级变速卷取机构**

Somet 剑杆织机机械式卷取机构如图 6-16 所示。

织机主轴传动多臂机轴 $n_1$，再传动 $n_2$，经齿轮 1、2、3（另一组为 1′、2′、3′）传动 PIV 无级变速器的输入轴 $n_3$，输入轴 $n_4$，又经伞齿轮 4 与 5、联轴器 15、输出轴 $n_5$，经齿轮 6 与 7 传动轴 $n_6$，再经蜗杆 8 与蜗轮 9，使卷取辊 14 匀速转动，卷取辊 14 表面覆有砂皮布，织物靠压辊 17 与砂皮布之间的摩擦力进入卷取辊表面，卷入卷布辊 13。卷布辊由链轮 10 和 11 经摩擦离合器 12 而转动，卷布最大直径可达 500 mm。

在这套卷取装置中，对纬密的调节首先由一对链轮分成高、低两档，高纬密时用链轮 $Z_1$、$Z_2$ 传动，低纬密时用 $Z_1'$、$Z_2'$ 传动。低纬密的范围为 $25\sim150$ 根/10 cm，高纬密的范围为 $130\sim780$ 根/10 cm，高、低档的切换通过操作手柄实现。纬密的细调由 PIV 无级变速器完成，其可调速比为 6，上机时只要将 PIV 无级变速器的指针指在相应的读数上即可。

采用无级变速器调节纬密，不仅使纬密的控制精确程度得以提高，而且不需储备大量的变换齿轮，翻改品种时改变纬密也很方便，但翻改品种后要对织物纬密进行验证。

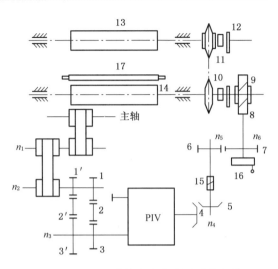

**图 6-16　Somet 剑杆织机机械式卷取机构**

1, 2, 3, 6, 7—齿轮　4, 5—伞齿轮　8—蜗杆
9—蜗轮　10, 11—链轮　12—摩擦离合器
13—卷布辊　14—卷取辊　15—联轴器
16—手轮　17—压辊

**2. 变换齿轮式卷取机构**

图 6-17 所示为 TP500 型织机用两对变换齿轮进行纬密调节的卷取机构。织机主轴 1 经齿轮 $Z_1$、$Z_2$、$Z_3$、$Z_4$，使侧轴 2 回转，再通过齿轮 $Z_5$、$Z_6$、$Z_7$、$Z_8$ 和变换齿轮 $Z_A$、$Z_B$、$Z_C$、$Z_D$ 以及蜗杆 $Z_{11}$、蜗轮 $Z_{12}$ 和减速齿轮 $Z_9$、$Z_{10}$，使卷取辊 3 回转。卷取辊表面包覆糙面材料，以增大其对卷取织物的牵引力，将织物不断引离织口，最终卷绕在卷布辊上（未画出）。

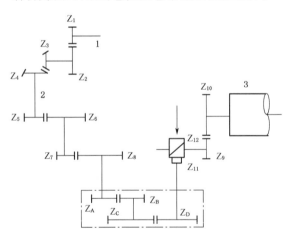

**图 6-17　TP500 型织机卷取机构**

1—主轴　2—侧轴　3—卷取辊

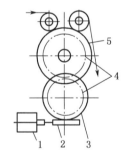

**图 6-18　电子卷取机构**

1—电动机　2—蜗杆　3—蜗轮　4—齿轮　5—卷取辊

通过变换 $Z_A$、$Z_B$、$Z_C$、$Z_D$ 四个齿轮，就可以达到织物规格所要求的纬密。该机配有 10 种变换齿轮，其齿数的不同搭配，可以织制 $19.2\sim1\,111.7$ 根/10 cm 之间的 269 种纬密的织物。

**3. 电子卷取机构**

现代剑杆织机广泛采用电子卷取机构，其机构原理如图 6-18 所示，其主要特点是卷取机构由一个单独的电动机驱动。与机械式卷取机构相比，机构大大简化；可通过织机操作键盘输入纬密,纬密设置或程序编制方法简洁便利,可在同一织物中实现纬密变化功能,获得各种外观特色;纬密变化是无级的,能准确满足织物的纬密设计要求;不需要变换齿轮,省略了大量变换齿轮的储备和管理工作,同时翻改品种时改变纬密变得十分方便;可与电子送经机构实现联动,经纱的送出与织物的卷取同步运动,有效地消除开车稀密档疵点,提高织物质量。

### (二)剑杆织机送经机构

#### 1. 机械式送经机构

现代剑杆织机广泛使用的连续式送经机构之一为亨特(Hunt)式送经机构,其结构如图 6-19 所示。

主轴转动时,通过传动轮系(图中未画出,轮系的传动比为 $i_1$)带动无级变速器的输入轴 9,然后经锥形盘无级变速器的输出轴 20、变速轮系 21、蜗杆 19、蜗轮 18、送经齿轮 17,使织轴边盘齿轮 22 转动,允许织轴在经纱张力作用下放出经纱。这是一种连续式的送经机构,在织机主轴回转过程中始终发生送经动作,避免了间歇送经机构的零件冲击等弊病,因此适用于高速织机。

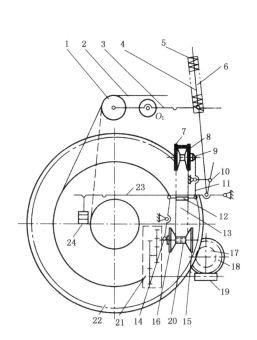

**图 6-19　带有无级变速器的调节式送经机构简图**

1—后梁　2—摆杆　3—感应杆　4—弹簧杆　5—螺母
6—弹簧　7,8—锥形轮　9—输入轴　10—角形杆
11—拨叉　12—连杆　13—橡胶带　14—拨叉
15,16—锥形轮　17—送经齿轮　18—蜗轮
19—蜗杆　20—输出轴　21—变速轮系
22—织轴边盘齿轮　23—重锤杆　24—重锤

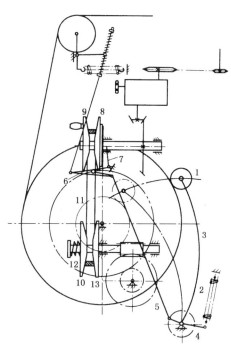

**图 6-20　感触辊式的送经装置**

1—感触辊　2—弹簧　3—感触辊摆臂　4—短臂
5—连杆　6—差动杆　7—双臂杆
8,10—可动锥盘　9,13—固定锥盘
11—同步齿形带　12—弹簧

该送经机构的经纱送出量可以变化,变速轮系 21 的四个齿轮为变换齿轮,改变变换齿轮的齿数,可以满足不同送经量的要求。在变速轮系所确定的某一个送经量变化范围内,通过改变无级变速器的速比,还可在这一范围内对送经量做出细致、连续的调整,确保机构送出的每纬送经量与织物所需的每纬送经量精确相等。

图 6-20 所示为另一种亨特（Hunt）式送经机构，是一种感触辊式的送经装置。感触辊 1 在弹簧 2 的作用下紧压在织轴的经纱表面。当织轴直径逐渐减小时，感触辊摆臂 3 及短臂 4 按逆时针方向转过相应的角度，通过连杆 5 和差动杆 6，使双臂杆 7 按逆时针方向转过一定的角度，从而将主动轮的可动锥盘 8 推向固定锥盘 9 一段距离。与此同时，从动轮的可动锥盘 10 在同步齿形带 11 的作用下，克服弹簧 12 的作用力，与固定锥盘 13 分离一段距离。这样便改变了无级变速器的传动比，使织轴转速随绕纱直径的减小而增加，以满足工艺的要求。这种送经机构常为 SM92 型、SM93 型系列剑杆织机所采用。由于采用了织轴直径感触机构，能根据不同的绕纱直径，对织轴转速进行积极的控制，从而减轻了活动后梁的负担。但是由于经纱对后梁的合力在织造过程中为一变量，因此从满轴到空轴，经纱张力必然有差异。

连续式送经机构具有送经运动平稳、无冲击的特点，满足了高性能剑杆织机在高速运转条件下对机构运动平稳性的要求，然而对设计及材料的要求较高，结构也较复杂。

对于转速不高的剑杆织机来说，间歇式送经机构亦是一种常见的形式。图 6-21 所示为该类机构在 LT102 型剑杆织机上的应用。主轴上的送经凸轮 1 回转时，通过送经连杆 2 推动 L 形杆 3 做往复摆动，调节杆 4 的左端与滑块 5 铰接，由吊杆 6 根据经纱张力的变化确定其在 L 形杆导槽中的位置；右端与滑块 7 铰接，由双臂杆 8 根据织轴的直径确定其在槽形摆杆 9 的滑槽中的位置。调节杆的往复运动使槽形摆杆绕其支点摆动，经推动杆 10 驱动棘爪杆，使棘爪撑动棘轮 11，最终使织轴送出经纱。

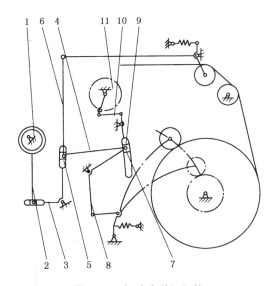

图 6-21　间歇式送经机构

1—送经凸轮　2—送经连杆　3—L 形杆　4—调节杆
5，7—滑块　6—吊杆滑块　8—双臂杆
9—槽形摆杆　10—推动杆
11—棘爪撑动棘轮

该机构配有经纱张力和织轴直径的感测单元，因而能较好地根据需要送出经纱，但由于所包含的传递杆件较多，机构连接件的间隙及构件的变形均可能造成送经量的误差。使用经验表明，该送经机构适用于厚重织物。

**2. 电子（电动式）送经机构**

随着织机转速的提高和电脑技术的发展，电子送经机构得到了广泛应用，它大大地减少了送经机构的构件，且具有优异的工作性能。电子送经机构由单独的电机驱动织轴转动而送出经纱。与机械式送经机构一样，电子送经机构也采用活动后梁作为经纱张力的感测元件，所不同的是电子送经机构应用非电量电测手段，将后梁的不同位置转变为电信号，再由电子技术或微机技术对该信号进行处理，根据信号处理结果控制经纱送出速度，以保证恒定的经纱张力。

电子式送经机构可分解为经纱张力信号采集系统、信号处理和控制系统、织轴放送装置三个组成部分。

(1) 经纱张力信号采集

图 6-22 所示为电子送经机构的经纱张力信号采集原理简图。活动后梁 1 在经纱 2 和弹簧 3 的作用下处于平衡状态。一旦经纱张力发生波动，后梁及铁片 4 和 5 的位置随之变化。当传感器 6 被铁片 4 所遮挡时，就输出电信号，控制送经电机的回转。当经纱张力的变化超出设定范围时，铁片 4 或 5 将遮挡传感器 7，使电路产生织机停车信号。

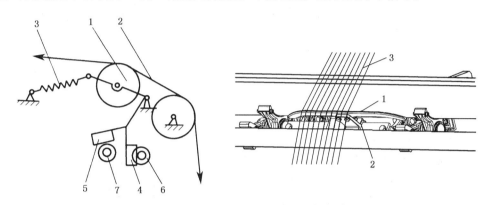

图 6-22　经纱张力信号采集原理简图　　图 6-23　直接检测应变片张力采集系统

1—横杆　2—应变片张力传感器　3—经纱

图 6-23 为另一种形式的应变片式张力传感器，安装在后梁与停经片之间或织口与卷取辊之间。经纱或织物压迫在传感器横杆 1 上，所产生的压力使其下方的应变片张力传感器 2 产生微量的变形，从而转换为经纱张力变化信号。

(2) 信号处理和控制

图 6-24 表示经纱张力采集、处理和控制原理。当经纱张力大于预定数值 $F_0$ 时，铁片对接近开关的遮盖程度达到使振荡回路停振，于是开关电路输出信号 $V_1$。$F_0$ 的数值由调整张力弹簧刚度和接近开关安装位置来设定。信号 $V_1$ 经积分电路、比较电路处理，当积分电压 $V_2$ 高于设定电压 $V_0$ 时，则输出信号 $(V_2 - V_0)$，通过驱动电路使直流送经伺服电动机转动，织轴放出经纱。输出信号 $(V_2 - V_0)$ 越大，电动机转速越高，经纱放出速度越快。当 $V_2 < V_0$ 时，电动机不转动，织轴被锁定，经纱不能送出。

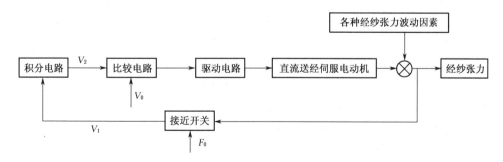

图 6-24　经纱张力控制原理图

(3) 织轴放送装置

织轴放送装置包括交流或直流伺服电动机及其驱动电路和送经传动轮系。

送经传动轮系由齿轮、蜗轮、蜗杆和制动阻尼器构成，如图6-25所示。执行电动机1通过一对齿轮2和3、蜗杆4、蜗轮5而起减速作用。装在蜗轮轴上的送经齿轮6，与织轴边盘齿轮7啮合，使织轴转动而送出经纱。为了防止惯性回转造成送经不精确，送经执行装置中含有阻尼部件。蜗轮轴上装一个制动盘，通过制动带的作用，使蜗轮轴的回转受到一定的阻力矩作用；而当电动机停止转动时，蜗轮轴也立即停止转动，从而避免了惯性回转引起的过量送经。

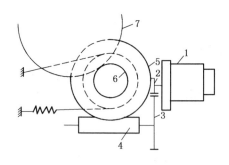

图6-25　织轴放送装置

1—电动机　2，3—齿轮　4—蜗杆　5—蜗轮
6—送经齿轮　7—织轴边盘齿轮

### 3. 双轴并列送经

在阔幅织机上，由于整经机及浆纱机的工作幅宽限制，可采用双轴制送经。为使两织轴的经纱张力保持一致，要求两织轴的卷绕直径和卷绕松紧度一致，而实际生产中这样的要求几乎无法满足。因此常采用周转轮系差速器来进行自动调速，以实现两轴张力一致。

一般织机的双织轴装置目前都采用齿轮差速器，常见的有圆锥齿轮差速器和圆柱齿轮差速器两种。图6-26所示为圆锥齿轮差速器结构图。

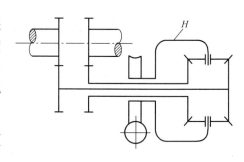

图6-26　圆锥齿轮差速器结构图

当两织轴的经纱张力不等时，差动装置会使经纱张力较大的织轴转速增加，同时经纱张力较小的织轴转速降低，始终满足两个并列织轴的转速之和等于蜗轮的转速，从而实现经纱张力均匀。

## 六、剑杆织机辅助机构

### 1. 主传动机构

目前绝大多数高性能剑杆织机均采用间接式传动，从电机到主轴的传动链中含有离合制动装置，如图6-27所示。电动机1通过皮带3传动电磁离合制动器5，继而传动织机主轴并带动织机的各个执行机构协调工作。在正常运转情况下，电动机总是在回转，以操纵离合器与制动器的接合和脱离来控制织机的启动或制动。所以这种机构能够使织机迅速地启/制动，同时改善电动机的运行特性。在这种传动方式下，启动织机时，一直在转动的电动机和离合器的传动盘以及皮带轮、飞轮2和4储蓄着较大的动能，可以加快织机的启动过程，对电动机的启动力矩也没有特殊的要求，因此可采用标准定形的电动机；制动时亦可不承担这些机件的惯性，从而减轻制动器的负荷。

图6-28所示为一种常见的电磁离合制动器的结构示意图。织机微电脑控制中心发出的织机启/制动信号输入驱动电路，使电磁离合器的线圈5或2通电。当织机启动时，电磁离合器线圈5通电，电磁制动器线圈2断电，与飞轮6相连的传动盘4与固装在传动轴1上的中心盘3快速吸合，电动机通过皮带轮带动织机回转。当织机制动时，电磁制动器线圈2通电，电磁离合器线圈5断电，传动轴1上的中心盘3迅速与传动盘4脱离，而与固定不动

的制动盘 2 吸合,实施强迫制动。制动后,织机在慢速电动机的带动下回转到特定的主轴位置(一般为主轴 300°)停机。

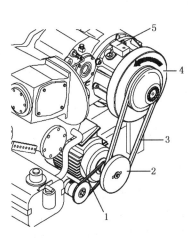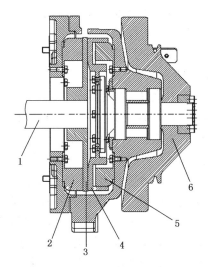

图 6-27    剑杆织机主传动

1—电动机    2,4—飞轮    3—皮带
5—电磁离合制动器

图 6-28    电磁离合制动器结构图

1—传动轴    2,5—线圈    3—中心盘
4—传动盘    6—飞轮

**2. 断经自停装置**

剑杆织机采用的电气式经纱断头装置如图 6-29 所示。停经架 1 上可安装 6 根停经杆 3,停经杆 3 穿入停经体 6 上部的长孔中,经纱 7 则穿在停经片下部开口的圆孔中。当经纱 7 断头或过度松弛时,停经体 6 下落,使停经杆 3 和电极杆 5 导通,产生停经信号,发动关车。

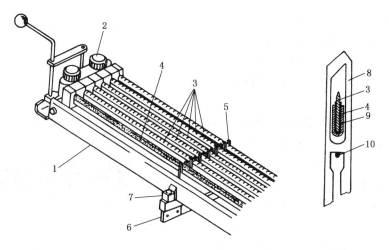

图 6-29    电气式经纱断头监测

1—停经架    2—电路接头    3—停经杆    4—绝缘杆    5—电极杆    6—停经体    7—经纱

**3. 断纬自停装置**

剑杆织机的断纬自停装置通常采用压电陶瓷传感器来检测纬纱是否断头。传感器外形

如图 6-30 所示,其中部为压电陶瓷制成的导纱瓷眼 2,纬纱 1 穿入其中。当纱线快速通过导纱孔时,孔壁带动压电陶瓷晶体发生受迫振动,产生交变电压信号,由此可判断纬纱是否断头。当纬纱断头时,传感器无检测信号输出,织机停车。

图 6-30　压电陶瓷传感器的纬纱检测

1—纬纱　2—导纱瓷眼

**4. 储纬器**

为了保证引纬过程中纬纱张力均匀、适应高速织造的要求、减少纬纱的断头率,剑杆织机需配备储纬器。在引纬之前,将一定长度的纬纱从筒子上退绕下来,有序地卷绕在储纬器的储纱鼓上,等待引纬。储纬器采用机电一体化结构,控制系统安装在储纬器内,由储纬量传感器、电动机控制器和速度传感器组成,完成对纬纱储量传感器、卷绕电动机速度检测与控制以及对电磁阻尼刹车的控制等。储纬器带有配电箱和安装支架,与织机电控箱的接口十分简单,仅需提供三相电源。按织造要求,每个配电箱最多可带 8 个储纬器头。

储纬器可分为储纱鼓转动的动鼓式储纬器和储纱鼓不转动的定鼓式储纬器,高档剑杆织机常配置定鼓式储纬器。GTM 型剑杆织机多配置意大利 ROJ 公司的 AT1200 型储纬器或瑞典 IRO 公司的 IWF1020 型、LASER 型储纬器,两者依靠专门的积极排纱机构推动纱圈在鼓面移动。下面简单介绍 AT1200 型储纬器和 LASER 型储纬器。

AT1200 型储纬器如图 6-31 所示。该储纬器由单独的直流电动机传动,电子调速,由光电探测器探测并控制储纬量。当储纬器主开关按下时,卷绕环随电动机转动,纬纱不断地卷绕在储纱鼓上,先绕上的纬纱在后续纬纱的推动下,紧贴储纱鼓的表面,逐步向前滑移,使纬纱纱圈无间距但不重叠地储存于绕纱鼓上。储纬器的储纬量受光电探测器的控制,将其位置右移可增加储纬量,左移则减少储纬量,一般调节储纬量为 2～3 纬。在使用过程中,光电检测头应保持清洁。为适应不同捻向的纬纱,还可调节卷绕环的转向,将方向开关置于"Z"或"S"位置。为和引纬速度相适应,直流电动机的转速亦可调整,其目的是尽可能使绕纱器连续绕纱,从而避免电动机频繁启动。

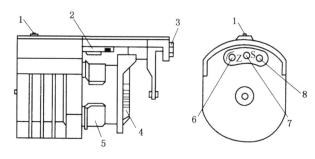

图 6-31　AT1200 型储纬器

1—主开关　2—储纬量探测器　3—张力调节旋钮
4—毛刷圈或金属片刷　5—卷绕环
6—卷绕速度调节旋钮
7—捻向调节旋钮　8—指示灯

LASER 型储纬器如图 6-32 所示。该储纬器亦由电动机单独传动,使固装于电动机空心轴上的卷绕环转动,将纬纱连续卷绕于储纬鼓上。储纬鼓与电动机轴通过轴承连接,因此电动机转动时,储纬鼓不随之回转。储纬鼓轴心与电动机轴轴心成一定的

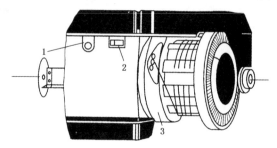

图 6-32　LASER 型储纬器

1—捻向开关　2—电源开关　3—卷绕环

倾斜角度,故储纬鼓不断地以电动机轴的轴心线为准做微小摆动,将绕于储纬鼓上的纬纱以一定间距不断向前推进。该储纬器有两个纬纱探测器,第一个探测器用于探测纬纱是否发生断头,第二个探测器用于探测储纱量。

**5. 多色供纬**

剑杆织机的多色供纬有多种形式,有机械式选纬、光电选纬、电磁选纬和电脑选纬。现代剑杆织机大都采用电磁式选纬装置。

图 6-33 为 GTM 型织机的电磁式选纬装置的选纬执行机构。电磁铁 1 根据选纬信号机构发出的指令信号断电或通电,使受其作用的撑头 2 上翘或下摆。凸轮 3 回转时,通过转子 4 使杠杆 5 绕 $O_1$ 轴摆动,由于压缩弹簧 6 的作用,$O_1$ 轴暂时保持静止。当撑头下摆顶住杠杆上端 $a$ 时,凸轮的转动迫使其下端 $O_1$ 轴向右移动,从而克服压缩弹簧的作用力使横动杆 7 右移,带动选纬杆 8 绕 $O_2$ 轴进入工作位置,完成选纬动作。

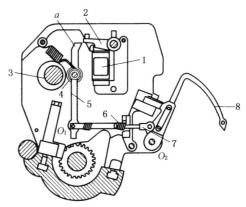

**图 6-33　电磁式选纬装置**

1—电磁铁　2—撑头　3—凸轮　4—转子　5—杠杆
6—压缩弹簧　7—横动杆　8—选纬杆

电磁铁作为选纬执行元件,起机电结合的桥梁作用,使光电选纬和电脑选纬得以实现,从而简化了机构,改善了选纬装置的性能。

新型的电脑选纬装置以电脑程序控制电磁铁的通电或断电,不仅使信号机构极大简化,纬色循环更改也十分方便,而且控制程序可以在织机上直接输入,也可由中央控制室经电缆和双向通讯接口输入电脑,为实现车间生产现代化的集中管理创造了条件。

**6. 织边装置**

剑杆织机大都采用纱罗边,形成纱罗绞边的装置有很多种类,但它们具有一个共同点,即绞经纱和地经纱开口的同时,绞经纱须在地经纱的两侧做交替的变位移动。剑杆织机采用的典型纱罗绞边机构见图 6-34。

基综 1、基综 2 分别以综耳 $b$ 固定在做平纹开口运动的一对综框上(通常为第一、第二片综框),随综框做垂直方向的上下运动。半综 3 穿过基综的导孔 $a$,并以综耳 $c$ 固定在可做升降运动的滑杆上。由于弹簧回复力的作用,滑杆始终保持将半综上提的趋势。

地经纱 $A$ 穿入半综的综眼中,绞经纱 $B$ 则穿在两片基综之间。当一对综框做上下运动时,绞边机构通过图 6-35 所示的四个步骤完成开口和绞经纱 $B$ 的交替变位移动。

图中(a)表示:基综 1 上升,基综 2 下降,到达综平位置;由于弹簧回复力的作用,半综 3 随着基综 1 上升至综平位置。

图中(b)表示:基综 1 继续上升,基综 2 继续下降,基综 2 克服弹簧回复力的作用,将半综拉向下方,地经纱 $A$ 成为梭口的

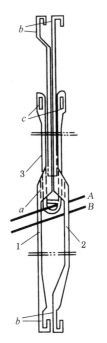

**图 6-34　片综绞边的部件**

下层经纱;绞经纱 $B$ 滑到地经纱左边的半综与基综1所构成的缝隙内,由于后方导纱杆4的上抬作用,绞经纱将随基综1沿缝隙上升,成为梭口的上层经纱。

图中(c)表示:基综1下降,基综2上升,到达综平位置,半综亦上升至综平位置。

图中(d)表示:基综1继续下降,基综2继续上升,半综被基综1拉向下方,地经纱 $A$ 又一次成为梭口的下层经纱;绞经纱 $B$ 发生移位,滑到地经纱右边的缝隙内,因后方导纱杆4的上抬作用,随基综2上升,形成梭口的上层经纱。

绞经纱、地经纱和纬纱交织后所形成的纱罗绞边为二经纱罗。为加强布边坚牢程度,可以采取两组(或多组)绞经纱、地经纱与纬纱交织成边的方法。

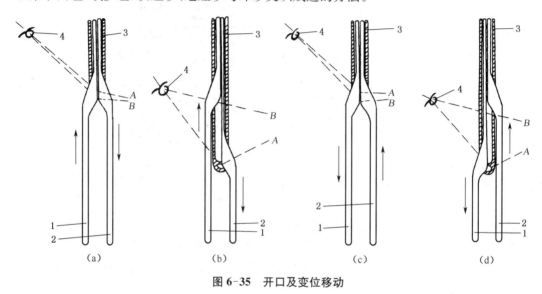

图 6-35　开口及变位移动

## 七、剑杆织机操作技术

### 1. 开关车操作

① 打开电源总开关,剑杆织机均设有电控箱,装有电源开关。拨动开关柄时,指示灯发亮,表明电源接通。电源接通后,不能打开电控箱门,否则断电;关上电控箱门,重新接通电源。

② 按主电机启动按钮,在主电机转动正常(约 10 s)后,调整布面张力,对好织口,检查纬纱是否正确穿过剪刀架而为剑头所夹持。无防开车档装置时,按点动按钮,使织机慢速运行,试织 2~4 根纬纱并观察织口处纬纱的稀密,以判断制织是否正常。

③ 按快车按钮,使织机正常运行。

④ 正常停车时按停车按钮;节假日停车,应先点动织机,使剑带伸入梭口内以防止卷曲变形,然后停车,并松布面,最后关主电机,切断电源。

⑤ 当发生事故需紧急停车时,按急停按钮,使全机断电。因为紧急停车会损坏电磁离合器等部件,所以一般不用紧急停车。紧急停车或发生断电停车以后,需重新开车时,应先关闭电控箱总开关,3 s 后启动开关手柄,如指示灯发亮则表示电源接通,接下来可按主电机启动按钮。如果反转时发生断电,亦应按照以上顺序操作,然后按电控箱上的复位按钮,使织机回复原位,再开车。

**2. 机上信号与显示操作**

剑杆织机停台时能自动发出信号。不同颜色的信号灯点亮,表明不同原因的停台,以便招呼相关工种前去处理。挡车工是看管机台的主要生产者,除了及时处理应由挡车工处理的断经、断纬停台外,还要督促并配合其他工种处理停台,所以挡车工应熟悉各色信号灯的作用。

**3. 断头停台操作**

剑杆织机的断经和松停经台操作与有梭织机类似,但应注意倒断头尽量不借用边纱。由于高中档剑杆织机具有断经自动定位停车功能,所以处理断经后可直接开车。无上述功能时,可采取点动定位,打慢车后再开车。不过,频繁点动打慢车容易使摩擦离合器遭受破坏。当然,选择直接开车或者点动开车还要看织机是否有防开车档装置。

剑杆织机的断纬停台操作因机而异。高档剑杆织机配有自动找纬机构,断纬操作比较简单,具体操作如下:

① 断纬原因检查及排除:挡车工发现断纬信号灯时,应走到断纬机台前先查看断纬部位及原因,检查选纬器、导纱器、夹纱器是否有飞花堵塞,纬纱张力是否太大,剑头夹持器螺钉有否松动。

② 自动找纬:断纬停车后,织机按品种所要求的反转数自动反转至规定位置,此时织口处露出断纬。织口内残留的断纬在非自动排除情况下由挡车工抽去。

③ 穿引纬纱:不论断纬发生在筒子架与储纬器之间,还是在储纬器与选纬器之间,都按顺序穿引,并置入边撑导纬板凹槽内。

④ 点动入纬:按点动按钮,直到剑头夹住纬纱并进入梭口5~10 cm为止。

⑤ 开车织布:按开车按钮,织机正常运转,查看开车后布面质量,同时清除布面回丝。

无自动找纬机构的断纬操作,所不同的是需要开慢车找纬。如采用凸轮开口,点动开无纬车找断纬;如为多臂开口,先倒拨2块纹板(即4根纬纱),再点动开无纬车找断纬,并抽去织口内残留的断纬。

必须指出,上述断纬操作顺序只适用于具有断纬后停送、停卷并自动驱使卷取和送经机构反转的剑杆织机。否则,开车前应手动反转,并紧经纱和对好织口,以免产生开车稀密路织疵。

# 思考与练习

1. 简述剑杆织机的引纬原理及品种适应性。

2. 剑杆织机有几种?

3. 为什么剑杆织机在新型织机中的比例较大?

4. 剑杆织机常用的开口机构有哪些?

5. 挠性剑杆和刚性剑杆各有何优缺点?

6. 为什么剑杆织机在多色纬和多片综织造时占有优势?

# 任务2　设计剑杆织造工艺

剑杆织机织造工艺参变数主要有开口时间、经纱上机张力、经位置线、引纬工艺参数等。其中,引纬参数主要有剑头初始位置、剑杆动程、储纬量的调节、纬纱张力、选纬指调整、剑头进出梭口,以及交接纬纱时间、剪纬时间、接纬剑开夹时间等。

剑杆织机的速度远高于有梭织机,因此对各机构运动时间的协调配合、上机张力和后梁位置等要求,较有梭织机更为严格,否则易产生故障并增加织疵,从而影响产品质量。

开口时间、上机张力、经位置线等工艺参数对织造过程及织物质量的影响同有梭织机,这里不再赘述,仅介绍这些参数的确定与调整,并重点分析剑杆织机特有的引纬参数。

## 一、梭口高度

在满足梭口开清的前提下,剑杆织机的梭口高度应尽可能小。实际确定梭口高度时,应考虑剑头断面尺寸。剑头断面尺寸小,梭口高度可小些,反之应稍大。为了充分利用梭口高度,挠性剑杆织机的剑头在进出梭口时允许与经纱存在合理、适度的挤压,使剑头获得更合理的运动规律。

钢筘在最后位置(后止点)且梭口为最大满开(上、下层经纱绝对静止)时,测得钢筘前侧上、下层经纱之间的距离,为梭口高度 $P$,如图6-36所示。

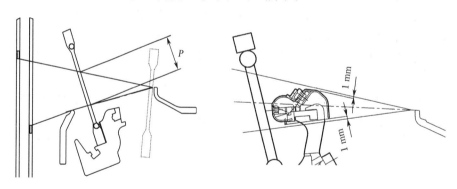

**图6-36　梭口高度**

当梭口满开时,上下层经纱与剑头间有合理的距离。当织机停在 $180°$ 位置时,即梭口处于满开状态,上层经纱应高出剑头顶部 $1\sim2$ mm,下层经纱应低于剑头底部 $1\sim2$ mm。例如,Somet THEMA 系列织机的梭口高度一般为 28 mm。对于高纬密织物,由于打纬阻力大,织口(打纬点)会移向钢筘从而降低梭口有效高度,所以 $P$ 的值应根据需要增大,以防止剑头和经纱之间产生过度的挤压和摩擦。

另外,从减小剑头、剑带磨损的角度出发,应采用不对称梭口,使下层经纱尽可能延长保持时间,以避免闭口时下层经纱过早地将剑头剑带抬起。因此,选择梭口高度时,以剑头出布边不碰断经纱为宜。

## 二、开口时间

### 1. 剑杆织机开口时间的确定原则

开口时间(综平时间)的确定取决于织机车速、开口机构、织机类型以及织物种类和纱线品质等条件。确定原则与有梭织机一致,不同的是,剑杆织机在一个开口循环中,下层经纱要受到剑杆往复的两次摩擦。开口过早,剑头退出梭口时会造成经纱对剑杆的摩擦;同时,由于下层经纱上抬,使剑带与导轨的摩擦加剧,这是剑带磨损的主要根源。开口过迟,剑头进梭口时,梭口尚未完全开清,容易擦断边经纱。由于送纬剑头的截面尺寸较大,边经断头现象特别容易发生在送纬侧;同时,在接纬侧近布边处易造成纬缩,这对阔幅织机更为敏感。权衡两者的利弊,应从综合经济效益出发,采用适当的开口时间。剑杆织机的综平时间较有梭织机迟,一般为 300°～335°;纬纱出梭口侧的废边纱的综平时间应比地经提早 25°左右,使出口侧可获得良好的绞边。

THEMA11 型织机织造不同类型织物的开口时间和几种常见剑杆织机的开口时间调整范围见表 6-1 和表 6-2。

表 6-1　THEMA11 型织机织造不同类型织物的开口时间

| 织　物　种　类 | 开　口　时　间 |
| --- | --- |
| 轻薄型织物、真丝织物 | 330°～340° |
| 一般棉型织物、粗厚织物 | 310°～335° |
| 粗厚织物、牛仔布和高密织物 | 300°～320° |

表 6-2　几种剑杆织机的开口时间可调范围

| 机　　型 | GTM-190 型 | THEMA11-190 型 | LEONARDO-190 型 |
| --- | --- | --- | --- |
| 开口时间范围 | 300°～320° | 300°～330° | 295°～335° |

采用分离箱座打纬机构时开口时间应迟于非分离箱座打纬机构织机,见表 6-3。

表 6-3　不同打纬机构的织机开口时间

| 织物种类 | 非分离式箱座 | 分离式箱座 |
| --- | --- | --- |
| 一般棉型织物、粗厚织物 | 295°～305° | 310°～335° |
| 轻薄型织物、真丝织物 | 310°～320° | 330°～335° |
| 粗厚织物、牛仔布织物及高密织物 | 295°～300° | 310°～320° |

## 三、经位置线

无梭织机的经位置线以托布梁为基准线。决定经位置线的后梁的前后和高低位置都可调节,经纱强力低的织物,后梁应向后移;经密和纬向紧度高的织物,为了开清梭口和减少织口游动,应将后梁前移,以获得强打纬的效果。

由于无梭织机的速度高、张力大、布幅宽,采用等张力梭口时,布面较有梭织机更容易出现箱路和条影;故应使后梁高于托布梁,使上层经纱的张力小、下层经纱的张力大,形成不等张力梭口,以利于布面丰满。

一般棉、毛平纹织物和常见的轻型、中厚型织物,其后梁高度应适中;丝织物或装饰织物如巴厘纱、纱罗织物等,应取较低的后梁;各类高密重型织物,如牛仔布、帆布、府绸、防羽绒布等,应采用高后梁。

**1. TP500 系列剑杆织机的经位置线调节**

该机后梁的高低和前后位置均可调节。高低刻度尺的 0 位表示开口时上、下层经纱张力相等,抬高、降低的调整范围分别为 +11 cm 和 −5 cm;前后刻度尺的 0 位表示后梁常处的位置,向前、向后的调整范围分别为 −11 cm 和 +5 cm。后梁向前,梭口长度缩短,可以增加经纱张力;后梁向后,梭口长度增大,可以减小经纱张力。同时,后梁可自由转动,也可由螺钉固定,以增加经纱张力。当经纱需要特别大的张力时,还可在后梁与停经架区域内选用三夹辊装置(图 6-37),可在经纱张力不变的前提下,使纬密增加 10% 以上。

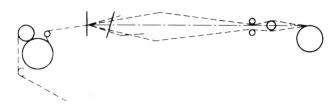

图 6-37　三夹辊装置

**2. SM92/93 系列剑杆织机的经位置线调节**

该织机后梁的前后方向有 3 个位置可供选择:

① 靠近机前的位置用于织造经纱张力大的厚重织物,综框片数最多为 6~8 片。

② 中间位置适合加工棉、毛、丝、麻织物,可配置凸轮开口或多臂开口机构,综框片数最多为 12 片。

③ 离机前最远的位置用于织造经纱强力低、弹性小的织物,综框片数为 12 片以上,也可配用提花开口机构。

SM92/93 系列剑杆织机的后梁高度以后梁顶点到地面的距离表示,不同品种织物的后梁位置见表 6-4。

表 6-4　不同品种织物的后梁位置

| 开口机构类型 | 织物品种 | 后梁顶点离地面的距离(mm) |
| --- | --- | --- |
| 凸轮或多臂 | 棉、麻织物 | 970 |
| | 毛或合纤织物 | 960 |
| 提花机 | 装饰织物 | 950 |
| | 丝织物 | 930 |

**3. GTM 型剑杆织机的经位置线调节**

该机的后梁装置视加工织物而异。当织造轻薄织物和整片经纱的上机张力在 2 500 N 以下时,采用单后梁;当织造比较紧密的厚实织物和整片经纱的上机张力大于上述数值时,宜选用双后梁,并加装阻尼器。亦可用固定不转的后梁。

对于厚重紧密织物,可在上述双后梁基础上,加装一根制动张力辊,其转动方向与经纱前进方向相反。后梁可以沿高低或前后方向移动,前后方向的移动范围可达 22 mm。

**4. C401S 型织机的经位置线调节**

该机的后梁高低位置可按刻度尺调整。0 值位置形成上、下层经纱张力相同的等张力梭口；向上调整后梁，则上层经纱张力减小，下层经纱张力增大。后梁位置沿水平方向分 3 档，调节时摆动杆的回转支点应相应调整。

为减少边经纱断头，要求梭口后部的边经纱与地经纱伸长尽可能接近，两侧边经纱和中间地经纱应基本保持平行，因此织轴两盘片间距应等于或略大于筘幅，且织轴两盘片间距中心和筘幅中心重合，这样可减小经纱在筘齿内的摩擦。梭口前部则以下层经纱作为参照基准：当筘在前止点时，织口托板头端离钢筘 1.5～2 mm，且在后止点时位于走剑板表面切线的延长线上；同时，第一片综框向下开足时，综眼位置应低于上述延长线 1.5～2 mm。

## 四、引纬工艺参数

剑杆织机引纬参数主要有剑头初始位置、剑杆动程、储纬量调节、纬纱张力、选纬指调整、剑头进(出)梭口及交接纬纱时间、剪纬时间、接纬剑开夹时间等。

**1. 剑头初始位置和剑杆动程**

为了达到规定的布幅，保证剑杆正常的引纬和纬纱交接，剑杆必须有一定的动程。送纬剑与接纬剑的动程之和为：

$$S = B + a + b + c$$

式中：$S$ 为两剑总动程；$B$ 为穿经筘幅；$a$ 为接纬剑退足时剑头离边纱第一筘的距离(空程)；$b$ 为送纬剑退足时剑头离边纱第一筘的距离(空程)；$c$ 为两剑接纬冲程。

空程是剑杆织机必不可少的。恰当的空程有利于送纬剑在进梭口前正确地握持纬纱，也有利于接纬剑出梭口后适当地握持并释放纬纱。但空程过大，必然增加剑杆动程，这样会增加织机占地面积和剑杆运动速度与加速度，从而增加机构的负荷与磨损。一般而言，在满足剑杆正确握持和释放纬纱、顺利形成布边的前提下，空程以小为宜。

剑头初始位置的调节一般通过改变剑带和剑轮的啮合位置来实现；剑杆动程的调整可通过调整导剑轮直径或引剑机构中曲柄、连杆长度，从而改变导剑轮角来实现，后者一般适合于微量调节。

**2. 储纬量调节**

储纬器有卷绕速度和储纬量两个调节键。储纬量控制器有光电式或机械电气式。如 AT1200 型储纬器，只需调节其发光管聚焦点的位置即可调节储纬量。调节卷绕速度与储纬量时，应使储纬量保持在 2～3 纬，使绕纱鼓连续回转。卷绕速度过高会使绕纱鼓间歇回转，易造成电动机因启动电流大而烧坏。

**3. 纬纱张力**

在纬纱通道上，储纬器与纬停装置间有双层簧片张力装置，纬纱张力可用单纱动态张力仪测定，但实际生产中都通过观察纬向疵点的出现情况进行调整。双簧片过松，会在出口侧布边出现长纬，过紧则出现短纬。采用两个储纬器混纬交织时，若其中一个过松，往往会出现间歇性"双边尾"疵点；如一个过紧，会形成间歇性"双边纬"；若一个过紧一个过松，则同时出现"双边纬"和"双边尾"疵点；如果两个都过松，则出现两条长尾，形成密集型"双边尾"疵点；两个均过紧，则出现两条短纬，形成剑杆织机特有的"边空网"疵点。

剑杆织机纬纱出口侧容易产生边不良疵点,调整纬纱张力可消除边不良,但必须调整纬停装置(纬纱检测器)同步信号发送铁片的发送时间。织机刻度盘上装有许多凸轮形状的铁片,每片对应着一个传感器。如 SM93 型剑杆织机,靠轴端的一片为纬纱检测区的信号发送器。按织机幅宽不同,检测区可提前或延后。当接纬剑夹纱器接住纬纱引向出口侧到达最末一根边经纱时,铁片对准的传感器红色信号灯亮,表示在检测区内,之后灯熄灭,说明检测范围合适。若检测区太早而布边上出现短纬时,纬纱检测器测不到,则织机不能自停而产生疵点。所以布边出现疵点时,既要调节纬纱张力装置,又要检查纬纱检测区同步信号发送的时间是否合适。

**4. 选纬指下落时间**

在送纬侧剑杆导板上方、剑杆通道的机前和机后各有一根搁纱棒。当筘座从前止点开始向机后摆动时,选纬指把交织的纬纱向下压,使其搁在前、后搁纱棒上,剑头夹纱器从机外伸向机内,纬纱就能正确地进入夹纱器钳口而被夹牢。选纬指有两个可调参数:一是始动时间,当织机刻度盘为 5° 时,选纬指始动下降 1 mm;二是高低位置,当选纬指下降到最低位置时(刻度盘 45°～55°),纬纱轻靠在前、后两根搁纱棒上。

**5. 剑头进(出)梭口及交接纬纱时间**

剑头在梭口内的停留时间较长,占主轴转角 200°～240°,甚至更长。剑头进(出)梭口时间的可调范围小,剑头进梭口为 60°～90°,出梭口为 280°～310°。空程使剑头迟进、早出梭口。不同剑杆机的传动机构不同,但调整原理和要领基本相同。

(1) 剑头进(出)梭口时间的调整

送纬剑头进梭口时间以剑头端到达钢筘边铁条的时间为准。SM93 型剑杆织机的调整方法是:将剑带置于剑带轮上,松开带轮与轴的紧定螺钉,织机主轴转到 (64±1)°,转动带轮使剑头到达钢筘边铁条处,然后紧固带轮与轴的紧定螺钉。同样,将接纬剑调到 (63±1)°,剑头到达第一筘齿位置,再固紧接剑带轮与轴的紧定螺钉。

(2) 交接纬纱的位置和时间的调整

筘座的筘幅中央位置有标记,借此标记可调整夹纱器在梭口中央交接纬纱的时间。刻度盘 180° 为交接纬纱的时间,送纬剑头应到达筘幅标记的某一位置。SM93 型剑杆织机规定剑头端应处于标记线上,GTM 型剑杆织机规定剑头应超过标记 (50±6) mm,C401S 型织机规定剑头应超过标记 38～40 mm。调整方法是:调节传剑机构的往复动程,点动或慢速转动织机,观察剑头伸入梭口是否符合上述要求,若伸入的动程达不到规定位置则放大往复动程,超过规定位置则减小往复动程(可参照不同机型传剑机构的操作说明书进行);送纬剑调整好之后调整接纬剑,把纬纱引入送剑夹纱器并使之拉紧,点动或转动织机使接纬剑头伸入送剑夹纱器,接纬剑退回时剑头钩子刚好能接住拉紧的纬纱,若伸入夹纱器的深度不够而接不到纬纱则放大接纬剑动程;反之则减小接纬动程。

**6. 剪纬时间**

剑杆织机剪纬时间一般是指送纬剑从选纬指上握持待引纬纱后,剪纬装置将待引纬纱的另一端剪断的时间。显然,双侧叉入式剑头无此参数。当送纬剑头伸进梭口时,选纬指已将纬纱压下并轻搁在前、后搁纱棒上,纬纱即喂入剑头夹纬器,喂入的深度取决于纱的粗细和剪纬时间,当夹纱器有效地夹住纬纱后立即剪断纬纱。剪纬时间根据纬纱粗细而延迟或提早,如 C401S 型剑杆织机的剪纬时间为 (66±1)°,SM93 型剑杆织机的剪纬时间为 (69±

1)。

### 7. 接纬剑开夹时间

当纬纱由接纬剑引出梭口后,接纬剑的夹纱器应及时打开以释放纬纱。接纬剑退出梭口时,夹纱器碰到开夹器即失去夹持力而将纬纱释放。开夹时间迟则出梭口侧纱尾长,反之则短。开夹时间应以纱尾长短合适为宜。

## 五、纬密变换齿轮的选用

部分剑杆织机卷取机构的纬密计算公式见表 6-5。

表 6-5　部分剑杆织机卷取机构的纬密计算公式

| 织机型号 | 下机纬密计算公式 |
|---|---|
| G263-J 型刚性剑杆织机 | $P_w = \dfrac{85.184}{1-a\%} \times \dfrac{Z_B}{Z_A}$ |
| 津田驹 TAV-H 型刚性剑杆织机 | $P_w = \dfrac{287.1}{1-a\%} \times \dfrac{Z_B}{m \times Z_A}$ |
| 斯密特 TP500 型挠性剑杆织机 | $P_w = \dfrac{145.22}{1-a\%} \times \dfrac{Z_B \times Z_D}{Z_A \times Z_C}$ |
| 丰田 LT102 型剑杆织机 | $P_w = \dfrac{141.3}{1-a\%} \times \dfrac{Z_B \times Z_D}{Z_A \times Z_C}$ （橡胶刺毛辊）<br>$P_w = \dfrac{138.9}{1-a\%} \times \dfrac{Z_B \times Z_D}{Z_A \times Z_C}$ （钢刺毛辊） |

注：①$Z_A$、$Z_B$、$Z_C$、$Z_D$ 为变换齿轮的齿数;②$m$ 为每织一纬锯齿轮转过的齿数,一般为 1、2、3、4,标准为 1;③$a$ 为织物下机缩率。

## 六、上机张力

剑杆织机织造宽幅织物时宜采用较大上机张力,因为整片经纱的张力为中央大而两侧小,若过度降低上机张力,两侧经纱必然开口不清。

此外,经纱上机张力应随打纬机构的形式不同而改变。如非分离筘座的连杆打纬机构,因连杆打纬动程大,前方梭口长,因此配置"大梭口,较小张力"工艺;而采用分离筘座的共轭凸轮打纬机构,宜配置"小梭口,大张力"工艺。

剑杆织机的剑头截面尺寸很小,同时为了适应织机高速而形成快开梭口,梭口高度因此减小。而采用小梭口和减少梭口形成时间,往往需要较大的上机张力,以确保梭口清晰。但过大的上机张力,会增加经纱断头率、造成织物经向撕裂。上机张力的选择应综合考虑织物的形成、外观质量及物理性能等因素。织造经纬密较大的织物时,为开清梭口和打紧纬纱,上机张力应适当加大;织造黏胶纤维织物或稀薄织物时,上机张力不宜过大;织造平纹织物时,应采用较大的上机张力;织造斜纹、缎纹类织物时,由于外观要求,应选用较小的上机张力。

大多数剑杆织机采用弹簧张力系统(如 SM92/93 系列、GTM 型、C401S 型),有些剑杆织机(如 TP500 型)采用弹簧和重锤复合的张力系统,而少数低档织机仍采用重锤式张力系统。由于弹簧张力系统具有调节简便、附加张力较为稳定、适应高速等特点,现今被普遍采用。弹簧张力系统的可调参数主要有弹簧刚度、弹簧初始伸长量和弹簧悬挂位置等。调整上机张力时,必须使织机两侧的弹簧参数一致。不同机型的上机张力调节方法不同。

**1. SM92/93 系列剑杆织机的上机张力调节**

该机上机张力由弹簧产生(图6-38),有三种调节方法:

(1) 改变弹簧悬挂位置

织造窄幅轻薄织物时,弹簧置于位置1、2和L,作用力臂较短,获得的上机张力较小;织造宽幅轻薄织物或窄幅厚重织物时,弹簧置于位置3、4和M,作用力臂较长,可获得较大的上机张力。

(2) 改变弹簧初始伸长量

织造宽幅厚重织物时,通过调节图中距离T的

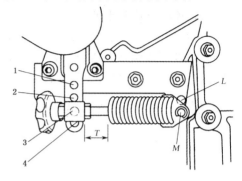

图6-38 SM93型剑杆织机张力调节装置

大小,可获得不同的上机张力。随着T由大变小,弹簧的初始伸长量由小变大,上机张力逐渐增大。对于轻型织物,初变形小,T取5 cm;对于中厚织物,初变形中等,T取4 cm;对于厚重织物,初变形大,T取3 cm。

(3) 改变弹簧刚度

织造宽幅特别厚重的织物时,可更换刚度较大的弹簧,以增大上机张力。

**2. GTM型剑杆织机的上机张力调节**

GTM型剑杆织机利用弹簧调节摆动后梁的摆幅来控制上机张力。上机张力的大小取决于弹簧弹力,而弹簧直径决定弹簧刚度,可直接影响经纱张力的大小。该机提供以颜色区别的8种不同直径的张力弹簧(表6-6)。根据单纱张力和经纱根数,按图6-39和图6-40引水平线和垂直线,两线相交点附近的斜线,便是应选的弹簧。合适的弹簧,其后梁振幅约5 mm,织机两侧的弹簧力必须调整一致。表6-7所示为该型织机加工不同织物时的上机张力配置。

表6-6 张力弹簧种类

| 弹簧直径(mm) | 3 | 3.6 | 4 | 4.8 | 5.5 | 6.5 | 7.25 | 8 |
|---|---|---|---|---|---|---|---|---|
| 弹簧颜色 | 铅灰色 | 紫色 | 粉红色 | 米色 | 黑色 | 黄色 | 桔黄色 | 红色 |

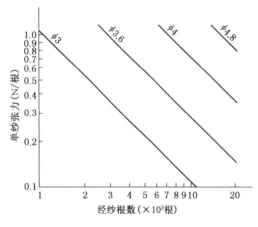

图6-39 GTM型剑杆织机张力弹簧的选用

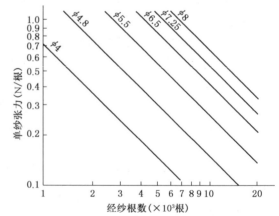

图6-40 GTM型剑杆织机张力弹簧的选用

表 6-7　GTM 型剑杆织机上机张力的弹簧直径参数

| 织物类别 | 经向紧度/% | 经纱细度（tex/英支） | 弹簧直径（mm） | | 备　注 |
|---|---|---|---|---|---|
| | | | 参数值 | 允许限度 | |
| 平布 | 37～55 | 58～24/10～24 | 7.2～4.0 | +＜1 | |
| 斜卡 | 55～90 | 42～24/10～24 | 1.5～4.0 | +0.5 以上 | 包括左、右斜向的斜卡织物 |
| 贡缎 | 44～80 | 28～4.5/21～40 | 4.8～3.6 | +0.5 以上 | 包括直贡织物与横贡织物 |
| 麻纱（纬重平） | 43～45 | 18/32 | 3.6 | +0.4 | 不包括各种花式麻纱织物 |
| 小花纹 | 55～75 | 42～24/14～24 | 1.5～4.0 | +0.5 以上 | 组织循环数为 16 根以下的小花纹织物 |
| 大花纹 | 55～80 | 42～24/14～24 | 6.5～4.0 | +0.5 以上 | 包括各种花型的纹织物 |

从表 6-7 可知，对纱线较粗、强力较高的织物，宜采用直径较粗的弹簧；反之，宜采用直径较细的弹簧。

### 3. C401S 型织机的上机张力调节

该机上机张力通过改变弹簧的初变形进行调节。移动弹簧吊装点的上下位置可以改变初变形的大小。处于高位时，弹簧初变形大，张力大；处于低位时，弹簧初变形小，张力小。

### 4. TP500 系列剑杆织机的上机张力调节

该机采用弹簧和重锤复合系统调节上机张力，经纱上机张力取决于加压弹簧的作用力、弹簧连杆在张力杆上的位置、重锤质量及重锤在重锤杆上的位置。根据织物品种，可选用不同刚度的弹簧以及改变调节螺母的初始位置来调节加压弹簧的作用力，弹簧连杆在张力杆上有两个支点可选用，重锤在重锤杆上也有两个悬挂位置可选用，重锤质量分 4 档，所以有 16 种不同的上机张力。加工细线密度（高支）织物而要求经纱张力很小时，甚至可不挂重锤。应当注意，当箔幅超过 260 cm 时，必须在另一侧加装相同的作用杠杆和放置相同的重锤，使后梁两侧受力均衡。

## 七、织机速度选择

随着车速的提高，经纱的动态张力增大，往往会增加经纱断头率，致使织造产量降低，对坯布质量亦有影响。特别是随着车速的提高，机件的磨损消耗加剧，如剑头、剑带、传剑齿轮、导剑钩、导剑轨、剑头释放条等，同时伴随着大量的物料消耗。因此，在织前准备质量和织造效率没有得到充分保证的前提下，车速不宜太高。在生产实践中，应充分考虑多方面的因素，合理地选择经济车速。剑杆织机的常用速度为 300～500 r/min。表 6-8 所示为剑杆织机上机工艺参数实例。

表 6-8　剑杆织机上机工艺参数实例

| 织机型号 | Somet 剑杆织机 | |
|---|---|---|
| 织物品种 | 牛仔布 | 色织格布 |
| 经纬纱线密度（tex） | 58.3×58.3 | 28×28 |
| 经纬纱密度（根/cm） | 30.5×20 | 25.5×21.5 |
| 原　料 | 棉 | 棉 |
| 织物组织 | $\frac{1}{3}$ | 平纹 |

（续　表）

| 织机型号 | Somet 剑杆织机 | |
|---|---|---|
| 坯布幅宽(cm) | 160 | 157 |
| 车速(r/min) | 312 | 312 |
| 筘号(筘/10 cm) | 38 | 62 |
| 筘穿入数(根/筘齿) | 4 | 2 |
| 开口高度[mm(180°时)] | 28～30 | 28～30 |
| 开口时间 | 315°±5° | 315°±5° |
| 综框高度(综平)(mm) | 85～100 | 85～100 |
| 后梁高度(刻度值) | +2±0.5 | +2 |
| 后梁前后(刻度值) | 2孔,3孔 | 2孔,3孔 |
| 停经架高度(cm) | 97±2 | 95±2 |
| 停经架前后(cm) | 45±2 | 45±2 |
| 上机张力位置(孔位) | 3孔 | 3孔 |
| 选色时间 | 340° | 340° |
| 交接时间 | 180° | 180° |

# 思考与练习

1. 剑杆织机的主要工艺参数有哪些？
2. TP500 系列剑杆织机如何调节上机张力和经位置线？
3. SM 系列剑杆织机如何调节上机张力和经位置线？
4. 剑杆织机开口时间的确定原则是什么？
5. 剑杆织机送纬剑进梭口时间如何确定？
6. 剑杆织机接纬剑出梭口时间如何确定？
7. 剑杆织机送纬剑和接纬剑中央交接时间如何确定？
8. 剑杆织机对剑带平直度的控制有哪些要求？
9. 剑头开剑器如何调节？

## 教学目标

**知识目标：** 1. 熟悉喷气织机的特点和品种适应性。
2. 了解喷气织机的种类、工作原理及其特点。
3. 掌握喷气织机开口、引纬、打纬、送经、卷取及其辅助
  机构的作用与工作原理。
4. 掌握喷气织机工艺参数的设计原则与方法。

**技能目标：** 1. 会喷气织机挡车操作。
2. 会合理设计喷气织造工艺参数。
3. 会上机调整喷气织造工艺参数。

## 学习情境

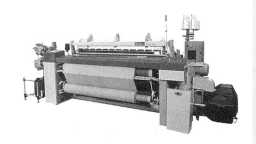

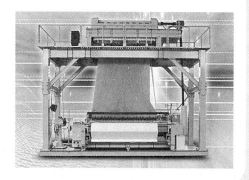

# 任务1 认识、操作喷气织机

## 一、喷气织造概述

喷气织机利用压缩气流牵引纬纱,并将纬纱带过梭口。喷气引纬的原理早在1914年就由Brooks申请了专利,但直到1955年第二届ITMA上才展出样机,其筘幅仅44 cm。喷气织机技术真正成熟是在20多年之后。之所以经过这么长的时间,是因为喷气织机的引纬介质是空气,而如何控制容易扩散的气流,并有效地将纬纱牵引到适当的位置,以符合引纬的要求,是一个极难解决的技术问题。直到一批专利逐步进入实用阶段,这一难题才得到解决。这些专利主要包括美国的Ballow异形筘、捷克的Svaty空气管道片方式及荷兰的TeStrake辅助喷嘴方式。随着气流引纬技术的日益完善和计算机技术、网络技术的广泛应用,大大拓展了喷气织机应用范围,提高了织机的自动化、智能化程度,在织物质量、生产率方面有了长足的进步。目前上机筘幅可达4 m,最高入纬率接近3 000 m/min,织机的最高转速已超过1 700 r/min。喷气织机已成为发展最快的一种织机。

在喷气织机的发展过程中,形成了单喷嘴引纬和主辅喷嘴接力引纬两大类型;其防气流扩散方式也有两种:一种是管道片方式;另一种是异形筘方式。由引纬方式和防气流扩散方式的不同组合形成了喷气织机的三种引纬形式。

(1) 单喷嘴+管道片

该引纬形式完全靠喷嘴的喷射气流来牵引纬纱,气流和纬纱在若干管道片组成的管道中行进,从而减轻了气流扩散。

(2) 主喷嘴+辅助喷嘴+管道片

前一种引纬形式虽然简单,但由于气流在管道中不断衰减,织机筘幅只能达190 cm。因此在筘座上增设一系列辅助喷嘴,沿纬纱行进方向相继喷射气流,补充高速气流,以实现接力引纬。

(3) 主喷嘴+辅助喷嘴+异形筘

前两种引纬形式下,每引入一纬,管道片需在引纬前穿过下层经纱的进入梭口与主喷嘴对准,引纬结束后需重新穿过下层经纱退出梭口。由于管道片具有一定厚度,且为紧密排列,这难以适应高经密织物的织造。另外,为保证管道片在打纬时退出梭口,筘座动程较大,也不利于高速。于是将防气流扩散装置与钢筘合二为一,发明了异形筘,其筘槽与主喷嘴对准,引纬时纬纱和气流沿筘槽前进。由于这种引纬形式在宽幅、高速和品种适应性等方面优势明显,故为喷气织机广泛采用。

## 二、喷气织机开口机构

喷气织机常用的开口机构有曲柄、凸轮、多臂三种类型。近几年随着电子技术的发展以及市场对高品质织物的需求,出现了电子开口、电子提花开口等多种类型。

喷气织机采用的机械式多臂开口、电子多臂开口和电子提花开口机构与剑杆织机相同,其结构及工作原理见项目六中"剑杆织机开口机构"。

### 1. 曲柄开口机构

曲柄开口机构专门用于织造平纹织物,具有结构简单、适应高速的特点,且制造加工容易、成本较低。

曲柄开口机构的结构和工作原理如图 7-1 所示。在织机的左右墙板上,各有与织机每 1/2 回转同步的开口曲柄轴,其相位差为 180°。织机主轴以 1/2 的转速同步传动开口曲柄轴 3 和 8,经开口连杆 4 和 11 及开口连杆臂 5 和 12,带动开口轴 7 和 10,使开口臂 6 和 9 带动综框升降。综框开口臂上安装的综框片数为 1～3 片,综框片数根据织物品种不同而异。

经纱开口量的大小,可通过调节开口连杆 4 和 11 在开口连杆臂 5 和 12 上的位置来控制。将开口连杆位置向内调,开口量增大;向外调,开口量减小。

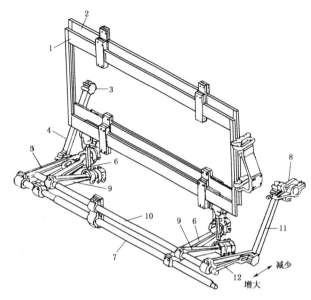

**图 7-1 开口装置**

1—综框 1　2—综框 2　3—左开口曲柄轴　4—左开口连杆
5—左开口连杆臂　6—第二综框开口臂(LH)　7—下开口轴
8—右开口曲柄轴　9—第一综框开口臂　10—上开口轴
11—右开口连杆　12—右开口连杆臂

### 2. 弹簧回综式凸轮开口机构

弹簧回综式凸轮开口机构如图 7-2 所示。每片综框对应一个开口凸轮,凸轮箱安装于织机墙板的外侧,故也称为外侧式凸轮开口机构。凸轮 1 与转子 2 接触,当凸轮由小半径转向大半径时,将转子压下,使提综杆 3 顺时针转过一定的角度,连接于提综杆铁鞋 4 上的钢丝绳 5 和 5′ 同时拉动综框下沿,将综框 6 拉下,综框上沿通过钢丝绳 7 和 7′ 连接到吊综杆 8 和 8′ 内侧的圆弧面上,吊综杆的外侧连接数根回综弹簧 9 和 9′,回综弹簧始终保持张紧状态。当综框下降时,回综弹

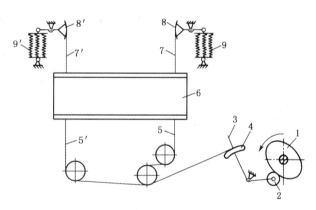

**图 7-2 弹簧回综式凸轮开口机构**

1—凸轮　2—转子　3—提综杆　4—提综杆铁鞋
5,5′,7,7′—钢丝绳　6—综框
8,8′—吊综杆　9,9′—回综弹簧

簧被拉伸,储蓄能量。当凸轮由大半径转向小半径时,弹簧释放能量,使综框回复至上方位置。这种开口机构广泛应用于日本丰田 JAT 系列和津田驹 ZA 系列喷气织机。

## 三、喷气织机引纬机构

### 1. 引纬系统的组成

喷气引纬利用空气作为引纬介质,通过喷射压缩空气对纬纱产生摩擦牵引力,将储纬器释放的一定长度的纬纱引入梭口。典型的异形筘多喷嘴喷气引纬系统如图 7-3 所示。从筒

机
织
工
艺

子 1 退绕下来的纬纱 2 缠绕在定长储纬器 3 的鼓轮上,然后经导纱器 4,依次穿过两个主喷嘴 5 和 6。引纬时压缩空气从主喷嘴的圆管中喷出,纬纱在气流的作用下从储纬器上退绕下来,穿过主喷嘴,在异形筘 8 的筘槽中飞行。为了防止因气流扩散导致引纬气流速度的降低,由辅助喷嘴 9 向筘槽内补充气流,使纬纱头从织机供纬侧飞行到另一侧,完成引纬。然后钢筘将新引入的纬纱打入织口,使经纬纱交织成织物。剪刀 7 在主喷嘴出口与布边之间剪断纬纱,为下次引纬做好准备。

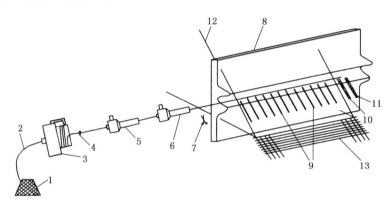

图 7-3　喷气织机的喷气引纬系统

1—筒子　2—纬纱　3—定长储纬器　4—导纱器　5—固定主喷嘴　6—摆动主喷嘴　7—剪刀
8—异形筘　9—辅助喷嘴　10—第一探纬器　11—第二探纬器　12—经纱　13—织物

为了适应高速引纬的需要,现代喷气织机的主喷嘴由固定主喷嘴和摆动主喷嘴组成,固定主喷嘴用来克服纬纱从储纬器上退绕时所受的阻力,将纬纱顺利地送往摆动主喷嘴;摆动主喷嘴安装在筘座上,出口始终对准异形筘的筘槽,使纬纱进一步加速,在获得要求的飞行速度后,将纬纱准确地送入筘槽内。固定主喷嘴的气流速度可稍大于摆动主喷嘴,使纬纱略呈松弛状态,以减小纬纱因筘座摆动而产生的张力,减小纬纱在进摆动主喷嘴之前的张力。

**2. 主要装置及作用**

喷气引纬装置主要包括主喷嘴、辅助喷嘴、防气流扩散装置、压缩空气供气系统和定长储纬装置。

(1) 主喷嘴

图 7-4 所示为组合式主喷嘴,由喷嘴壳体 1 和喷嘴芯子 2 组成。压缩空气由进气孔 4 进入环形气室 6,形成强旋流,然后经过喷嘴壳体和喷嘴芯子之间的环状栅形缝隙 7 所构成

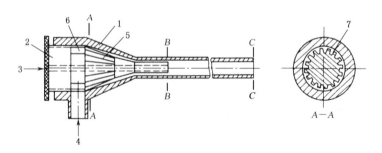

图 7-4　组合式主喷嘴结构示意图

1—喷嘴壳体　2—喷嘴芯子　3—导纱孔　4—进气孔　5—整流室　6—环形气室　7—环状栅形缝隙

的整流室 5,在 B 处汇集,此后空气射流将导纱孔 3 处吸入的纬纱带出喷口 C。

（2）防气流扩散装置

防气流扩散装置包括管道片和异形筘两种方式。管道片目前很少使用,一般采用异形筘。异形筘也称槽形筘,其筘片上具有特殊的凹槽,这些凹槽在梭口中形成纬纱通道,并可防止部分气流扩散。

异形筘的筘片如图 7-5 所示。主喷嘴与筘槽对准,喷出的气流牵引纬纱在特殊筘齿的凹槽内通过梭口。因此,引纬时筘槽必须位于梭口中央,如图中（a）所示;而打纬时织口接触筘槽上部,纬纱被打入织口,如图中（b）所示。筘片的槽口十分光滑,槽口的高度和宽度各为 6 mm 左右。梭口满开尺寸也很小,钢筘处的梭口高度（即有效梭口高度）仅 15 mm 左右,钢筘打纬动程也仅为 35 mm,这些均有利于织机的高速。

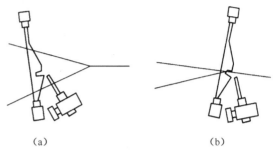

(a)　　　　　　　　(b)

图 7-5　异形筘的形状

（3）辅助喷嘴

为实现宽幅织造和高速运行,喷气织机必须采用接力引纬方式,依靠辅助喷嘴补充高速气流,保持气流对纬纱的牵引作用。对于采用异形筘的喷气织机,辅助喷嘴单独安装在异形筘筘槽的前方,气流从调节阀输出后,进入电磁阀气室中心,电磁阀开启后,气流通过软管进入辅助喷嘴内腔,将气流喷出。

辅助喷嘴的喷孔大致可分为单孔型和多孔型,如图 7-6 所示。单孔型辅助喷嘴的圆孔直径在 1.5 mm 左右,而多孔型的孔径为 0.05 mm 左右。较典型的多孔型有 19 孔辅助喷嘴,19 个孔分 5 排分布,各排的孔数分别为 3、4、5、4、3。多孔型还可设置成放射条状或梅花状。就喷出气流的集束性而言,多孔型比单孔型理想,因为辅助喷嘴的壁厚很薄,当壁厚和孔径之比<1 时,气流的喷射锥角增大,集束性也差。在壁厚一定的情况下,用多个微孔取代单个圆孔将有助于增大壁厚与孔径之比值,从而提高气流的集束性。

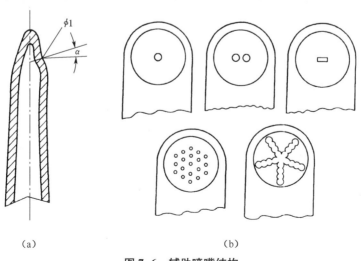

(a)　　　　　　　　　　(b)

图 7-6　辅助喷嘴结构

辅助喷嘴的喷孔所在的部位通常是微凹的,可防止喷孔的毛头刺破或刮毛经纱。辅助喷嘴的喷射角度与主射流的夹角应小,约 90°,这使得两股射流碰撞后的变化率小,可充分利用合流后的气流速度。辅助喷嘴固装在筘座上,其间距取决于主射流的消耗情况,一般靠近主喷嘴的前、中段较稀而后段较密,这有助于保持纬纱出口侧的气流速度较大,从而减少纬缩疵点。

使用辅助喷嘴大大地增加了喷气引纬的耗气量,为节约压缩空气,一般采用图 7-7 所示的分组依次供气方式。通常由 2～5 个辅助喷嘴成一组,各组按纬纱行进方向相继喷气。

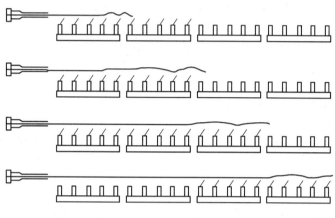

图 7-7　多喷嘴分组接力喷气

喷气织机的出口侧可加装特殊的辅助喷嘴,也称延伸喷嘴,其作用是拉伸引纬结束时的纬纱,可有效减少纬缩疵点。

（4）供气装置

用于制备高质量压缩空气,由空气压缩机、储气罐、干燥器、主过滤器、辅助微粒过滤器、微粉雾过滤器等装置组成。

空气压缩机将空气压入储气罐,将空气压力提高到 $7 \times 10^5$ Pa(该压力可调),空气温度也上升到 40 ℃。这时,空气中的大量水分凝结为冷凝水,由储气筒的排水管中排出,空气中 90% 以上的水分被排除。空气压缩机有活塞式、螺杆式和蜗轮式三种,目前以螺杆式和蜗轮式应用较为广泛。空气压缩机还可分为加油式和不加油式,相应地产生含油和不含油压缩空气。

作为织造车间的压缩空气供气源,储气罐应具有很大的容气量,它衰减了来自空气压缩机的空气压力脉动,使供气压力保持稳定。同时,空气在储气罐内流动缓慢,使水分和部分有害杂质能从中分离。

储气罐流出的压缩空气经干燥器进一步除去水分。通常采用冷冻式干燥器,将压缩空气冷却至 20 ℃,于是水分进一步冷凝。经干燥器后,空气中 99.9% 的水分被排除,其大气压露点温度降为 -17 ℃。

主过滤器对来自干燥器的压缩空气进行过滤,其过滤材料为陶瓷,过滤精度达 3～5 μm,过滤对象是粒子较大的水、油、杂质。经过滤后,空气中 3～5 μm 的杂质和 99% 的含油被除去。

过滤精度为 0.3～1 μm 的辅助微粒过滤器和过滤精度为 0.01 μm 的微粉雾过滤器,其过滤目的主要是除去经主过滤器过滤后压缩空气中残留的油分,使空气含油量几乎下降为 0,同时滤出相应尺寸的杂质微粒。使用蜗轮式和不加油螺杆式空气压缩机时,由于压缩空气中不含油分,因此可以不用辅助微粒过滤器和微粉雾过滤器,或者只使用辅助微粒过滤器。经这种流程生产的压缩空气能满足喷气织机用压缩空气的干燥和无油的要求。

## 四、喷气织机打纬机构

喷气织机采用四连杆、六连杆和共轭凸轮打纬机构,其基本原理和结构与其他织机一样。但用于喷气织机的四连杆打纬机构,须采用缩短牵手和筘座脚的长度,增加筘座摆动角度,使筘座在最前位置时,管道和辅助喷嘴退到布面之下;筘座在最后位置时,管道和辅助喷嘴位于两层经纱的中间,且使筘座有一定的相对静止时期,以利于纬纱顺利飞过(图7-8)。

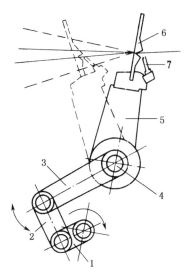

图7-8　喷气织机四连杆打纬机构

1—曲柄　2—牵手　3—摇杆　4—摇轴
5—筘座脚　6—异形筘　7—辅助喷嘴

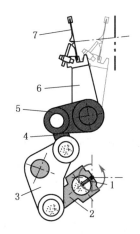

图7-9　六连杆打纬机构

1—曲柄　2,4—连杆　3—双臂杆
5—摇杆　6—筘座脚　7—钢筘

图7-9所示为喷气织机使用的六连杆打纬机构。当曲柄1回转时,通过连杆2传动双臂杆3,再经连杆4和摇杆5,使筘座6与钢筘7往复摆动,完成打纬动作。喷气织机采用六连杆打纬机构后,后止点附近的筘座运动比四连杆机构更为缓慢,筘座在后止点的相对静止时间增加到75°~80°,有利于主喷嘴对准导气装置,提高车速,增大幅宽,并降低气流速度,节约气耗。同时,筘座在前止点有较大的加速度,有利于打紧纬纱。

## 五、喷气织机卷取与送经机构

### 1. 喷气织机卷取机构

(1) 机械式卷取机构

图7-10为ZA202型机械式卷取机构的行程图。织物先经伸幅辊1、小压辊2,绕过卷取辊3,再经前压辊4、下压辊5、压布辊6卷绕在卷布辊7上。织物在小压辊、前压辊、下压辊的压力下,紧贴卷取辊,并有大的包围角,使卷取辊对织物有大的握持力,达到卷取作用准确和落布不停车的目的。ZA型卷布机构的布辊卷装直径分别为:凸轮或多臂开口为600 mm;曲柄或共轭凸轮开口为480 mm。

图 7-11 为 ZA 型机械式卷取机构的传动图。标准齿轮 1 由织机主轴经传动系列齿轮而传动，经变换齿轮 3、齿轮 5 和 8，再经蜗杆、蜗轮传动卷取辊。卷取辊直径为 166.4 mm 时，改变标准齿轮（$22^T$、$25^T$、$50^T$）和变换齿轮（$50^T \sim 115^T$）的齿数，可获得 9.84～146.47 根/cm（25～372 根/in）的机上纬密选择范围。

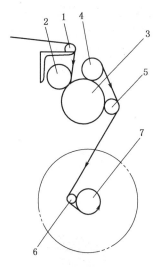

图 7-10　ZA202 型卷布行程

1—伸幅辊　2—小压辊　3—卷取辊（糙面辊）　4—前压辊
5—下压辊　6—压布辊　7—卷布辊

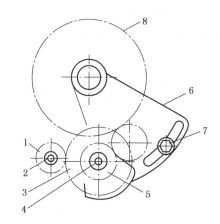

图 7-11　ZA202 型机械式卷取机构

1—标准齿轮　2，4，7—调节螺丝　3—变换齿轮
5，8—齿轮　6—托架

（2）电子式卷取装置

图 7-12 所示为喷气织机采用的电子卷取机构。伺服电机通过一对齿轮，传动卷取辊转动，将织物引离织口。电子卷取机构根据织机主轴一转的卷取量输出一定的电压，通过伺服放大器对信息放大，并驱动交流伺服电机转动，再经变速机构传动卷取辊，实现工艺设计的织物纬密，而且可实现无级调节，卷取量调节精确，能适应各种织物纬密要求。

**2. 喷气织机送经机构**

ZA202 型喷气织机送经机构如图 7-13 所示。由主轴传动的皮带轮 1 传动 Zero-Max 无

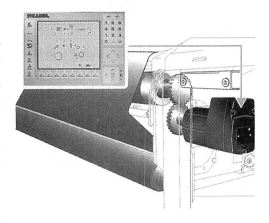

图 7-12　电子卷取机构

级变速器 2，输出轴 $O_2$ 经齿轮 3、4、5 和 6，离合器 7、蜗杆 8、蜗轮 9、齿轮 10 和 11 传动织轴 12 送出经纱。蜗杆轴上制动盘 13 的摩擦制动作用对送经传动起制动和自锁作用。脚踏板 14 伸向机前，需人工操作调节送经时，可通过脚踏板使离合器 7 脱开，再摇动手轮使织轴回转。

图 7-14 为 ZA202 型经纱张力自动调节和补偿系统。张力架 2 活套在轴 $O_1$ 上。张力弹簧 3 给张力架以顺时向转矩，而经纱通过后梁 1 给张力架以逆时向转矩，调节张力弹簧 3 可调节经纱上机张力。若送经张力增大，两转矩失去平衡，张力架产生逆时向转动，从而带动连杆 4 和 T 形联动杆 5 一起以轴 $O_3$ 为中心做顺时向转动。T 形联动杆 5 上有调节螺钉

6 和 6′,长杆 7 的上、下碰头对应上、下调节螺钉,碰头与螺钉间有间隙,使 T 形杆的张力波动造成微小脉动时不触及碰头。若张力足够大,使脉动幅度上升大于间隙时,螺钉推撞升降长杆 7 和控制杆 8 上升,使无级变速器 9 的输出速度增加,直到经纱张力回落到设定值为止。在织轴直径由大变小的过程中,经纱张力对后梁的作用力经张力架和连杆连续不断地碰撞碰头,并逐渐升高,以适应均匀送经的需要,从而起自动调节的作用。

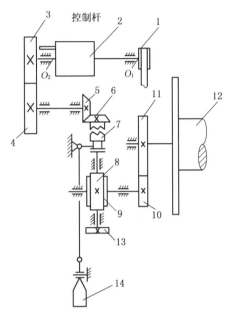

图 7-13　ZA202 型经纱送出机构传动系统

1—皮带轮　2—无级变速器　3,4—变换齿轮
5,6—伞轮　7—离合器　8—蜗杆　9—蜗轮
10,11—送经齿轮　12—织轴
13—制动盘　14—脚踏板

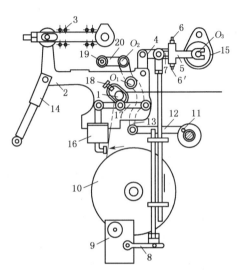

图 7-14　ZA202 型经纱张力自动调节和补偿系统

1—后梁　2—张力架　3—弹簧　4,12—连杆　5—T 形联动杆
6,6′—调节螺钉　7—长杆　8—控制杆　9—无级变速器
10—织轴　11—曲柄　13—摇杆　14—缓冲装置　15—托架
16—反冲气缸　17—顶杆　18—限位螺钉　19—固定套筒
20—摆杆　$O_1$—张力架转动轴
$O_2$—张力补偿摆动中心轴　$O_3$—轴

## 六、喷气织机辅助机构

### 1. 断经、断纬自停装置

喷气织机通常采用电气式断经自停装置,一般为 4～6 列停经片。

喷气织机通常采用光电传感器纬纱检测方式的纬纱断头自停装置。光电式探纬装置的传感器由一组红外发光管和光敏管构成,仅用一个纬纱传感器检测时,正常引入的纬纱应在织机主轴一定的时间角通过传感器,使光路受到遮盖,传感器相应地输出正常信号;若纬纱断头或引纬不正常,则在规定的时刻光路未受到遮盖,传感器将输出纬停信号,发动关车。

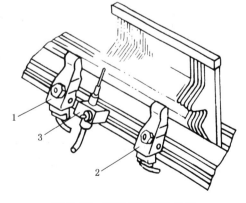

图 7-15　喷气织机纬纱检测

1,2—探头　3—延伸喷嘴

喷气织机上通常有两个纬纱检测传感器(WF、WWF),构成所谓的"双探纬",如图7-15所示。传感器均安装在出口侧,在筘座上与筘座一起运动,第一个纬纱传感器探头1安装在出口侧的边经纱与废边经纱之间,第二个纬纱传感器探头2安装在废边经纱的外侧,距第一个纬纱传感器100～200 mm处,用同步闪光仪观察,纬纱头端与第二个传感器之间的距离约为30 mm,如果间距过大或过小,均会造成空关车。正常引纬时,第一个纬纱传感器内在探纬时刻应有纬纱,而第二个纬纱传感器内没有纬纱。当纬纱断头或引纬不良时,这种状态被改变,如断纬或引入的纬纱过短,则两个纬纱传感器内均无纬纱;如引入的纬纱过长,则两个纬纱传感器内均有纬纱。一旦第一或第二纬纱传感器探测到纬纱异常状态,将立即发动关车。

**2. 纬纱自动处理装置**

新型高档喷气织机装有纬纱自动处理系统。当纬纱在织口内出现故障而造成停车时,织机能自动除去断纬,并自动重新启动。纬纱自动处理装置结构如图7-16所示,其主要动作包括:

① 织口内产生纬纱故障。

② 电磁剪刀A不动作,不剪纱。

③ 储纬器释放一根纬纱,并由吹气喷嘴将纬纱吹入上部的废纱抽空通道。

④ 织机定位停车在综平位置(300°左右)。

⑤ 织机反转到后心位置(180°)。

⑥ 上、下罗拉夹持纬纱(由传感器探测)。

⑦ 电磁剪刀B动作,剪断纬纱,并由罗拉拉出断纬。

⑧ 断纬测长机构同步对纬纱进行测长。

⑨ 若断纬被全部拉出,则织机反转至综平位置(300°左右),织机再启动,正常运行。

⑩ 若断纬未被全部拉出,则织机再次定位在后心位置(180°),等待挡车工处理。

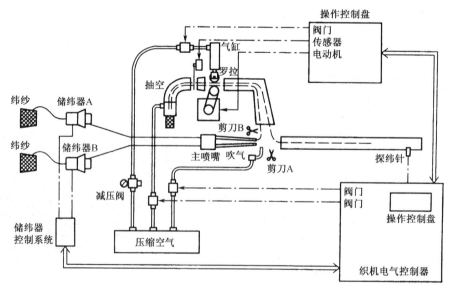

图7-16　纬纱自动处理装置结构图

**3. 选纬机构**

喷气织机可以配备四色或六色选纬机构,图 7-17 所示为四色选纬机构。四个摆动主喷嘴 2 集中安装在筘座上,由四个电磁阀分别控制它们的喷射时间;四根喷管 3 共同对准风道筘 4 的入口。四根纬纱由四个定长储纬器 1,经过四个固定主喷嘴(图中未画出),引入各自对应的摆动主喷嘴 2 中,形成四套相互独立的引纬装置。在织机微电脑或电子电路的控制下,按预定的程序,各套引纬装置相继投入工作,并引入预定的纬纱。但多个主喷嘴同时对准风道筘的引纬槽,必然会给引纬工作带来一定的不利影响,因此实际使用中多于四色的选纬机构比较少见。

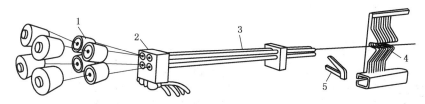

**图 7-17    喷气织机四色选纬机构**

1—定长储纬器    2—摆动主喷嘴    3—喷管    4—风道筘    5—剪刀

**4. 储纬器**

喷气织机一般采用定鼓式定长储纬器。典型的定鼓式定长储纬器结构如图 7-18 所示。纬纱 1 通过进纱张力器 2 穿入电动机 4 的空心轴 3,然后经导纱管 6 绕在由 12 个指形爪 8 构成的固定储纱鼓上。摆动盘 10 通过斜轴套 9 装在电动机上,电动机转动时摆动盘不断摆动,将绕到指形爪上的纱圈向前推移,使储存的纱圈规则、整齐地紧密排列。储纱时,磁针体 7 的磁针落在上方指形爪的孔眼中(图中以虚线表示),使小张力的纬纱在该点被磁针"握持",阻止纬纱退绕,并保证储纱正常进行。

引纬时,每纬退绕圈数和指形爪所构成的储纱鼓直径相关。改变指形爪的径向位置,可以调整纬纱鼓的直径。每纬退绕圈数 $n$(必须是整数)可按下式计算:

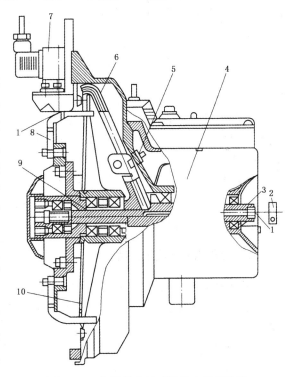

**图 7-18    典型的定鼓式纬纱定长储纬器**

1—纬纱    2—进纱张力器    3—空心轴    4—电动机
5—测速传感器    6—导纱管    7—磁针体
8—指形爪    9—斜轴套    10—摆动盘

$$n = \frac{a \times L_{k}}{\pi \times d}$$

式中:$n$ 为织机转速;$L_{k}$ 为织机上机筘幅;$a$ 为考虑织边等因素的加放率;$d$ 为储纱鼓直径。

电动机带动导纱管在储纱鼓上卷绕并保存纬纱,纬纱存储量可通过磁针一侧的储纱传

机织工艺

感器进行检测。一旦纱圈储满,传感器就发送信号,电脑控制电动机转速降低或停转。纬纱存储量可通过改变储纱传感器的前后位置进行调整。储纱传感器和退绕传感器的灵敏度应与纬纱颜色对光的反射性能相对应,这可通过纬色补偿设定来实现。

引纬时,磁针体7释放纬纱,磁针另一侧的退绕传感器检测退绕圈数信号,当达到预定的退绕圈数 $n$ 时,磁针体7放下,停止纬纱的引入,从而实现纬纱的定长。

**5. 织边装置**

喷气织机多采用绳状织边装置。绳状边是指利用两根边纱的相互盘旋与纬纱抱合而形成的布边,其组织结构如图7-19(a)所示,图中右侧为绳状边组织,左侧为布身组织;绳状边的形成机构如图7-19(b)所示。

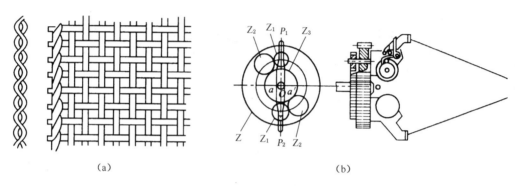

(a)          (b)

**图7-19 绳状边的组织结构与成边机构**

Z—壳体齿轮 $Z_1$, $Z_2$—行星齿轮 $Z_3$—中心轮

绳状边的成边机构主要由周转轮系组成,壳体齿轮 Z 受织机主轴的传动,一对对称安装的行星轮 $Z_1$、$Z_2$ 装在壳体齿轮上,中心轮 $Z_3$ 固定不动。行星轮 $Z_1$、$Z_2$ 的齿数为中心轮 $Z_3$ 的一半。边纱筒子装在行星轮 $Z_1$、$Z_2$ 上,并附有张力装置。因此,织造过程中整个系统运动使两根边纱以摆线规律运动,如图中 $P_1aP_2$、$P_1a'P_2$ 所示。$aa'$ 的距离可调,一般控制为 $10\sim14$ mm,以免两套装置相碰。织机主轴每转一周,壳体齿轮转 1/2 周,行星轮转过 1 周,完成一次开口和成边运动。

## 七、喷气织机操作技术

织机操作技术由准备、运转、停止、反转、点动等基本操作动作组成,并通过按钮来实现。熟练掌握这些基本操作,熟记各个按钮的作用及使用方法,就可稳、准、快且安全地进行操作。

**1. 总开关**

(1) 主开关

先把主开关打到"开"的位置,织机接通电源,指示灯点亮。

(2) 电动机启动按钮

按启动按钮时,电动机接通电源,与筘座运动有关的其他动作即可进行。

(3) 紧急刹车按钮

紧急刹车按钮,即操作控制板上和高压控制箱上的紧急刹车按钮,只有在紧急情况下才能使用。重新接通电源时,要用专用钥匙打开。

**2. 运转操作按钮**

（1）准备按钮（综平按钮）

为喷气织机特有按钮，按压此按钮，开始供气，准备开车。

（2）速转按钮

按运转按钮，织机即投入运转。

（3）停止按钮

运转过程中按停止按钮，织机便定位停车，同时绿色信号灯亮。在准备状态和倒纬过程中，按停止按钮，织机可立即停止倒纬或综平。除两个控制面板上有停止按钮外，控制箱上也有一个。

（4）点动按钮

停车时按点动按钮，织机向正转方向寸动。

（5）反转按钮（倒纬按钮）

停车时按倒纬按钮，织机只在按下的时间做反方向运动，定位停车（钢箱停在后死心）。

（6）双手操作按钮

为了保证操作者的安全，喷气织机设有此按钮。

**3. 信号灯显示**

织机上的信号灯常见的有四种或五种颜色。不同颜色和状态，表示织机操作的不同内容。ZA 型喷气织机各指示灯的状态和表示的内容见表 7-1。

表 7-1　ZA 型喷气织机各指示灯的状态和表示的内容

| 指示灯 | | 内容 |
|---|---|---|
| 颜色 | 状态 | |
| 赤 | 闪亮 | ① 发生故障<br>② 呼叫机修工 |
| | 快速闪亮 | ① 电器准备中（打开电源数秒）<br>② 向记忆卡内输送数据中 |
| | 亮 | 织机停止状态 |
| 青 | 闪亮 | ① 探纬器时间故障<br>② 探纬器灵敏度不好 |
| | 亮 | 探纬停止 |
| 橙 | 闪亮 | ① 故障开关 OFF 设定<br>② 传感器开关 OFF 设定 |
| | 亮 | 由经纱传感器发出的停车（停经架、绞边、处理边纱） |
| 绿 | 闪亮 | ① EPC3 单元准备中或故障<br>② 呼叫落布 |
| | 亮 | 由计数器发出的定长停车 |

**4. 断经处理**

机后巡回时发现停台，一手摇杆，眼看停经探测器显示灯，轻拨停经片，尽快找出断头并接好，然后根据工艺规格，将经纱穿入停经片、综丝、钢箱，手拉直经纱，开车。

断经在停经片与后梁之间时，可拉接头纱与断经纱尾接好，用穿钩穿过停经片，再与织轴上的经纱对接，转至车前，开车。

处理断经的一般规律是:找头、掐纱尾、打结、穿综、穿筘、开车、剪纱尾。

**5. 断纬处理**

① 巡回时发现纬停信号灯亮,首先目光从左到右检查织口,查看断纬部位。如断在织口处,必须查看综前、筘后是否有大结、绞头、棉球、纱疵,处理后抽出不良纬纱。断纬部位在筒子纱或储纬器处,则查看筒纱的成形,发现退绕不良应及时更换新筒纱。

② 按解舒按钮,将鼓筒上的纬纱全部拉掉,右手将纬纱拉直。

③ 引出纬纱到边撑位置时,左手按压预绕按钮,将纬纱引入卷绕臂进行预卷。

④ 右手在主喷处将纬纱掐断,左手握住纬纱引入主喷嘴。

⑤ 按逆转操作键,抽出织口中的活线,然后开车。

# 思考与练习

1. 喷气织机引纬原理是什么?

2. 目前常用的辅助喷嘴有哪几种类型?功能性辅助喷嘴有哪几种?

3. 辅助喷嘴的安装调整有哪些要求?

4. 定长储纬装置的作用是什么?

5. 储纬器的种类及工作特点是什么?

6. 喷气织机的断纬自停原理是什么?

# 任务2　设计喷气织造工艺

喷气织机的可变工艺参数有经纱上机张力、经位置线、开口时间、引纬参数等,经纱上机张力、经位置线、开口时间等对织造过程和织物质量的影响同有梭织机。

选择和确定织造工艺参数时,应综合考虑织物品种的特点及其工艺要求、原纱和半成品的质量、机械条件等因素,在满足主要要求的同时兼顾其他因素,确定最适宜的织造工艺参数,以保证最佳的工艺过程和优良的产品质量。

## 一、综框高度与开口量

机型不同,综框高度的测量与调整方法不同。ZA202型织机是在综平时测量综框导板的顶端到综框架上边的距离,ZA209I/ZAX系列织机是在综框下降到最低时测量综框导板的顶端到综框架上边的距离或从织机本体框架上面至综眼中心的距离。

开口量也叫梭口高度,是指综框运动的最高位置与最低位置之差。经纱在开口过程中产生的伸长与开口量的平方成正比,故开口量与经纱断头关系密切。设定开口量时要注意以下几点:

① 开口量在满足引纬工艺前提下以小为宜。

② 综框数越多,前、后片综框的经纱张力差异越大,宜采用半清晰梭口,使综片间开口动程的递增量减小。

③ 稀薄织物较厚密织物易开清梭口,故稀薄织物的开口量可较厚密织物小一些。

④ 设定较大开口量时,为减少经纱与综眼的磨损,宜适当减小经纱的上机张力;反之,上机张力可大一些,以增加开口的清晰度。

⑤ 开口量与所采用综丝的综眼大小有关。

织物品种不同,采用的开口机构不同,设定的开口量也不同。一般多臂开口机构织制平纹、斜纹和缎纹组织织物时设定第一片综框的开口量为 80 mm,其他各片综框依次增加 4 mm。

## 二、开口时间

喷气织机的开口时间一般为 270°～320°。通常把开口时间在 300°～310°时称为中开口,小于 300°时称为早开口,大于 310°时称为迟开口。

中/细线密度织物宜用中开口,以利于提高织机效率。细线密度高密织物采用早开口,打纬时织口跳动少,可减少边撑疵,有利于提高织物质量。

对于条干不匀、杂质多、强力差的纱线,开口时间可迟一些,以减少经纱的摩擦长度,减少浆膜和纱线的损伤。浆纱毛羽多和浆膜被覆性差时,应选用早开口,以便开清梭口和顺利引纬,减少引纬"阻断"。对于车速高、布幅宽的品种,开口时间可迟一些,以便顺利引纬。

斜纹织物一般选用晚开口,如 $\frac{1}{3}$ 斜纹的开口时间为 320°,可使斜纹纹路突出,峰谷分明;但开口过迟时,布面不匀整,易出现纬缩织疵。对于经密较大的平纹织物,常采用小双层梭口,以降低综平时的经纱密度、纱线之间的摩擦以及毛羽粘连造成的开口不清,减少断经及阻断纬纱现象;两次开口的时间应错开,如 1、2 两片综的综平时间是 290°,3、4 两片综的综平时间为 310°。前、后两次开口的临界点为:早开口不能早于 270°,晚开口不能晚于 340°。因此,前、后两次开口应在 270°～340°之间完成。如 ZAX 型喷气织机,织造平布时两次开口时间分别为 290°和 310°,织造高密府绸时为 290°和 320°。ZA 系列喷气织机织造常规织物时的开口时间见表 7-2。

表 7-2　ZA 系列喷气织机织造常规织物时的开口时间

| 织物种类 | 平　纹 | 府　绸 | 防羽绒布 | 一般斜纹 | 细特高密斜纹 | 高密缎纹 |
|---|---|---|---|---|---|---|
| 开口时间 | 310° | 300°/280° | 300°/270° | 320° | 290° | 280° |
| 相位差 | — | 20° | 30° | — | — | — |

## 三、经位置线

绝大多数织机的织造平面呈水平式,只有少数型号的喷射织机呈倾斜式织造平面,倾斜角度一般大于 30°,个别机型只有 10°以下。如 Strojimpor 公司 PN 型喷气织机倾斜 36°,Jettis190 型喷气织机倾斜 5°。这样的设计便于人工操作,挡车工可以很容易地将手从机器前方伸到经纱自停装置。

织造平面呈水平式的喷射织机,其经位置线与片梭织机、剑杆织机相同。而织造平面呈倾斜式的喷射织机,其后梁、停经架、综片、综眼、织口等位置逐一降低。但无论是水平式还是倾斜式,后梁(经纱张力探测辊)位置都是经位置线的主要参数。

织造纱线强力低、弹性小及纬密较小的织物时,可采用后梁偏后即长经纱长度的上机工艺;而织制紧密织物或梭口不易开清时,则采用短经纱长度的上机工艺。织造中线密度纱织物时,后梁应居中;织造细线密度高密织物时,后梁前移,以利于开清梭口;制织粗线密度织物时,后梁后移,以增大经纱对后梁的包围角,保持张力均匀,形成的织物平整、挺括,但后梁向后移动太多,挡车工操作不便。ZA系列喷气织机的后梁高度可在30~130 mm范围内调节,后梁前后可在1~10格(200 mm)范围内调节,以满足不同品种的需要。

## 四、引纬工艺参数

### 1. 基本参数

喷气引纬工艺参数主要包括气源控制参数(如压力)、喷射气流控制参数(如喷气时间)、纬纱控制参数(如夹纱时间、剪纬时间)等。

(1) 始喷角 $\alpha_1$

始喷角 $\alpha_1$ 是指喷嘴开始喷气时间所对应的主轴位置角(即喷嘴的启闭时间)。单喷嘴引纬的始喷角主要由空气压缩机的机械参数决定。以凸轮推动的活塞式空气压缩机为例,出气阀弹簧压力越大,始喷角越大,开始喷气时间越晚。由于弹簧调节比较麻烦,一般通过改变凸轮安装位置来改变始喷角大小。多喷嘴引纬的始喷角由机械阀或电磁阀开启时间决定。

(2) 始飞角 $\alpha_2$

始飞角 $\alpha_2$ 指纬纱开始飞行时间所对应的主轴位置角。由于喷气引纬速度很快,一般情况下,纬纱开始飞行时间由夹纱装置或储纬测长装置的开启时间决定。

正常情况下, $\alpha_2 > \alpha_1$ ,即喷气在前、纬纱飞行在后。将 $(\alpha_2 - \alpha_1)$ 称为先导角,先导角大,利于伸直纬纱头端、加速纬纱启动,但纬纱易解捻,耗气量增加。一般先导角以 $5° \sim 20°$ 为宜。当纬纱启动慢(如股线)时,应加大先导角;反之,纬纱易解捻断头(如单纱)时,应减小先导角。

在多喷嘴织机上,辅助喷嘴开始喷气时间应比纬纱头端到达该组辅助喷嘴位置的时间早,以减小纬纱飞行迎面阻力、稳定纬纱飞行速度。

(3) 压纱角 $\alpha_3$

压纱角 $\alpha_3$ 指纬纱飞越梭口后夹纱器或储纱销等夹纱装置夹持纬纱的时间所对应的主轴位置角。始飞角一定,压纱角大小决定着纬纱实际飞行时间的长短。将 $(\alpha_3 - \alpha_2)$ 称为纬纱自由飞行角,纬纱自由飞行角大,有利于降低纬纱飞行速度,降低喷射气流压力,但对开口、打纬的配合不利。

(4) 终喷角 $\alpha_4$

终喷角 $\alpha_4$ 指喷嘴结束喷气的时间所对应的主轴位置角。对多喷嘴接力引纬而言,终喷角是指出梭口侧最后一组辅助喷嘴结束喷气的时间。

一般情况下, $\alpha_4 > \alpha_3$ ,即压纱在前、结束喷纱在后。将 $(\alpha_4 - \alpha_3)$ 称为强制飞行角,强制飞行角大,利于握持并伸直纬纱头端,获得良好的布边,防止出梭口侧产生纬缩等疵点,但耗气量较大。在满足引纬需要的前提下,强制飞行角以小为宜。

(5) 纬纱飞行时间(飞行角)

纬纱飞行时间是指从引纬开始到纬纱飞行结束的时间,一般用主轴的回转角度表示,包括纬纱自由飞行和强制飞行。纬纱飞行时间决定于主喷嘴、辅助喷嘴的启闭时间和供气压力。由于飞行的纬纱质量很轻,惯性小,不能像梭子那样有效地排除轻微的开口不清,若飞行的纬纱受到经纱或钢筘阻碍,纬纱将立即停止飞行而造成引纬故障。因此喷气织机对梭口清晰度的要求比有梭织机高。允许纬纱在喷气织机梭口中飞行的条件为:

① 经纱已经离开筘槽,为纬纱飞行准备好了通道。

② 形成的梭口清晰,纬纱不会受到经纱的阻挡。

在静态条件下确定纬纱进(出)梭口的时间时,可慢速转动织机,使筘座离开前止点向后移动,当向上和向下运动的经纱层离开筘槽并分别运动到筘槽的上唇和下唇时,纬纱飞行通道已准备好,此时织机主轴所对应的角度是纬纱允许的最早进梭口时间;继续转动织机,使钢筘越过后止点向前移动,梭口开始闭合,当上、下层经纱再次分别位于筘槽的上、下唇时,主轴所处的角度就是纬纱允许的最晚出梭口时间。从最早进梭口时间到最晚出梭口时间,是纬纱的最长飞行时间。

在实际运转的织机上,经纱存在动态张力,且纱线表面的毛羽会造成粘连现象,使开口过程中经纱离开筘槽的实际时间延迟。因此,按上述方法确定纬纱最早进梭口时间时,上、下层经纱应分别离开筘槽的上、下唇至少 5 mm,如图 7-20 所示。当闭口过程中上层经纱再次运动到距筘槽上唇 3 mm、且下层经纱距辅助喷嘴的喷孔中心1~2 mm 时,主轴所处的角度是纬纱的最晚出梭口时间。

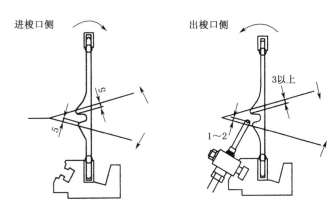

图 7-20  纬纱进(出)梭口的时间

(6) 剪纬时间 $\alpha_5$

指剪纬装置剪断纬纱的时间所对应的主轴转角。机械凸轮式剪纬装置可通过改变凸轮安装位置来改变剪纬时间。剪纬时间早,纬纱较短;反之则长。一般剪纬时间应选在综平之后、经纬纱夹紧之时,以便经纱握持纬纱。

(7) 主(辅)喷嘴供气压力

主(辅)喷嘴供气压力影响纬纱的飞行速度,从而决定纬纱出梭口的时间。主(辅)喷嘴供气压力增加,纬纱飞行速度提高,纬纱出梭口的时间提前。

主喷嘴供气压力对纬纱到达时间的影响显著,它决定了纬纱速度的大小,因此主喷嘴供气压力应根据纬纱出梭口时间设定。若主喷嘴气压太高,气流对纬纱的作用力大,易吹断纬纱;若气压太低,纬纱难以顺利通过梭口,且可能引起纬纱测长不准,产生短纬、松纬、出梭口侧布边松弛等疵病。主喷嘴压力一般为(3~3.5)×$10^4$ Pa。

辅助喷嘴的气流主要起维持纬纱飞行的作用,其压力应略高于主喷压力,以避免飞行的纬纱出现前拥后挤现象,减少纬缩织疵。主、辅助喷嘴的供气压力增大,都使耗气量增加,但辅助喷嘴的供气压力增大将使耗气量显著增加,因此,在保证纬纱正常飞行的前提下,辅喷气压尽量调低,以节约用气。主、辅喷压力的关系为:

$$辅助喷嘴供气压力(Pa) = 主喷嘴供气压力 + (0.5 \sim 1.0) \times 10^4$$

当织机车速增加时,纬纱飞行时间减少,出梭口时间推迟,应增大主喷嘴供气压力。织物幅宽大,供气压力亦需大。设定纬纱总飞行角大,气压可小些。粗线密度纬纱的供气压力应大于细线密度纬纱。电磁阀灵敏、喷射角适当、喷嘴喷射集束性好、喷嘴间距合理、原纱及织轴质量好、经密小、筘槽质量好,供气压力可小些。调整主喷嘴供气压力时,必须相应调整辅助喷嘴的供气压力,以调整辅助喷嘴的气流速度。一般先调整主喷嘴压力,后调整辅助喷嘴压力。

(8) 主喷低压气流

主喷嘴的压缩空气由高压和低压两部分组成。压力较高的压缩空气用于引纬。压力较低的压缩空气持续向主喷嘴供气,即使在高压气流关闭之后,主喷嘴仍然保持较弱的射流。主喷嘴低压气流的作用如下:

① 在纬纱从定长储纬器上释放之前,使穿引在主喷嘴内的纬纱头端受到预张力作用,使纬纱保持伸展状态,防止卷缩或脱出。

② 当主喷嘴瞬时产生高压引纬射流时,纬纱受到突然的拉伸冲击力会有所减弱,使纬纱进入风道时其头端跳动程度减小,从而避免引纬失误。

③ 用于纬纱断头处理时的穿引工作。

如主喷嘴低压气流的压力太大,纬纱在进梭口前容易断头;压力太小时,纬纱头端不能伸直而回缩扭结。主喷低压气流调节以纬纱容易穿入并在短时间内不产生断纬为原则,一般不大于 $5 \times 10^4$ Pa。

(9) 剪切喷压力

对于部分喷气织机,引纬结束后剪刀在主喷嘴喷口处切断纬纱时,主喷嘴喷射一定压力的气流,以防止纬纱回弹缩回到主喷嘴内或脱离主喷嘴。剪切喷供气时间在剪断纬纱前后,一般为 $350° \sim 40°$,剪切喷气压约为 0.1 MPa。织造生产中,可使用光电频闪仪观察纬纱被切断后的松动状态,然后重新设定,增大压力,可减小纬纱的松动现象。

(10) 延伸喷嘴喷射压力

延伸喷嘴供气压力应略高于主喷嘴和辅助喷嘴,一般为 $3 \times 10 \sim 5 \times 10$ MPa。

**2. 主、辅喷嘴的启闭时间确定**

(1) 主喷嘴的启闭时间

主喷嘴的启、闭时间,即始喷角和终喷角,也是主喷嘴的喷气时间,取决于织机的转速、幅宽、供气压力和开口机构类型等因素,一般为 $70° \sim 110°$。当织机转速高或上机筘幅大、纬纱速度要求高时,喷气时间应长,以便纬纱顺利通过梭口。当织机转速低或上机筘幅小时,喷气时间可短些。供气压力大,纬纱的飞行速度高,可适当减少喷气时间,使引纬后期主喷嘴闭合后,纬纱靠自身惯性完成引纬,有利于减少耗气量。开口机构不同,允许纬纱通过梭口的时间也不同,也会影响喷气时间的设定。

主喷嘴开启的时间与储纬器上磁针的提升时间相同或略微提前,主喷嘴开启时间过早,纬纱容易发生挂经纱、头端故障或弯头等问题。一般主喷嘴的关闭时间在 $180° \pm 15°$,主喷嘴闭合后仍有辅助喷嘴在喷射气流,有利于减少纬纱前拥后挤的情况,增加纬纱的伸展。另外,提早主喷嘴的闭合时间,可减少纬纱在主喷嘴入口附近的断头。

因织机启动后不能马上达到正常转速,在有些织机上,开车后第一纬主喷嘴的开启时间设定比正常引纬晚约 10°,可避免由于引纬不协调所造成的长纬。

另外,对于采用辅助主喷嘴的喷气织机,辅助主喷嘴的开启时间可比主喷嘴的开启时间晚 10°,闭合时间可比主喷嘴的闭合时间早 10°。

(2) 辅助喷嘴的启闭时间

辅助喷嘴是成组控制的,一组由 2~6 个辅助喷嘴组成,由一个电磁阀控制。一台喷气织机的辅助喷嘴组数与织机筘幅有关。每组辅助喷嘴的开启与闭合时间与其在织机幅宽方向的位置有关,只有当纬纱飞行到某个辅助喷嘴时,它所喷射的气流才会对纬纱有牵引作用。因此,靠近供纬侧的辅助喷嘴开始喷气的时间早,远离供纬侧的辅助喷嘴开始喷气的时间晚。在实际生产中,为了确保对纬纱的可靠控制,各组辅助喷嘴的开始喷气时间应适当提前。这个先于到达纬纱喷射的角度叫先喷角(先行角),先喷角约为 15°~20°。所以,织机上任意一组辅助喷嘴的启闭时间可按以下公式确定:

开启时间:纬纱头到达该组第一个辅助喷嘴的时间(°)—先喷角

闭合时间:该组辅助喷嘴的开启时间(°)+喷气时间(°)

辅助喷嘴的喷气时间应保证相邻两组辅助喷嘴有一定的喷气重叠时间,使纬纱顺利地从上一组交接到下一组。喷气时间过短,引纬气流对纬纱的控制能力差,容易产生引纬故障。喷气时间过长,会使织机的耗气量明显增加。实验证明,喷气时间在 60°~110° 范围内均能满足正常引纬,如 ZAX 型喷气织机的标准辅助喷嘴喷气时间为 80°。在满足顺利引纬的条件下,辅助喷嘴的喷气时间以短为宜,以减少耗气量。

确定各组喷嘴的启闭时间,关键是确定纬纱飞行到各组第一个辅助喷嘴的时间,具体设定过程如下(图 7-21):

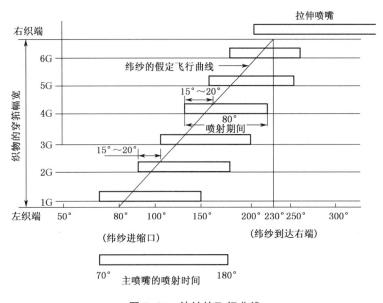

图 7-21   纬纱的飞行曲线

① 观察主喷嘴侧经纱的开口状态,当上、下层经纱分别距离筘槽的上、下唇 5 mm 时,确定开始引纬的时间,例如 80°。

② 观察出梭口侧经纱的开口状态,当上层经纱距离筘槽上唇约 3 mm 且辅助喷嘴的喷射口处于下层经纱 1~2 mm 以上时,设定纬纱到达右端的最迟时间,例如 230°。

③ 把纬纱的位移曲线近似看成一条直线,在图上将引纬开始角度(80°)和纬纱到达梭口右端的角度(230°)用直线连接,该直线即为设定的纬纱飞行线。

④ 主喷嘴的开启时间等于引纬飞行开始时间减去 10°,关闭时间为 180°。

⑤ 在各组辅助喷嘴的第一个喷嘴处画一条水平线,与纬纱飞行线的交点即为纬纱到达该组的时间,再减去先行角(15°~20°),即为该组辅助喷嘴的开始喷射角度(开启时间),关闭时间为开启时间+喷气时间(如 80°)。

⑥ 第一组辅助喷嘴的开启时间和主喷嘴的开启时间相同或略迟;最后一组的结束时间可推迟为上层经纱进入钢筘的筘槽、下层经纱覆盖辅助喷嘴的喷孔时,以利于加强气流对纬纱的控制,使纬纱处于伸直状态与经纱交织,减少纬缩疵布的产生。

⑦ 在织机运转状态下,调整主喷嘴和辅助喷嘴的供气压力,使纬纱到达右端的角度为 230°。

⑧ 使用频闪观测仪确认引纬的飞行开始角度。

**3. 储纬器鼓筒直径的选择及停纬销启闭时间确定**

(1) 储纬器鼓筒直径的选择

调整储纬器鼓筒的直径和每次引纬释放的纱线圈数,可适应不同的纬纱引入长度,通常储纬器一次引纬释放的圈数 $T$ 为 2~5 圈。储纬器鼓筒直径的确定方法为:

$$每次引纬储纬器释放的纬纱长度 L = 穿筘幅宽 + 弃边纱长度$$

$$鼓筒直径 D = \frac{L}{\pi \times T}$$

其中:弃边纱长度一般为 60~80 mm。

(2) 停纬销开启与闭合时间的确定

储纬器释放纬纱的时间(即储纬器停纬销的开启时间)与主喷嘴的开启时间相同,主喷嘴开始喷气时,纬纱即从储纬器上退绕。储纬器释放纬纱的时间一般不应晚于主喷嘴的开启时间,特别当纬纱是单纱时,因高速气流会使纬纱迅速解捻而产生断头。对于强度低的细线密度纬纱或弱捻纬纱,储纬器释放纬纱的时间可适当提前(0°~10°),以减少气流吹断纬纱的可能性。储纬器释放纬纱的时间不变,若只是提早主喷嘴的开启时间,纬纱进梭口的时间并不提前,因为纬纱从储纬器退解的时间不能提前。但推迟主喷嘴的开启时间,纬纱进、出梭口的时间都将延迟。

储纬器停纬销的闭合时间只需满足每次引纬时储纬器的脱纱圈数不多也不少。如果挡纱时间不合适,出梭口侧就会多(或少)一个纱圈长度的纬纱;闭合时间早容易产生短纬,闭合时间晚则易产生长纬。实际运转时,可按下式确定停纬销的闭合时间:

$$停纬销的闭合时间 = B + \frac{A(T-0.5)}{T}$$

式中:$A$ 为纬纱飞行角度;$B$ 为引纬开始角度;$T$ 为引入一纬储纬器释放的圈数。

例如,若引纬开始角度为 $80°$,引纬结束角度为 $230°$,引入一纬储纬器的释放圈数为 3,则纬纱的飞行角度 $A = 230° - 80° = 150°$,储纬器停纬销的闭合时间 $= 80° + \dfrac{150°(3-0.5)}{3} = 80° + 125° = 205°$。

引入第一纬时,由于织机主轴转速还没达到正常,使停纬销的打开时间增加,导致第一纬长度增加,因此,停纬销开启角度可比正常开启角度迟 $10° \sim 30°$。

## 五、纬密变换齿轮的选用

### 1. ZA205I 型喷气织机纬密变换齿轮的选用

ZA205I 型喷气织机的卷取机构传动图见图 7-22 所示。该卷取机构按织物纬纱密度不同分为三档,第一档为 $98 \sim 514$ 根/10 cm,第二档为 $154 \sim 805$ 根/10 cm,第三档为 $37 \sim 192$ 根/10 cm。为了适应织机高速运转、减少纬密变换齿轮数量,卷取装置设计采用传动比不同的减速器,其输入轴和输出轴的传动比在织物纬纱密度为第一档时为 $40.86 : 1$(计算数据),第二档时为 $64 : 1$(实测数据),第三档时为 $15.23 : 1$(计算数据),相应地纬密标准齿轮为 $22^T$、$25^T$ 和 $50^T$ 三种,变换齿轮为 $50^T \sim 115^T$,纬密齿轮仅 68 种。

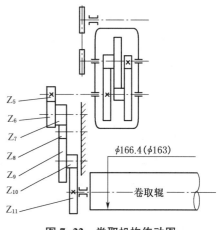

图 7-22　卷取机构传动图

由图 7-22 可知,主轴每一回转所卷取的织物长度可按下式计算:

$$L = \frac{Z_5 \times Z_7 \times Z_{10}}{i \times Z_6 \times Z_9 \times Z_{11}} \times \pi \times D$$

式中：$L$ 为织物长度(mm)；$i$ 为减速器传动比；$Z_5$ 为标准齿轮($22^T$、$25^T$、$50^T$)；$Z_6$ 为变换齿轮($50^T \sim 115^T$)；$Z_7$ 为组台小齿轮($27^T$)；$Z_8$ 为过桥齿轮($25^T$)；$Z_9$ 为组合齿轮($84^T$)；$Z_{10}$ 为斜齿轮($22^T$)；$Z_{11}$ 为摩擦辊斜齿轮($89^T$)；$D$ 为卷取摩擦辊直径(mm)。

织物机上纬密 $P'_w$ 为:

$$P'_w = \frac{Z_6 \times Z_9 \times Z_{11} \times i}{Z_5 \times Z_7 \times Z_{10} \times \pi \times D} \times 10$$

将各齿轮的齿数代入上式,得:

$$P'_w = \frac{Z_6 \times 84 \times 89 \times i}{27 \times 22 \times Z_5 \times \pi \times D} \times 10 = C \times \frac{Z_6}{Z_5}$$

卷取常数 $C$ 为:

$$C = 40 \times \frac{i}{D}$$

当减速器传动比 $i$ 和卷取摩擦辊直径 $D$ 不同时,卷取机构的卷取常数 $C$ 如表 7-3 所示。

表 7-3　卷取常数

| 卷取摩擦辊直径(mm) | 卷取常数 | 减速器传动比 | | |
|---|---|---|---|---|
| | | 40.86∶1 | 64∶1 | 15.23∶1 |
| 166 | C | 9.837 3 | 15.408 5 | 3.666 7 |
| 163 | C | 10.042 6 | 15.729 9 | 3.743 2 |

织物的下机纬密(实际纬密)$P_w$ 应考虑织物的下机缩率,即:

$$P_w = \frac{P'_w}{1-a}(根/10\ cm)$$

式中:$a$ 为织物下机缩率(一般为 3%～5%)。

**2. PTA 型喷气织机纬密变换齿轮的选用**

PAT 型喷气织机的主轴对边轴的传动比为 2∶1,其机上纬密 $P'_w$ 可由下式得出:

$$P'_w = \frac{2 \times Z_5 \times Z_7 \times Z_9 \times Z_{11} \times i}{Z_1 \times Z_3 \times Z_6 \times Z_8 \times Z_{10} \times \pi \times D} \times 10(根/10\ cm)$$

式中:$D$ 为刺毛辊直径($D = 17.3\ cm$)。

将已知数据代入后,可得:

$$P'_w = 117.3 \times \frac{Z_2 \times Z_5}{Z_1 \times Z_8}(根/10\ cm)$$

其下机纬密 $P_w$ 则为:

$$P_w = \frac{117.3}{1-a} \times \frac{Z_2 \times Z_5}{Z_1 \times Z_8}(根/10\ cm)$$

## 六、经纱上机张力

喷气织机采用的梭口较小,应设定大的上机张力,目的是开清梭口。喷气织机大多采用弹簧张力系统,具有调节简便,附加张力较为稳定,适应高速等特点,其可调参数主要有弹簧刚度、弹簧初始伸长量或弹簧悬挂位置等。

在弹簧材料、螺旋圈距一定的条件下,弹簧刚度主要取决于弹簧直径。弹簧直径大,刚度大,上机张力大,梭口易开清。但经纱张力大,较易断头,布幅也容易偏窄而形成狭幅长码布。织造厚重织物时,宜采用较粗直径的张力弹簧,必要时可采用双辊后梁系统。确定弹簧刚度之后,根据织口的游动情况与梭口清晰状态、经纱断头和布幅宽窄,调整弹簧悬挂位置,即改变力臂和初始伸长量,以调节上机张力。力臂长,初始伸长量大,上机张力大。各类织机对弹簧刚度、弹簧初始位置或初始伸长量有不同的规定,实际运用时应参照织机操作手册进行。

目前,喷射织机自动化程度已大大提高。如 ZA 型喷气织机,不同织物的上机张力配置可通过触摸屏输入数据设定,推荐的计算公式为:

$$上机张力(N) = \frac{总经根数 \times K \times 10}{经纱英制支数}$$

式中：$K$ 为系数（一般取 $0.8\sim1.2$）。

## 七、织机速度选择

织机是织造生产的主要设备。由于织机台数很多、生产过程中的劳动组织非常复杂、挡车工的看台定额较高等原因,选择合理的机器速度十分重要。在可能的条件下,采取较高的运转速度,能比较充分地发挥织机的作用。织机的速度过低,产量下降;速度过高,也会因断头增加、故障频繁而大大降低时间效率,增加耗电量和机物料消耗,并使产品质量恶化,增加劳动强度等。

织机的运转速度主要取决于开口机构的类型和织机的筘幅。如果其他条件一定,采取多臂开口机构时,织机转速将低于采用踏盘开口机构条件下的转速;同理,如果采取提花开口机构,织机转速低于多臂开口机构条件下的转速。另一方面,当筘幅增大时,织机转速需相应降低,以利于顺利引纬。同时应考虑织机类型及设备状况等。目前喷气织机的常用速度为 $600\sim800$ r/min。

## 八、喷气织造上机工艺实例

### 1. ZA200 型喷气织机织造防羽绒布实例

采用 ZA200 型喷气织机织造 T/C 14.5 tex×14.5 tex/519.5 根/10 cm×393.5 根/10 cm/160 cm 防羽绒布时,其主要运动配合如图 7-23 所示。

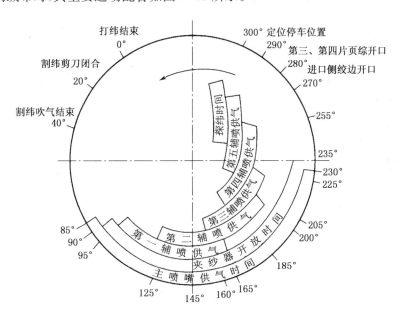

**图 7-23　ZA200 型喷气织机织造防羽绒布的主要运动配合图**

(1) 夹纱器开启时间

一般情况下,开启时间为 $85°\sim115°$,闭合时间为 $230°\sim260°$,在夹纱器开启过程中纬纱实际飞行角为 $130°\sim170°$。

(2) 主喷嘴喷气时间

始喷时间比夹纱器开启早 $0°\sim10°$,终喷时间比夹纱器闭合早 $5°\sim10°$。

（3）辅喷喷气时间

第一组首个喷嘴的始喷时间比纬纱头到达时间早 $5°\sim10°$，末个喷嘴的喷完时间比纬纱头到达时间迟 $50°\sim60°$；最后一组首个喷嘴的始喷时间比纬纱头到达时间早 $15°\sim20°$，末个喷嘴的喷完时间比夹纱器闭合迟 $10°\sim20°$；中间各组相应调整。

（4）喷射压力

储纱压力调整至卷绕在喂纱辊上的纬纱呈稳定状态；割纱喷气压力调整至割纱时纬纱穿过主喷嘴而不被吹出；主喷压力调整至刚好不发生缺纬、测长不匀、松纬故障；辅喷压力应略高于主喷压力。

**2. PAT 型喷气织机织造涤纶压基布实例**

采用 PAT 型喷气织机生产 $18.5\,\text{tex}\times18.5\,\text{tex}/149.5$ 根$/10\,\text{cm}\times124$ 根$/10\,\text{cm}/162.5\,\text{cm}$ 纯涤纶压基布工艺实例，主要运动配合图如图 7-24 所示。

（1）开口时间

第一、二片综框开口时间为 $300°$，第三、四片综框开口时间为 $290°$。

（2）夹纱器开启时间

一般情况下开启时间为 $105°$，闭合时间为 $210°$，在夹纱器开启过程中纬纱实际飞行时为 $110°\sim210°$。

（3）主喷嘴喷气时间

始喷时间比夹纱器开启早 $0°\sim10°$，主喷嘴始喷时间约 $100°$；终喷时间比夹纱器闭合早 $5°\sim10°$。

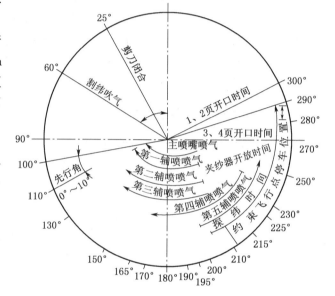

**图 7-24 PAT 型喷气织机织造涤纶压基布的主要运动配合图**

（4）辅喷嘴喷气时间

第一组首个辅喷嘴的始喷时间为 $100°$，第五组辅喷嘴的始喷时间为 $195°$；最后一组首个喷嘴的始喷时间比纬纱约束飞行点早 $15°\sim20°$，喷完时间为 $250°$；末个喷嘴的喷完时间比夹纱器闭合迟 $10°\sim20°$；中间各组相应调整。

（5）探纬时间

探纬时间为 $200°\sim290°$，剪刀闭合时间为 $25°$，割纬吹气时间为 $60°$，停车位置为 $280°\sim290°$。

采用 ZA20311 型喷气织机织造 T/C 50/50 $14.5\,\text{tex}\times14.5\,\text{tex}$ 307 根$/10\,\text{cm}\times256$ 根$/10\,\text{cm}$ 262 cm 细布，车速为 490 r/min。对辅喷嘴工艺水平进行适当调整，节约用气的实例为：

主喷嘴开启时间 $50°$；主喷嘴关闭时间 $160°$；辅喷嘴开关时间见表 7-4。主喷嘴喷气时间为 $160°-50°=110°$，辅喷嘴每组喷气时间均为 $70°$，八组合计喷气时间为 $560°$。为了节约用气，将辅喷嘴开启时间延后 $5°$，关闭时间提前 $10°$。按工艺设定，每个喷嘴减少开启时间 15°，1 台织机按 36 个辅喷嘴计，共减少开启时间 540°，相当于少用 7.7 个辅喷嘴，每小时可节气 8.2 m³，约为辅喷嘴用气的 21%。

表 7-4　辅喷嘴开关时间

| 序　号 | 开启(°) | 关闭(°) | 到达(°) | 喷嘴数 | 间距(mm) |
| --- | --- | --- | --- | --- | --- |
| 1 | 50 | 120 | 89 | 5 | 80 |
| 2 | 70 | 140 | 105 | 5 | 80 |
| 3 | 90 | 160 | 125 | 5 | 80 |
| 4 | 110 | 180 | 145 | 5 | 80 |
| 5 | 130 | 200 | 165 | 5 | 80 |
| 6 | 140 | 210 | 185 | 4 | 60 |
| 7 | 160 | 220 | 200 | 4 | 60 |
| 8 | 170 | 240 | 210 | 3 | 60 |

# 思考与练习

1. 如何设定喷气织机的经位置线？
2. 简述喷气织机开口时间的确定原则。
3. 喷气织机的引纬工艺参数有哪些？
4. 简述喷气织机引纬气流压力的确定原则。
5. 主喷嘴低压气流的作用是什么？
6. 延伸喷嘴的作用是什么？
7. 如何确定主辅喷嘴的开闭时间？
8. 喷气织机应采取哪些措施以防止开关车稀密路织疵的产生？
9. 辅助喷嘴间距的设定原则是什么？
10. 主喷气压与辅喷气压如何设定？
11. 常喷气压与剪切喷气压如何设定？

## 教学目标

**知识目标：** 1. 了解喷水织机的种类与工作原理。

2. 熟悉喷水织造的特点和品种适应性。

3. 掌握喷水织机开口、引纬、打纬、送经、卷取机构及其辅助机构的作用和工作原理。

4. 掌握有喷水织机工艺参数的设计原则与方法。

**技能目标：** 1. 会喷水织机挡车操作。

2. 会合理设计喷水织造工艺参数。

3. 会上机调整喷水织造工艺参数。

## 学习情境

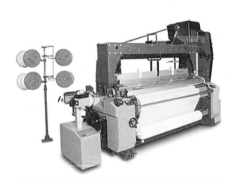

# 任务 1　认识、操作喷水织机

## 一、喷水织造概述

喷水织机利用水射流代替 200 多年来世界织布产业长期使用的梭子,通过喷嘴喷出的水射流将纬纱引入梭口。

自 20 世纪 60 年代初期喷水织机正式投入工业生产以来,随着科技不断发展,纺织技术也不断发展、完善,其机型从单喷发展到双喷,车速从最初的 300 r/min 发展到现在的800～900 r/min,织物组织变换由机械式 1×1、2×2 装置发展到采用电子控制的 MEF 和 PAW 双色自由换色装置。

喷水织机按喷嘴数可分为单喷嘴引纬、双喷嘴引纬和三喷嘴引纬。单喷嘴引纬织机只有一个喷嘴,仅用于制织单种纬纱织物。其机构简单、造价低,但品种适应范围小。双喷嘴和三喷嘴引纬喷水织机有两个或三个喷嘴,可用于制织两种或三种纬纱织物。品种适应范围较大,但机构较复杂,设备造价也较高。

喷水引纬以单向流动的水作为引纬介质,故有利于织机高速。在几种无梭引纬织机中,喷水织机是车速最高的织机之一,适用于大批量、高速度、低成本的织物加工。喷水织机通常用于疏水性纤维(涤纶、锦纶和玻璃纤维等)的织物加工,加工后的织物需经烘燥处理。在喷水织机上,纬纱由喷嘴的一次性喷射射流牵引,射流流速按指数规律迅速衰减的特性阻碍了织机幅宽的扩展,最宽的织机幅宽为 2.3 m。因此,喷水织机只能用于加工窄幅或中幅织物。

喷水织机可以配备多臂开口装置,用于高经密原组织及小花纹组织织物的加工,如绉纹呢、紧密缎类织物、席纹布等。喷水织机的选纬功能较差,最多只能配用三个喷嘴,进行混纬或三色纬织造。使用三个喷嘴的织机常用于织制纬纱左、右捻向轮流交替的合纤长丝绉类或乔其纱类织物。

## 二、喷水织机开口机构

喷水织机的开口机构主要有三类:曲柄式开口机构,可安装 4～6 片综框,以织制平纹或利用穿综变化获得小花纹织物为主;凸轮式开口机构,最多可装 10 片综框,可织制平纹、斜纹或缎纹织物或利用穿综变化获得小花纹织物;多臂机开口机构,最多可装 16 片综框,以织制斜纹、缎纹织物为主或通过穿综技术获得小花纹织物。

喷水织机常用的曲柄开口机构和凸轮开口机构的结构及其工作原理参见项目七,多臂开口机构的结构及其工作原理参见项目六。

## 三、喷水织机引纬机构

### 1. 喷水引纬工艺过程

喷水引纬系统如图 8-1 所示。喷射凸轮 7 回转,在由工作点的大半径转到小半径的过程中,喷射泵 5 的活塞在弹簧的作用下快速右移,将喷射泵中的水压向喷嘴 4 喷射而出;同时,夹纱器 3 开启释放纬纱。这样纬纱在其周围射流牵引力的作用下,从定长储纬器 1 上退解下来,穿过梭口。喷射凸轮 7 继续回转,在由工作点的小半径转到大半径的过程中,活塞左移,喷射泵 5 内产生负压,将水箱 8 中的水吸入喷射泵,为下次引纬做准备。

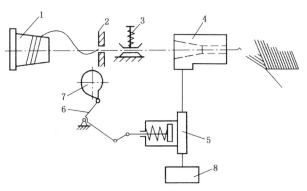

图 8-1　喷水引纬系统

1—定长储纬器　2—导纱器　3—夹纱器　4—喷嘴
5—喷射泵　6—双臂杆　7—喷射凸轮　8—水箱

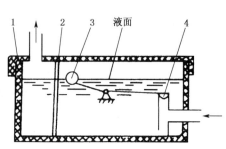

图 8-2　稳压水箱

1—箱盖　2—滤网　3—浮球　4—进水阀门

### 2. 稳压水箱

稳压水箱的作用是为水泵提供水源以及稳定水位、消除水中的气体和进行最后过滤。

稳压水箱的内部结构如图 8-2 所示。水流通过车间的分配管路从进水阀门 4 流入稳压水箱,浮球 3 的作用是控制水箱中的液面高度,当水位达到规定液面时,浮球使进水阀门关闭;反之,则开启进水阀门。滤网 2 的作用是防止杂物进入泵体,水箱的出水孔与泵体的进水阀通过管道连接。

### 3. 喷射泵

喷射泵是喷水引纬装置的主要部件,每台织机配有一台喷射泵,它在织机的每一回转中提供可引入一纬的高压水流。喷射泵按活塞在工作时的状态分为立式和卧式,图 8-3 所示为 ZW 型喷水织机的卧式喷射泵,由引纬水泵、进水阀、出水阀、稳压水箱和辅助引纬等装置组成。

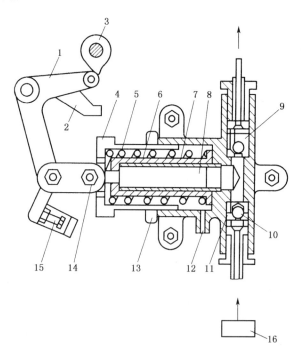

图 8-3　喷射水泵

1—角形杆　2—辅助杆　3—凸轮　4—弹簧座　5—弹簧
6—弹簧内座　7—缸套　8—活塞　9—出水阀
10—进水阀　11—泵体　12—排污口　13—调节螺母
14—连杆　15—限位螺栓　16—水箱

凸轮 3 做顺时针转动,由小半径转向大半径时,通过角形杠杆 1 和连杆 14 拖动活塞 8

向左移动,则弹簧内座 6 连同弹簧 5 一起向左移动,弹簧被压缩,同时水流被吸入泵体。当凸轮转至最大半径后,随凸轮继续转动,角形杠杆 1 和凸轮脱离而被释放,活塞 8 在弹簧 5 的作用下向右移动,缸套内的水被加压,增大的水压使出水阀 9 打开,射流从出水阀经喷嘴射出,牵引纬纱进入梭口飞行。进水阀 10 与出水阀 9 都为单向球阀,其作用原理相同。

当活塞 8 在凸轮作用下向左运动时,缸套 7 内为负压状态,出水阀 9 的钢球与阀座下方密接,出水阀被密封;进水阀的钢球被顶起,水流被吸入缸套内。当活塞向右移动对水流进行加压时,进水阀关闭,出水阀打开。

### 4. 喷嘴

喷水织机只有一个喷嘴,以完成引纬。由于水射流的集束性远远优于气流,因而喷水织机的喷嘴长度比喷气织机短,但结构更复杂、更精密。

图 8-4 所示为典型的喷嘴结构,由导纬管 1、喷嘴体 2、喷嘴座 3 和衬管 4 等组成。压力水流进入喷嘴后,通过环状通道 $a$ 和 6个沿圆周方向均布的小孔 $b$、环状缝隙 $c$,以自由沉没射流的形式射出喷嘴。环状缝隙由导纬管和衬管构成,移动导纬管在喷嘴体中的进出位置,可以改变环状缝隙的宽度,调节射流的水量。6 个小孔 $b$ 对涡旋的水流进行切割,减小其旋度,提高射流的集束性。

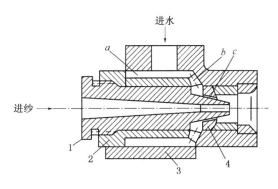

图 8-4　喷嘴的结构

1—导纬管　2—喷嘴体　3—喷嘴座　4—衬管

### 5. 夹纱器

夹持器与引纬运动一起将夹住的纬丝放开,当引纬完成后再次将纬丝夹住直至下次引纬开始。

夹纬器的开启与闭合的控制如图 8-5 所示,夹纬器位于储纬器与喷嘴之间,是纬纱的控制部件。凸轮 5 的转速与织机主轴相同,当凸轮转到大半径与转子 7 作用时,通过作用杆 6、提升杆 4、升降杆 3 使压纬盘 1 抬起,夹纬器释放纬纱;当凸轮作用点转到小半径时,压纬盘下降,夹持纬纱。夹纱器的打开时间应根据打纬、开口时间和织机幅宽而定,一般为主轴位置角 $100° \sim 120°$,闭合时间为 $260° \sim 270°$。织机幅宽大或水压低时,可适

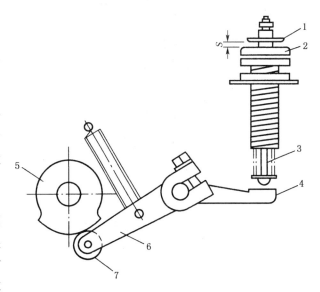

图 8-5　夹纱器

当提早夹纱器的打开时间。喷嘴的喷射时间应比夹纱器的打开时间提早约 $10° \sim 20°$。夹持器的开闭时间通过移动凸轮 5 在凸轮轴上的位置来调节。

机织工艺

### 6. 辅助引纬装置

织机的墙板外侧装有辅助引纬装置,如图 8-6 所示。脚踏板 6 被踩下时,通过连杆 5 和角形杠杆 4 带动连杆 3 向下运动,借助于另一连杆 2 上的转子压下辅助杆(见图 8-3),使活塞向左移动,泵体吸水。当脚踏板被迅速释放后,水流就从喷嘴喷出。在正常开车前连踩几次脚踏板,可以排除里面的空气;在处理完纬纱故障后踩一次脚踏板,可补入一根纬纱。

## 四、喷水织机打纬机构

目前,喷水织机主要采用结构简单、制造方便、适于高速运转的短牵手四连杆打纬机构,但也采用六连杆打纬机构和凸轮打纬机构。其基本结构和原理同喷气、剑杆等织机。

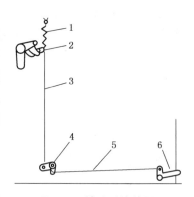

图 8-6 辅助引纬装置

1—弹簧 2,3,5—连杆
4—角形杠杆 6—脚踏板

## 五、喷水织机卷取与送经机构

### 1. 喷水织机卷取机构

喷水织机卷取机构采用连续式间接卷取装置,见图 8-7。织机运转时,通过主轴 1 上的

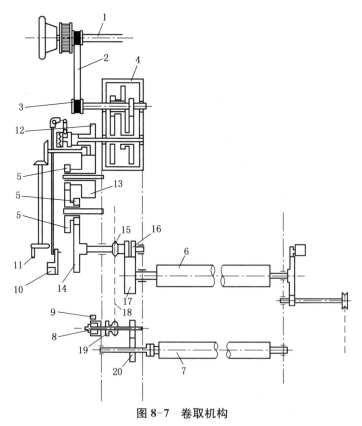

图 8-7 卷取机构

1—主轴 2—同步齿形带 3—同步带轮 4—齿轮箱 5—变换齿轮 6—摩擦辊 7—卷布辊
8—卷取制动器 9—左压力杆支座 10—卷取踏板 11—卷取手轮 12—离合器齿轮
13—卷取齿轮 14—计数齿轮 15—卷取链轮 16—小齿轮 17—卷取齿轮
18—链条 19—传动飞轮 20—卷布辊主动齿轮

同步带轮,经同步齿形带 2 传动减速齿轮箱 4,经离合器齿轮 12 和卷取主动齿轮 13 传动三个变换齿轮 5,带动变换齿轮传动计数齿轮 14,链轮 15 和小齿轮 16 与计数齿轮 14 同轴,小齿轮 16 可传动卷取齿轮 17,卷取齿轮 17 装在摩擦辊 6 的轴上,带动摩擦辊 6 一起转动。摩擦辊 6 的表面包覆糙面橡胶带,在两根压辊的作用下,与绕在其圆周表面的织物产生摩擦作用而将织物送到卷布辊 7 处。卷布辊 7 由卷取链轮 15 经链条 18,传动飞轮 19 的同轴齿轮,传动卷布辊 7 上的卷布辊主动齿轮 20,带动卷布辊转动。当卷布辊直径因不断卷取织物而增大时,能依靠卷取制动器 8 的打滑作用,使卷布辊转速变慢,保持织物一定的张力。将卷取踏板 10 踩下,使离合器啮合齿轮脱开,然后转动卷取手轮 11,即可进行手动卷取及倒卷。

**2. 喷水织机的送经机构**

喷水织机的机械式送经机构如图 8-8 所示。织机转动时,凸轮轴 1 通过 V 形皮带传动 ZERO-MAX 型变速箱 5 的输入轴,经变速器内部机构作用变速后,由输出轴输出,再经变换齿轮 A 6 与变换齿轮 B 7,经伞齿轮传动,由蜗轮蜗杆组成的送经齿轮箱 8 变速后,由送经小齿轮传动经轴转动,送出比较稳定的经丝。

经丝上机张力由后梁辊 9 通过舒张臂 11、舒张弹簧 12、张力杆 13、重锤臂 14、重锤杆 15 及重锤 16 等形成。当经丝张力增大或减小时,经丝对后梁辊的压力发生变化,使后梁辊转动一个角度;通过舒张臂,经舒张弹簧,使张力杆转动一个角度,连接在 ZERO-MAX 变速箱上的控制杆随之转动一个角度,经无级变速器内部机构的变速,使输出轴的线速度加快或减慢,从而经变换齿轮 6 与 7 及送经齿轮箱 8 和送经

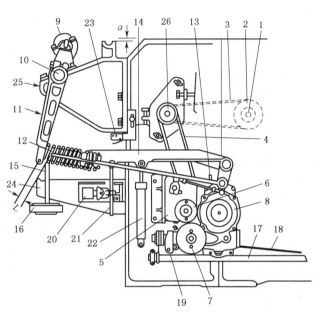

**图 8-8　送经机构**

1—凸轮轴　2—送经驱动皮带盘　3—V 形皮带 A　4—V 形皮带 B
5—ZERO-MAX 变速箱　6—变换齿轮 A　7—变换齿轮 B
8—送经齿轮箱　9—后梁辊　10—导辊轴　11—舒张臂
12—舒张弹簧　13—张力杆　14—重锤臂　15—重锤杆
16—重锤　17—链轮轴　18—送出装置踏板连线
19—送出离合器　20—刹车电磁铁　21—刹车杆
22—阻尼油缸　23—超张力微动开关　24—经轴托架
25—后梁托架　26—送经计数器皮带盘

小齿轮的作用,使经轴转速相应加快或减慢,送出的经丝量增多或减少,从而保持经丝张力的恒定。

随着织造技术的发展以及对织物质量要求的提高,喷水织机也采用电子卷取和电子送经,其基本原理与结构同喷气等织机。

## 六、喷水织机辅助机构

**1. 喷水织机的断纬自停装置**

喷水织机以带有一定量电解质的水作为引纬介质。被引入梭口的纬纱浸润在水中,于

是产生一定的导电性能。喷水织机利用这一纬纱导电原理，采用电阻传感器检测方式的纬纱断头自停装置。

电阻传感器检测元件如图 8-9 所示。电阻传感器 2 上装有两根互相绝缘的电极 1（探纬针）组成，其标准间距为 6 mm，最大可调整到 9 mm。整个探纬器安装在钢筘右侧（纬纱出口侧），处于加固边和废边之间，探针与筘面应保持平行。电极位置对准钢筘 3 的筘齿空档。引纬工作正常时，纬纱能到达筘齿空档位置，梭口闭合后，处于筘齿空档处的一段纬纱被织物边经纱和假边经纱所夹持，随着钢筘将纬纱打向织口，张紧的湿润纬纱将电极导通；引纬工作不正常时，筘齿空档处无纬纱，于是电极相互绝缘。对应于电极的导通和绝缘，电阻传感器发出纬纱到达（高电平"1"）或纬纱未达（低电平"0"）的检测信号。微处理器在织机主轴某一角度区域中，对电阻传感器输出的检测信号进行积分、平均，并据此判断纬纱的飞行状况。引纬工作不正常时，微处理器按照判断结果，通过驱动电路和电磁制动器执行织机的停车动作。

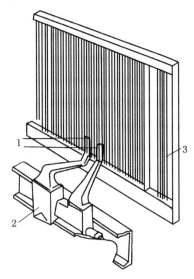

**图 8-9　电阻传式纬纱断头自停装置**

1—电极　2—电阻传感器　3—钢筘

喷水织机也采用光电探纬装置，主要用于加捻织物。光电式探纬装置的工作原理和结构与喷气织机采用的光电探纬装置相同。织造时纬丝喷射至预定位置，使其进入光电检测区域。此时由于光源被遮断，检测电路中产生纬丝信号，此信号与织机同步信号（即 PS 信号）比较，再经控制单元比较放大后，向织机中枢控制系统发出相应信号以控制织机的运转状态。

**2. 储纬器**

喷水织机使用的储纬器有机械式、电子式和机械电子混合式三种，分别适用于不同的场合。

（1）机械式储纬器

机械式储纬器的测长和储纬两个功能是通过机械完成的。图 8-10 为圆盘式测长装置，测长盘 4 的周长即为丝线在其表面转过的长度，也就是每纬需要的纬丝长度；将测定的这一长度以螺旋形储存在测长盘上，当梭口开启时，测长盘上的定长丝线由拨丝杆拨下，并由喷射装置引入梭口，从而完成引纬。

（2）电子储纬器

用于喷水织机的电子储纬器的机械结构大体相近，性能也相似，其中的显著不同是储纱鼓的结构，其实际应用效果也不同。图 8-11 所示为意大利 ROJ 公司生产的 SUPPERELF/TD 电子储纬器外形图。

电子储纬器不具有需要经常维护的机械部件，调整和使用方便，工作可靠；相对于风机气流储纬装置，电力消耗降低，引纬率高。用于单喷嘴喷水织机，可以提高车速，提高产量，

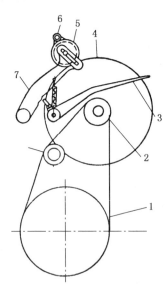

**图 8-10　圆盘式测长装置**

1—大皮带轮　2—小皮带轮
3—手动离合杆　4—测长盘
5—导丝轮　6—小导丝轮
7—导轮架

减少机物料消耗；用于双喷嘴喷水织机，再配合电子选色装置、电子夹纱器、电动转向阀，能方便地实现自由选色；三喷嘴喷水织机几乎全部选用电子储纬器。但采用电子储纬器供纬，引纬过程中产生的张力波峰较大，织造对引纬张力波峰敏感的织物时应慎用，否则容易出现纬疵。

图 8-11　SUPPERELF/TD 电子储纬器外形图

图 8-12　津田驹 SDP 型测长储纬装置

(3) 机械电子混合式储纬器

日本津田驹 ZW408 型喷水织机配用的 SDP 型测长储纬装置即为机械电子混合式储纬器，如图 8-12 所示。SDP 型测长储纬装置仅用于单喷和双喷定交换，不能用于自由选色，其突出特点是不用风机、节省能源。

**3. 织边机构**

喷水织机通常用绳状绞边机构，其结构与原理见项目七任务 1。

**4. 织物计长装置**

为了便于劳动管理，保证织物长度正确，减少零绸和短码绸的产生，从而为销售提供正确的数字，喷水织机装有织物卷取长度读取机构。图 8-13 所示为喷水织机自动定长计长表的字轮结构图。

计长表的字轮轴上活套着 5 个字轮，自左至右分别为个位、十位、百位、千位和万位，每个字轮分别由传动齿轮 3(20 齿)、数字轮 1、定值轮 2、进位轮 4(2 齿)组成。5 个字轮的下面装有 5 个小齿轮，小齿轮活套在短轴上，各小齿轮的齿数均为 8 齿，其中含 4 个宽齿、4 个狭齿且相间排列。5 个小齿轮分别与各字轮传动齿轮和进位轮相啮合。个位字轮一回转，即转过 10 个数字时，糙面辊卷取 1m 织物，亦即字轮上一个数字代表0.1 m，这是计长表最小的计数单位。同理，百位字轮、千位字轮、万位字轮各转过 1 个数字即卷取织物长度分别为 10 m、100 m、1 000 m，计长表的最大计长长度为 9 999.9m。

计长表的自动定长作用原理是：当织机运转时，数字轮进行加法计数，显示织物的卷绕长度，而定值轮进行减法计数，表示织物的待卷长度。该表的自动定长信号发出机构如图 8-14 所示。每一个定值轮 1 上的相

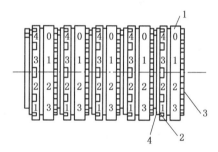

图 8-13　字轮结构图

1—数字轮　2—定值轮
3—传动齿轮　4—进位轮

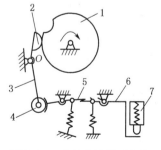

图 8-14　定长信号发出机构

1—定值轮　2—限位凸轮　3—支架
4—凸钉　5—连锁杆　6—联动杆
7—微动开关

同位置都设有一个缺口,织机正常卷取时,由于长度设定后所有定值轮上的缺口不在同一直线上,限位凸轮2不能卡入定值轮的缺口,支架3上的凸钉4顶住连锁杆5缺口处的凹弧,使联动杆6不能摆动,不会发出停车信号。当织物卷绕到设定长度时,数字轮显示所需的设定长度,而定值轮的数字均显示为零,所有定值轮上的缺口都在同一直线上。此时,限位凸轮卡入定值轮的缺口内而产生位移,支架绕支点 O 做顺时针转动,装在支架上的凸钉也绕支点 O 沿顺时针转动一个角度,凸钉脱离连锁杆的缺口凹弧,连锁杆不受凸钉限制,联动杆在弹簧作用下向上摆动,其头端压住微动开关7,微动开关接通电路并发出卷取完成的信号,相应指示灯点亮或织机自动停止运转。

## 七、喷水织机操作技术

### 1. 运转与按钮

喷水织机可进行运转(START)、停机(STOP)、正向微动(FORWARD)、反向微动(REVERSE)等操作,均利用相应按钮来执行。

(1)"运转"按钮

按下"运转"按钮,织机进入连续运转之前的准备状态,测长、储留用风机及脱水用风机的马达转动。若持续按压,则加热器速热电路工作,使左右热刀均变成红热状态。此时探纬器探针上已加有高压电,所以切勿触及探纬针,同时应勿使加热器过热。

(2)"正转"按钮

在未按"运转"按钮时,若断续地短时间按压此按钮,则织机正向微动。若先按"运转"按钮,再按下"正转"按钮,则制动器松开,织机进入运转状态。操作时如果未检查左右热刀的红热程度是否合适,就使织机进入运转,则启动时易产生纬纱切断不良。

(3)"反转"按钮

按"反转"按钮,则制动器松开,主电机反转。如果间断、瞬时按压,则织机反向微动。若持续按压,则织机反转一周。

(4)"停止"按钮

按下"停止"按钮,则制动器接通电路而制动,主电机停止转动,测长、储留用风机及脱水用风机均停止转动。同时,左右热刀的电源被切断。另外,织机设有制动器开关。断开制动器开关,则制动器松开,此时即使按下各按钮,相应的操作电路也不会工作,但可以用手转动织机;如果接通制动器开关,则制动器电路导通而工作,起到制动作用。

### 2. 停机指示

喷水织机设有信号指示灯,以表示织机运转情况。一般,信号灯有红、蓝、黄、绿四种颜色。各色灯亮,分别表示下列情况:

①"红"灯亮,表示电源接通。

②"蓝"灯亮,表示织机正常运转。

③"红""蓝"灯亮,表示探纬器停机(断纬)。

④"红""黄"灯亮,表示传感器停机(小边轴、夹丝轴、废回丝处理等)。

⑤"红""绿"灯亮,表示自动计数器满匹停机(落布)。

⑥"红"灯闪亮,表示电路故障停机。

喷水织机停机原因及织机状态如表 8-1 所示。

表 8-1 停机原因及织机状态

| 序号 | 停机原因 | 四式指示灯 | | | | 印刷电路板指示灯 | 停车状态 | 按钮操作 | 停机复位 |
|---|---|---|---|---|---|---|---|---|---|
| | | 红 | 蓝 | 黄 | 绿 | | | | |
| 1 | 停机按钮 | 亮 | — | — | — | 亮 | 定位停车 | 能 | 不要 |
| 2 | 断纬探测 | 亮 | 亮 | — | — | 亮 | 定位停车 | 能 | "运转"按钮 |
| 3 | 探纬器漏电 | 亮 | 亮 | — | — | 亮 | 定位停车 | 能 | "运转"按钮 |
| 4 | 织机探测(左右) | 亮 | — | 亮 | — | 亮 | 定位停车 | 能 | "运转"按钮 |
| 5 | 废纬丝处理探测 | 亮 | — | 亮 | — | 亮 | 定位停车 | 能 | "运转"按钮 |
| 6 | 自动计数满 | 亮 | — | — | 亮 | 亮 | 定位停车 | 能 | "运转"按钮 |
| 7 | 加热器左侧灼热不良 | 亮 | — | — | — | 亮 | 定位停车 | 能 | "运转"按钮 |
| 8 | 预备(EX) | 亮 | — | — | — | 亮 | 定位停车 | 能 | "运转"按钮 |
| 9 | 过强力 | 亮 | — | — | — | 亮 | 突停 | 不能 | 输入接点断开 |
| 10 | "TROUBLE"(故障) | 亮 | — | — | — | 亮 | 突停 | 不能 | 断开电源 |
| 11 | 多臂机故障 | 亮 | — | — | — | 亮 | 突停 | 不能 | 断开电源 |
| 12 | 主电机、风机马达与制动器用热继电器动作 | — | — | — | — | — | 低压制动 | 不能 | "复位"按钮 |

**3. 开关车**

(1) 技术要求

必须做到"一上""一下""一大""二按""一要"。

一上:拉掉一梭通的纬脚,拉紧纬线,将其夹在幅撑上(双喷织机两根纬线均需压牢)。

一下:将压纬轮压下(双喷织机两个均需压下)。

一大:开口最大(刻度盘在 160°~240°,曲柄角度 180°左右)。

二按:先按准备按钮(即运转按钮),待电热丝红时(根据织物的厚薄控制红热的程度)再按正转按钮,投入正常运行。

一要:开倒车时(按反转按钮),脚要踏着水泵凸轮,以避免水泵凸轮由于倒转而磨损。

(2) 开车前

必须做好"四查""一踏"。

四查:查纬纱是否通,查电热刀示热程度,查纬纱通路是否畅通,查小边张力是否合适。

一踏:踩踏水泵 2~3 次,以恢复喷射水位。

(3) 开车后

必须做好"三查""二放""一清"。

三查:查布面是否有病疵,查假边处理是否正确,查经向是否有毛纱、糙块。

二放:放下防水罩,放下挡水板。

一清:清理布面及前机身周围的残纱,集中放入回丝桶内。

(4) 多臂机和双喷织机的开关车要求

① 多臂提花织物:

a. 停车后,在拆纬纱或开倒车之前,要将多臂手柄扳到逆转位置上。

b. 在织机连续运转之前,要确认多臂手柄在正转位置上。

c. 长时间停车需将多臂手柄扳至水平(LEVEL)位置,然后开几梭,直到综框全部落下,切断电源。

② 双喷捻线织物:开车之前,在纬纱通的情况下,确认第一、三、五片综框是否处在相应的位置,夹持器、控制手杆是否放下,右手按分离器杆,左手把持滚筒卷绕手柄,顺时针方向绕两圈(即纬纱在滚筒上储留两圈)。

③ 其余各项必须依据开关车前三项要求。

#### 4. 处理断经头

(1) 技术要求

要按顺序理,理一根、接一根、穿一根。必经做到"二清""三要""一不""四无"。

二清:手要揩清,纱路要分清。

三要:借头要向左方边纱外借,借头铁板要垂直平行,倒头放出来要及时归还原处。

一不:不使断头沾上油污(万一沾上要逐根用找纱换掉)。

四无:无叉绞,无穿错头,无过错头,无宽急经。

(2) 操作方法

在布面上看准断头路,查出钢综,分开纱路,到后滚筒或后滚筒以下找断头,接上找纱。如找不到断头,可暂向左方边纱借1根,但借头要垂直平行地挂在两块借头铁板的钩子上。断头放出后要及时归还,以防止倒入经轴变皮箍。

#### 5. 停机处理

(1) 探纬器停机

当"红""蓝"信号灯亮时,表示因探纬器故障而停机,其处理操作方法为:

① 推上升降手柄,抬起测长储纬机构中的压纬轮。

② 踩下脚踏引纬板,按下反转按钮。

③ 排除不良纬纱,处理探纬故障。

④ 对清梭口,踩下脚踏引纬板,按下"反转"按钮。

⑤ 放下压纬轮。

⑥ 把由喷嘴射出的纬纱夹在边撑上,检查曲柄位置,曲柄应在 $180°$ 左右。

⑦ 踩动脚踏引纬板数次,使射流恢复正常。

⑧ 按下"运转"按钮,同时检查左右热刀的加热情况,加热正常时按下"正转"按钮。

⑨ 在数次投纬后,除去残纱。

(2) 传感器停机

织机的"红""黄"灯亮时,表示织机因传感器故障而停机。

(3) 自动定长满卷停机

织机的"红""绿"灯亮时,表示织机因"满卷"而停机,其处理操作方法为:

① 剪下并取出已织好的织物。

② 按下自动计数器的"复零"按钮,使其显示数字恢复为"0"。

(4) 其他原因停机

织机的"红"灯亮时,表示织机因其他原因而停机。

## 思考与练习

1. 喷水织机的特点是什么？适宜织造什么品种的织物？

2. 喷水织机引纬机构由哪几部分组成？各部分的作用是什么？

# 任务 2　设计喷水织造工艺

## 一、开口量

喷水织机的开口量因打纬动程的不同而不同，因此需选择合适的开口量。开口量过大会造成织口跳动及经丝与钢箔上下边缘摩擦而断经等问题；开口量过小会造成纬丝飞行受阻及水流束将经丝打断等问题。

通常所说的开口量，是指织机第一片综框的开口大小（第二片综框的开口量比第一片大6 mm）。转动时间轮，使第一片综框上升至最高点，记录综框上端距综框导座的尺寸 $H_1$，然后将第一片综框转至最低点，记录综框上端距综框导座的距离 $H_2$。则第一片综框的开口量 $= H_1 - H_2$。如 ZW303 型织机，$H_1 = 165$ mm，$H_2 = 111$ mm，则第一片综框的开口量 $= 165 - 111 = 54$ mm。

开口量可通过移动开口销在开口臂中的位置来调节。通常，将开口销向织机前侧移动，开口量增大；向织机后侧移动，开口量变小。具体步骤如下：

① 将织机转至 180°，量取 $H_1$（假设为 168 mm）。

② 将织机再转一周并转至 180°，量取 $H_2$（假设为 98 mm）。

③ 计算：$\dfrac{(H_1 - H_2) - 54}{2} = \dfrac{(168 - 98) - 54}{2} = 8$ mm。

④ 将织机再转一周并转至 180°，在第一片综框升起时，调整开口销位置，使第一片综框上端距综框导座的尺寸为：

$$H_1 - 8 = 168 - 8 = 160 \text{ mm}$$

⑤ 锁紧开口锁固定螺丝，转动织机，重新检查 $H_1$ 与 $H_2$。

## 二、开口时间

喷水织机的开口时间为：单喷 350°～355°，双喷 345°～355°。开口时间不正确会引起投纬不良或经纱断头等。下面以津田驹 ZW303 型织机为例，介绍开口时间的调节方法：

① 津田驹 ZW303 型综平时综框上端到综框导座的高度为 138 mm。

② 在标准综平时（355°），量取第一、二片综框距导座的高度 $H_{11}$ 和 $H_{21}$。

③ 转动手轮一转至 355°时，量取第一、二片综框距导座的高度 $H_{12}$ 和 $H_{22}$。

④ 在 355°时,调整织机右侧开口曲柄,使第一片综框高度为:$\dfrac{H_{11}+H_{12}}{2}$。

⑤ 在 355°时,调整织机左侧开口曲柄,使第二片综框高度为:$\dfrac{H_{21}+H_{22}}{2}$。

⑥ 完成以上操作后,在 355°时调整各片综框支脚,将各片综框高度调整为距离导座 138 mm。

需要注意的是,在调节开口量和开口时间时,应先调整开口量,再调整开口时间。

### 三、经位置线

喷水织机的经位置线调整主要依靠改变后梁的位置参数来实现。经位置线的变化决定了开口时上、下层经丝的张力差异程度。经位置线的配置应满足打纬和形成织物的需要,并能确保梭口满开时上、下层经丝在各自同一平面上。根据喷水织机的机构特点和品种要求,并经过反复试验调节,确定后梁的高度为 8 cm,深度为 4 cm;停经架的高度为 5 cm,深度为 1 cm。

### 四、引纬工艺参数

喷水织机的引纬工艺参数和喷气织机相似,这里仅说明其不同点和调整方法。

**1. 引纬水量**

引纬水量是指喷水织机每引一根纬纱所需用水的体积或质量,用 $Q$ 表示。引纬水量由水泵的柱塞直径、泵凸轮大小半径之差、角形泵连杆长短臂长度之比及活塞动程决定。其计算式为:

$$Q = \frac{\pi D^2 S}{4} \times 10^{-3}$$

式中:$D$ 为柱塞直径(mm);$S$ 为柱塞动程(mm)。

对织机使用厂来说,一般柱塞直径不变,故其调节方法是改变柱塞动程。工艺设计时,水量大小通常用柱塞动程表示。动程大,水量大;动程小,水量小。

水量不足会造成引纬时输送力减弱和残水量不足而引起飞行不良;水量过大会使引纬时残水量过多而引起探纬失误。因此,水量的确定应考虑纬纱的种类和粗细、织物幅宽、织机车速等因素。纬纱粗、车速高、幅宽大、纤维光滑,水量应大,反之则小。一般每引一纬用水 2g 左右。

水量的调整可通过调节水泵下方的限位螺栓 15(图 8-3)的长度,以改变柱塞的动程来完成,如图 8-15 所示。水泵凸轮表面通常设有水量动程标记,分别代表 8、10、12。调整时转动凸轮,使其标记数(工艺上设定的动程)与转子相接触,然后调节限位螺栓,使水泵凸轮轴的轴心与凸轮上的所需标记点、凸轮转子中心三点成一线。水量动程可在 8~12 mm 之间调整,长丝一般为 8~10 mm,加工丝因吸水性强故水量偏大(一般为 10~12 mm),实际设定时应用同步仪观察残水量并进行校正。

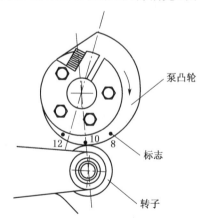

**图 8-15 水量的调整**

泵凸轮

标志

转子

12 10 8

**2. 引纬水压**

水压指喷射水流的压力。水压大小主要取决于柱塞直径、柱塞弹簧的刚度以及初始压缩量。一般而言，柱塞直径、弹簧刚度为定值，故水压主要由初始压缩量决定。弹簧初始压缩量大，喷射水压就大；反之，水压降低。

确定水压主要取决于纱线的种类、织物的幅宽、织机车速等因素，纱线粗、车速高、幅宽大时，水压应高；反之则低。同时，水压的调整因水泵类型及弹簧的线径、自由长、圈数的不同而不同，调整时应分别对待。水压调整是否合理，可应用同步仪观察，使纬丝在夹纱器闭合前 $20°\sim30°$ 时从储纬器上全部打完为宜。水压太小会使纬丝拘束飞行角延后，造成储纬器上绕纬丝；水压太大会使纬丝拘束飞行角提前，致使探纬器空停等。

水压的设定方法是用专用工具旋转水泵缸体螺帽，通过调节缸体螺帽以调节弹簧的压力，从而达到调节水压的目的。水泵缸体螺帽内边缘至紧固螺帽的距离称为 $P$ 尺寸（图8-16）。

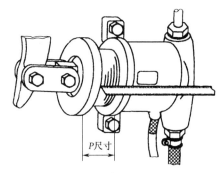

图 8-16　$P$ 尺寸图

**3. 喷水时间（引纬时间）**

控制喷水时间的参数包括始喷角、始飞角、先行角等，应根据机型、织物品种、开口迟早、车速高低选择。一般来说，ZW 型、LW 型织机的喷水时间为 $85°\sim95°$，H-U 型织机为 $115°\sim125°$。

（1）始喷角

始喷角指泵凸轮的工作点从大半径转至小半径瞬间的曲柄角度。对于柱塞式喷射泵织机，可用凸轮大半径的顶点与柱塞连杆转子开始接触的主轴位置角表示。始喷角大，喷水时间迟。一般始喷角为 $85°\sim90°$。喷水过早，会使水流束打在钢筘上造成水流飞散，影响纬纱正常飞行；太迟会造成先行水喷出不足，纬纱飞行时，纱头抖动而容易空停。通常水从喷嘴实际喷出的时间比设定时间迟 $5°$ 左右。

始喷角的调节方法是：转动主轴，使主轴等于工艺规定的喷水时间，此时将水泵凸轮的大半径顶点、凸轮轴中心以及转子中心调整到一条直线上，然后旋转螺栓，固定凸轮。如图8-17所示。

（2）先行角

在引纬开始前，为了使弯曲向下的纬丝，丝头伸直，需要设定一个先行角，用先行的水束将丝头伸直并稳定引纬，称此水为先行水。而水泵喷水的时间（角度）与夹持器开放时间（角度）之差称为先行角。先行角的设定与调整，根据织物纬丝的种类、线密度的不同而变化，见表8-2。

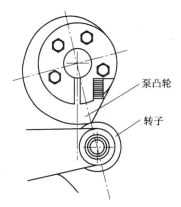

泵凸轮

转子

图 8-17　喷水时间的调整

表 8-2　不同纬丝设定的先行角

| 纬丝种类 | 先行角 | 纬丝种类 | 先行角 |
| --- | --- | --- | --- |
| 锦纶、涤纶长丝 | $15°$ | 低弹丝 111 dtex(100D)以下 | $20°\sim25°$ |
| 涤纶加捻丝 | $15°\sim20°$ | 低弹丝 167 dtex(150D)以上 | $25°\sim30°$ |

先行水量设定、调节是否得当,可用同步仪观测,纬丝在自由飞行中,先行水束比纬丝超前50～100 mm。

**4. 夹持器开闭时间和引纬角度**

夹持器的作用是通过两片夹纱片的开闭控制引纬的开始和停止。其调节方法是调节夹持器凸轮连杆,使夹纱器开放时两夹纱片的间隙为0.5～1 mm。通过调整夹持器内外两片凸轮的位置,控制夹持器在100°～120°开放,260°～275°闭合。夹持器从开放到闭合这一段角度称为飞行角,它包括自由飞行角和拘束飞行角。

喷水引纬工作圆图如图8-18所示。图中4为先行角,1为纬纱飞行角,它包括自由飞行角2和拘束飞行角3。自由飞行是指夹纬器开放后纬丝从储纬器上退绕的飞行,拘束飞行是指储纬器上的纬丝退

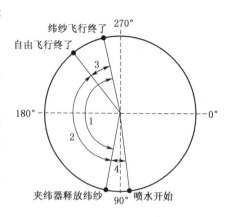

**图8-18 引纬工作圆图**
1—纬纱飞行角 2—自由飞行角
3—拘束飞行角 4—先行角

绕完后继续飞行的纬丝受定长盘表面线速度影响的飞行。拘束飞行对伸展纬丝、防止纬缩有利,但会使飞行角增加,调整时应使自由飞行终了位置在距织物右边0～50 mm的范围内。有的定长储纬器不设拘束飞行,对降低纬丝飞行角有利,但不适应强捻丝的引纬。通过增大喷射压力和喷水量,可以缩短自由飞行角,从而使总飞行角减小。

在引纬开始前,为了使弯曲向下的丝头伸直,需设定比纬丝引纬先行的水柱,将纬丝伸直并稳定引纬,称此水为先行水。一般设定在85°～90°喷水。而喷水时间与夹持器开放角度的差称为先行角。如喷水时间为90°,夹持器开放角度为105°,则先行角等于15°,实际上先行水的设定就是通过先行角的设定来完成的。根据织物纬丝的种类、线密度的不同,先行角的设定与调整也有所不同,见表8-3。

表8-3 不同纬丝设定的先行角

| 纬 丝 种 类 | 先 行 角 | 纬 丝 种 类 | 先 行 角 |
|---|---|---|---|
| 锦纶、涤纶长丝 | 15° | 低弹丝 111 dtex(100 D)以下 | 20°～25° |
| 涤纶加捻丝 | 15°～20° | 低弹丝 167 dtex(150 D)以上 | 25°～30° |

先行水量设定是否得当,应用同步仪观察,在自由飞行中,先行水柱比纬丝提前50～100 mm。当先行水不容易调前时,可在喷嘴和夹持器之间用张力钢丝对纬丝制动,降低丝速,使先行水柱领先纬丝。

引纬时纬丝的飞行分为两个阶段:第一阶段将储纱器上绕的丝进行引纬,称之为自由飞行;第二阶段为纬丝一边测长一边飞行,称为拘束飞行。自由飞行角是指从夹持器开放到储纬器上绕的丝全部打完这一段角度。拘束飞行角是指从储纬器上绕的丝打完到夹纱器闭合这一段角度。自由飞行角的结束时间也就是拘束飞行角的开始时间。拘束飞行角对纬丝引纬十分重要。拘束飞行太早会造成飞行结束时水量不足,纬丝抖动,引起探纬器空停,太迟会造成储纬器上绕丝。拘束飞行角设定范围一般为夹纱器闭合角度提前20°～30°,调整时需用同步仪边观察、边调整水泵压力(户尺寸)进行调节。

### 5. 喷射角

喷射角是指喷嘴轴线与水平线之间的夹角,用 $\theta$ 表示。当 $\theta = 0°$ 时为水平喷射;当 $\theta > 0°$ 时为仰角喷射。如图 8-19 所示。

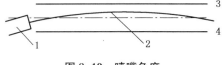

图 8-19　喷嘴角度

1—喷嘴　2—飞走丝　3—上丝　4—下丝

一般织造筘幅在 160 cm 以下的品种,采用水平喷射。调整时使开口装置处于闭口状态,轻轻地踩踏水泵踏板,调整调节螺栓,使喷射水能达到经丝的中心即可。织造筘幅在 160 cm 以上的品种,因纬丝由一侧向另一侧运动,飞走的纬丝有下落的趋势,因此,采用仰角喷射,应使喷嘴的中心位于经位置线之下 $1\sim2$ mm 处,由此处进行略带倾角的喷射,以使纬丝在织物的中心部位呈弧状飞行。

### 6. 喷嘴开度

环形喷嘴体与喷针(导纬管)的间隙称为喷嘴的开度。喷射水流的形状由喷嘴的开度决定,开度小,喷射水柱细而长;开度大,喷射水柱粗而短。

喷嘴随着纬丝种类、线密度、筘幅的宽窄、织机的车速及水泵的行程、户尺寸等条件的不同,所需要的喷嘴开度也不相同。一般粗纬纱的喷嘴开度要比细纬纱的大。

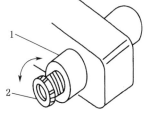

喷嘴的开度通过转动喷嘴顶针的方法进行,如图 8-20 所示。当喷针完全旋进喷嘴体时称为 0 开度,将喷针反转一周称为 1 开度。当喷嘴开度小时,喷射水流束比较长和细,开度大时则相反。一般喷嘴开度调整为 $0\sim2$。

图 8-20　喷嘴开度调整

1—喷嘴本体　2—喷嘴顶针

## 五、送经工艺

由厂喷水织机采用无级变速器进行连续式自动积极送经,因此,送经工艺调整很方便。主要包括无级变速器的调整,张力弹簧的调整,重锤及悬挂位置的选择。

### 1. 送经变换齿轮的选择

由于织物卷取密度及织轴盘径不同,需选择合适的变换齿轮以保证经丝送丝正常,以津田驹织机为例,织轴边盘直径为 800mm 时,各变换齿轮与卷取密度的对应关系为:

| 变换齿轮(B/A) | 卷取密度/根·cm$^{-1}$(根/英寸) |
|---|---|
| 19/61 | 5~11 (13~28) |
| 25/55 | 8~16 (20~40) |
| 34/46 | 14~28 (35~70) |
| 46/34 | 25~50 (63~127) |
| 55/25 | 43~60 (101~152) |

### 2. 传动连杆的调整

在修理或更换无级变速器后,应对其传动连杆、传动轴位置进行调整,若调整不当,会造成送经不规则或无级变速器故障。其调节方法如下:

① 取下重锤,在重锤挂杆处于水平位置时,调整无级变速器凋节杆的长度,使调节杆与传动连杆垂直。

② 使重锤挂杆上升到与限位开关接触时的位置,松开传动连杆与变速柄轴的固定螺钉,用一字螺丝刀将变速柄轴向反时针方向旋转,直到停止处为止。锁紧固定螺钉。

**3. 重锤及悬挂位置的选择**

重锤及悬挂位置的选择应根据经丝总张力和后梁直径类型查表求得,重锤选择太轻易出现松经、筘路;太重会使经丝易断,无级变速器发生故障出现空织等。

## 六、纬密变换齿轮的选用

喷水织帆采用间歇式连续卷取装置,工艺调整相对简便,主要包整括卷取纬密的设定和布辊卷取张力的调整。

**1. 卷取纬密的设定**

喷水织机卷取纬密的设定是依靠调整三个变换齿轮 $Z_A$、$Z_B$、$Z_C$ 的组合来完成的(见图 8-21)。使用中,当变换齿轮 $Z_A$、$Z_C$ 的齿数分别为某一值时,此时变换齿轮 $Z_B$ 的齿数就是织物的机上纬密近似值。我们称这一数值的 $Z_A$、$Z_C$ 齿轮为标准齿轮。津田驹喷气织机的 $Z_A = 22^T$、$44^T$、$62^T$、$80^T$;$Z_B = 56^T \sim 110^T$;$Z_C = 33^T$、$39^T$、$44^T$、$62^T$。

织物密度应在下机烘干后进行测量,然后与工艺要求相比较,若有偏差再进行调整。更换纬密,变换齿轮时应将钢筘打到织口处(织机转至 $0°$),以防齿轮突然倒转伤及手指。变换齿轮 $Z_A$、$Z_B$、$Z_C$ 不同组合后的纬密可查表而得,也可按下式计算:

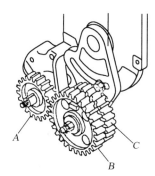

**图 8-21　变换齿轮**

$$P_w = \frac{2\,759.2}{1-a\%} \times \frac{Z_B}{Z_A \times Z_C}$$

$$P'_w = 2\,759.2 \times \frac{Z_B}{Z_A \times Z_C}$$

式中:$P_w$ 为织物下机纬密(根 /10 cm);$P'_w$ 为织物机上纬密(根 /10 cm);$a$ 为织物下机缩率;$Z_A$, $Z_B$, $Z_C$ 为变换齿轮。

**2. 卷布辊卷取张力的调整**

喷水织机各厂家卷布辊卷取装置不同,但其原理相同,都是通过调节调整螺钉改变弹簧压力,从而改变摩擦片张力而带动卷布辊卷绕。因此,调整后应使卷布辊保持适当的卷取张力,以防止卷绕时产生折痕和空织。

**3. 预置长度的设定**

自动定长的预置长度设定是否正确,直接影响到织机的落绸长度,如设置不正确,织物将产生乱码,增加零绸。由于计长表在传动设计过程中未考虑织物的下机缩率,故计长表只显示织物的机上长度,同时由于机上卷取机构传动中的滑移和计算误差,织机上显示的织物长度也会产生误差。因此,应根据织物长度的要求和织物下机缩率的不同,并考虑机械传动的误差来正确设定预置长度,它可以按照下式计算:

$$L_1 = \frac{L_0}{1-a} \times (1-\delta)$$

式中：$L_1$ 为织物卷取的预置长度；$L_0$ 为织物规定长度；$a$ 为织物下机缩率；$\delta$ 为机械传动误差率。

机械传动误差率一般不会改变，经测定大致为 $0.260\%$，因而上式可成为：

$$L_1 = \frac{0.997\,4 \times L_0}{1 - a}$$

织物品种不同，生产工艺不同，其下机缩率也不同，应通过试织求得织物下机缩率的实际值，再按上式计算确定预置长度，以织物保证卷取长度的正确性。

## 七、经纱上机张力

经丝张力以装配在重锤上重锤质量、位置及舒张装置的舒张量变更而进行调整。经丝总张力可按下式计算：

$$T = \frac{K \times \mathrm{Tt_j} \times M \times 8.838}{1\,000}$$

式中：$T$ 为经丝总张力（N）；$K$ 为张力系数；$\mathrm{Tt_j}$ 为经丝线密度（dtex）；$M$ 为经丝总根数（根）；8.838 为系数（由 $9.82 \times 0.9$ 计算而得）。

$K$ 值虽因经丝的种类或加工方法而异，但大致可参照下列的数值。

锦纶丝：$0.10 \sim 0.20$；涤纶丝：$0.10 \sim 0.15$；醋酯丝：$0.05 \sim 0.15$。

例：111 dtex（100 旦）的锦纶丝，总经 6 500 根，试计算其经丝总张力。$K$ 取 0.2，则按上式得：

$$T = \frac{0.2 \times 111 \times 6\,500 \times 8.838}{1\,000} = 1\,275\ \mathrm{N}$$

## 八、速度选择

选择适当的织机器运转速度，对于产品的产量、质量，工艺过程之间的生产平衡等，都有很大影响。机器速度的确定，应当符合多快好省精神。机器速度的提高，应以保证产品质量为基础。一般而言，选择较高织造速度，以便充分发挥织机的作用，从而增加成品的产量。一般喷水织机运转速度可取 $500 \sim 800$ r/min。

## 九、喷水织造上机工艺实例

表 8-4　喷水织造工艺实例

| 产品名称 | 涤平纺 | 伞面绸 | 桃皮绒 |
|---|---|---|---|
| 机　型 | LW542 | ZW303 | ZW405 |
| 经丝线密度（dtex/D） | 75/68 | 75/68 | 83/75 |
| 纬丝线密度（dtex/D） | 75/68 | 75/68 | 167/150 |
| 总经根数（根） | 6 300 | 6 580 | 8 400 |
| 筘幅（cm） | 168 | 182 | 168 |
| 纬密（根/cm） | 30 | 24 | 26 |
| 转速（r/min） | 710 | 635 | 530 |

（续 表）

| 产 品 名 称 | 涤平纺 | 伞面绸 | 桃皮绒 |
|---|---|---|---|
| 喷水时间 | 93° | 90° | 85° |
| 夹纱器开 | 105° | 105° | 105° |
| 夹纱器闭 | 265° | 265° | 260° |
| 先行角 | 12° | 15° | 20° |
| 水量(mm) | 8 | 9 | 10 |
| 水压($P$尺寸)(mm) | 30 | 35 | 45 |
| 拘束飞行 | 235° | 235° | 230° |

## 思考与练习

1. 喷水织造上机工艺参数有哪些内容？
2. 喷水引纬的引导角、飞行角如何设定？
3. 喷水织机水泵活塞动程如何确定？
4. 喷水织机喷嘴与喷针的开度如何确定？
5. 水泵的 $P$ 尺寸如何确定？

## 教学目标

**知识目标:** 1. 了解片梭织造的基本原理与片梭织机的开口、引纬、打纬、卷取、
送经等机构和各种辅助机构的工作原理与机械结构。
2. 掌握片梭织造工艺参数的选择。
3. 熟悉片梭织机的特点与品种适应性。

**技能目标:** 1. 会合理设计片梭织造工艺。
2. 会上机操作调整片梭织造工艺参数。
3. 会正确控制片梭织机的织物质量。

## 学习情境

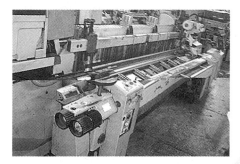

# 任务1　认识、操作片梭织机

## 一、片梭织机概述

### 1. 片梭织机的发展

片梭织机利用片状夹纱器将固定筒子上的纬纱引入梭口,这个片状夹纱器称为片梭。按照一台织机使用片梭的数量,分为单片梭织机和多片梭织机两种类型。

瑞士苏尔寿公司的片梭织机属于多片梭织机,在织造过程中,由多把片梭轮流引纬,仅在织机一侧设投梭机构和供纬装置,故属于单向引纬。引纬的片梭在投梭侧夹持纬纱后,依靠扭轴投梭机构的作用,使片梭高速通过由导梭片组成的通道,将纬纱引入梭口;片梭在对侧被制梭装置制停后,释放所夹持的纬纱头,然后被推到片梭输送链上,输送链从织物下面将片梭返回投梭侧,以进行下一轮引纬。

美国克劳普敦与瑙尔斯(Crompton & Knowles)公司制造的300型与400型片梭织机采用单片梭引纬方式,由织机两侧的空气压缩机产生压缩空气,片梭受压缩空气的驱动,在梭口中的轨道上飞行;当片梭由一侧到达另一侧完成一次引纬后,片梭转180°,夹住纬纱后再返回原来一侧,引入另一根纬纱;如此循环,形成织物。

由于单片梭织机需两侧投梭和供纬,片梭引纬后的转向也限制了织机速度的提高,故单片梭引纬技术目前还不够理想,使用极少。苏尔寿公司自1953年开始批量生产片梭织机,技术较为成熟。

### 2. 片梭织机的品种适应性

(1) 织物种类

从简单的常用织物和工业用宽幅织物到最复杂的提花织物,该机型都能生产,即可织造服用产品、工业用布、土工布及国防、体育、医用的特殊产品。

(2) 可使用的纱线原料种类

片梭织机实际上可使用所有类型的纱线:棉、毛、丝、麻等天然纤维和人造纤维、混纺纱、玻璃纤维纱及金属线等。

(3) 经纬纱粗细及其密度

片梭织机对经纱基本没有限制,纬纱的范围为:短纤维纱6.4~2 000 tex(即160~0.5公支),长丝类12~5 550 dtex(即10.8~5 000 D),纬纱密度0.83~181.5根/cm。

(4) 对纱线性能要求

片梭既能牵引弱捻低张力的纬纱,又能牵引单根尼龙丝;既能牵引厚重帆布的粗线密度多股线,又能牵引轻薄丝绸的细线密度真丝;既能织造环锭纱、自捻纱等条染、匹染、筒子染色纱线,又能织造空气变形纱、花式合股纱、节子纱等有梭织机难以织造的纱线。

(5) 织物组织

片梭适用于加工各种织物组织结构,如平纹、斜纹、缎纹,还能织造各种变化组织,如纬二重组织、经双层组织和绉组织等。

(6) 织物面密度适应范围

为 $40\sim1\,000\ \text{g/m}^2$，能织造最薄型的麦斯林织物、筛网织物到最厚型的牛仔布、家庭装饰布、篷帆布、土工布等。

(7) 织物幅宽可变性

片梭织机是所有无梭织机中应用范围最广的，一台织机可同时织造不等幅宽的多幅织物。

## 二、片梭织机开口机构

片梭织机常用凸轮开口机构、多臂开口机构和提花开口机构。凸轮开口机构用来织制平纹、斜纹等简单织物，可用 2～8 片综框。多臂开口机构用于织制较复杂的小花纹织物，一般用 16 片综框，最多可达 32 片综框。提花开口机构用于织制复杂的大花纹织物。

片梭织机采用的凸轮开口机构、多臂开口机构和提花开口机构的形式、结构及工作原理与剑杆、喷气织机相同。

## 三、片梭织机引纬机构

### 1. 片梭

片梭是片梭织机的载纬器，其作用与传统梭子相同，但载纬方式截然不同。片梭利用内部的梭夹壳口夹住纬纱纱端而将其引入梭口，纬纱卷装固定在织机的一侧，因而片梭的体积和质量可大大减小。

片梭的结构如图 9-1 所示，由梭壳 1 及其内部的梭夹 2 组成。梭壳与梭夹靠两颗铆钉 3 铆合在一起，梭壳前端呈流线型，有利于片梭的飞行。梭夹由耐疲劳的优质弹簧钢制成，梭夹两臂的端部组成一个钳口 5，钳口之间有一定的夹持力，以确保夹持住纬纱。

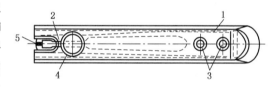

图 9-1　片梭结构

1—梭壳　2—梭夹　3—铆钉　4—圆孔　—钳口

在织造过程中，每引入一根纬纱，梭夹钳口需打开两次，第一次打开是在投梭侧，为了使递纬器将纬纱纱端置于钳口中；第二次打开是在片梭飞越梭口后，为了释放片梭钳口中的纬纱。钳口的开启是靠梭夹打开器插入片梭尾部的圆孔 4 中实现的。片梭尾部有两个孔，靠前部的圆孔供第一次打开递纬使用，能将钳口打开至 4 mm，供递纬器进入钳口内；靠后部的圆孔供引纬结束后打开钳口以释放纬纱使用，其张开程度比递纬时小得多。

### 2. 扭轴投梭机构

苏尔寿片梭织机采用扭轴在投梭之前的扭转变形来储蓄弹性势能，投梭时储蓄的弹性势能迅速释放而驱动片梭。扭轴投梭机构如图 9-2 所示。

织机主轴通过一对圆锥齿轮直接传动投梭凸轮轴 1 做顺时针方向旋转；固装在投梭凸轮轴上的投梭凸轮 2 推动三臂杆 4 的转子 5，使三臂杆绕三臂杆轴 6 做顺时针方向回转；三臂杆的上端通过连杆 7 推动套轴 8 的臂，使套轴旋转；套轴套在扭轴 9 外，其外端与扭轴前端及击梭棒 10 固定在一起，因此，扭轴前端及击梭棒做逆时针方向转动。扭轴的后端穿入外套筒 17 内，扭轴后端用花键固装一个扇形套筒板 16；外套筒的前端固装在引纬箱的箱体上,扇形套筒板的下部有一弧形槽;外套筒后端的螺杆插入弧形槽内,由螺帽将其紧固在一起。调节螺栓 18 顶紧在扇形套筒板的圆销上,松开扇形套筒板下部弧形槽中螺杆的螺帽,旋转调节螺栓 18,使扇形套筒板转动一定角度,以改变扭轴的最大扭角,从而达到调节投梭力的目的。外套筒后端的下侧有刻度标尺,扇形套筒板的下部有刻度标记 M,用来指示最大扭角的值。扭轴的前端转动,后端不动,因此,扭轴发生扭转变形而储蓄能量。当三臂杆与连杆 7 上的两个铰链点处于同一直线时,机构达到自锁状态。此时,三臂杆的下臂正好与定位螺栓 13 相碰,并稳定在这一位置;投梭凸轮与转子脱离,储蓄能量达到最大;套在击梭棒 10 上的击梭块 11 移动到最外侧。

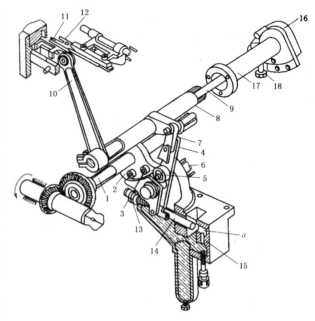

**图 9-2 扭轴投梭机构**

1—投梭凸轮轴 2—投梭凸轮 3—解锁转子 4—三臂杆 5—转子
6—三臂杆轴 7—连杆 10—击梭棒 11—击梭块 12—片梭
13—定位螺栓 14—活塞 15—缓冲油缸 16—扇形套筒板
17—外套筒 18—调节螺栓

当投梭凸轮继续旋转,凸轮上的解锁转子 3 与三臂杆的中臂相碰,使三臂杆沿逆时针转过一个微小角度,使其解除自锁状态,扭轴储存的势能迅速释放,由击梭棒带动击梭块撞击片梭射向梭口。

三臂杆的下臂上安装有活塞 14,当活塞进入缓冲油缸 15 的阻尼腔 a 时,对活塞产生一个阻尼作用,吸收击梭后剩余的势能,使扭轴和投梭棒迅速静止,减少扭轴的自由振动和疲劳。

**3. 导梭片**

片梭在梭道中飞行如图 9-3 所示。梭道由导梭片 2 按一定的间隔均匀排列并安装在箱座上而构成。由于导梭片需插入和退出下层经纱,对经纱有夹持和磨损作用,故导梭片的大小、厚度及排列密度不能太大。

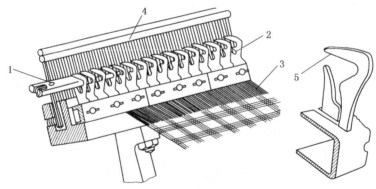

**图 9-3 片梭飞行轨道**

1—片梭 2—导梭片 3—经纱 4—钢箱 5—上唇

#### 4. 制梭器

片梭织机的制梭机构如图 9-4 所示。制梭器有两个滑块,装在接梭箱的滑槽内,制梭器的上滑块 7 与斜面滑块 8 接触,斜面滑块左右运动可调节下滑块的上下位置,达到调节制梭力的目的;伺服电动机 10 上的调节螺杆 9 正转或反转带动斜面滑块向左或向右运动。安装在下滑块上的制梭脚 3 的下表面上有三个接近开关 a、b、c。b 用于检测梭子到达时间;a、c 用于判别制梭力,片梭尾超过 a 则制梭力偏小,片梭头没到达 c 则制梭力偏大。信号送到控制中心处理后驱动伺服电动机 10 转动,自动校正制梭力,直到制梭结束时,片梭处在 a、c 的下方。

上滑块 7 通过上铰链板 6、下铰链板 4 铰链在一起。两块铰链板又与连杆 5 由一销轴铰链在一起,连杆 5 由共轭凸轮通过摆臂驱动而做往复运动,下滑块做上下运动。制梭时,下滑块运动到最低位置;片梭回退时,下滑块运动到最高位置。下滑块的下表面固装有制梭材料(合成橡胶片、层压胶布等)。

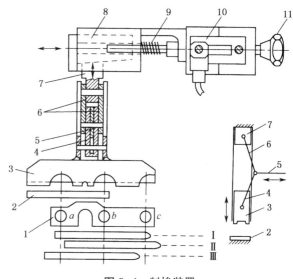

图 9-4 制梭装置

1—接近开关 2—下制梭板 3—制梭脚 4—下铰链板
5—连杆 6—上铰链板 7—下滑块 8—斜面滑块
9—调节螺杆 10—伺服电动机 11—手柄

### 四、片梭织机打纬机构

图 9-5 所示为片梭织机的共轭凸轮式打纬机构,主要由打纬箱 1、共轭凸轮 2、箱座脚 3、箱座 4、钢筘 5 和导梭齿 6 等构成。

打纬时,由位于打纬箱 1 内的共轭凸轮 2,带动箱座脚 3、箱座 4、钢筘 5 和导梭齿 6 向织口打入一根纬纱。引纬期间,箱座静止不动,导梭齿与投梭和接梭

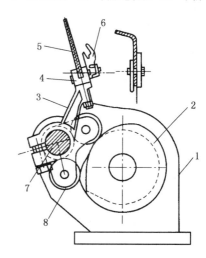

图 9-5 片梭织机的共轭凸轮式打纬机构

1—打纬箱 2—共轭凸轮 3—箱座脚转子
4—箱座箍夹 5—钢筘 6—导梭齿
7—摇轴 8—转子

装置的固定导梭件排成一线,静止角为 220°~255°。如筘幅 216 cm 的片梭织机,静止角为 220°,筘座打纬的进程角为 70°,打纬回程角为 70°。筘幅愈宽,则筘座静止角可设计得愈大。

### 五、片梭织机卷取与送经机构

#### 1. 卷取机构

片梭织机采用积极式卷取机构,变换齿轮调节织物纬密,机上配有浮动卷布装置,卷布

辊由摩擦力矩带动工作,如图 9-6 所示。

传动轴 1 与蜗杆 2 的头端固装成一体,蜗杆 2 回转,带动蜗轮 $Z_1$ 转动,蜗轮 $Z_1$ 与变换齿轮 A 固装在轴 3 上,变换齿轮 A 与变换齿轮 B 啮合,和变换齿轮 B 同轴的变换齿轮 C 与变换齿轮 D 啮合,与变换齿轮 D 同轴的齿轮齿轮 $Z_5$($10^T$)与齿轮 $Z_4$($49^T$)啮合,齿轮 $Z_4$ 和齿轮 $Z_6$ 固装在套筒轴 4 上,$Z_6$ 通过过桥齿轮 $Z_7$ 带动卷布辊齿轮 $Z_8$。同时,套筒轴 4 上的链轮 $Z_2$ 通过链轮 $Z_3$ 的回转传动摩擦盘 5,传动力矩带动卷布辊运动。调节摩擦盘上的弹簧力可改变卷布辊卷布的松紧程度。

卷取蜗轮 $Z_1$ 与蜗杆 2 的配比有四组:传动比为 2:60 的标准齿,纬密范围 36~907 根/10 cm;传动比为 4:60 的粗齿,纬密范围为 18~453 根/10 cm;传动比为 8:55 的特粗齿,纬密范围为 8.2~207 根/10 cm;传动比为 1:60 的细齿,纬密范围为 72~1 813 根/10 cm。

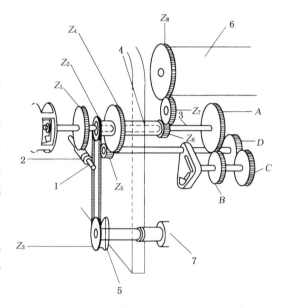

**图 9-6 片梭织机的卷取机构**

1—传动轴 2—蜗杆 3—轴 4—套筒 5—摩擦盘
6—卷取辊 7—卷布辊轴 $Z_1$—蜗轮
A, B, C, D—变换齿轮

卷取装置纬密变换,除选用适当的蜗轮、蜗杆配比外,还要选定四个变换齿轮,它们共有 13 种齿数,即 14、15、23、26、34、37、38、42、46、49、50、51、52 齿,可按需选定。A、B、C、D 四个变换齿轮中只允许两个齿数相同,但齿数不得小于 34 齿,同时变换齿轮 A 不得大于 51 齿。纬密确定后,查纬密表选定四个变换齿轮的齿数。

**2. 送经机构**

(1) 摩擦离合器式积极送经机构

苏尔寿片梭织机的送经机构由摆动后梁式的经纱张力调节装置及摩擦离合器式的自动送经装置组成。本装置在织造过程中不需人工调节,能保持经纱张力基本恒定。摩擦离合器式的自动送经装置如图 9-7 所示。

该装置由侧轴 1 传动,侧轴 1 的后部有花键孔 1a。轴 2 的后端依靠楔形螺杆 3 固装有主动摩擦盘 4;轴 2 的前端装有花键,伸入侧轴的花键孔 1a 中,靠花键使侧轴 1 与轴 2 连接。主动摩擦盘 4 与轴 2 除能随侧轴 1 转动外,还能沿轴向做前后移动,此时轴 2 的前端在花键孔 1a 中做轴向滑移。被动摩擦盘 5 与制动盘 6 为一体,靠花键与套筒 7 连接并一起回转,同时也可以在套筒 7 的花键上做轴向滑移。套筒 7 依靠托架中的两个轴承 8 与 9 支承,可在轴承中自由回转。轴 2 则通过套筒 7 的圆孔并自由回转。蜗杆 $Z_{31}$ 固装在套筒 7 上,并与蜗轮 $Z_{32}$ 啮合。在经纱张力的作用下,蜗轮 $Z_{32}$ 有按箭头方向回转的趋势,为防止 $Z_{31}$ 前移,在蜗杆前端的托架中有止推轴承 10。

在主动摩擦盘 4 与被动摩擦盘 5 的接触面上铆有铜丝石棉质地的摩擦垫片 4a 和 5a,托架上方铆有摩擦片 11a。弹簧 12 具有把制动盘库推向后方的趋势,当主动摩擦盘 4 与被动摩擦盘 5 脱离时,制动盘 6 紧靠于摩擦垫片 11a 上。此时,被动摩擦盘 5、套筒 7 及蜗杆

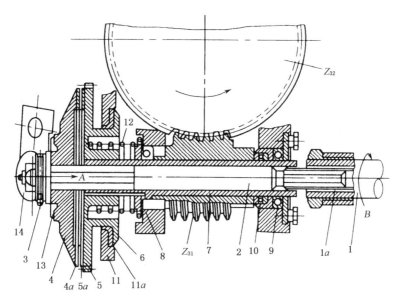

**图 9-7　片梭织机摩擦离合器式自动送经机构**

1—侧轴　2—轴　3—楔形螺杆　4—主动摩擦盘　5—被动摩擦盘　6—制动盘　7—套筒
8,9—轴承　10—止推轴承　11—托架　12—弹簧　13—斜面凸轮　14—转子
1a—花键孔　4a,5a,11a—摩擦垫片

$Z_{31}$ 均处于静止状态,送经装置处于被制动状态,不能送出经纱。

主动摩擦盘 4 的外侧装有斜面凸轮 13。当斜面凸轮 13 与转子 14 接触时,主动摩擦盘 4 向 A 方向(即前方)移动,与被动摩擦盘啮合,把后者向前推移,同时制动盘 6 与摩擦垫片脱开,解除制动,使经轴送出经纱。

织机运转时,主动摩擦盘 4 与轴 2 同时回转。主动摩擦盘 4 每回转一周,斜面凸轮 13 与转子 14 接触一次。主、被动摩擦盘的啮合时间取决于转子 14 与斜面凸轮 13 的接触时间,接触时间越长,送经量就越多。转子 14 的位置由张力调节装置决定。

经纱张力调节装置如图 9-8 所示。在织机两侧各装有一个张力弹簧 3 与摆动臂杆 4,摆动后梁 5 装在摆动臂杆 4 的轴座中。弹簧 3 作用于以固定后梁 6 为摆动中心的臂杆 4 上,使摆动后梁有上摆的趋势,使经纱获得张力。

织机左侧的摆动臂杆 4 上,用螺钉 7 固定控制臂杆 8。连杆 9 上的长槽 9a,控制臂杆 8 的端部有销子螺钉 10 伸入长槽 9a 中。连杆 9 的上端有两个限位螺钉 13 和 17,分别位于控制臂杆 8 的上下两端。它们之间保持一定间隙 b,其大小可调。

连杆 9 的下端用销子螺钉 11 与扇形槽架 14 连接。扇形槽架 14 以装在短臂 16 上的销轴 15 为中心摆动时,圆弧形槽 14a 可沿位置固定的销子螺钉 12 滑动。圆弧形槽 14a 到销轴 15 中心的距离 a 是不等的,即在圆弧形槽的下部,a 较小;而在圆弧形槽的上部,a 较大。因此,扇形槽架摆动时就迫使销轴 12 移位,使短臂 16 转动。与短臂 16 一体的是短轴 18 及转子臂杆 19、转子 2。

当摆动后梁 5 感应到较大的经纱张力时,摆动后梁下降,控制臂杆 8 上升,连杆 9 也上升,扇形臂杆 14 沿箭头 A 方向摆动。距离 a 增大,使短臂 16 与短轴 18 按箭头方向转动,转子就向主动摩擦盘上的斜面凸轮 1 靠近,主、被动摩擦盘的啮合时间增加,送经量增大,经纱张力自动平衡。

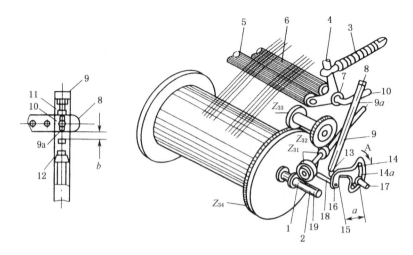

**图 9-8　片梭织机经纱张力调节装置**

1—斜面凸轮　2—转子　3—张力弹簧　4—摆动臂杆　5—摆动后梁　6—固定后梁　7—螺钉
8—控制臂杆　9—连杆　9a—长槽　10,11,12—销子螺钉　13,17—限位螺钉
14—扇形槽架　14a—圆弧形槽　15—销轴　16—短臂　18—短轴　19—转子臂杆

(2) 电子送经机构

苏尔寿片梭织机的电子送经机构采用常规摆动后梁和弹簧系统平衡经纱张力,与常规摆动后梁的机械式送经装置相同,但经轴的传动源为电子控制的伺服电动机。如图 9-9 所示,电动机 1 通过减速齿轮装置 2 和主齿轮装置 3,传动经轴 4,使之向机前转动,送出一定长度的经纱。

依靠固装于摆动后梁的摆动中心的开关叶片 5 和固装于固定托架上的传感器 6 的相互作用,可以把信号通过电缆 7 送入送经装置的电子控制箱 8。开关叶片 5 的弧形面相对于摆动中心是偏心的,当经纱张力大时,摆动后梁 9 下降,开关叶片 5 向上摆动,这时开关叶片的弧形面和传感器 6 之间的间隙减小,传感器发出信号,通过控制箱 8 使送经电动机增加送经量。反之,当经纱张力减小时,开关叶片的弧形面与传感器之间的间隙增大,传感

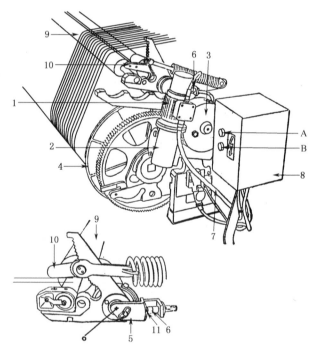

**图 9-9　电子机式送经机构**

1—电动机　2—减速齿轮装置　3—主齿轮装置　4—经轴
5—开关叶片　6—传感器　7—电缆　8—电子控制箱
9—摆动后梁　10—支架　11—标记

器没有信号发送给控制箱,送经电动机停止送经。依靠这种控制方式可使后梁 9 的位置一直保持基本相同的高度,经纱张力也一直保持基本稳定,直至经轴的经纱全部用完为止。

### 六、片梭织机辅助机构

片梭织机的断经(断纬)自停机构与剑杆织机同,断经采用电气式自停装置,断纬采用压电陶瓷传感检测方式的纬纱断头自停装置;它们的引纬和剑杆引纬同属积极引纬,故使用的储纬器相同。

苏尔寿片梭织机除单色织造的机型外,还有可进行多色纬织造的机型,如混纬、两色任意顺序引纬、四色任意顺序引纬、六色任意顺序引纬。

#### 1. 混纬

采用混纬方式的机型配置了两个递纬器,分别由各自的筒子供纬,由递纬器交替递纬,交替的比例是1∶1,不能任意引纬。

混纬的目的是为了消除纬纱色差或纬纱条干不匀给布面造成的影响。混纬织造在筒子供纬的无梭织机上应用很普遍。当然,混纬的机型可用于织制双色纬1∶1交替引纬的产品。

#### 2. 多色选纬

苏尔寿片梭织机的选纬机构可实现2~6色选纬。图9-10所示为四色任意顺序引纬的递纬器,图中 a、b、c、d 为四种色纬的递纬器所在的燕尾截面滑槽。当某滑槽处于工作位置(与等待递纬的片梭对准)时,由该滑槽的递纬器向片梭递纬,片梭引入相应颜色的纬纱。由哪一个递纬器递纬取决于换色机构中连杆2的位置。连杆的高低位置由开口机构中两根提综臂控制,提综臂的位置取决于纹板纸的穿孔情况,而纹板纸上的穿孔根据纬纱配色循环进行。两根提综臂的升、降能组成四种状态,对应连杆的四种位置,再通过变换轴3

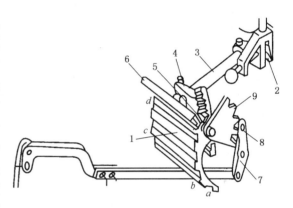

**图 9-10　四色任意顺序选色器**

1—选色器　2—连杆　3—变换轴　4—扇形齿轮　5—小齿轮
6—选色器轴　7—锁位臂杆　8—定位销　9—扇形定位板

上的扇形齿轮4,传动选色器轴6上的小齿轮5,使选色器1的位置发生变化,实现换色。当选色器变位时,锁位臂杆7上的定位销8从扇形定位板9的槽中退出,这时递纬器轴6可转动换色。完成变位换色后,定位销重新进入扇形定位板的槽中,使递纬器正确定位,保证递纬器与片梭对准,能够正常递纬。

在片梭织机上,任意顺序引纬的换色机构除了由多臂开口机构控制的换色机构外,还可用提花开口机构进行控制,但很复杂。片梭织机所能制织的色纬数较少,且随色纬数和开口机构不同,换色控制装置也不一样。

#### 3. 自动寻纬纱头装置

P7100片梭织机可配置自动寻纬头装置,如图9-11所示。为了寻找断纬,可将手柄1从位置Ⅰ转到位置Ⅲ,然后转到位置Ⅱ,此时自动寻纬头装置发生以下动作:

① 手柄1从位置Ⅰ转到位置Ⅲ时,开关凸轮2推动限位开关3(图9-12),限位开关3使齿轮装置6的电磁离合器啮合,这时齿轮装置6和侧轴7互相连接。

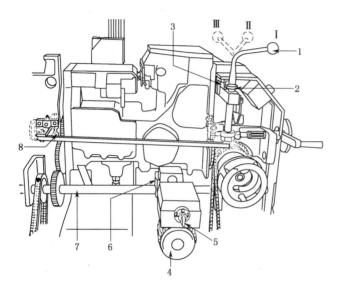

图 9-11　自动寻纬头装置

1—手柄　2—开关凸轮　3—限位开关　4—电动机　5—换向开关
6—齿轮装置　7—传动侧轴　8—离合器

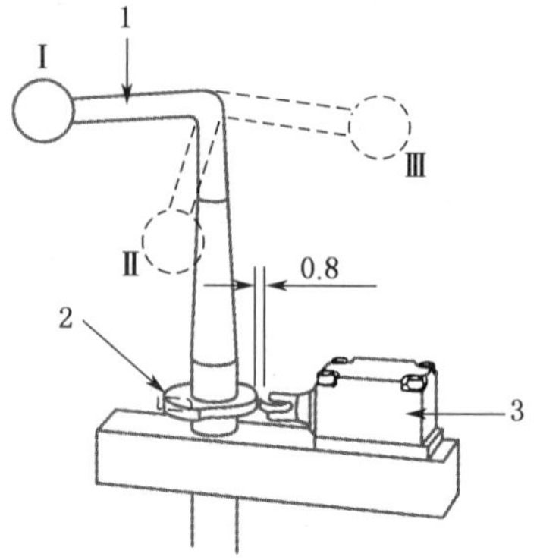

图 9-12　限位开关

1—手柄　2—开关凸轮　3—限位开关

② 当手柄 1 转到位置Ⅲ时,离合器 8 脱开。这时侧轴 7 与主机脱开,可以自由转动。

③ 当手柄 1 从位置Ⅱ转到位置Ⅲ时,限位开关 3 进入第二级位置,使电动机 4 启动。电动机 4 通过齿轮装置 6 传动侧轴 7。

④ 电动机 4 的上方有换向开关 5,换向开关可置于以下三种位置:

a. 位置 0:电动机 4 的供电被切断。

b. 位置 1:电动机 4 使侧轴 7 反转(与织机运转时的方向相反)。

c. 位置 2:电动机 4 使侧轴 7 正转(与织机运转时的方向相同)。

⑤ 侧轴 7 刚好转动一周后,离合器 8 自动啮合,手柄 1 从位置Ⅱ自动回复到位置Ⅰ。与此同时,开关凸轮 2 使限位开关 3 回复原状,于是齿轮装置 6 的电磁离合器脱开,侧轴 7 和齿轮装置 6 不再连接,同时电动机 4 的供电被切断。

**4. 自动平综装置**

自动平综装置仅适用于踏盘开口的片梭织机。在织机运转中,当经纱或纬纱断头后,自动平综装置可将综框调整到同一高度。自动平综装置如图 9-13 所示,由电动机 4 和减速齿轮箱 5 组成。

操纵的选择性由织机电子控制箱内的模件 FHI 实现,模件 FHI 上的手柄位置有三种状态:

① 手柄 2 和 3 都在"OFF"位置,自动平综装置不起作用。

② 手柄 2(KFW)在"ON"位置,则经纱断头

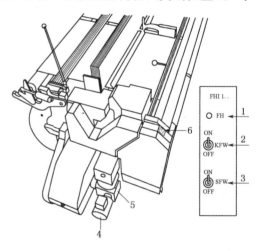

图 9-13　自动平综装置

1—手柄位置 1　2—手柄位置 2　3—手柄位置 3
4—电动机　5—减速齿轮箱　6—按钮

后梭口自动平综。

③ 手柄 3(SFW)在"ON"位置,则纬纱断头后梭口自动平综。

减速齿轮箱 5 的输出头与踏盘开口箱中臂杆支架 7 的偏心轴 $A$(图 9-14)连接。织机正常运转时,偏心轴 $A$ 呈图中所示的状态,这时臂杆轴 $B$ 向踏盘 8 靠拢,臂杆 9 的下转手 10 紧贴一对共轭踏盘 8 而运动。如将偏心轴 $A$ 回转 180°,臂杆支架 7 将臂杆轴 $B$ 从踏盘 8 拉开,于是所有臂杆均处于同样位置,从而实现平综。

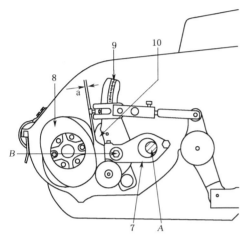

图 9-14　踏盘开口箱的偏心轴

7—臂杆支架　8—踏盘　9—臂杆　10—下转手
$A$—偏心轴　$B$—臂杆轴

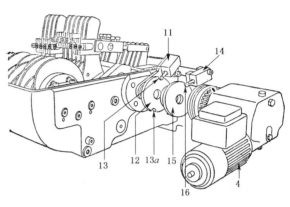

图 9-15　自动平综装置的工作及复位

11,14—定位开关　12,15—圆盘
13,13$a$,16—缺口　4—电动机

偏心轴 $A$ 回转 180°及其复位过程如图 9-15 所示:

① 织机正常运转时,定位开关 11 的触头位于圆盘 12 的缺口 13 中,定位开关 14 的触头则位于圆盘 15 的缺口 16 中。这时电动机 4 不供电,自动平综装置不起作用。

② 织机停转时,按下按钮 6,使电动机 4 启动,并使偏心轴 $A$ 回转 180°。此时定位开关 11 的触头位于圆盘 12 的缺口 13$a$ 中,而定位开关 14 的触头位于圆盘 15 的表面。这时综框处于平综位置,由于定位开关 14 的作用,织机不能启动。

③ 再按下按钮 6,电动机 4 启动,偏心轴 $A$ 又回转 180°,这时两个定位开关 11 和 14 回复到状态 1,织机可以启动。

**5. 织边装置**

片梭织机采用折入边,又称钩入边,布边光滑、坚牢。折入边装置比较复杂,机构动作配合、时间控制十分精确,因此对机构调整工作的要求很高。折入边的缺点是布边较厚,而且需辅以假边。

如图 9-16 所示。纬纱在张紧状态下纳入折入边装置的钳口 1 中(钳口位于假边与布边之间),然后于钳口外侧

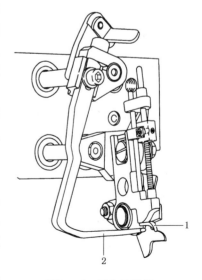

图 9-16　折入边装置

1—钳口　2—钩针

距布边 11 mm 处由剪刀将纬纱切断,假边被分离。当第二次梭口形成后,钩针 2 将钳口握持的纬纱头勾入梭口,随同新纳入的纬纱一起打向织口,形成如图 9-17 所示的折入边。

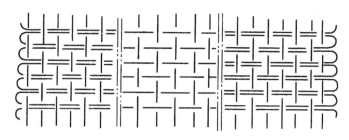

图 9-17 折入边

折入边的双纬组织结构会引起布边过厚、布边与布身染色色差、边经纱因屈曲过度而断头等弊病,生产中通常采取减小边经纱密度、改变边组织结构、选用优质经纱等弥补措施。

## 七、片梭织机操作技术

### 1. 开关车操作

(1) 开车操作

① 接通总电源,检查开关是否在作用位置上。

② 按下复位开关,解除紧急停车按钮。

③ 查看织口处经纱是否有花衣杂物、断头等,发现问题及时处理。

④ 查看纬纱是否为明线,稀薄品种适当放 1～2 牙纬牙,减少合路。

⑤ 拉起开车柄,主电动机启动,信号灯全灭后压下开车手柄,织机正常运转。

(2) 关车操作

① 应使用织机两头侧面的正常停机按钮关车,绝对不能用拉起开关柄的方法。

② 把钢筘打到织口中间。

③ 切断电源,关闭主电动机。

④ 摇平综框。

⑤ 坏车停机时间较长时,应用遮布盖住布面织口和织轴盘,防止飞花附着。

⑥ 空调若采用下送风,应将车下送风口用挡板盖好,不留缝隙。

⑦ 防滴水机台用塑料布盖好。

### 2. 换绞边纱操作

片梭织机绞边纱常用涤纶长丝,通过绞边综丝进行绞边,并将边锁住使其不向外滑移,使布边平整、牢固。换绞边纱时应注意将纱头接好,检查绞边纱的质量,调节绞边张力弹簧,使绞边纱张力大小适当、均匀。

### 3. 断纬处理方法

(1) 断纬停台

首先将剩余的纱线从梭口中取出,发现暗线时应将断纬手轮以逆时针方向转动,直到手轮发出轻微响声,停在停止位置,重新接合为止。对于无找断纬装置的机型,可直接用开关柄开启到明线。

（2）较稀品种

一般情况下，退 2 梭纬纱的放一纬牙，退 3 梭纬纱的放二纬牙，调整张力，看织口稀密程度，正常时开车。

（3）退纬注意操作

对于有自动按钮开关和找断纬装置的机型，退纬可不放纬牙。

（4）引入纬纱

① 纬纱断在储纬器、张力杆处：右手将引纬钩穿入压纱器→张力杆→定中心杆，左手将纬纱绕上引纬钩，右手顺势拉出引纬钩，左手用食指把纬纱放在压纱器内，并嵌入盖板，右手将纬纱挂在箱侧上面，适当拉紧，然后开车。

② 纬纱断在筒子上：左手将纬纱从筒子架上引出，右手关闭储纬器开关，并转动卷纬转子，使导纱眼朝凹口处；右手把引纬钩插入导纱眼，左手将引出的纬纱头绕在引纬钩上，右手顺势拉出，然后将引纬钩依次穿入毛刷衬垫、导纱眼、纬纱压纱器；左手开储纬器开关，并将引过的纬纱放在压纱器下面，依次穿入纬纱张力杆、定中心杆、定中心片；左手将纬纱嵌入盖板，右手把纬纱挂在箱侧上，适当拉紧，然后开车。

**4. 车后纱疵、织轴疵点处理**

（1）纱疵处理

经纱检查时发现纱疵可采用摘、剪、拈、劈、掐、换六种方法进行处理。

① 经纱上有花毛、回丝缠绕时，用摘的方法处理。

② 经纱上有棉球、大接头、长尾纱时，用剪的方法处理。

③ 经纱上有小羽毛纱时，用拈的方法处理。

④ 经纱上有棉杂片、大肚纱时，用劈的方法处理。

⑤ 经纱上有大羽毛纱、带疙瘩的小辫纱时，用掐的方法处理。

⑥ 经纱上有粗经、多股纱、油纱、色纱时，用换的方法处理。

（2）织轴疵点处理

织轴上出现倒断头可采用挂、借的方法处理。

① 挂：在倒断头纱尾上接几根接头纱，绕上铁梳并挂在经轴下面（适用于即将出来的倒断头）。

② 借：在不影响质量的情况下，可采用借边纱的方法，将倒断头通过导纱杆上的导纱卡，用直角引直。发现倒断头出来后，必须及时还原到原来的位置。如遇多头，同样通过导纱卡拐直角与导纱杆平行引入废边纱箱中。

# 思考与练习

1. 简述片梭织造的基本原理和分类。

2. 简述片梭织机的机构组成。

3. 扭轴投梭机构的主要特点是什么？

4. 简述片梭织机的品种适应性，以及最适宜织造的品种。

# 任务 2 设计片梭织造工艺

片梭织机的工艺参数包括梭口调节、开口时间、投梭时间、停经架位置、后梁位置、边道的调节及引纬工艺等。

## 一、梭口高度

片梭织机采用无胸梁织造,梭口的高低由后梁和托布梁的高度来确定,根据后梁和托布梁的不同高度可以构成对称梭口、轻度不对称梭口、强不对称梭口以及适用于长浮点织物的对称梭口。

### 1. 前部梭口高度的调节

确定托布梁和后梁高度后,应正确调节前梭口的高度,即各片综框的高度。

如图 9-18 所示,使织机停在 180°位置,即梭口处于满开状态。这时,上层经纱应在导梭片顶部上方 1 mm 左右,下层经纱在导梭片孔腔内凸缘 a 的下方 3 mm 左右,以保证片梭在梭口内顺利飞行,不打断经纱。用手回转织机使其从 340°转到 15°位置,这时纬纱应能从导梭片孔腔的出口处顺利滑出。图 9-19 所示为片梭织机的不同梭口高度,(a)为理想的梭口高度,(b)表示梭口过高,(c)表示梭口过低。

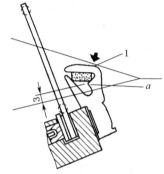

图 9-18 片梭织机前梭口高度的调节

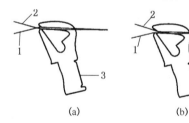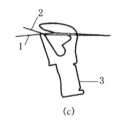

图 9-19 片梭织机的不同梭口高度

1—下层经纱 2—上层经纱 3—梭导片

如果每片综的上、下层经纱相对于导梭片的位置需同时调高或调低时,可在开口踏盘内将各片综的调节杆适当放长或收缩即可。如果每片综的开口高度需加大或缩小时,可将叉形杆上下调节,向上调,开口量大;向下调,开口量小。

片梭织机梭口高度设定,生产中主要考虑所加工的品种。加工细线密度纱或纱疵少、条干光洁时,梭口高度应适当小一些;加工粗线密度纱或纱疵较多、条干发毛、相互连接机会多时,梭口高度应适当放大。

### 2. 后部梭口长度的调节

后部梭口长度由摆动后梁的位置决定。PU 型摆动后梁前后有三个位置可以调节,P7100 型摆动后梁前后有四个位置可以调节。

（1）PU 型系列片梭织机后梭口长度的调节

① 后部梭口短：如图 9-20(a)所示，后梁 1 的摆动中心在托架 2 的内侧，后部梭口最短。经纱开口清晰，经纱不易摩擦，可以获得较大的经纱张力。适用于各种纱线重磅织物和高经密品种以及开口性能差的经纱和要求经纱张力大的品种。综框数少于 14 片。

② 后部梭口较长：如图 9-20(b)所示，后梁 1 的摆动中心在托架 2 的中部，后部梭口较长。经纱张力柔和，开口时经纱的相对伸长减小，制织长浮组织时外观匀络平整。适用于轻型和中厚型织物、提花和缎纹织物以及经纱强力较低、伸长率较小的织物。综框数可以超过 14 片。

③ 后部梭口最长：如图 9-20(c)所示，后梁 1 的摆动中心在托架 2 的最外侧，可使后部梭口最长。经纱断头时挡车工接头困难。适用于经纱质地脆弱、综框数很多、组织中经纱浮长变化范围大和经纱张力不均匀的织物。这种调节有利于织物外观匀整、平挺。

（2）P7100 型后梭口长度的调节

如图 9-21 所示，其后梁有 A、B、C、D 四个调节位置，形成的后部梭口长度见表 9-1。

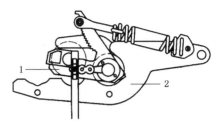

(a) 后部梭口短

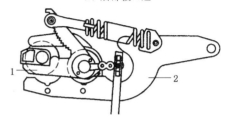

(b) 后部梭口较长

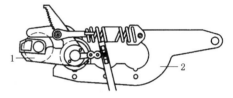

(c) 后部梭口最长

图 9-20　PU 系列片梭织机后部梭口长度的调节

1—后梁　2—托架

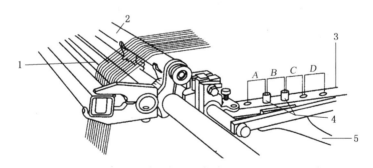

图 9-21　P7100 型片梭织机后梁前后位置调节

1—偏转辊　2—后梁　3—调节支架　4—螺丝　5—支架

表 9-1　P7100 型后梁前后位置调节

| 后梁前后位置 | 后部梭口长度 | 织物适应范围 |
| --- | --- | --- |
| 后面 A 和 B | 后部梭口较短 | 综框片数较少及经纱开口较差的织物或厚重织物 |
| 前面 C 和 D | 后部梭口较长 | 适用 12 片综框以上的提花、缎纹织物及长浮经织物或边盘直径为 940 mm 及以上的经轴 |

（3）织口至各片综框的距离（表 9-2）

表 9-2　织口至各片综框的距离

| 综框片数 | 第一片 | 第二片 | 第三片 | 第四片 | 第五片 | 第六片 | 第七片 | 第八片 | 第九片 | 第十片 |
|---|---|---|---|---|---|---|---|---|---|---|
| 织口至各片综框的距离（mm） | 145 | 155 | 165 | 175 | 185 | 195 | 205 | 215 | 225 | 235 |

## 二、开口时间

开口时间可在 30°～350° 范围内调节，一般采用 0° 或 360°。如开口时间早于 350°，纬纱在梭口内不能充分伸直，影响织物的质量；若开口时间迟于 30°，则片梭进入梭口时梭口未开足而容易造成经纱断头。不同织物品种的开口时间调节可参考表 9-3。

表 9-3　不同织物品种的开口时间调节表

| 织物种类 | | 梭口综平时间 | | | 备　　注 |
|---|---|---|---|---|---|
| | | 地经 | 边经 | 锁边经纱 | |
| 棉织物 | 黏胶纤维织物，棉/黏混纺织物 | 350°～0° | 350°～0° | — | 梭口闭合早（350°）的优点：布面丰满，开口好 |
| | 绒类织物，劳动布，牛仔布，缎纹织物 | 350°～0° | 350°～0° | — | 经纱上浆轻且疵点多时，梭口闭合时间应调节至 0°～10° |
| | 细特高密织物 | 355°～10° | 350°～0° | — | — |
| 麻纱，黄麻织物 | | 0°～10° | 355°～0° | — | — |
| 精纺纯毛及其混纺织物 | 经纬纱为股线 | 350°～0° | 350°～0° | — | 单纱时，综平时间应稍迟于股线，以防止轧纬 |
| | 纬纱为单纱 | 0°～10° | 350°～0° | — | |
| 粗纺毛织物 | | 0°～10° | 350°～0° | — | — |
| 结子线及花式线 | | 0°～10° | 350°～0° | — | — |
| 丝织物 | | 25°～45° | 25°～45° | 325°～335° | — |
| 人造纤维 | 黏胶纤维，醋酯纤维，三醋酯纤维 | 10°～20° | 350°～0° | 325°～330° | — |
| | 无捻聚酰胺纱，聚酯纱 | 10°～30° | 350°～0° | 325°～340° | — |
| | 变形纱（假膨体纱） | 10°～40° | 350°～0° | 325°～340° | — |
| | 变形纱（空气膨体纱） | 10°～40° | 350°～0° | 325°～340° | — |
| | 空气膨体纱，无捻纱 | 20°～45° | 350°～0° | 325°～340° | — |
| | 上浆的无捻长丝纱 | 20°～45° | 350°～0° | 325°～340° | — |
| 涤纶巴厘纱织物 | | 40°～50° | 350°～0° | — | 提高梭口动程 |
| 丙纶和丙纶编织带 | | 0°～30° | 320°～330° | — | — |

注：① 只有在使用踏盘开口装置时，边经的梭口闭合时间才能与地经不同；② 锁边经纱是一对相隔约 3 mm 的边纱，穿入单独的综框。其作用在于将纬纱头端锁住，其梭口闭合时约为 320°，不会影响梭口内纬纱的张力。使用多臂或提花开口时，这些综框由锁边经纱装置驱动。

## 三、经位置线

### 1. 梭口的调节

（1）对称梭口的调节

如图 9-22（a）所示，此时托布梁高度为 48 mm，摆动后梁标尺高度为 0°。这种梭口属于对称梭口，其上层经纱与下层经纱的张力一致，经纱张力比较柔和。适用于轻薄密度稀疏的织物（如巴厘纱、纱罗织物、手帕、纱巾等）以及纱线伸长率小、纱线质地脆弱的织物和组织沉入反面的织物。

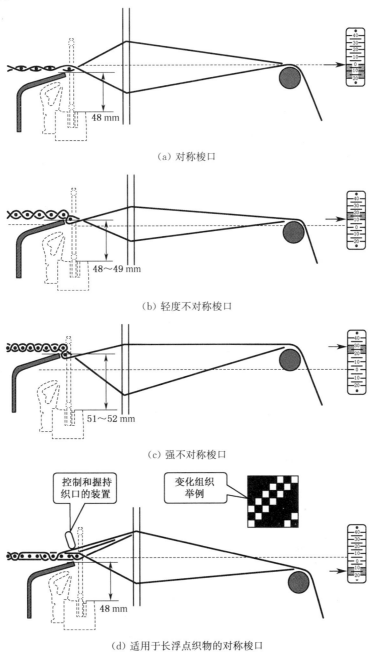

（a）对称梭口

（b）轻度不对称梭口

（c）强不对称梭口

控制和握持
织口的装置

变化组织
举例

（d）适用于长浮点织物的对称梭口

**图 9-22　片梭织机的梭口的调节**

（2）轻度不对称梭口的调节

如图 9-22（b）所示，这时托布梁高度为 48～49 mm，摆动后梁标尺高度为 +10°～+15°。这种梭口属于轻度不对称梭口，上层经纱稍为松弛，下层经纱增加张紧度。在这样的梭口状态下，打纬阻力下降，织物纬密可增加，织物趋于紧密，外观较丰满，手感有所改善。适用于轻型和中厚型织物。

（3）不对称梭口的调节

如图 9-22(c) 所示，这时托布梁高度为 51～52 mm，后梁标尺高度为 +20°～+30°。由于托布梁和后梁抬得很高，下层经纱极度紧张，上层经纱松弛，打纬时纬纱容易产生沿经纱的滑动，可以被推到前一纬，纬纱间几乎相互抵住，打纬阻力小。适用于各类高纬密的重磅织物，如劳动布、帆布、帐篷布以及防羽绒布和府绸等。使用这种梭口时，需注意产生跳花织疵以及片梭飞行时撞断经纱的现象。

（4）用于某些织物的对称梭口的调节

如图 9-22(d) 所示，这时托布梁高度为 48 mm，后梁标尺高度为 -10°～-20°。上层经纱被张紧，下层经纱略放松。但由于为单面织物，经浮点多的一面通常朝上，因此两层经纱之间的张力分配趋于均匀合理。适用于提花织物，组织一般为缎纹组织和变化组织。采用这种梭口有利于提花综丝的回综。但需注意，如果发生织物被提离拖布架的情况，则应加装织口握持控制装置。

### 2. 停经架位置调节

停经装置取决于综框数、梭口高度、织物密度和经纱原料等因素。停经架固装在托纱杆上，调节托纱杆的位置就是调节停经架位置。

如图 9-23 所示，织机处于 200°（梭口开足）时，先调节托纱杆与最后一片综框之间的前后距离 $a$，此距离可根据织物品种确定，如表 9-4 所示；然后调节托纱杆的高低位置，原则上以托纱杆与下层经纱轻度接触为好。如停经片横向摆动严重，可将托纱杆略微抬高。如果为厚重型织物，也可适当提高托纱杆，有利于打紧纬纱。

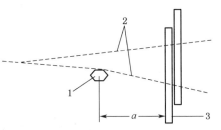

图 9-23　停经装置托纱杆位置的调节

1—托纱杆（六角棒）　2—经纱
3—最后一片综框

表 9-4　托纱杆（六角棒）的前后位置调节

| 织物品种 | | 综框片数 | 距离 $a$(mm) | 后梁前后位置 |
|---|---|---|---|---|
| 短纤纱织物 | 轻型织物 | 8 以下 | 310～320 | 内侧（C 位置） |
| | 中厚型织物 | 8 以上 | 250～300 | 内侧（C 位置） |
| | 轻、中型织物 | 9～14 | 300～320 | 内侧（C 位置） |
| | 多综框复杂织物 | 15～18 | 360～370 | 中部（B 位置） |
| | 厚重织物 | 10 以下 | 260～270 | 内侧（C 位置） |
| | 府绸织物 | 6 以上 | 210～220 | 内侧（C 位置） |
| 长丝织物 | 变形长丝 | 8 以下 | 360～370 | 内侧（C 位置） |
| | 未变形长丝 | 13～15 | 360～370 | 中部（B 位置） |
| | 变形长丝轻型织物 | 10 以下 | 310～330 | 内侧（C 位置） |
| | 变形长丝中厚织物 | 14 以下 | 290～330 | 内侧（C 位置） |
| | 丙纶扁丝织物 | 6 以上 | 320～330 | 内侧（C 位置） |

注：①距离 $a$ 参见图 9-23；②后梁前后位置参见图 9-20。

## 四、引纬工艺参数

引纬工艺的调节,就是调节梭口纬纱的张力,其原则是使纬纱既平直无松弛有一定弹性以避免断纬,从而达到顺利织造的目的。

**1. 片梭选用及配置数量计算**

为适应不同的纬纱种类和不同的筘幅,苏尔寿片梭织机有四种类型的片梭:

① $D_1$ 型片梭,全钢质,质量约 40 g,梭壳外形尺寸(长×宽×厚)为 89 mm×14.3 mm×6.35 mm,梭夹钳口尺寸为 2.2 mm×3 mm 和 2.2 mm×4 mm 两种,梭壳钳口夹持力为 16.7 ～21.4 N。适用于筘幅为 390 cm 以下,制织低、中线密度纬纱的片梭织机。

② $D_2$ 型片梭,全钢质,质量约 60 g,梭壳外形尺寸(长×宽×厚)为 89 mm×15.8 mm×8.5 mm,梭夹钳口尺寸为 4 mm×5 mm,梭壳钳口夹持力为 29.4 N。由于夹持面及夹持力的增大,这种片梭能牢牢地夹持住高线密度纱和结子线,可用于筘幅达 540 cm 的片梭织机。

③ $D_{12}$ 型片梭,也为全钢质,梭壳外形尺寸同 $D_1$ 型片梭,梭夹钳口尺寸同 $D_2$ 型片梭,故夹持力大于 $D_1$ 型片梭,而质量小于 $D_2$ 型片梭,常用于织制某些特殊纱线。

④ $K_1$ 型片梭,质量约 22 g,梭壳尺寸(长×宽×厚)为 86 mm×15.8 mm×8.5 mm,梭夹钳口尺寸为 2.2 mm×4 mm。因梭壳由 OFK 碳素纤维复合材料制成,织造过程中无需润滑加油,故适应于制织高清洁度的织物。

苏尔寿片梭织机需要若干片梭循环引纬,每台织机所需片梭数与上机筘幅有关,可按下式计算:

$$片梭配备数 = \frac{上机筘幅(mm)}{254} + 5$$

例如,上机筘幅为 3 200 mm 时,需配 18 个片梭。苏尔寿片梭织机最小公称筘幅为 190 cm,最大公称筘幅为 540 cm,特宽门幅甚至可达 860 cm。

**2. 引纬工艺参数**

片梭织机的引纬时间主要通过设定递纬器进出梭口及交接纬纱时间、投梭时间、剪纬时间及梭夹开夹时间等参数实现。

左侧片梭开启钳在 340°～350°与片梭相遇;递纬器在 84°时第一次打开,在 105°时开足;扭轴机构在 105°时开始击梭;制梭器在 30°时完成制梭,在 20°时开始推梭;递纬器在 303°时第二次打开,在 332°时开始闭合;右侧片梭开启钳在 7°时开钳,在 63°时离开片梭。

(1) 夹纬器进出梭口及交接纬纱时间

片梭飞入梭口后,递纬器上、下夹闭合。此时,对于单色纬片梭织机,织机主轴刻度盘位于 90°;对于多色纬片梭织机,织机刻度盘处于 70°。

(2) 剪纬时间

片梭织机在引纬侧靠近布边处装有剪刀与定中心片。定中心片的作用是使引入梭口的纬纱相对于递纱夹的钳口正确定位。在剪刀切断纬纱之前,必须先由定中心片将纬纱向织机前方推送到递纬夹的中部,使纬纱正确定位,使递纱夹与边纱钳可以准确无误地夹住纬纱。当递纬夹与边纱钳分别在剪刀的左右两侧将纬纱夹持以后,剪刀才剪断纬纱。这样,左

机
织
工
艺

侧的纬纱头由递纬夹移送到织机外侧的纬纱交接位置,进行下一次引纬;而右侧的纬纱头(露出布边的长度为 1.2～1.5 cm)由边纱钳与钩针勾入布边。一般来说,如剪刀的垂直位置已调节好,则纬纱必须在(358±2)°之间被切断。调换剪刀时,必须复查剪纱时间。

（3）投梭时间

投梭时间即扭轴的自锁解除时间。当投梭凸轮上的解锁转子推动三臂杆的中端时,使原来的自锁平衡破坏,扭轴迅速释放势能。所以,调节投梭时间可通过改变凸轮在轴上的相位角来实现。投梭时间设定是固定不变的,不同筘幅配置不同的投梭时间(表 9-5)。

表 9-5　P7100 型片梭织机的投梭时间

| 公称筘幅(cm) | 投梭时间($D_1$ 型或 $D_{12}$ 型片梭) | 投梭时间($D_2$ 型片梭) | 公称筘幅(cm) | 投梭时间($D_1$ 型或 $D_{12}$ 型片梭) | 投梭时间($D_2$ 型片梭) |
|---|---|---|---|---|---|
| 190 | 150° | — | 390 | 110° | 110° |
| 220 | 150° | 120° | 430 | 110° | 110° |
| 280 | 135° | 120° | 460 | — | 110° |
| 330 | 120° | 120° | 540 | — | 110° |
| 360 | 110° | — | — | — | — |

（4）梭夹开夹时间

片梭被推回到靠近右侧布边外以后,由梭夹打开机构打开片梭的梭夹以释放纬纱头。必须注意,只有在右侧钩边机构的边纱钳夹住纬纱以后,才可打开片梭的梭夹,使纬纱头从片梭梭夹中释放出来。如不按以上程序动作,将造成右侧布边处缺纬及纬缩。开夹时间为主轴 25°,此时梭夹的钳口被打开 1～1.5 mm。

（5）投梭力与制梭力

投梭力由扭轴直径和扭轴扭转角确定,扭转角与织机速度无关。首先,根据片梭引纬速度选用相应直径的扭轴,然后在正常范围内调节扭轴扭转角。当扭转角达到最大值时,片梭若未及时进入制梭装置,应降低织机车速;当扭转角达到最小值时,若片梭速度仍然太高,则应选用较小直径的扭轴。

制梭力由制梭角的高低位置控制,制梭通道间隙越小,制梭力越大。目前,片梭引纬织机能够自动调整制梭力,其具体控制过程可参照相关书目。

（6）引纬工艺的优化

① 投梭力调节的优化:投梭力即扭轴的弹性势能储存量的大小,由片梭质量、织机速度、织机幅宽决定。

投梭力调节方法为:改变扭轴的最大扭角和更换扭轴的直径。旋转调节螺栓,使扇形套筒板转动一定角度,以改变扭轴的最大扭角,从而达到调节投梭力的目的。外套筒后端的下侧有刻度标尺,扇形套筒的下部有刻度标记 M,用来指示最大扭角的值。扭轴扭转过度或不足,均会造成其他部件的损坏。

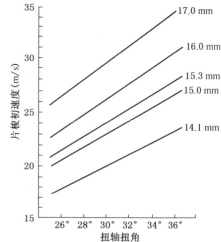

图 9-24　扭轴直径、扭角与片梭初速度的关系

因此,扭轴直径应根据所需引纬速度选用。扭轴直径、扭角与片梭初速度的关系如图 9-24 所示。扭轴的加扭范围见表 9-6。

表 9-6　扭轴的加扭范围

| 标准幅宽(cm) | 扭轴直径(mm) | 扭转范围 | 标准幅宽(cm) | 扭轴直径(mm) | 扭转范围 |
| --- | --- | --- | --- | --- | --- |
| 280～540 | 19 | 12°～27° | 190～220 | 17.2 | 18°～32° |
| 190～220 | 19 | 15°～25° | 190～220 | 15.8 | 18°～35° |

扭轴扭角的大小应根据织机箱幅、纱线细度及织机转速进行调节。

上机开出后,应优化投梭力的调节,使投梭力刚好达到工艺需要。调节时可先采用较小的投梭力,再逐步加大,直至织机的红色信号灯和电气控制箱中 WAL 模体上的 PFR 红色发光二极管不亮为止。此时,片梭到达接梭箱传感器的时间略早于 310°,这是最佳调节法。

② 引纬张力调节的优化:上机开出后,应优化引纬张力的调节,将梭口内单根纬纱的张力调节合适,不允许单根纬纱有松弛现象且达到纬纱平直而不张紧。如图 9-25 所示,当凸轮 1 的小半径与转子 2 接触时,压掌 3 将纬纱压得最紧,此时依靠纬纱张力平衡杆的上升运动将梭口中的纬纱拉直。

合理调节梭口内单根纬纱的张力,就是调节制纱作用第三阶段中压掌位置的高低程度,即 $b_3$ 点位置的高低程度,如图 9-26 所示。调节方法为:使织机停在 0°～352° 的位置,检查梭口内单纱是否平直。如纬纱有松弛现象,应将螺钉 4 向上

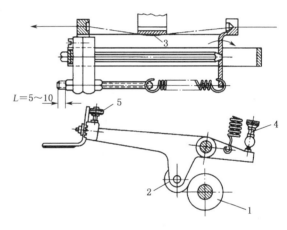

图 9-25　纬纱制动器
1—凸轮　2—转子　3—压掌　4—螺钉　5—螺帽

方退出一些,使转子向凸轮的小半径靠紧一些,这时压掌位置降低(图 9-26 中 $b_3$ 点),可使梭口中纬纱伸直。如纬纱过分张紧,应将螺钉 4 向下方旋转,使转子 2 离开凸轮的小半径(两者之间有一定间隙),这时压掌位置升高(图 9-26 中 $b_3$ 点),可减少梭口中纬纱的张紧程度且平直。

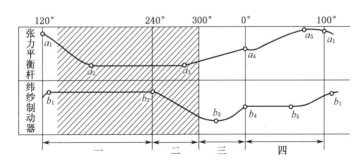

图 9-26　张力平衡杆与纬纱制动器配合作用

应注意:调节螺钉4时,只变化制纱作用第三阶段中压掌位置的高低,并不改变制纱作用第一和第二阶段中压掌位置;但调节螺帽5时,将使制纱作用各阶段中压掌位置同时升高或降低,因此使用螺帽5调节第一和第二阶段中压掌的位置后,应复查第三阶段中压掌的位置,如不符合要求,需重新调节螺钉4。

对于粗线密度纱,第三阶段中压掌位置应为最低,这时转子2与凸轮1的小半径之间仅有很小的间隙。对于细线密度纱,第三阶段中压掌位置应升高一些,以减少压紧程度,这时转子2与凸轮1的小半径之间有较大的间隙。

③ 复查综平时间和综框高度:上机开出后,应复查综平时间和综框高度。

a. 在352°时,复查接梭箱侧布边与片梭之间纬纱是否松弛。

b. 在综平时,复查前梭口高度,如不符合要求应调节综框的高度。

④ 优化纬纱监控时间:纬纱监控的标准时间为220°~310°,利用纬纱张力杆在310°以后继续提升的动作,使纬纱在压电陶瓷传感器内继续有位移和压力,继续可以发出信号,以实现纬纱监控的延时。具体操作是利用SFW模件上的FTV步进开关进行纬纱监控延时的调整,延时愈长,愈利于防止缺纬,但延时过长将造成空关车。为此,需进行纬纱监控延时的优化调节:利用SFW模件上的FTV步进开关逐步增加延时,直至FTV黄色发光二极管发亮为止,然后将FTV步进开关拨回一级(延时缩短一级)。

## 五、纬密变换齿轮的选用

片梭织机卷取机构的纬密齿轮传动如图9-27所示。

根据选用的卷取蜗杆与蜗轮传动比,可用下列公式求得机上纬密 $P'_w$ 和下机纬密 $P_w$:

$$P'_w = 108 \times \frac{Z_B \times Z_D}{Z_A \times Z_C}(根/10 \text{ cm})$$

$$P_w = \frac{108}{1-a\%} \times \frac{Z_B \times Z_D}{Z_A \times Z_C}(根/10 \text{ cm})$$

式中: $Z_A$, $Z_B$, $Z_C$, $Z_D$ 为变换齿轮齿数; $a$ 为织物下机缩率。

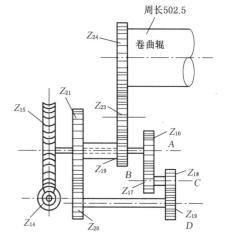

图9-27 纬密齿轮传动图

选择变换齿轮时,也可查相应的纬密齿轮表(可参见织机制造商提供的技术资料)。一般表内符号"×"表示可采用同一齿数的变换齿轮,但该齿轮的齿数不得少于34齿。如果是齿轮A,则齿数不得多于51齿。

查表时,一般先计算实际纬密值(根/10 cm)×0.97(计3%织缩率),再查此表,并读出变换齿轮A、B、C和D的齿数;如果是浮动卷布辊,则先计算实际纬密值(根/10 cm)×0.97,再查此表,并读出变换齿轮A、B、C和D的齿数。

## 六、上机张力

由于片梭外形小、与织口距离近、飞行速度较高及特殊的筘座运动规律,使片梭在梭道内有足够的通行时间,故采用"大张力、小梭口"的工艺设计思路。

为保证片梭织机顺利引纬,对梭口清晰度有很高的要求,通常采用较大的上机张力。由于大多数片梭织机为自动送经,其张力调节并不复杂,只需针对不同的品种,适当调整扭力棒的扭力。一般中厚织物采用大张力,扭力调整为 $2.5°\sim3°$;轻薄织物采用小张力,扭力调整为 $1°\sim1.5°$;黏/棉中轻型织物采用中张力,扭力调整为 $2°$。

(1) 扭力杆调节

扭力管内可以安装多根方形截面的扭力杆,不同幅宽的织机安装扭力杆的根数及其截面尺寸不同(表 9-7)。

表 9-7　方形扭力杆的数目及截面尺寸

| 公称幅宽(cm) | 轻薄和中厚织物用扭力杆 | | 厚重织物用扭力杆 | |
| --- | --- | --- | --- | --- |
| | 数目(根) | 横截面(mm×mm) | 数目(根) | 横截面(mm×mm) |
| 190 | 1 | 11×11 | 1 | 11×11 |
| 220 | 2 | 11×11 | 2 | 11×11 |
| 280 | 2 | 11×11 | 2 | 13×13 |
| 330 | 1 或 2 | 11×11 | 1 或 2 | 13×13 |
| 360 | 3 | 11×11 | 3 | 13×13 |
| 390 | 1 或 2 | 11×11 | 1 或 2 | 13×13 |
| 430 | 3 | 11×11 | 3 | 13×13 |
| 460 | 3 | 15×15 | — | — |
| 540 | 4 | 15×15 | — | — |

一般每根方形扭力杆的扭角可初步调节为 $15°\sim0°$,如果有 2 根及以上的方形扭力杆,则可初步调节总扭角为 $30°\sim40°$;然后按照织物工艺需要,观察打纬区宽度、开口清晰度、边撑的布边伸幅位置(布边应和钢筘边筘对齐)及布面疵点情况,适当地调节经纱张力,可通过增加或放松扭力角来实现。

(2) 张力调节杆与定位杆位置

如图9-28 所示,张力调节杆的长度 $L$ 和定位杆孔的位置,应根据经轴边盘的大小、送经蜗杆蜗轮传动比及纬密范围来决定。

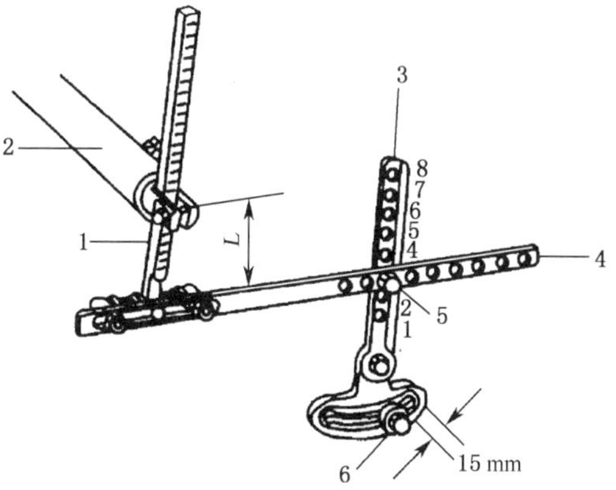

图 9-28　扭力杆式机械送经装置张力调节

1—张力调节杆　2—扭力管　3—定位杆
4—传动杆　5—螺钉　6—偏心圆弧槽

## 七、织机速度选择

片梭织机的运转速度选择与其他织机一样,主要取决于开口机构的类型和织机的筘幅等。一般掌握如下原则:

① 多臂开口织机的转速低于踏盘开口织机的转速。

② 提花开口织机的转速低于多臂开口织机的转速。

③ 筘幅增大时,织机的转速需相应降低,以便使纬纱顺利通过梭口。

④ 若经纱质量、上浆质量好,织构的转速可选择较高。另外,应考虑挡车工的操作水平和车间管理水平等因素。一般常用速度为 300~400 r/min。

## 八、片梭织造上机工艺实例

表9-8 片梭织造上机工艺实例

| 序 号 | 项 目 | 上 机 参 数 | |
|---|---|---|---|
| 1 | 织物名称 | 低线密度高密防羽绒布 | 重磅牛仔布(559 g/m²) |
| 2 | 原料 | 棉 | 棉 |
| 3 | 经纱细度 | 11.8 tex(50$^S$) | 118 tex(5.5 s) |
| 4 | 纬纱细度 | 11.8 tex(50$^S$) | 109 tex(5.4 s) |
| 5 | 经密 | 500 根/10 cm | 236 根/10 cm |
| 6 | 纬密 | 460 根/10 cm | 153 根/10 cm |
| 7 | 地组织 | $\frac{1}{1}$平纹 | $\frac{3}{1}\nearrow$ |
| 8 | 坯布幅宽 | 230 cm 单幅 | 160.5 cm×2 |
| 9 | 筘幅 | 239.6 cm | 329.9 cm |
| 10 | 筘齿密度 | 23.75 齿/cm | 56.6 齿/10 cm |
| 11 | 投纬顺序 | A-B-A-B 混纬 | A-B-A-B 混纬 |
| 12 | 织口位移量 | 4 mm | 10 mm |
| 13 | 织机型号 | P7100-280 型 | P7100-330 型 |
| 14 | 片梭类型 | D$_1$ | D$_1$ |
| 15 | 开口机构 | 凸轮(积极式) | 凸轮(积极式) |
| 16 | 综框数 | 6片(地4片+绞边2片) | 10片(地8片+绞边2片) |
| 17 | 织机车速 | 365 r/min | 330 r/min |
| 18 | 扭轴直径×扭角 | 19 mm×25° | 19 mm×28° |
| 19 | 导梭片类型 | 错开排列式 | 整体式 |
| 20 | 纬纱制动 | 单片式制动压掌,制动薄钢片厚度 0.07 mm,用弱的制动弹簧 | 单片式制动压掌,制动薄钢片厚度 0.07 mm,用强的制动弹簧 |
| 21 | 综平时间 | 0° | 10° |
| 22 | 后梁标尺高度 | +15 mm | +15 mm |
| 23 | 托布梁高度 | 50~51 mm | 50~52 mm |

# 思考与练习

1. 片梭织机的主要工艺参数有哪些? 如何调整?

2. 设计某府绸规格 JC 13 tex×13 tex 480 根/10 cm×400 根/10 cm 230 cm 的片梭织造上机工艺。

**教学目标**

知识目标：1. 熟悉坯布整理工艺流程和主要设备。
　　　　　2. 熟悉织物质量检验方法与标准。
　　　　　3. 掌握整理工艺设计内容和方法。
　　　　　4. 掌握整理产量、质量指标及其计算。
　　　　　5. 熟悉各种织机织疵产生的原因。

技能目标：1. 会织物下机整理的基本操作。
　　　　　2. 会设计坯布整理工艺。
　　　　　3. 会产量和质量计算。
　　　　　4. 会鉴别各种疵点，并分析原因，提出防止措施。

**学习情境**

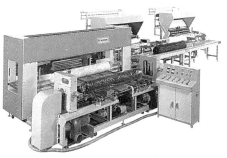

# 任务 1 坯布整理工艺设计与运转操作

## 一、坯布整理工序的目的与任务

织机上形成的织物卷在布辊上,卷到几个联匹后,从织机上取下布辊,然后送整理车间进行检验、整理和打包。这个工序称为下机织物的整理,其目的是:①保证出厂的产品质量符合国家标准的要求;②找出影响织物质量的原因,以进一步研究、改进,促使产品质量不断提高。

整理是织厂的最后一道工序,它不是织造的主要生产过程。但由于机械或操作原因,织机上取下的坯布表面可能留有疵点和棉粒杂质,而且未折叠整齐。为了改善织物外观,保证织物质量,必须通过整理工序对织物进行检验和分等,由此反映前面各工序的质量情况,找出问题关键,促使产品质量的提高。同时,整理工序中可以通过修、织、洗去除一部分外观疵点,以改善织物外观质量。因此,整理工序的基本任务是:

① 根据国家质量标准(包括行业标准和企业标准)逐匹检验织物外观疵点,正确评定织物品等。

② 发现连续性疵点、突发性纱疵等质量问题时,应及时通知有关部门跟踪检查、分析原因、采取措施,防止质量事故蔓延。

③ 把织物折叠成匹,计算下机产量。

④ 按疵点名称记录降等、假开剪、真开剪疵点,分清责任,落实到部门及个人,考核成绩,以供调查研究分析产品质量时参考。

⑤ 按规定的范围对布面疵点进行修、织、洗,改善其外观质量。

⑥ 按国家标准(或企业规定)及用户要求进行成包,成包时记录产量及品等,便于统计。

⑦ 做好本工序各工种的质量把关工作,提高操作技术水平,开展劳动竞赛,大力降低坯布漏验率和成品出厂差错,保证国家标准贯彻执行,满足用户要求。

## 二、整理工艺流程

为了完成上述各项任务,整理工序包括下列工艺过程:

① 验布:检验布面外观疵点。

② 刷布:清除布面棉结杂质和回丝,改善布面光洁度。

③ 烘布:将布匹烘干,防止霉变。

④ 折布:将织物按规定长度折叠成匹,便于计算产量及成包。

⑤ 分等:根据国家标准,评定品等。

⑥ 修织洗:根据修、织、洗范围整修布面疵点。

⑦ 开剪理零:按照规定进行开剪,理清大、中、小零布。

⑧ 打包:按成包规定,打成裸装包或机包。

整理的工艺过程要根据织物的要求而定,棉、毛、丝、麻织物不能用同种方法整理。同时,根据各工厂的实际需要增设其他附属过程,如打包前增加剪边纱(拉毛边)等。有些工厂则减少工艺过程,如加强温湿度管理及提高前工序的除杂效率后,取消刷布、烘布,验布后直接折布。因此,以棉织物为例,其坯布一般须经过验布→折布→分等→打包。

## 三、整理工艺设备及其主要机构

### 1. 验布设备及其主要机构

验布机械称为验布机。图 10-1 所示为斜面式验布机,主要部分是验布台 1,为便于检验,验布台倾斜 45°,被检验的织物等速通过验布台。织物 2 自导辊 3 处引入,经导辊 4 和 5 到达验布台。这时用目光检测疵点并作标记。然后,织物经导辊 6 和摆斗 7,由托布辊 8 的拖引落入运布车或贮布斗。织物的运动主要依靠拖布辊 8,拖布辊的上方压有橡皮压辊,以增加对织物的握持力。

用目力检验运动着的织物表面的疵点,不仅损伤视力、工效低,而且检验的准确率也不够稳定。光电验布是电子技术在纺织工业整理工序上的应用,主要采用普通灯泡或激光作为光源,并利用半导体光电元件硅光电池作为接收器,以代替人的眼睛监视布面,当发

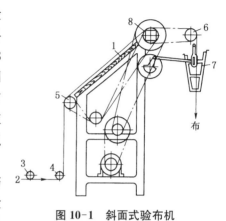

**图 10-1　斜面式验布机**

1—验布台　2—织物　3,4,5,6—导辊
7—摆斗　8—托布辊

现被验织物表面有疵点时,接收器发出信号,并在织物表面作标记或控制验布机自动停车。这种方法目前仍在研究阶段。

### 2. 折布设备及其主要机构

从验布机(或通过烘布、刷布工序)下来的织物,以一定幅宽(通常规定折幅 1 m)整齐地折叠成匹,测量和计算织机的下机产量。

折布在折布机上进行。折布机有平面式和弧形式两种。图 10-2 所示为平面式折布机。

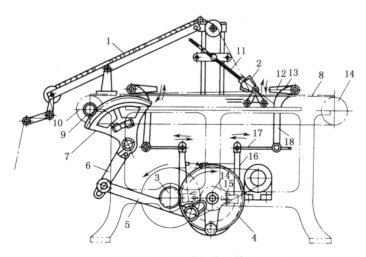

**图 10-2　平面式折布机简图**

1—导布板　2—折刀　3,4—齿轮　5,6—连杆　7—扇形齿轮　8—链条　9—齿轮　10—链轮
11—滑杆　12—压布针板　13—压布杆　14—凸轮　15—转子　16,17,18—连杆

织物从运布车或贮布斗引出后,沿着倾斜导布板 1 上升,再向下穿过往复折刀 2,通过折刀的往复运动,织物便一层层地折叠在平台上。

折布机的运动包括三个部分:折刀的往复动程、确定折幅的长度、关系到出厂产品的长度。因此,折刀的运动甚为重要。

## 四、整理工艺设计与调整

### 1. 设备运转速度的选择

选择适当的机器输出速度,对于产品的产量和质量、工艺过程之间的生产平衡、机器设备的配备数量等,都有很大影响。机器速度的确定,应当符合多快好省的精神。机器速度的提高,应以保证产品质量为基础。整理常用设备的运转速度参见表 10-1。

表 10-1　整理常用设备运转速度

| 序　　号 | 设备名称 | 参考速度 | 备　　注 |
|---|---|---|---|
| 1 | 验布机 | 18（m/min） | — |
| 2 | 刷布机 | 54（m/min） | — |
| 3 | 折布机 | 80（m/min） | 相当于 40（次/min） |
| 4 | 打中包机 | 12～18（包/h） | — |

### 2. 折幅的计算与调整

(1) 折幅的计算

各种织物由于受到张力、包装方法、气候条件等影响,经过一段时期的堆置后会产生自然回缩,其大小用自然缩率表示,即:

$$自然缩率 = \frac{规定匹长(m) - 公称匹长(m)}{公称匹长(m)} \times 100\%$$

或:

$$自然缩率 = \frac{规定折幅(cm) - 公称折幅(cm)}{公称折幅(cm)} \times 100\%$$

为了确保拆包后坯布的长度符合规定要求,因此,必须在折布时加放一定长度再进行修织、定等、成包。规定折幅应为:

$$规定折幅 = 公称折幅 \times (1 + 自然缩率)$$

或:

$$规定折幅 = 公称折幅 + 加放长度$$

一般公称折幅为 100 cm。织物的自然缩率随织物品种而定:紧密织物约为 0.5%～0.7%,中线密度中密和稀薄织物为 0.8%～1.2%。出口布的折幅应加放 6～10 mm,内销产品加放 4～6 mm。

各品种的自然缩率不同,工厂一般根据试验确定,如翻改新产品先参照同类品种暂定标准,待生产数月并积累一定数据后再作修正。

$$试验自然缩率 = \frac{入库前实际折幅长度(cm) - 入库若干天后折幅长度(cm)}{入库若干天后折幅长度(cm)} \times 100\%$$

如 28 tex×28 tex 中长凡立丁坯布,公称匹长为 40 m,自然缩率取 0.55%。则加放长度为 $40×0.55\% = 0.22$ m。因此,规定匹长 $= 40+0.22 = 40.22$ m。

常见织物的自然缩率值如表 10-2 所示。

表 10-2　各类织物的自然缩率

| 织物名称及类别 | 自然缩率(%) | 织物名称及类别 | 自然缩率(%) |
|---|---|---|---|
| 细布类 | 0.5~0.7 | 涤/棉细布 | 0.5 |
| 纱哔叽类 | 0.7 | 涤/棉府绸 | 0.5~0.8 |
| 粗布类 | 0.9 | 纯棉中特纱卡 | 0.5 |
| 灯芯绒类 | 0.5~0.7 | 纯棉中特线卡 | 0.7 |
| 捻线织物(包括涤/棉) | 0.8~1.2 | 帆　布 | 2.0 |

(2) 折幅的调整

① 折幅过小或过大,可调节连杆与大齿轮中心距(偏心)及连杆与摆动杆的相对位置。

② 压布板与折刀动作配合不当而造成折幅大小不一时,应调整主轴凸轮的位置。折刀走入压布板的距离应是 28.6 mm,且必须超出压布针板外侧 4~6 mm,两者间隙调整为 1~3 mm。当折刀退出时,压布板应立即压下,针尖不能与折刀内侧相碰。

③ 若折幅左右不一,应调节折刀链条前齿轮,调整至两面大小一样,再调整连杆与大齿轮中心距(偏心)及连杆与摆动杆的相对位置。

④ 折刀滑杆轴承内积聚飞花或污垢,滑杆运动时阻力增大使折幅减小,因此滑杆轴承应定时清洁,防止折幅变化。

⑤ 织物厚薄变化而影响折布张力,导致折幅大小不一时,可调节折布机压布板,调节折布张力;也可调节连杆与大齿轮中心距的相对位置而不调节折布张力。

⑥ 折布台水平不良,影响与压布板的正常接触,导致折幅不一时,应调整折布台四个调节螺丝,使折布台面成水平且使折布台与压布板接触正常。

⑦ 压布板位置过高不能把布压牢,过低则影响折刀正常行动,都会影响折幅的大小。调节压布板的位置,可松开压布板的托脚螺丝,调整至适当的位置,再旋紧压布板的托脚螺丝。

⑧ 折布刀架前后摆动距离不一,可调节下摆杆与扇形齿轮的相互位置。

(3) 压布板的选择

由于织物的厚薄宽狭不同,采用的压布板形式也不同:

① 钢针板,一般用梳棉机上的盖板。它的优点是折厚织物时,压布效果比较好,但钢针容易脱落,刺入坯布内后容易造成漏验,甚至损坏印染厂加工机械。

② 采用硬质鬃毛或尼龙毛制成长条形毛刷,压布效果好,适用于较薄的织物。

③ 采用凹凸粗齿橡胶皮,胶于长条形木板上,其压布效果不低于钢针板,且能弥补钢针板的缺点。

**3. 成包设计**

成包是整理工程的最后一个工序,按国家标准和企业规定,将完成定等、修织的布匹成包。

（1）成包质量与长度

① 成包质量：每包(件)布最多不超过 100 kg。

② 成包长度：按品种不同可分为 360 m、450 m、480 m、540 m、600 m、720 m。

③ 成包回潮率：成包时实际回潮率：棉布不得超过 9.5%，涤/棉混纺织物不得超过 7%。如个别地区有特殊情况，则由当地有关部门协商确定。

（2）市销布成包规格

① 市销布匹长一般规定为 40 m，每折幅为 1 m，打包时每匹布按不同品种可对折或三折。

② 每包(件)布必须由同品种、同品等组成。

③ 不同长度的布段，允许拼件成包(允许 100% 拼件)。

④ 每包(件)拼件布内允许一段为 10~19.9 m，其余各段长度为 20~80 m。

⑤ 每包(件)拼件布的段数，为规定匹长段数的 110%，不足一段者作一段计算。

如某厂生产 $23^S \times 21^S$ 平布，单匹长度为 40 m，三联匹落布，联匹长度为 120 m，规定成包总长度为 600 m，其拼件段数为：

$$每件布规定段数 = \frac{成包总长度}{联匹长度} \times \frac{联匹长度}{单匹长度} = \frac{600}{120} \times \frac{120}{40} = 5 \times 3 = 15（单匹）$$

$$每件布拼件最多段数 = 15 \times 110\% = 16.5\ 段 \quad （取 17 段）$$

（3）加工坯布成包规格

① 坯布长度规定：

a. 匹长：每联匹长度，可根据要求定出公称匹长。各联匹布的上下公差，双联匹为公称匹长的上 1 m、下 1 m，三联匹及以上者为公称匹长的上 2 m、下 1 m。如双方同意按墨印交货，可不受此限制。

b. 每件布的长度：每件布的总长度 = 联匹规定长度 × 每件联匹匹数

如 $20^S \times 20^S$ 市布联匹规定长度 106 m，三联匹落布，每件五联匹成包，则：

$$每件布总长度 = （106 + 2 \sim 106 - 1）\times 5 = 525 \sim 540\ m$$

② 联匹假开剪成包：国家标准规定，假开剪疵点的长度不超过 0.5 m，双联匹落布者允许假开剪两处，三联匹落布者允许三处，处与处之间不短于 20 m，距布头不短于 10 m。假开剪后各段布都应为一等品，假开剪处应明显标记。假开剪布必须单独另行成包，并须在包外注明"假开"字样。

③ 联匹真开剪成包：加工坯布拼件成包时，除假开剪外，还可以进行真开剪，真开剪后各段布可进行联匹拼件成包。

a. 联匹拼件成包：联匹拼件成包的段数为联匹落布长度段数的200%，对于各段布长度，除允许一段为 10~19.9 m 外，其余各段都应在 20 m 及以上。

如某厂生产 $42^S/2 \times 21^S$ 半线卡，双联匹落布，联匹长度为 76 m，成包段数为 5 段，成包总长度为 375~385 m，则：

$$拼件段数 = 5\ 段 \times 200\% = 10\ 段$$

b. 联匹拼件成包长度：按联匹每件布总长度掌握。

④ 联匹混等成包：

a. 联匹按比例混等成包：即假使每件布为 5 联匹，15 单匹成包为一件布，虽允许混等成

机织工艺

包,但每个品等最少为5单匹。例如,5单匹一等品、10单匹二等品或5单匹一等品、5单匹二等品、5单匹三等品。这种成包办法便于计算,更重要的是可以防止品等的差错。

b. 联匹不按比例混等成包:每件布内的一等品、二等品、三等品不论为多少匹,都能成包,只需在段长记录单上注明品等。

c. 联匹混等成包长度:按联匹每件布总长度掌握。

⑤ 混等比例成包:定长加工外销坯布采用一等品、二等品混等比例成包(卡其织物不允许混等成包)。

a. 每件布总长度按加工坯布的成包规定执行。

b. 单双匹可与三联匹或四联匹混合成包。开剪单双匹或三联匹时,均按照单匹长度加放0.5 m。例如联匹长度为108 m,四联匹(单匹27 m加0.5 m)为27.5 m,双匹为54.5 m,三联匹为81.5 m。

c. 三等品、等外品另行成包(卡其织物二等品、三等品分别成包)。

d. 加工定长布一律不允许假开剪和拼件布。

(4) 零布及其成包

织物开剪后形成许多段长短不一的零布,按其段长分为大零、中零、小零和疵零四种。零布成包段长规定见表10-3。

表10-3 零布成包段长规定

| 幅宽(cm) | 零 布 段 长(m) | | | | |
|---|---|---|---|---|---|
| | 大零 | 中零 | 小零 | 疵零 | 角布回丝 |
| 150以下 | 10~不足匹长 | 5~9.9 | 1~4.9 | 0.2~0.9 | 0.2以下 |
| 150以上 | 6~不足匹长 | 3~5.9 | 1~2.9 | — | — |

注:大零根据品等成包;超过20 m但不足匹长又不符合拼件要求,按大零处理;中零成包限于一等品;小零不允许有六大疵点;疵布不受疵零布长限制。

**4. 包装标志**

① 加工坯布必须标明品种,并按加工类别标明漂白、杂色、深色、印花以示区别。

② 每匹布应在布头两端正面5 cm内标明长度、品等及责任章;加工坯布除一等品外必须加盖品等印记,印记采用易洗掉的颜色。

③ 要在包外刷上厂名、商标名、品名、经纱密度、纬纱密度、长度、品等和日期等标记,标志刷在包的两端。

④ 坯布直接出口的紧包,应注意成包后布幅、折幅的变化情况。打包后布幅、折幅一般会变狭或延伸,其变化程度随组织规格的不同而不同。因此,必须做好成包前后布幅、折幅的变化试验。对经纬密、布幅规格的掌握,可考虑成包以后的变化,做到成包后符合标准,但定等仍以成包前为准。有些特殊品种(如绒布)成包前后的变化太大,可在保证出厂成品不狭、不少的原则下,在成包前定出控制范围,并予以掌握。

## 五、整理工序运转操作

**1. 验布运转操作**

(1) 操作要点

如何将前面各道工序产生的纱(织)疵都检验出来,是验布工的主要职责,也是衡量一个验布工工作质量的重要标志。要降低漏验率,除工作中思想集中外,还必须熟练地掌握操作方法。

① 验布时站立的位置正确,既能看到中间疵点,又能照顾到两边的疵点。

② 两眼要左右照顾,往复巡视,全面控制布面,有怀疑或看不清的疵点应停车检验。

③ 发现一般疵点,必须仔细检查疵点上下各 25 cm 范周内的布面;发现连续疵点,必须检验疵点上下各 50 cm 范围内的布面。

(2) 验布五项小修

① 拖纱。

② 断疵。

③ 0.2 cm 以下的杂物织入。

④ 1/2 m 内不满三个的纬缩、竹节、布开花。

⑤ 经向 1/2 m 内不降等容易修的毛边(包括边上容易修的 12 cm 以内的脱纬和连续双纬)。

(3) 疵点标记

验布时所用的疵点标记,一般使用染成各种色泽的纸票签、杂色纱线和塑料线。其中以纸票签为较好,纱线容易夹入布内造成漏修、漏分等,塑料线有时会因忘记解去而至印染烧毛时容易烧坏布面。

疵点标记,一般要求穿在距布边 0.5 cm 内。疵点评分可写在纸标签上,适用于白坯市销的品种或出口品种。需印染加工的品种,一般将评分写在布面上并在疵点上做出标记,即使疵点标记线脱落,也容易找到疵点。写在布面上时,必须采用酸性颜料配置的墨水,以便于在印染加工中退除。布面上使用的其他印记,也必须用酸性颜料。

**2. 折布运转操作**

(1) 折布要求

要求布匹折幅整齐,两侧布边平齐,底层布头拉出 50 cm 左右,对折时将反面包在外面,以防污渍。

(2) 折幅检查

经常检查折幅,每班至少三次。用同一台折布机加工不同的品种时,应检查调换品种后的第一匹布的折幅,若发现不符合要求,立即进行调整。

(3) 待修织布的堆放

① 把折好的布匹对折,分两排放在堆布板上。采用这种堆布方法时,在堆布板移动过程中,堆布容易倒下。因此堆放时应注意整齐,防止倒塌。

② 把折好的布匹三折,三匹为一层,并逐层交替变换 90°方向堆放。这种堆放容易操作,且堆布板移动时布匹不易倒塌,堆积容量也可增加。布匹折成三折有两种方法:

a. 布边折在两边,厚、薄织物均可采用。

b. 布边折在里面,布匹堆积较整齐,适用于薄织物。

**3. 量布运转操作**

量布是将已经折好布匹的整匹长度和织造车间三班(四班)分班生产的长度数清、分清。布匹整匹长度一般在布头加以标明。

① 把织机分班产量和总产量直接记录在预先设计好的量布记录表中。这种方法比较简便,但是如果发生布机车号写错等错误,由于看不到上一匹布的分班产量而不易发觉,容易造成挡车工产量统计错误。

机织工艺

② 织机上轴时按轴设立产量记录卡片,每落一匹布就记录在卡片上。这样很容易发现由于落布及布机车号写错等错误。其缺点是需要统计员将记录卡片上的产量统计到汇总表上,产生重复劳动。

**4. 分等运转操作**

(1) 先分等后修织

即在折布后、修织前进行分等,根据目前各地做法又可分为两种:

① 每台折布机配一名分等工,对验布工标明的疵点逐一复验,检查疵点评分是否正确,掌握修、织、洗范围,处理真开剪及假开剪,最后定等。分等工将修织的疵点做出标记,并在布头上写明修织疵点数。这种方法的优点是通过疵点复验,可促进验布工评分正确,修、织、洗范围掌握正确,修织工不易漏修疵点,当班疵布能及时定等,有利于质量管理;其缺点是分等工人较多,且目光性疵点不易统一。

② 由验布工对降等疵点按规定色泽做出查看标记,折布后专门集中堆放;由分等工对分等标记纸逐一查看,确定修织、开剪(真假)或降等。这种方法的优点是用人少,目光性疵点容易统一,修、织、洗范围能基本掌握;其缺点是如果验布工评分不正确,某些降等疵点等到修织时才能发现,产生重复劳动。

(2) 先修织后分等

这种方法大多为边修织边分等,即由修织工分等并掌握修、织、洗范围,再在分等后增加复查工作,并按真开剪或假开剪处理。采用这种方法时,一定要使所有修织工掌握质量标准和修织范围,技术水平达到分等要求。实际上,由于牵涉人员多,标准不易掌握,特别是目光性疵点标准不易划分;另一方面,修、织、洗范围不能掌握。

**5. 修、织、洗运转操作**

织物经过验布、折布、分等后,有些疵点虽已降等,但经过修、织、洗处理,既不影响织物质量,费工又不大,即可减少布面疵点,改善布面质量,提高产品使用价值。

修、织、洗范围的确定,应以修、织、洗后不影响质量为前提,同时考虑劳动力和劳动强度。必须防止为完成质量指标,无限制地进行修、织、洗。工厂应努力减少纱(织)疵,逐步贯彻少拆、少剪、少补、少洗、少修的原则。其操作要点有:

① 允许修、织、洗的疵点,经修、织、洗后,必须保证不影响织物坚牢度和外观质量,满足用户要求。

② 允许修、织、洗的各种疵点,仅限于在整理间进行。修、织、洗时不得修一部分留一部分,或只修不整。经过修、织、洗的坯布,整理间应进行全部检查或部分抽查,以保证出厂成品质量。

③ 修、织、洗范围的制定,除了必须注意质量外,还必须注意劳动保护,不影响修织工人的健康。对一些经修织后虽能保证质量但费工较大的疵点,不宜纳入修、织、洗范围。

④ 对一等品,凡允许修、织、洗的疵点,应一律修好后出厂;对降等布,除本身疵点不修外,其他能修的疵点,应一律修好后出厂。

**6. 成包运转操作**

① 裸装包必须扎紧,以免运输过程中散开。

② 包装要保证织物质量,在运输过程中不受损坏。

③ 包装时包布要严密,打包绳结头牢靠,不易松散,便于运输。

④ 外包装上的品种、长度、品等等标志要明确清楚,便于识别,以防搞错。

⑤ 直接出口包的包装,要严格按订货单上的规定办理。

## 思考与练习

1. 整理工序的任务是什么?

2. 验布整理各工序有哪些设备?

3. 验布的基本任务是什么?

4. 折布及量布的基本任务是什么?

5. 什么是开剪和假开剪?

6. 什么是整段布、拼件布和零布?

7. 整理车间可通过哪些手段提高织物质量? 为什么需要但不能依赖这些手段?

# 任务 2　检验坯布质量与产质量计算

## 一、织物质量检验标准

织造车间生产的坯布,经过验布、折布和整修,有些坯布表面还留有疵点。须经过复验,按表面疵点评分,分成一等品、二等品、三等品、等外品,以判明产品的质量情况。织物外观疵点的分等是织物整理过程中一项较重要的工作,是整理车间贯彻国家质量标准的主要环节。

织物分等是按验布标明的疵点,根据国家有关质量标准进行评分、定等。不同的织物有不同的质量标准。同时,除国家标准外,标准还包括行业标准(部颁标准)和企业标准、工贸协议标准等。近年来,不同纤维、不同原料的织物越来越多,在没有国家标准和行业标准的情况下,国家标准法允许企业制定企业标准。但若要作为仲裁依据、上级质检部门检验质量的依据、创优的依据和销售的依据,必须经过市级标准局或省级标准局备案。备案的企业标准,同样具有法规效力。下面以本色棉布为例,介绍其质量检验项目和分等依据。

**1. 本色棉布标准与检验**

(1) 分等规定

棉本色布织物组织、幅宽、密度、断裂强力、棉结杂质疵点格率、棉结疵点格率、布面疵点的分等规定见表10-4和表10-5。

低线密度织物:$11\sim20$ tex($53^s\sim29^s$);中线密度织物:$21\sim30$ tex($28^s\sim19^s$);高线密度织物:31 tex 及以上($18^s$ 及以下)。

$$经纬纱平均线密度 ＝ (经纱线密度＋纬纱线密度)/2$$

优等品、一等品、二等品和三等品的每米允许评分数(分/m)见表10-6。

表 10-4　棉布分等规定(1)

| 项 目 | 标 准 | 允 许 偏 差 | | | |
|---|---|---|---|---|---|
| | | 优等品 | 一等品 | 二等品 | 三等品 |
| 织物组织 | 设计规定 | 符合设计要求 | 符合设计要求 | 不符合设计要求 | |
| 幅宽(cm) | 产品规格 | +1.5%<br>−1.0% | +1.5%<br>−1.0% | +2.0%<br>−1.5% | 超过+2%，−1% |
| 织物密度<br>(根/10 cm) | 产品规格 | 经密：−1.5%<br>纬密：−1.0% | 经密：−1.5%<br>纬密：−1.0% | 经密：超过−1.5%<br>纬密：超过−1.0% | |
| 断裂强力<br>（N） | 产品规格 | 经向：−8.0%<br>纬向：−8.0% | 经向：−8.0%<br>纬向：−8.0% | 经向：超过−8.0%<br>纬向：超过−8.0% | |

注：当幅宽偏差超过 1.0%，经密偏差为−2.0%。

表 10-5　棉布分等规定(2)

| 织物分类 | | 织物总紧度 | 棉结杂质疵点格率(%)不大于 | | 棉结疵点格率(%)不大于 | |
|---|---|---|---|---|---|---|
| | | | 优等品 | 一等品 | 优等品 | 一等品 |
| 精梳织物 | | <85% | 18 | 23 | 5 | 12 |
| | | ≥85% | 21 | 27 | 5 | 14 |
| 半精梳织物 | | | 28 | 36 | 7 | 18 |
| 非精梳织物 | 细线密度织物 | <65% | 28 | 36 | 7 | 18 |
| | | 65%～75% | 32 | 41 | 8 | 21 |
| | | >75% | 35 | 45 | 9 | 23 |
| | 中粗线密度织物 | <70% | 35 | 45 | 9 | 23 |
| | | 70%～80% | 39 | 50 | 10 | 25 |
| | | ≥80% | 42 | 54 | 11 | 27 |
| | 粗线密度织物 | <70% | 42 | 54 | 11 | 27 |
| | | 70%～80% | 46 | 59 | 12 | 30 |
| | | ≥80% | 49 | 63 | 12 | 32 |
| | 全线或半线织物 | <90% | 34 | 43 | 8 | 22 |
| | | ≥90% | 36 | 47 | 9 | 24 |

注：① 棉结杂质疵点格率、棉结疵点格率超过规定降到二等为止；② 棉本色布按经纬纱平均线密度分类。

表 10-6　棉布分等布面疵点评分限度　　　　　单位：分/m

| 幅宽(cm) | ≤110 | 110～150 | 150(包括150)～190 | ≥190 |
|---|---|---|---|---|
| 优等品 | 0.20 | 0.30 | 0.40 | 0.50 |
| 一等品 | 0.40 | 0.50 | 0.60 | 0.70 |
| 二等品 | 0.80 | 1.00 | 1.20 | 1.40 |
| 三等品 | 1.60 | 2.00 | 2.40 | 2.80 |

棉本色布的评等以匹为单位，织物组织、幅宽、布面疵点按匹评等，密度、断裂强力、棉结杂质疵点格率、棉结疵点格率按批评等，以其中最低的一项品等作为该匹布的品等。分等依据包括物理指标、棉结杂质、棉结检验和布面疵点几个方面。

① 织物组织:按设计要求,不符合即为二等品。例如,纱卡要求斜纹向左,如踏盘方向不对,斜纹向右,就降为二等品。

② 幅宽:标准允许+1.5%～-1.0%,超过此范围降为二等品。

③ 密度:允许偏差经密-1.5%、纬密-1.0%,超过此范围降为二等品。

④ 断裂强力:允许偏差经强-8%、纬强-8%,超过此范围降为二等品。

优等品和一等品既要考核棉结杂质疵点格率,又要考核棉结疵点格率。布面疵点根据不同幅宽,以每米平均分数作为评等依据。

$$每匹布允许总评分 = 每米允许评分数(分/m) \times 匹长(m)$$

(计算至一位小数,四舍五入成整数)

有下列情况要降低品等:一匹布中所有疵点评分加合超过允许总评分为降等品;0.5 m内同名称疵点或连续性疵点评10分为降等品;0.5 m内半幅以上的不明显横档、双纬加合满4条评10分为降等品。

(2) 棉布疵点的检验和评分

① 棉布疵点的检验:

a. 检验时布面上的照明光度为(400±100)lx。

b. 评分以布的正面为准,平纹织物和山形斜纹织物,以交班印一面为正面;斜纹织物中,纱织物以左斜(↖)为正面,线织物以右斜(↗)为正面。

c. 检验时,应将布平放在工作台上,检验人员站在工作台一旁,能清楚看出的判为明显疵点。

② 棉布疵点的评分(表10-7):

表10-7 棉布疵点评分表

| 疵点分类 | | 1 | 3 | 5 | 10 |
|---|---|---|---|---|---|
| 经向明显疵点条 | | ≤5 cm | 5～20 cm | 20～50 cm | 50～100 cm |
| 纬向明显疵点条 | | ≤5 cm | 5～20 cm | 20～半幅 | >半幅 |
| 横档 | 不明显 | ≤半幅 | >半幅 | — | — |
| | 明显 | — | — | ≤半幅 | >半幅 |
| 严重疵点 | 根数评分 | — | — | 3～4根 | ≥5根 |
| | 长度评分 | — | — | <1 cm | ≤1 cm |

注:①半幅以上作为一条;②严重疵点的根数和长度评分有矛盾时,从严评分。

③ 对疵点的处理:0.5 cm以上豁边,1 cm的破洞、烂边、稀弄,不对称轧梭,2 cm以上的跳花疵点以及金属杂物织入,必须在织布厂剔除。凡织厂能修好的疵点,必须修好后出厂。

(3) 疵点的具体内容

布面疵点共分四类,即经向明显疵点、纬向明显疵点、横档和严重疵点。

经向疵点及纬向疵点中,有些疵点同时涉及这两类,如竹节、跳纱等,只列入经向疵点;如在纬向出现,应按纬向疵点评分。如布面上出现上述未包括的疵点,按相似疵点评分。

严重疵点中,经缩浪纹(三楞起算)、并列3根吊经、松经(包括隔开1～2根好纱的)、不对接轧梭、1 cm烂边、金属杂物织入、影响组织的浆斑、霉斑、损伤布底的修整不良、经向5 cm内整幅满10个结头或边撑疵。

布面疵点种类繁多,应统一目光准确掌握评分尺度,常见疵点评分标准见表10-8。

表 10-8　布面疵点评分标准

| 疵点类别 | 疵点名称 | 疵点程度 | 评分 | 备注 |
|---|---|---|---|---|
| 经向疵点 | 断疵、拖纱 | 断疵 | 按条评 | ① 布面拖纱按其长度有 1 根评 1 根,与其他疵点混在一起时,分别评分<br>② 拖纱织入布内成圈状的作 1 根计 |
| | | 布面拖纱长 2 cm 以上,每根 | 3 | |
| | | 布边拖纱长 3 cm 以上(一进一出作 1 根计),每根 | 1 | |
| | 竹节纱 | 对上标样的竹节纱 | 按条评 | 长度 5 cm 以下的,按竹节纱评;5 cm 以上的,按粗经或粗纬评分 |
| | 粗经、吊经、紧经、松经、并线松紧、多股经、综穿错、错纤维 | 每种疵点 | 按条评 | ① 股线粗度达到样照,按粗经评分<br>② 多股经,股线多 2 根及以上 |
| | | 0.5 cm 以下的松经在经向 0.5 cm 内,每 6 个 | 1 | |
| | | 并列 3 根松经,吊经 1 cm 以下 | 5 | |
| | | 并列 3 根松经,吊经 1 cm 及以上 | 10 | |
| | 双经、筘路、筘穿错、针路、磨痕、长条影、花经 | 每种疵点,每米 | 1 | 花经最多评到三等品为止 |
| | | 漂白坯中双经、筘路、筘穿错减半评分 | | |
| | | 印花坯中双经、筘路、筘穿错、轻微针路不评分 | | |
| | 断经、沉纱 | 0.5 cm 及以上 | 按条评 | 高密织物是指经密加纬密为 710 根/10 cm 及以上的平纹织物,经密加纬密为 650 根/10 cm 及以上的斜纹、缎纹织物(不包括横贡织物) |
| | | 0.5 cm 以下的断经,经向 0.5 cm 内,每 3 个 | 1 | |
| | | 0.5 cm 以下的沉纱,经向 0.5 cm 内,每 6 个 | 1 | |
| | | 1～5 cm 并断 | 5 | |
| | 星跳 | 0.5 cm 以下的星跳(2 个作 1 个计),经向 0.5 m 内,每 6 个 | 1 | — |
| | | 印花坯中星跳减半评分 | | |
| | 跳纱 | 0.5 cm 以下的跳纱,经向长 0.5 cm 内,每 6 个 | 1 | — |
| | | 0.5 cm 及以上的单根经、纬向跳纱 | 按条评 | |
| | | 1 cm 以内的并列跳纱,每个 | 1 | |
| | | 1～5 cm 并列跳纱(满 6 梭) | 5 | |
| | | 5 cm 以上并列跳纱(每 5 cm 内都要满 6 梭) | 10 | |
| | 棉球 | | 按条评 | |
| | 结头 | 影响后工序质量的 | 按条评 | |
| | | 经向 5 cm 整幅满 10 个及以上 | 10 | |
| | 边撑疵 | 0.5 m 以下的边撑疵,经向长 0.5 cm 内,每 3 个 | 1 | — |
| | | 0.5 cm 及以上 | 按条评 | — |
| | | 边撑疵擦伤按其长度评分 | | |
| | | 经向 5 cm 整幅满 10 个及以上 | 10 | |
| | 经缩浪纹 | 经缩波纹 | 按条评 | |
| | | 纬向一直条 1～2 楞经缩浪纹,每条 | 1 | |
| | 修整不良 | — | 按条评 | ① 布面被刮起毛,对照拆痕样照评分;布面被刮起毛,以严重一面为准<br>② 经纬交叉不匀按样照评分<br>③ 修一部分留一部分,采取挑刮的,均按原疵点评分 |
| | 猫耳朵——凹边 | 每种疵点 | 按条评 | — |
| | 线密度用错 | 以全坯计 | 降二等 | — |

机织工艺

(续 表)

机织工艺

| 疵点类别 | 疵点名称 | 疵点程度 | 评分 | 备 注 |
|---|---|---|---|---|
| 纬向疵点 | 烂边 | 经向长 0.5 cm 内,0.5 cm 及以下的烂边,每 3 个 | 1 | — |
| | | 0.5 cm 及以上~1 cm 以下 | 按条评 | |
| | | 长 1 cm 及以上 | 10 | |
| | 花纬 | — | 按条评 | — |
| | 双纬、脱纬 | 单根双纬 5 cm 及以上,每条 | 1 | |
| | | 经向长 1 cm 的两梭双纬,按纬向明显疵点评分 | — | |
| | | 脱纬 5 cm 及以上 | 按条评 | |
| | 毛边 | 经向长 5 cm 及以内,每 2 根(包括长 5 cm 以下的双纬和脱纬) | 1 | — |
| | 条干不匀、云织 | 每种疵点 | 按条评 | 条干不匀包括满天星 |
| | | 印花坯中条子不匀减半评分,云织不评分 | | |
| | 错纬 | 1.5 cm 及以上 | 按条评 | — |
| | | 连续 3 根及以上不明显错纬,减半评分 | — | |
| | | 印花坯中不明显错纬,不评分 | — | |
| | 纬缩(扭结起圈松纬圈) | 经向长 0.5 cm 内,0.5 cm 以下的纬缩(松纬缩、起圈纬缩 2 个作 1 个计),每 2 个 | 1 | |
| | | 0.5 cm 及以上 | 按条评 | |
| | 百脚 | 锯状百脚 | 按条评 | |
| | | 线状百脚,最多每条 | 5 | — |
| | | 横贡织物百脚,每条 | 1 | |
| | 杂物织入 | 粗 0.3 cm 以下,每个 | 1 | ① 杂物织入粗度按不同品种、不同线密度的竹节纱样作为评分起点<br>② 测量时,量其杂物粗度<br>③ 杂物织入排除后,仍有纱线或空隙,按原疵点评分 |
| | | 粗 0.3 cm 及以上 | 10 | |
| | 油经、油纬、油渍、锈经、锈纬、锈渍、不褪色色经、不褪色色纬、不褪色色渍、污渍、水渍 | 每种疵点 | 按条评 | ① 油疵对照疵点样卡<br>② 浸透黄油渍不比样卡,按浅油渍评分<br>③ 布开花、异纤维(色纤维)按不褪色色疵评分<br>④ 油花纱达到竹节的,按竹节评分;达到油疵标样的,按油疵评分 |
| | | 0.5 cm 以下的油锈疵、不褪色疵、布开花、油花纱,经向长 0.5 cm 内,每 3 个 | 1 | |
| | | 不影响组织的浆斑,按污渍评分 | | |
| | | 加工坯中水渍、污渍、不影响组织的浆斑,不评分 | | |
| | | 漂白坯中深油疵、煤灰纱,不评分 | | |
| | | 印花坯中深油疵,加倍评分 | | |
| | | 杂色坯加工不洗油的浅色渍疵和油花纱,不评分 | | |
| | | 深色坯中油疵、不褪色疵、煤灰纱、油花纱,不评分 | | |

| 疵点类别 | 疵点名称 | 疵点程度 | | 评分 | 备　注 |
|---|---|---|---|---|---|
| 横档疵点 | 拆痕 | 不明显半幅及以下 | | 1 | ① 拆痕对样照,对上样照为明显;能看出但对不上样照为不明显<br>② 布面揩浆抹水按明显横档评分 |
| | | 不明显半幅以上 | | 3 | |
| | | 明显半幅及以下 | | 5 | |
| | | 明显半幅以上 | | 10 | |
| | 密路、稀纬 | 不明显半幅及以下 | | 1 | ① 稀纬、密路以叠起来看得清楚为明显;单层看得清楚、叠起来看不清楚的为不明显;产生争议时,以点根数加以区别<br>② 稀纬处夹有双纬计点根数时,按实际根数计算<br>③ 横档按条计算时,半幅以上作 1 条 |
| | | 不明显半幅以上 | | 3 | |
| | | 明显半幅及以下 | | 5 | |
| | | 明显半幅以上 | | 10 | |
| 严重疵点 | 破洞、豁边、跳花 | 断(跳)3～4 根 | 长 1 cm 以内 | 5 | ① 根数和长度评分矛盾时,从严评分<br>② 经纬起圈高出布面 0.3 cm,虽纱未断,反而形似破洞,在 3 根以上,按破洞评分<br>③ 跳花根数以织补最少根数计算 |
| | | | 长 1 cm 及以上 | 10 | |
| | | 断(跳)5 根及以上 | | 10 | |
| | 经缩浪纹 | 1 cm 以下 | | 5 | ― |
| | | 1 cm 及以上 | | 10 | |
| | | 纬向一直条经缩浪纹 1～2 楞,每条 | | 3 | |
| | 不对接轧梭 | 100 cm 及以下 | | 10 | |
| | 影响组织的浆斑、霉斑 | 1 cm 以下 | | 5 | |
| | | 1 cm 及以上 | | 10 | |
| | 金属杂物织入 | 金属杂物(包括瓷器织入) | | 10 | |
| | 损伤布底的修整不良 | 超过起毛程度且刮断纱者(3 根及以上) | | ― | |
| | | 纱线虽未断,而布身刮后手感较薄者 | | ― | |

**2. 织物后加工对分等要求**

织物后加工要求是指印染厂对坯布的要求。国家标准对外观疵点的评分按不同用途的加工坯分别具体规定。此外,尚需注意下列问题:

① 根据加工色泽要求的不同,对有油污疵点的坯布分别成包。

a. 漂白坯布:按照修、织、洗范围,洗净油渍。洗油渍时应注意轻擦,布上残留的洗涤剂必须用清水洗清,存放久的必须烫干以防霉烂。

b. 杂色坯布:浅杂色近似漂白坯布要求,但有些厚织物洗油后继续加工时发现有斑渍,因此不允许洗油。

c. 深色坯布:薄的平纹织物和条影深的,不能作为深色坯布。

d. 印花坯布。

以上四种坯布,必须根据印染厂要求加以分清,以免影响印染成品质量。

② 坯布上若有影响印染加工的疵点,必须在织厂进行真开剪,如:

a. 2 cm 以上的跳花。

b. 7 根及以上的破洞。

c. 11 分的豁边。

d. 1 cm 及以上的烂边。

e. 5 根及以上的稀弄。

f. 不对接轧梭。

此外,金属及硬性杂物织入也必须在织厂剔除干净,方可出厂,以免损坏印染厂加工机械。

③ 布幅差异不能过大,一般掌握在标准幅宽±0.5 cm 以内,布头、布尾要平直,不能有歪斜。布幅差异大及布头不平直,会造成印染厂坯布缝头不良,在印染过程中产生皱条次布。狭幅次布必须另行成包,由印染厂另行处理。

④ 布面应平整无折皱,尤其是化纤混纺织物,织造时需采取预防措施,防止印染厂产生染疵。整理间严禁用脚踩踏布面或把布放在地上,以防止污渍、油渍。

## 二、织疵分析

### 1. 各类织机常见主要织疵

对于不同类型的织机,由于其引纬方式、适织织物品种等不同,产生的主要织疵及其原因有较大的区别。表 10-9 列出了不同类型织机的常见织疵。

表 10-9 各类织机的常见织疵

| 织机类型 | 主 要 织 疵 |
| --- | --- |
| 有梭织机 | 边不良、边撑疵、烂边、毛边、纬缩、轻浆、棉球、跳纱、跳花、星跳、断经、沉纱、筘路、穿错、经缩、吊经、脱纬、双纬、断纬、稀密路、段织、云织、油疵、浆斑、狭幅和长短码、方眼等 |
| 剑杆织机 | 断经、缺纬、纬缩、双纬(百脚)、断纬、缺纬、烂边、豁边等 |
| 喷气织机 | 断纬、纬缩、双纬(百脚)、双脱纬、稀纬、稀密路、开车痕、烂边、豁边、松边、毛边等 |
| 喷水织机 | 缺经、宽急经、错经、错纬、纬档、断纬、纬缩、布边破碎、布边丝切断、布边吊缩等 |
| 片梭织机 | 开车痕、纬缩、缺纬、边不良、边撑疵、边百脚、边缺纬、跳纱、跳花、油疵等 |

### 2. 常见织疵成因分析

(1) 断经和断疵的形成原因

① 原纱质量较差,纱线强力低,条干不匀或捻度不匀。

② 半制品质量较差,如经纱结头不良、飞花附着、纱线上浆不匀、轻浆或伸长过大等。

③ 停经片弯曲或破损,停经架不清洁、有积花等。

④ 停经机构失灵或漏穿停经片,经纱断头后与邻纱相绞,停经片不能及时落下。

⑤ 综丝断裂、豁眼,化纤纱有超长纤维。

⑥ 吊综状态不良,高低不一。

⑦ 经密大的织物,织造过程中受较多的摩擦,经纱易起毛而影响开口清晰。

⑧ 织造工艺参数调节不当,如停经架或后梁过高、经纱上机张力过大、开口与引纬时间配合不当等。

(2) 吊经纱形成的主要原因

① 络、整、浆、并过程中,经纱张力不匀,少数几根经纱的张力特别大。

② 织轴张力不匀或有并头、绞头、倒断头。

③ 经纱存在飞花附着、回丝、棉球、回头鼻、结头纱尾过长等疵点,开口时纠缠邻纱。

④ 浆纱打底不良,织轴了机时出现经纱张力不一,产生经缩。

⑤ 织机断经停车装置失灵,经纱断头后未及时停车,断头纱尾与邻纱相绞。

⑥ 少数综丝状态不良。

(3) 经缩(波浪纹)形成主要原因

经缩有局部性、间歇性和连续性三种情况。

① 织机运转时产生轧梭,经纱意外伸长较大,开车时未做好经纱处理工作。

② 织机停车后,综框未放平,使经纱在较长时间内张力不一,开车时造成经缩。

③ 吊综不良,两层经纱高低不一,使经纱张力不均匀,尤其是四片综的卡其织物,易产生开车经缩波浪纹。

④ 经位置线配置不当,后梁位置过高,上、下层经纱张力差异较大,易造成开车经缩。

⑤ 织机卷取或防退机构失灵。

⑥ 送经机构自锁作用不良,经纱张力感应机构调节不当,使经纱张力突然松弛。

⑦ 卷取与送经机构工作不协调,造成织口位置和布面张力发生变化,影响经纱屈曲波的正常成形。

⑧ 有梭织机的经纱保护装置作用不良,打纬时钢筘松动。

(4) 纬缩的主要原因

① 纬纱回潮过小,捻度过大、不匀或定捻不良,车间相对湿度过低,容易产生纬缩,涤/棉纱尤为突出。

② 开口时间和投梭时间配合不当,开口未开足时梭子已经投入,开口不清导致纬纱受阻起圈。

③ 梭子在梭箱内回退大,纬纱退绕气圈大,梭外纬纱易扭结。

④ 点啄式纬停装置的钢针有小钩,使经纱起毛,开口不清,易产生连续性直条纬缩或起圈。

⑤ 经纱附有棉杂、飞花、竹节、硬块等,使开口不清,梭子出梭口时纬纱缠绕受阻而扭结起圈。

⑥ 吊综过低、过松或不平,经纱两侧张力不一,易产生分散纬缩。

⑦ 梭子和纬管不配套,纬管在梭腔内抖动、串动,易产生分散纬缩。

⑧ 有梭引纬时纬纱张力不足,梭子进梭箱时产生回跳。

⑨ 喷气引纬时气压过低,气流对纬纱牵引力不足,纬纱飞行速度慢、不稳定且张力小,加之钢筘和综框的运动,共同影响纬纱飞行,造成纬缩。主喷嘴压力太高,纬纱前端到位后,纬纱仍向左侧布边飞行;在纬纱仍承受张力的情况下,剪刀过早剪切,剪纱不良;纱罗绞边装置工作不正常时,绞边经纱干扰纬纱正常飞行。喷射时间配合不当,造成纬纱在松弛状态下飞行。纬纱在储纬器上的缠绕力不匀,挡纬磁针起落时间与喷射时间协调不好。

⑩ 剑杆引纬时纬纱动态张力偏大,织机开口时间太迟或右剑头释放时间太早,绞边经纱松弛,开口不清,剪刀剪切作用不正常。

⑪ 片梭引纬时纬纱张力过大或过小,布边纱夹弹性过小,开口时间过早。

⑫ 喷水引纬时喷嘴受损、喷嘴角度不正,纬丝在飞行中抖动与经丝相碰或不能充分伸直;纬纱制动不足,制动片上有花衣;纬纱退绕张力阻尼(储纬器)不足;喷水时间、开口时间

配合不当;夹持器开闭作用不良;剪刀片不良(磨损),电热挡板位置不当,纬丝不能被切断。

(5) 跳纱、跳花、星跳形成的主要原因

① 原纱及半制品质量不良,经纱上附有大结头、羽毛纱、飞花、回丝杂物以及经纱倒断头、绞头等,使经纱相互绞缠,引起经纱开口不清。

② 开口机构不良,如综丝断裂、综夹脱落、吊综各部件变形或连接松动以及吊综不良。

③ 经位置线不合理,后梁和停经架位置过高、边撑或综框位置过高等,造成开口时上层经纱松弛。

④ 停经机构失灵,断经不关车。

⑤ 开口与投梭运动配合不当。

⑥ 梭子运动不正常,投梭时间、投梭力确定不合理,梭子磨灭过多。

⑦ 片梭织机的导梭齿弯曲、磨损、梭口过小或后梭口过长等,造成上、下层经纱开口不清;废边纱开口不清;边撑盖过高或过低,使片梭在飞行中跳出布面,造成经纱开口不清,形成跳纱。

⑧ 多臂开口机构的纹钉磨损或松脱,纹板滚筒位置不对,拉钩磨损,拉钩回复弹簧拉断。

(6) 双纬、百脚形成的主要原因

① 有梭引纬时,纡子生头和成形不良,纬管不良;纬纱叉作用失灵,断纬后不能立即关车;探针起毛或安装位置不正;梭子定位不正或飞行不正常;梭道不光滑,梭子破裂或起毛,纬管与梭子配合不良等。

② 喷气引纬时,纬纱单强低或气流对纬纱的牵引力过大,喷射气流吹断纬纱,造成断纬或双纬;探纬器失灵,若开口不清晰,纬纱进入梭口时,进口侧或其他区域的经纱张力松弛、粘连,就会挂住纬纱头端而形成双纬;左剪刀安装位置不良,剪刀刀片不锋利,剪不断纬纱;断纬后探纬器误判,如只有一个探纬器,纬纱被吹断时可能探不到断纬而出现双纬;操作不良,应取出的坏纬未取出而形成双纬。

③ 剑杆引纬时,纬纱张力过大或过小,接纬剑释放纬纱提前或滞后,导致布边处产生纬纱短(缺)一段或纱尾过长,过长的纱尾容易被带入下一梭口;送纬剑与接纬剑交接尺寸不符合规格,导致引纬交接失败,则纬纱被左剑头带回,布面上出现1/4幅的双纬(百脚);边剪剪不断纬纱。

(7) 脱纬形成的主要原因

① 纡子卷绕较松、过满或成形不良。

② 纬管上沟槽太浅,纱线易成圈脱下织入布内。

③ 投梭力过大,梭箱过宽,制梭力过小,使梭子进梭箱后回跳剧烈。

④ 车间相对湿度过低,纬纱回潮率过小。

⑤ 无梭织机探纬器不良,灵敏度低。

(8) 缺纬、断纬形成原因

① 递纬器位置过前或过后,纬纱不能进入剑头钳口和片梭梭夹内。

② 纬纱制动过大或制动片、纬纱压脚不光滑。

③ 投梭力过大,梭子和片梭进入接梭箱状态不良。

④ 制梭作用调节不当,片梭定中心片调节不当,梭子和片梭有回弹现象。

⑤ 片梭夹钳夹力时大时小,或纬纱张力过大,片梭织机投梭侧开梭器过高过低,接梭箱回梭杆失调。

⑥ 纬纱剪刀剪切作用不良,剪纱过早或过晚,剪刀刀口磨灭或塞毛,不能干净剪断纬纱。

⑦ 布边纱夹调节不当,纱夹张力弹簧与要求不符。

⑧ 纬纱弱节被拉断,筒子成形不良。

⑨ 储纬器供纱不及时。

⑩ 剑杆织机钳纱夹弹簧过松,钳口磨灭或变形,造成钳纱不良,纬纱滑落,或钳口内有异物而不能钳牢纬纱;接纬剑钳口磨损或变形,夹不紧纬纱;送纬剑钳口变形,夹纱力太小,纬纱交到接纬剑后不能钳牢而滑脱;送纬剑钳纱过紧,交接时拉断;纬纱张力过小或过大,不能钳牢,中途滑脱或被拉断;开口时间和出剑时间配合不当,接纬剑出梭口释放纬纱时达到未综平,纬纱反弹,造成布边缺纬并伴有纬缩;综平太早,纬纱被强行引出,易拉断造成边缺纬;接纬剑释放纬纱太早或太晚。

⑪ 选纬器作用时间不当,造成引纬失误或动作失误,未选上纬纱。

(9) 稀纬、密路形成原因

① 纬纱叉或稀弄防止装置失效或织机制动机构失灵,当纬纱用完或断纬时,织机继续回转而未将纬纱织入,造成稀纬。

② 处理停台后卷取齿轮退卷不足或卷取辊打滑、卷取机构零部件松动等,造成稀纬。

③ 打纬机构部件磨损或松动过大,造成稀纬。

④ 卷取和送经机构发生故障、换梭时织物退出过多,织机停车后再开车时退卷过多,造成密路。

⑤ 综框动程过大、经位置线过于不对称或经纱张力过大、自动找断纬装置工作不良、卷取辊弯曲或磨损、车间温湿度不当或不稳定、织轴质量不好、挡车工操作不当等,都会引起稀、密路织疵。

(10) 云织产生的原因

云织分严重和轻微两种,前者指织物各处纬密不一,局部呈稀疏方眼状;后者指织物表面有局部的云斑(稀密)状,主要出现在有梭织机和喷气织机上。

① 送经制动装置失效,毛毡磨灭过大或沾油,制动盘弹簧扭力不足。

② 送经蜗杆与蜗轮磨灭过多或啮合过浅。

③ 送经锯齿轮或撑头磨灭过多。

④ 扇形张力杆上下运动不正常,织轴回转不匀或跳动剧烈。

⑤ 送经各运动连杆调节不当,如各齿轮的啮合不良等。

⑥ 卷取系统齿轮啮合太紧、太浅或缺牙。

⑦ 卷取离合器磨损。

⑧ 筘座中支撑轴承磨损,影响打纬力稳定。

(11) 豁边形成的原因

① 梭芯位置不正,纬纱退解时被拉断。

② 吊综歪斜或过高、过低,使边纱断头。

③ 边部轮齿损坏,使边经纱被磨断。

④ 边撑伸幅作用不良。

⑤ 开口时间不当,使边经纱受引纬器摩擦过多而断头。

⑥ 无梭织造时主要由绞边装置不良造成,如绞边综丝安装不良,两根绞边经纱张力不一致;绞边纱选择不良;绞边纱断头自停机构失灵;纱罗或游星绞边机械有故障,如纱罗绞边机械有磨损和变形,只能完成开口运动,不能完成扭转运动;游星绞边机的导纱器被磨损而失去约束,张力消失,或传动机构被磨损,使开口不正常;绞边纱张力太小或太大,使已形成的绞边不牢固或不能成绞。

(12) 烂边形成原因

① 有梭引纬时梭芯位置不正或纬纱碰擦梭子内壁,无梭引纬时纬纱制动过度及经纱张力过大等,导致纬纱张力过大。

② 绞边纱传感器不灵,边纱断头或用完时,不停车。

③ 开车时,边纱开口不清。

④ 剑头夹持器磨灭,对纬纱夹持力小;剑头夹持器开启时间过早,纬纱提早脱离剑头而未被拉出布边。

⑤ 边部筘齿将织口边部的纬纱撑断。

(13) 边撑疵形成原因

① 边撑盒盖把织物压得过紧,且盒盖进口缝不平直、不光滑。

② 边撑刺辊的刺尖迟钝、断裂和弯曲。

③ 边撑刺辊绕有回丝或飞花而使其回转不灵活,或边撑刺辊被反向放置。

④ 边撑盖过高或过低。

⑤ 经纱张力调节过大,边撑握持力不大,伸幅作用差,织口反退过多。

⑥ 车间湿度变化大。

⑦ 后梁摆动动程过大或送经不匀、后梁过高或过低。

(14) 毛边形成原因

① 梭库、落梭箱中的回丝未清除干净,带入梭口。

② 边撑剪刀磨损、失效,边撑剪刀安装规格不当。

③ 边撑位置不当,使边剪未能及时剪断纬纱。

④ 喷气引纬时,捕纬边纱张力不足,对纬纱握持力不够;夹纱器夹纱不良,捕纬边纱穿筘位置不当,捕纬边纱捕捉不到纬纱;最后一组辅喷嘴角度、喷气时间不准,送出纬纱长度有变化。

⑤ 片梭引纬时,钩针调节有误或钩针弯曲变形或磨损,梭口过大或梭口闭合太迟,导致钩针勾不住纬纱头而突出在布边外;布边纱夹调节不当,造成布边纱夹夹不住纬纱;纬纱制动器制动力过弱,片梭制动器调节不当,使片梭带出过多纬纱,而张力杆张紧纬纱的长度是有限的,故多余的纬纱突出在接梭侧布边。

(15) 油疵形成原因

油疵包括油经纬和油渍。油经纬是指经纬纱上有油污,主要由于纺部、织部生产管理不良等造成。油渍是指布面有深浅色油渍状,主要由于织部生产管理不良等造成。

① 经丝上沾有油污,糙面橡皮卷取辊上有油污,综框摩擦造成经丝污染。

② 加油不慎,油滴落在经纱或布面上。

③ 喷气织机压缩空气含油过多。

④ 上轴、落布、挡车、修机、保养时不慎把油滴沾污在经纱或布面上。

⑤ 片梭织机的击梭机构和片梭由电磁间自动滴油和喷油雾进行润滑,油滴或喷油雾过多或过少均会导致油疵。经纱张力过小,经纱与梭子摩擦或导梭齿有磨损、松动,造成经向柳条。输送链积花多,投梭时跟随片梭带入梭口,造成油疵和油花衣织入。投梭箱、接梭箱油量过多或油嘴加油过多,容易附着油花而造成油渍次布;钩针装置或边剪加油过多。

⑥ 梭口过小,造成梭子和片梭与经纱摩擦过大,出现通幅油渍,经纱上出现纬向黑色条油。

(16) 织物长度和宽度不合规格

国家标准对织物的长度和宽度有严格要求,如宽度变狭、长度不足,超过允许范围就要降等。造成该疵点的主要原因有:

① 经纱上机张力调节不当,如张力过大会造成长码狭幅。

② 筘号用错。

③ 温湿度管理不当。

④ 边撑握持作用不良,使布幅变狭。

## 三、织物质量指标与计算

整理工序的主要指标有以下几项:

(1) 入库一等品率

入库一等品率是指经过修织洗后入库的一等品产量占入库总产量的百分数,计算公式如下:

$$入库一等品率 = \frac{入库一等品米数}{总入库米数} \times 100\%$$

入库一等品率是考核企业产品质量的重要指标,行业标准规定纯棉布入库一等品率为:一档水平96%,二档95%,三档93%。为使该项指标正确、真实地反映当月质量情况,对于已成包的降等布、零疵布应及时入库,不能存放在整理间而集中入库;月底盘存时,凡是成件的非一等品必须做到当月入库,不应拖延至下月,以免造成人为的质量波动。

(2) 下机一等品率

下机一等品率的检验是对织物各工序(从纱到布)质量情况的鉴定与反映,其定义为:抽查中下机一等品匹数与抽查总匹数的百分比。检查方法是检验人员在未经检验的布轴中任意抽取一定数量,根据国家标准通过验布机进行逐匹检验,并按疵点责任划分规定,分车间分班做出疵点记录,计算下机一等品率:

$$下机一等品率 = \frac{检验下机一等品匹数}{检验总匹数} \times 100\%$$

行业分档标准规定下机一等品率指标如下:一档水平,纯棉60%,化纤35%;二档水平,纯棉45%,化纤25%;三档水平,纯棉35%,化纤15%。

(3) 匹扯分

在下机一等品率的抽查中,平均每匹布上产生的各类疵点的总分数为布轴匹扯分,简称匹扯分。每种疵点在每匹布上产生的疵点分数为疵点的匹扯分。计算疵点的匹扯分,可以了解影响下机一等品率的主要疵点,以便采取措施,减少疵点,提高产品的下机质量。匹扯分的计算公式如下:

$$匹扯分(分/匹) = \frac{抽查全部疵点总分数(或每种疵点的分数)}{检验总匹数}$$

为使下机检验正确地反映织物实际质量,并配合落实质量责任,进行匹扯分指标考核。抽样时应按织机挡车台位随机取样,最好每台位、每日抽一个布轴。

(4) 漏验率

在成品出厂前,按质量标准对织物进行抽样检查,不符合一等品评分限度的即为漏验,按匹计算,包括局部降等和累计降等两方面。计算公式如下:

$$漏验率 = \frac{抽查时漏验匹数}{抽查总匹数} \times 100\%$$

织物出厂后,生产厂家与收货方双方进行验收复验,如果织物的不符品等率超过 $4\%$,生产厂家将按检验降等百分率(即漏验率)折合全部数量调换或补偿品等差价。

漏验率的抽查数量为总匹数的 $5\% \sim 15\%$,行业规定漏验率的分档指标为:纯棉布,一档 $2\%$,二档 $3\%$,三档 $4\%$。

(5) 假开剪率

假开剪的产品应单独成包,并在包外做出标记,以便于统计。应当注意,不符合落布长度的织物不允许假开剪。假开剪率计算公式如下:

$$假开剪率 = \frac{该品种假开剪产量(件)}{该品种加工坯布总产量(件)} \times 100\%$$

(6) 拼件率

$$加工拼件率 = \frac{该品种加工坯拼件产量(件)}{该品种加工坯布总产量(件)} \times 100\%$$

$$市销拼件率 = \frac{该品种市销拼件包数}{该品种市销总包数} \times 100\%$$

国家标准规定,联匹拼件率不能超过 $10\%$,假开剪率和联匹拼件率合计不得超过 $25\%$,涤/棉产品假开剪率和联匹拼件率合计不超过 $30\%$。

(7) 纱(织)疵率

纱(织)疵是指织物的一处性降等疵点和一次性降等疵点。沿织物经向 $0.5\,\mathrm{m}$ 内同一名称疵点评分满 11 分的疵点为"一处性",长度评分满 11 分的连续性疵点为"一次性"。纱(织)疵率是指纱(织)疵降等米数与入库总米数的百分比,其高低反映了企业的管理水平、技术水平和质量水平。目前,行业标准规定分档指标:一档 $3\%$,二档 $5\%$,三档 $7\%$。

$$纱(织)疵率 = \frac{纱(织)疵匹数 \times 匹长(m)}{入库产量(m)} \times 100\%$$

(8) 出口合格率

出口品种中符合出口要求的打包入库产量占出口品种总入库量的百分比。对于出口品种,收货单位一般提出要求,如某些疵点加严到什么程度等,包装标志也另有要求,并要求按此出口。凡因不符合出口要求而转为内销的一部分,往往在质量和价格上受到影响。因此,出口合格率的高低反映着出口产品的质量水平和效益高低。

$$出口合格率(\%) = \frac{该品种纯出口入库产量}{该品种总入库产量} \times 100\%$$

纺织品出口部门一般要求出口合格率达到 90%,其中联匹成包出口需达到出口量的 90%,单双联或乱码成包出口不能超过出口量的 10%。上述八项指标,既体现了全厂经济技术指标的水平,又体现了全厂经济效益活动的结果;在经济效益与个人收入和福利挂钩的情况下,也体现着个人收入的高低。

# 思考与练习

1. 本色棉布如何分等?

2. 棉布的布面疵点分哪几大类? 主要布面疵点有哪些? 分别有什么特点?

3. 棉布是怎样确定品等的? 包括哪些项目和指标?

4. 各类织机有哪些常见主要织疵?

5. 什么是入库一等品率、下机一等品率、下机匹扯分、漏验率、纱(织)疵率、联匹一等品率和假开剪率? 为什么要考核这些指标? 其中哪两项指标最重要? 为什么?

# 参 考 文 献

［1］朱苏康,高卫东. 机织学[M]. 北京:中国纺织出版社,2004.

［2］陈元甫. 机织工艺与设备[M]. 北京:纺织工业出版社,1988.

［3］刘森. 机织技术[M]. 北京:中国纺织出版社,2006.

［4］杨懿乐,张玉惕. 丝织工艺学[M]. 北京:中国纺织出版社,2001.

［5］周永元. 纺织浆料学[M]. 北京:中国纺织出版社,2004.

［6］上海市棉纺织工业公司《棉织手册》编写组. 棉织手册[M]. 2 版. 北京:纺织工业出版
社,1989.

［7］张振,过念薪. 织物检验与整理[M]. 北京:中国纺织出版社,2002.

［8］陈彤. 色织物织造与整验[M]. 北京:纺织工业出版社,1987.

［9］陈元甫,洪海沧. 剑杆织机原理与使用[M]. 2 版. 北京:中国纺织出版社,2005.

［10］裘愉发,吕波. 喷水织造实用技术[M]. 北京:中国纺织出版社,2003.

［11］郭兴峰. 现代设备与织造工艺[M]. 北京:中国纺织出版社,2007.

［12］王鸿博,邓炳耀,高卫东. 剑杆织机实用技术[M]. 北京:中国纺织出版社,2004.

［13］戴继光. 机织学(上册)[M]. 北京:纺织工业出版社,1985.

［14］包玫. 机织学(下册)[M]. 北京:纺织工业出版社,1985.

［15］严鹤群,戴继光. 喷气织机原理与使用[M]. 北京:中国纺织出版社,1996.

［16］萧汉滨. 新型浆纱设备与工艺[M]. 北京:中国纺织出版社,2006.

［17］马芹. 织造工艺与质量控制[M]. 北京:中国纺织出版社,2008.

［18］蔡永东. 新型机织设备与工艺[M]. 2 版. 上海:东华大学出版社,2008.

［19］裘愉发. 真丝绸织造技术[M]. 北京:中国纺织出版社,1994.

［20］朱苏康,陈元甫. 织造学[M]. 北京:中国纺织出版社,1996.

［21］过念薪. 织疵分析[M]. 北京:中国纺织出版社,2004.

［22］祝成炎. 现代织造原理与应用[M]. 杭州:浙江科技技术出版社,2002.

［23］刘培民. 机织比较教程[M]. 北京:纺织工业出版社,1990.